과학이
빛나는
밤에

과학이 빛나는 밤에

**천체물리학부터 최신 뇌 과학까지,
우주의 역사부터 과학의 역사까지**

1판 1쇄 발행 2014년 4월 18일
1판 9쇄 발행 2024년 1월 19일

지은이 이준호
펴낸이 고병욱

기획편집실장 윤현주 **기획편집** 김경수 한희진
마케팅 이일권 함석영 복다은 임지현 **디자인** 공희 백은주
제작 김기창 **관리** 주동은 **총무** 노재경 송민진

펴낸곳 청림출판(주)
등록 제2023-000081호

주소 04799 서울시 성동구 아차산로17길 49 1009, 1010호 청림출판(주)
      10881 경기도 파주시 회동길 173(문발동 518-6) 청림아트스페이스
전화 02)546-4341
팩스 02)546-8053

www.chungrim.com
cr2@chungrim.com

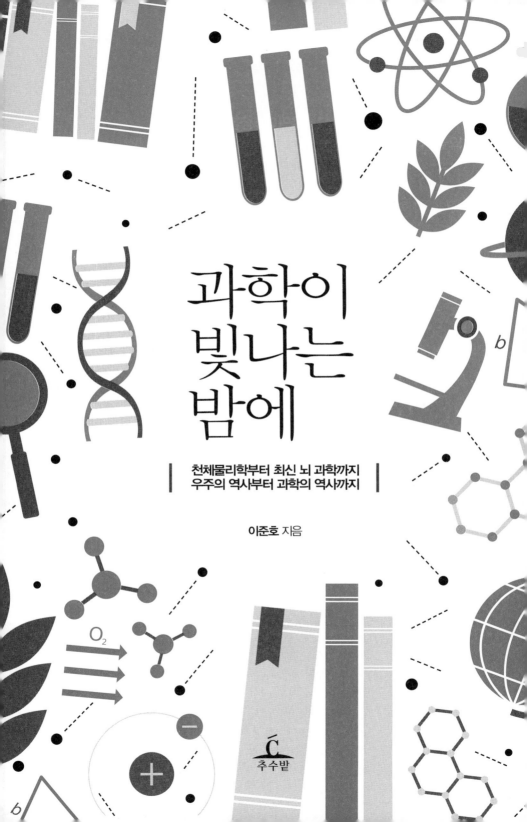

과학이
빛나는
밤에

천체물리학부터 최신 뇌 과학까지
우주의 역사부터 과학의 역사까지

이준호 지음

추수밭

추천사

다른 세상과 마주하는 과학 이야기

이 책의 원고를 받기 위해 이준호 선생님과 서울대 안의 한 식당에서 만났다. 처음 만나는 자리였지만, 이야기를 나누면서 저자의 과학에 대한 관심과 자연에 대한 호기심에 깊은 인상을 받았다. 저자가 팟캐스트 방송을 통해 과학에 관한 이야기들을 많은 사람들과 나누고 있다는 것도 알게 되었다. 헤어지고 난 뒤 원고를 읽어보고, 또 방송을 들으면서는 많이 놀랐다. 어떻게 다양한 분야의 과학 주제들을 이처럼 깊이 있게 이해하고, 또 쉽고 재미있게 설명해 냈을까. 엄청난 양의 독서와 공부가 없이는 불가능한 일일 것이다.

이 책에서 저자는 우주와 과학에 대한 장구한 이야기를 열한 가지의 결정적인 순간으로 나누어 다룬다. 근래 호주와 미국 등 몇몇 지역에서 시도되고 있는 이른바 '빅 히스토리'적인 시각이다. 우리나라도 2011년부터 고등학교 과학 과목에서 우주의 기원인 빅뱅, 별과 은하의 탄생 및 그 일부인 태양계와 지구, 그리고 지구에서 살아가는 생명과 인간에 대해 하나의 흐름으로 공부하고, 이어서 과학 기술과 문명을 배운다.

저자가 선택한 열한 가지의 주제는 전체 우주의 역사를 두루 아울렀으며, 특히 후반부에 많은 힘을 실었다. 책의 처음 두 단원에서는 138억 년 우주 역사에서 90억 년을 차지하는 별과 은하의 진화를 거쳐, 태양계의 형성을 다룬다. 이어서 생명, 동물과 식물, 인류의 진화까지 생명에 대한 부분을 세 단원에 걸쳐 설명한다. 그리고 과학 발전의 전개 과정에 대해 여섯 단원에 걸쳐 자세하게 소개하는데, 바로 이 점에서 통섭을 표방한 다른 책들과 구별된다.

책의 제목인 '과학이 빛나는 밤에'는 저자의 팟캐스트 방송 제목이기도 하다. 책에서도, 그리고 팟캐스트에서도 저자는 한 단원이 끝날 때마다 '세상이 달라 보이지 않나요?'라는 질문을 던진다. 과학을 공부하고 자연을 조금씩 파악해 가면 세상이 달라 보여야 하는 것이다. 실제로 우주 역사의 여러 결정적 순간들에서 하나라도 조금만 다르게 진행되었어도 우리가 존재할 수 없었음을 알고 나면 우리 자신이, 그리고 이웃이 달라 보일 것이다.

저자의 재치 있는 비유와 설명을 읽으며 과학 상식을 쌓는 데에서 한걸음 더 나아가, 이 책이 우주와 자연에 대해 보다 다르게 생각할 수 있는 기회가 되기를 기대한다.

김희준(광주과학기술원 석좌교수, 서울대 명예교수)

'즐거운 과학'으로의 초대

'과학을 왜 공부해야 하나요?'라는 질문에는 여러 가지 답변이 있을 수 있습니다. '화성으로 탐사선을 보내고 유전자를 조작해 생물을 개조하는 시대인데 당연히 어느 정도는 알아야 하지 않겠어요?'라고 할 수도 있고, '노벨상을 타기 위해서'라고 당돌하게 대답하는 학생도 있을 것이며, 국가 경제부흥을 위해서, 합리적인 사고를 하기 위해서 등 다양한 의견이 있겠죠.

이런 저마다의 답변들 가운데 '그냥, 과학을 배우는 게 즐거워서'라는 의견도 있을 것입니다. 실용적인 쓸모를 위해 배운다는 게 아니라, 과학의 진가를 느끼는 자체가 재밌을 것 같다는 겁니다. 일부 괴짜들 말고도 공부가, 특히 과학을 배우는 게 즐거울 수 있을까요? 《과학이 빛나는 밤에》는 바로 그런 즐거움으로 가득한 책입니다. 호기심으로 접근하는 일반 독자들에게 과학이라는 상상의 세계를 알려주는 것은 물론이고, 과학 마니아들에게도 많은 기쁨을 주거든요. 책을 열면 빅뱅부터 시작해서 인간의 의식까지 관통하는 여행을 통해 세상에서 가장 긴 시간의 이야기가 펼쳐집니다. 그리고 원자보다 작은 미시 세계부터 우주의 지평선을 넘어서는 상상을 초월하는 거대한 공간까지 도달하게 되지요. 놀랍게도 이 책은 한 권에 이렇게 방대한 이야기를 전부 담고 있습니다.

과학을 가르치는 교사로서, 과학 교육의 딱딱함을 어떻게 하면 극복할 수 있을까 고민하던 와중에 이 책은 가뭄의 단비와 같았습니다. 흥미진진한 대서사극을 보는 것 같은 이야기 구조를 통해 모든 과학 개념들이 어떤 맥락으로 연결되어 있는지를 알기 쉽게 꿰어 놓았으니까요. 이 책을 통해 문학과 영화 이상으로 상상력의 원천이 되는 과학의 웅대함과 아름다움을 느끼시리라 기대합니다.

조진호(과학교사,《어메이징 그래비티》저자)

낯선 과학에게 말 걸기

"아이들에게 과학을 돌려주자."

한번쯤은 들어봤을 익숙한 광고입니다. 저는 광고에서처럼 아이들이 과학자보다 연예인을 꿈꾸는 세상이 한심하다고는 생각하지 않습니다. 다만 과학이 좋다는 아이들도 커가면서 골치 아픈 것들을 적당히 모르는 척 살겠거니 싶은 생각이 들긴 했습니다. 목소리 높여 과학의 중요성을 얘기하지만, 정작 스스로는 과학에 관심이 없는 우리들처럼 말입니다. 그런 점에서 과학은 몸에 좋은 음식과 같다는 생각도 듭니다. 이유 불문하고 마땅히 그래야 하는 것처럼 엄지손가락을 내밀며 서로 추천하지만 정작 자신은 먹기를 미루니까요.

누구도 과학의 중요성을 부정하지 못하는 분위기의 한편에서는 과학의 기초상식조차 모르는 과학문맹science illiteracy이 증가하고 있다는 우려가 있습니다.

"중력파가 왜 빅뱅 이론의 결정적 증거라고 호들갑스럽게 보도 될까? 운석의 가치가 왜 천문학적이라는 것일까? 미세먼지가 왜 문제라는 것일까?" 흔하게 접해와서 익숙하다고 하지만 막상 이런 질문을 받으면 제대로 답하지 못하는 경우가 많습니다. 비타민 A가 부족하면 밤눈이 어두워지는 것처럼, 일종의 상식 권장량인 '과학 비타민'이 부족하기 때문인 거죠.

만약 아이들이 과학을 잃어버렸다면, 그것은 우리가 과학을 외면한 채 과학 공부하라고 아이들에게 잔소리만 반복했기 때문일 겁니다. 마찬가지로 아이들에게 과학을 돌려주기 위해서는 과학 책만 잔뜩 안겨줄 게 아니라 당장 우리부터 과학 책을 펴야 하겠죠.

하지만 과학을 가까이 하기는 쉽지 않은 게 사실입니다. 막상 과학 교양을 쌓으려고 해도 넘어야 하는 과정들이 만만치 않잖아요. 부담 없이 읽을 만한 책을 찾아 봐도 물리학, 화학, 천문학, 수학 등 분야별로 두터운 입문서들이 흩어져 있습니다. 기초만 쌓는 데도 작은 과학 도서관이 만들어지는 것을 각오해야 할 정도입니다. 그렇다면 비타민을 먹듯이 누구라도 쉽게 과학 교양의 기초를 다질 수 있는 방법은 없을까? 팟캐스트 방송 '과학이 빛나는 밤에'는 이런 고민에서 시작하게 되었습니다.

바람은 제법 야심만만했습니다. 그러나 막상 방송을 시작하자니 누가 팟캐스트에서까지 과학 이야기를 들을까 하는 걱정이 들었습니다. 다행히도 우려했던 것과는 다르게 많은 분들께서 격려와 관심을 보내주셨습니다. 그 덕분에 방송을 오랫동안 진행할 수 있었고 출판까지 하게 되었죠. 작은 고민에서 시작한 팟캐스트로 평범한 교사인 제가 과학 책까지 쓰게 된 겁니다. 과분하고 감사할 따름입니다.

이 책은 팟캐스트 방송과 마찬가지로 여러분들이 과학 전반에 대한 '평생 권장량'의 상식을 부담 없이 섭취하는 데 도움이 되고자 쓰였습니다. 지금의 우리는 138억 년에 걸친 우주의 역사에서 수많은 우연과 사건이 얽히고설켜 이루어진 결과입니다. 우리와 우주를 이해하기 위해서는 물리, 화학에서 생물학, 수학, 역사학과 같이 서로 다른 분야의 지식들도 아우를 수밖에 없지요. 저는 이렇게 분야별로 잘게 쪼개진 과학 전반의 기초들을 모아 이 한 권에 펼쳐 놓고 싶었습니다. 마치 한 권으로 된 아주 작은 과학 도서관처럼 말이에요.

이를 위해 우주의 시작부터 원소와 별의 형성을 거쳐 지구에 생명체가 탄생하고, 그렇게 진화한 인간이 문명을 발전시켜 자신의 근원인 우주를 들여다보기까지의 과정에 대해 열한 개의 단원에 걸쳐 이야기했습니다. 우주에서 시작해 우주로 돌아가는 구조인 거죠. 과학이라는 것은 결국 우리는 어디에서 왔고, 누구이며, 어디로 나아가는지를 밝히는 학문이니까요. 여기에 군데군데 자세하게 파고들어 지식의 깊이를 살짝이나마 느낄 수 있는 부분들도 마련했습니다.

제가 방송에서 자주 말하는 '과학을 알면 세상이 달라 보입니다'라는 권유는 어쩌면 물 맞은 솜 인형과 같은 몸을 만원버스에 구겨 넣는 일상 앞에서 물정 모르는 소리일지도 모릅니다. "도대체 책을 읽어서 어디에 써먹자는 것이지?" 이런 질문이 당연하게 된 세상이지만 그럼에도 이 책을 집으셨다면 쉬엄쉬엄 저를 따라오시길 바랍니다. 때로는 낯선 곳과 맞닥뜨려 당황하기도 하고, 간혹 완만한 경

과학이 빛나는 밤에

사가 갑작스레 높아질 수도 있습니다. 그래도 천천히 함께 가다 보면 어느덧 작은 봉우리 위에서 지금까지 보지 못했던 감춰진 세상의 아름다움을, 멋진 풍경과 마주할 수 있을 테니까요.

책을 완성하기까지 오랫동안 관심 가져준 청취자 여러분과 물심양면으로 도와준 출판사 관계자 분들, 과학의 재미를 널리 알리기 위해 노력해온 과학책 저자 분들, 조언과 격려를 아낌없이 베풀어 주신 김희준 교수님, 그리고 사랑하는 아내에게 감사의 마음을 전합니다.

과학이 빛나는 봄의 밤에
이준호 드림

차례

1/장

거대한 폭발 이후 단 1초 동안 벌어진 일
: 138억 년 전 장엄한 역사의 시작

2/장

우연이 만들어 낸 필연
: 46억 년 전 지구의 탄생

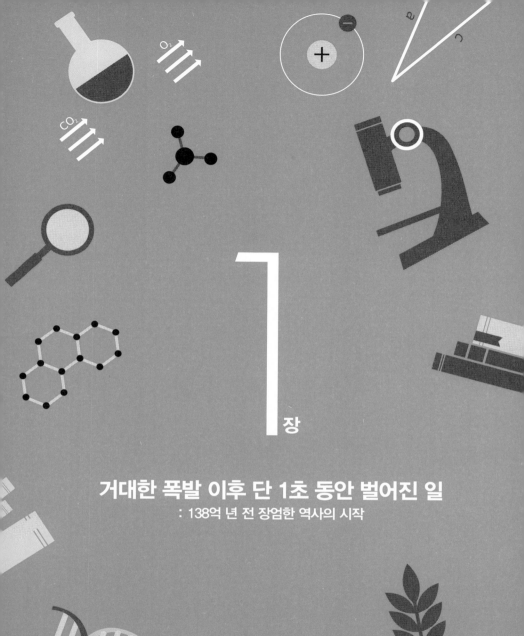

1_장

거대한 폭발 이후 단 1초 동안 벌어진 일

: 138억 년 전 장엄한 역사의 시작

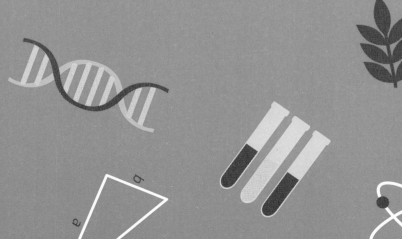

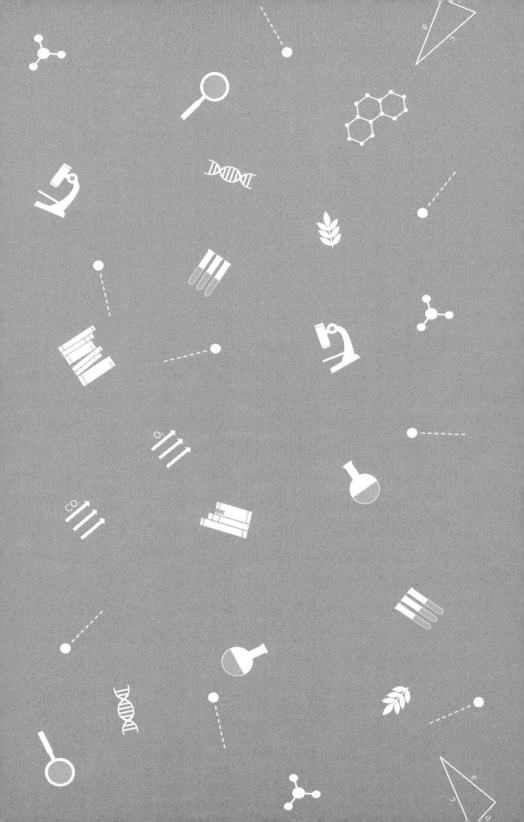

농담과 같은 시작,
빅뱅

"당신의 물리는 혐오스럽습니다." – 아인슈타인이 빅뱅 이론을 주장하는 르메트르에게

지금은 당연하다고 생각되는 '빅뱅 이론'이 처음에는 대다수 과학자들에게 헛소리 취급을 받았습니다. 눈에 보이지 않는 원자보다 작은 점이 폭발해서 이 거대한 우주 공간과 수천억 개의 은하, 은하마다 들어 있는 수천억 개의 별, 지구와 인간, 문명… 이 모든 것이 생겨났다니 상식적으로 말이 되는 소리는 아니죠.

빅뱅 이론은 과학자들에게 마술로 보였을 겁니다. 작은 모자에서 비둘기만 나와도 마술로 취급받는데, 작은 점에서 우주가 나왔다니 이보다 더한 마술이 없죠. 위대한 과학자 아인슈타인Albert Einstein 역시 처음에는 빅뱅 이론을 인정하지 않았습니다. 우주에 특별한 시작점은 존재할 수 없다고 생각했으니까요. 우주는 무한한 과거부터 별다른 변화 없이 지금 상태를 유지할 것이라고 주장했습니다. 이런 우주론을 정상우주론이라고 하는데, 1960년대까지도 빅뱅 이론

과 계속 충돌했죠. '빅뱅'이라는 이름은 빅뱅 이론에 반대하던 과학자 프레드 호일Fred Hoyle이 경멸하는 말투로 "우주가 꽝big bang 하고 폭발하면서 시작됐다는 사람도 있는데 그게 말이나 됩니까?"라고 말한 것이 아이러니하게 이름으로 굳어진 경우입니다.

그런데 대다수 과학자들이 이렇게 생각할 수밖에 없는 '심리적 이유'가 있었습니다. 과학자들이 만날 하는 일이 복잡하게 변하는 현상 속에서 변치 않는 단순한 질서나 법칙을 찾아내는 것이다 보니 그런 질서와 법칙이 담긴 우주가 어느 날 '뽕' 하고 생겨났다는 얘기가 좋게 들릴 리 없었죠. 예를 들어 뉴턴Isaac Newton은 땅 위에서 일어나는 모든 물체의 운동과 우주에서 일어나는 천체의 운동을 정확하게 설명할 수 있는 수학적인 운동 법칙을 발견했어요. 덕분에 땅 위에서 공이 날아가는 거나 하늘에서 달이 도는 거나 같은 법칙으로 설명할 수 있었습니다. 현상은 다양하지만 그 뒤에는 단순하고 변치 않는 질서가 있다는 거죠. 아주 수학적이고 합리적인 모습으로 말입니다. 그런데 이런 정교한 물리법칙이 어느 날 갑자기 생겨났다는 것은 신의 손길이 개입했다는 의미가 될 수도 있거든요. 불과 몇백 년 전 종교로부터 탄압을 받았던 과학자들에게는 기분 좋은 얘기일 리가 없었습니다.

'혐오스러운' 빅뱅 이론

빅뱅 이론은 아이러니하게도 변치 않는 우주를 주장한 아인슈타인의 상대성이론에서 처음 나옵니다. 프리드만Alexander Friedman과 르메트르Georges Lemaitre가 상대성 이론에서 빅뱅 이론을 끌어낸 과학자들인데, 아인슈타인은 곤혹스러웠죠. 이들은 상대성이론을 수학적으로 잘 풀어내면 신기하게도 팽창하거나 수축하는 우주 공간이 튀어나온다고 주장했고, 계산은 정확했습니다. 그러나 아인슈타인은 이들의 계산이 틀렸다거나 혐오스러운 주장이라며 무시했어요. 이들의 주장을 제대로 검토하지도 않았습니다. 아인슈타인의 마음이 문제였죠. 변치 않는 우주를 선호하는 마음은 다른 과학자들도 마찬가지였습니다.

1929년 허블Edwin Powell Hubble이 이런 상황을 바꿀 만한 발견을 합니다. 허블의 관측에 따르면 은하들은 한결같이 지구에서 멀어지고 있었습니다. 멀리 있는 은하일수록 더 빨리 멀어졌죠. 이것은 공간이 팽창하고 있다는 중요한 근거입니다.

거꾸로 생각하면 은하들이 과거에는 훨씬 더 가까웠을 것이고, 극도로 가까워서 한 점으로 모여들 수도 있다는 추측이 가능했습니다. 이 발견으로 무시당하던 빅뱅 이론이 주목받게 되지요.

하지만 대다수 과학자들은 여전히 빅뱅 이론을 받아들이지 않았습니다. 간접적인 추측만 가능할 뿐, 정말 우주가 한 점에서 폭발했

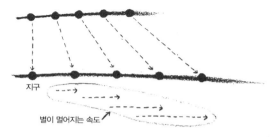

별이 멀어지는 속도로 확인되는 우주의 팽창

는지 직접적인 증거는 없었거든요. 그래서 빅뱅이 아닌 다른 방식으로 설명해 보려고 노력했죠.

프레드 호일, 허먼 본디Herman Bondi 같은 과학자들은 우주가 팽창하지만 물질이 갑작스런 폭발로 한 번에 생기는 것은 아니라고 주장했습니다. 공간이 커지면서 생기는 빈 공간을 채울 만큼 순차적으로 물질들이 생겨나고, 그 물질들에 의해 새로운 별과 은하가 생기는 거죠. 우주가 백수십억 년 동안 팽창했어도 은하는 계속 생겨나는 거니까 밤하늘은 지금처럼 항상 은하로 가득 찬다는 설명입니다. 텅 빈 공간에서 물질들이 생겨난다는 것이 좀 이상하지만, 한 점에서 모든 물질이 생겨나는 빅뱅 이론보다는 덜 과격했기 때문에 딱히 틀렸다고 말할 수도 없었습니다.

우주배경복사의 발견

이런 상황에서 1964년 빅뱅의 직접적인 증거가 발견됩니다. 빅뱅 당시 우주를 가득 채운 폭발의 열기를 관측한 것인데요. 이것을 '우주배경복사'라고 부릅니다. 우주배경복사는 매우 낮은 온도라서 피부로 느낄 수 있는 열기는 아닙니다. 우주배경복사를 빅뱅의 흔적으로 인정할 수밖에 없는 것은 그 특성이 보통의 열기와 달랐기 때문이죠.

보통 우주 공간에서 발생하는 열기는 태양을 비롯해 수많은 별들에서 나오기 때문에 그쪽의 온도가 더 높게 측정될 수밖에 없습니다. 태양을 마주하고 온도를 잴 때와 태양을 등지고 온도를 잴 때가 다른 것처럼 말이죠. 하지만 우주배경복사는 어느 방향으로 언제 어디에서 측정해도 항상 같은 온도(절대온도 3K[켈빈], -270.15℃)였습니다. 이 열기는 우주 공간의 어느 별에서 나온 열기가 아니라 우주 공간 그 자체의 열기라고 볼 수 밖에 없었죠.

우주 공간이 아주 작을 때 뜨거운 열기로 가득 차 있었는데, 공간이 팽창하면서 그 열기가 식어 관측되는 것이라고 설명하면 논리적으로 잘 들어맞았습니다. 그렇다면 이 열기를 만든 원인은 빅뱅이라고 보는 게 합리적이죠. 더 깊이 들어가면 우주배경복사가 빅뱅의 근거가 된 것은 흑체복사와 매우 비슷한 형태를 보여서입니다. 빅뱅 이론은 우주배경복사 덕분에 드디어 과학자들에게 인정받습니다.

문제는 이제부터죠. 작은 점에서 어떻게 이 거대한 우주가 생겨났는지 알아내야 했으니까요. 수많은 과학자들이 빅뱅 연구에 뛰어들었고, 우주의 새로운 모습이 밝혀지기 시작했어요. 역동적인 우주 역사의 결정적 순간이 하나둘 그 모습을 드러냈습니다.

세상이 좀 달라 보이나요?

138억 년, 우주 역사를 촬영한 비디오테이프를 되돌린다면 어떻게 될까요? 수많은 일이 일어나겠지만, 이 세상의 모든 것은 결국 작은 점 하나에 모여듭니다. 여러분과 저를 비롯한 현대 문명과 대자연, 거대한 태양과 수천억 개의 은하들, 이 모든 것의 근원이 눈에 보이지 않는 점 하나죠. 우주를 만들 강한 힘과 무궁무진한 잠재력이 들어 있는 점은 어떤 모양일지 감히 상상할 수 없습니다.

마법과 같은 순간,
빅뱅 후 1초

아무것도 보이지 않습니다. 하지만 분명 뭔가 있는 것 같아요. 팽팽한 긴장감으로 가득 차 있다고 할까요? 그러다가 갑자기 확 트이면서 넓어지는 느낌이 들더니 공간에서 뭔가 마구 튀어나옵니다. 공간은 그것들로 가득 차고, 세상은 엄청난 열기로 가득합니다. 눈 뜨고 볼 수 없는 혼돈, 충돌, 격렬함… 이런 것들로 가득 차 있습니다.

제 나름대로 문학적인 비유를 통해 묘사해 본 빅뱅의 순간입니다. 팽팽한 긴장감은 빅뱅이 시작된 점 속에 가득한 '에너지'고, 이 에너지에 의해 점이 갑자기 '팽창'합니다. 그래서 막대한 우주 공간이 만들어지고, 허공에서 '물질'들이 생겨나죠.

갑자기 물질이 생겨난 것은 공간을 팽창시키던 에너지가 물질로 변환되었기 때문입니다. 이런 변환이 가능한 것은 아인슈타인의 유명한 공식 $E=mC^2$을 보면 이해할 수 있죠.

에너지와 질량이 있는 물질은 모두 '=(등호)'를 중심으로 얼마든지 '왔다 갔다' 할 수 있는 관계입니다. 아마도 에너지가 물질로 변환되면서 팝콘 터지듯 공중에서 물질들이 팍팍 터져 나왔을 거예요. 물질들은 격렬하게 충돌하고, 공간은 태초의 혼돈과 열기로 가득 찼습니다.

여기까지 걸린 시간이 대략 1초. 눈 깜짝할 사이에 점은 거대한 공간이 되었고, 공간은 막대한 물질로 가득 찼습니다. 그 후에는 존재하는 물질들이 모이거나 흩어지거나 변할 뿐, 물질들이 이렇게 극적으로 생겨나는 일은 없었어요. 이 우주에 존재하는 모든 에너지도 그때 생겨난 것입니다. 이후에는 새로운 에너지가 생겨나지 않죠. 에너지보존법칙에 따라 에너지가 변하거나 자리를 옮길 수는 있어도 에너지의 양 자체가 늘거나 줄진 않습니다. 그러니까 우리가 걷고 뛰고 물건을 옮길 때 사용하는 에너지도 전부 빅뱅 당시 생겨난 에너지입니다. 우리는 지금도 빅뱅의 에너지로 움직이고 살아가죠.

빅뱅 당시의 1초는 그 뒤 수십억 년보다 훨씬 중요한 의미가 있습니다. 우주의 기틀이 세워진 순간이거든요. 물질과 에너지, 공간이 생겨났을 뿐만 아니라 우주의 물리법칙들도 다 정해졌죠. 한두 가지 일이 벌어진 게 아닙니다. 그때는 소수점 이하의 초 단위로 수많은 일이 일어났고, 그 일들은 하나같이 중요한 일들이에요. 그 일들이 조금만 다른 방식으로 진행됐다면 우주는 전혀 다른 모습이 됐을 겁니다.

절묘한 팽창 속도로 유지되는 우주

그런 일들 가운데 하나가 빅뱅의 폭발적인 '팽창 속도'입니다. 팽창 속도가 조금만 빠르거나 느려도 우주의 모습은 완전히 달라지거든요. 우선 팽창 속도가 느리면 우주 공간은 커지다 말고 오그라듭니다. 우주에 생겨난 막대한 물질들 사이에는 중력이라고 불리는 힘이 작용하기 때문이죠. 이 힘 때문에 물질들은 퍼져 나가다 말고 모여서 우주는 다시 한 점으로 오그라듭니다.

중력은 상당히 강한 힘이에요. 계산상으로는 우리 우주 공간에 $1m^3$당 수소 원자가 다섯 개 이상 존재하는 상태만 되어도 그 원자들의 중력 때문에 우주는 오그라듭니다. 이것을 '임계밀도'라고 하는데, 우주가 오그라들지 말지 결정하는 수치죠. 임계밀도보다 밀도가 높아지면 우주는 오그라들게 되는 겁니다.

그런데 좀 이상해요. 지금 여러분을 비롯해서 주변의 사물은 막대한 양의 원자들로 구성되었잖아요. 이 원자들 때문에 우주가 당장 오그라들어야 하는 거 아닌지 오해하는 분들이 계실 텐데요. 우리 주변 환경에 특별히 집중적으로 물질들이 모여 있는 것일 뿐, 우리 우주는 99.9999%가 비어 있습니다. 태양계만 예로 들어도 태양을 운동장 가운데 있는 테니스공이라고 치면 지구는 20m 떨어진 곳에 굴러다니는 모래알 하나에 불과해요.

더 놀랄 일은 가장 가까운 별인 알파센타우리와 거리입니다. 그나마 가까운 별인데도 4.3광년이나 떨어져 있죠. 광년은 빛이 1년 동안 진공 속에서 진행한 거리로 약 9조 4,600억 km 정도나 되

과학이 빛나는 밤에

는 어마어마한 거리입니다. 만약 이 거리를 테니스공에 비유해 설명하면 태양에서 알파센타우리를 만나기 위해서는 자동차를 타고 지평선 너머에 있는 공항에 도착한 뒤 비행기를 타고 태평양을 건너 미국까지 가야 합니다.

알파센타우리는 그나마 같은 은하에 속한 이웃사촌이라 가깝지, 은하와 은하 사이의 거리는 더 멀어요. 눈에 보이는 별과 은하, 지구 같은 행성들은 우주라는 거대한 빈 공간 입장에서 보면 먼지도 안 됩니다. 먼지처럼 존재감이 없기 때문에 별과 은하, 행성을 전부 믹서로 갈아서 우주 공간에 원자 단위로 흩어 놓는다 해도 $10m^3$당 원자 한 개뿐입니다. $1m^3$로 치면 0.2개죠. 그러니 당장 우주가 오그라들 염려는 하지 않아도 됩니다.

임계밀도인 $1m^3$당 수소 원자 다섯 개가 별것 아닌 듯해도 막대한 우주 공간을 그런 식으로 채운다면 엄청난 양이에요. 종이 한 장이 별것 아닌 듯해도 수천수만 장 쌓이면 무거운 것처럼 말입니다. 하지만 아무리 전체적인 양이 막대하다 한들 먼지에도 못 미치는 수소 원자 다섯 개가 만드는 중력이 얼마나 될까요? 사실 측정이 불가능할 정도로 작습니다. 거의 0이라고 봐도 무방하죠. 자석이 끌어당기는 힘에 비하면 중력은 $1/10^{36}$에 불과합니다. 그러니 손톱만 한 자석이 지구 전체의 중력을 이겨 내고 클립을 끌어 올릴 수 있죠. 중력이 눈에 보이는 효과를 나타내려면 지구나 태양같이 거대하고 무거운 천체들 정도는 되어야 합니다.

우주도 우그러뜨릴 수 있는
작은 힘들의 합

1m³당 수소 원자 다섯 개는 진공이나 마찬가지입니다. 기술자들이 최신 기술로 열심히 공기를 빼내 진공을 만들어도 원자 하나하나를 완벽하게 빼내진 못하기 때문에 저 정도 진공을 만들 수 없거든요. 진공 만드는 과학자들 입장에서 보면 우주는 완벽하게 텅 비어야 오그라들 운명을 피할 수 있죠.

그런데 0이나 마찬가지인 힘으로 어떻게 우주 공간을 오그라들게 만들 수 있다는 것일까요? 먼저 중력은 도달하는 범위가 매우 넓습니다. 중력의 세기를 계산할 수 있는 뉴턴의 공식을 보시죠.

중력인 F의 값은 두 물체의 질량을 곱한 값을 거리(r)의 제곱으로 나눈 값에 중력 상수인 G를 곱해서 구해지는데요. 두 물체 사이가 멀어지고 그 거리가 늘어날수록 분모가 커지면서 중력이 약해지긴 하지만, 절대 0이 되진 않습니다. 분자 역시 0이 될 수 없고요. 그래서 우주 끝과 끝에 두 물체가 있을지언정 둘 사이에는 미세한 중

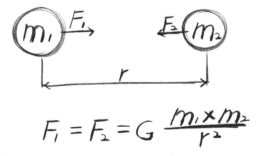

$$F_1 = F_2 = G \frac{m_1 \times m_2}{r^2}$$

뉴턴의 중력 법칙

과학이 빛나는 밤에

력이 작용합니다. 지금 이 순간에도 저 멀리 알파센타우리, 안드로메다은하의 중력이 미세하나마 지구까지 영향을 미치죠. 이름 모를 별과 소행성의 중력도 마찬가지고요. 미세하나마 끌어당기는 힘이 존재하니까 결국에는 서로 가까워질 수밖에 없고, 거리가 가까워지면 중력은 더 강해집니다. 뉴턴의 공식을 보면 거리가 가까워질수록 분모가 줄어서 중력이 강해지는 것을 알 수 있어요.

이런 식으로 중력이 강해지면 '눈덩이 효과'가 생겨날 수 있습니다. 눈덩이 효과란 작은 눈덩이가 구르면서 커지면 그만큼 표면적이 넓어지면서 더 많은 눈을 모으고, 표면적이 커진 만큼 더 많은 눈을 모으는 현상을 말하는데요. 이런 일이 중력에 의해서도 일어날 수 있습니다.

우주 공간의 물질들도 서로 가까워지면서 중력이 커지기 시작하면 그 힘으로 더 많은 물질들을 끌어당기고, 그러면 힘이 세져서 더 많은 물질들을 끌어당기는 방식으로 힘이 갈수록 강해지거든요. 그래서 수소 원자들의 0이나 마찬가지인 중력도 눈덩이 효과를 통해 우주 공간을 오그라들게 만들 수 있습니다. 중력이 무서운 것도 이 때문이죠.

그런데 이 부분도 잘 생각해 보면 의문이 생길 겁니다. 물질들끼리 끌어당겨서 가까워진다고 텅 빈 공간이 오그라들 필요는 없으니까요. '공간은 그대로 있고 물질들만 가까워지는 거 아닌가?'라는 의문이 들 수도 있습니다.

중력이란 어떤 힘이 따로 작용하는 것이 아니라 공간이 휘면서 작용하는 힘입니다. 편평한 판이 움푹 들어가면서 휘면 주변의 물

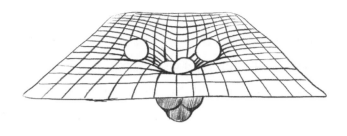

중력이 작용할 때 공간의 형태

체들이 그리로 굴러떨어지듯 중력도 그런 식으로 생겨난다는 거죠. 물체에 의해 공간이 움푹 휘면서 다른 물체가 그리로 떨어지는 것뿐인데, 우리 눈에는 그것이 끌어당기는 힘으로 보입니다.

지금 우리를 끌어당기는 지구도 주변 공간을 휘어서 우리를 땅에 붙어 있게 하죠. 공간이 휘었다는 것을 우리가 전혀 느낄 수 없을 뿐입니다. 하지만 수학적으로는 공간이 휘었다는 것을 표현할 수 있고, 정확히 중력을 설명하고 계산해 낼 수 있습니다. 이것이 아인슈타인의 업적이에요.

중력과 공간은 따로 노는 것이 아닙니다. 중력으로 물질들이 모여든다는 것은 공간도 휘면서 오그라든다는 의미죠. 그래서 우주 공간도 다시 점으로 오그라들 수 있고요.

아슬아슬한 확률로 탄생한 우주

그러면 반대로 공간이 빨리 팽창하는 경우는 어떨까요? 우주가 오그라들 걱정은 할 필요가 없

과학이 빛나는 밤에

지만, 우주가 심심해집니다. 공간이 빨리 커지니까 물질들이 멀리까지 흩어지거든요. 물질들이 모여서 별도 만들고 나중에 지구도 되고 해야 할 텐데, 거리가 멀다 보니 중력으로 끌어당겨 모일 수가 없습니다. 이런 우주에는 반짝이는 별도, 나선형이 예쁜 은하도 없어요. 텅 빈 공간에 간혹 원자들이나 둥둥 떠다니는 심심하고 칠흑같이 어두운 공간이 됩니다. 사실상 아무것도 없는 우주죠.

그러면 적당한 팽창 속도의 범위는 어느 정도일까요? 이 범위가 넓다면 우리 우주가 탄생할 가능성이 높아지고, 이 범위가 좁다면 우리 우주는 운 좋게 탄생한 존재가 됩니다.

놀랍게도 이 범위는 극도로 좁습니다. 빅뱅 당시 공간의 팽창 속도가 조금만 빨라서 $1/10^{15}$ 이상 밀도 차이(임계밀도를 1이라고 했을 때 차이)가 났다면 지금의 우주는 존재할 수 없습니다. 그 정확도가 엄청나야 하죠. 1m짜리 자를 만든다면 0.000000000001mm도 틀려서는 안 되는 겁니다. 머리카락 하나만큼 오차가 났어도 우주는 오그라들었거나 물질들이 다 흩어졌을 테니까요. 이 정도면 볼링공이 수십 km나 되는 칼날 위를 아슬아슬하게 굴러가는 거나 마찬가지라고 할까요?

범위가 극도로 좁을 수밖에 없는 것은 중력 때문입니다. 수소 원자의 예에서 봤듯이 미세한 중력도 눈덩이 효과로 우주 공간을 오그라들게 만들기에, 그런 비극적 사태를 피하려면 물질들이 아주 빨리 멀어져야 합니다. 웬만한 팽창으로는 무려 138억 년 동안 중력 눈덩이 사태를 피하기 어렵죠. 처음에는 잘 피한 것 같아도 조금만 잘못하면 중력에 잡아먹히니까요. 그렇다고 빠르게 팽창해서 물질들이 지나치게 멀어지면 별과 은하가 생길 수 없어요. 눈송이가 모여서 눈덩이가 되어야 하는데, 눈송이 하나하나가 멀리 떨어진 상황입니다.

우리 우주의 모습이 되려면 눈덩이가 굴러가되, 무시무시한 눈덩이 효과는 일어나지 않아야죠. 이게 참 애매하고 아슬아슬합니다. 중력을 이용하면서도 중력의 무서운 면은 피해야 하니까요. 마치 악어 입 속에 머리 넣는 묘기를 보여 주는 조련사의 입장 같다고 할까요? 이런 것들을 보면 우주는 모 아니면 도의 운명 같습니다. 중력에 의해 오그라들거나, 텅 비고 심심한 우주가 되거나.

중력 대신 전자기력을 이용해 이런 우주의 고뇌를 쉽게 체험해 볼 수 있습니다. 자석 두 개를 서로 다른 극끼리 마주 보게 놓고 서서히 가까워지게 하면 어느 순간 끌어당기는 힘이 느껴집니다. 여러분의 임무는 그런 상황에서 자석이 적당히 떨어져 있게 만드는 겁니다. 물론 손을 놓은 상태에서요. 잘 조절해야겠죠. 조금만 더 가까워져도 자석이 맹렬하게 붙을 것이고, 확 떨어뜨리면 힘이 아예 작용하지 않을 테니까요.

우리 우주는 운 좋게도 극단적인 운명의 장난을 피해 138억 년이나 버티면서 별이 빛나는 우주를 유지했습니다. 하지만 아슬아슬하게 넘어야 할 고비들은 아직 많습니다. 중력의 마수를 피해 물질들을 적당히 흩어 놓는 데 성공했다 해도 그 상태로는 별과 은하가 생겨나지 않거든요. 눈이 적당한 높이로 쌓여도 그냥 쌓여 있기만 하면 눈덩어리가 생길 수 없으니까요.

과학이 빛나는 밤에

세상이 좀 달라 보이나요?

눈을 감고 조용히 우주의 모든 사물이 나 자신을 끌어당기는 것을 느껴 보세요. 저 멀리 해왕성, 천왕성, 안드로메다은하는 물론이고 우주 끝에 있는 이름 모를 작은 행성과 그 행성의 작은 돌덩이마저 우리를 끌어당기죠. 우리는 중력이라는 은밀한 힘으로 모든 것이 연결된 세상에 살고 있습니다.

10만 분의 1과 10만 분의 10 사이, 별의 탄생

빅뱅 당시 우주의 물질들은 균일하게 퍼져 있었습니다. 밀도 차이가 거의 나지 않는 것으로 측정되었죠. 예를 들어 100m 깊이의 호수가 있다면 1mm 이상의 물결도 없는 상태, 정말 유리판처럼 편평한 겁니다. 물질들은 거의 균일하게 퍼져 있었어요.

이런 상태에서는 별과 은하가 될 '눈덩이'가 생겨나서 구를 수 없습니다. 어떤 곳은 다른 곳에 비해 물질이 좀 더 많아야 그곳을 중심으로 중력이 커지면서 물질이 모일 수 있으니까요. 한마디로 '씨앗'이 있어야 하는데, 그것을 찾아볼 수 없었어요. 우주가 정말 이런 상태였다면 물질들은 어디로 모여야 할지 갈피를 잡지 못하고 우왕좌왕하다가 팽창하는 공간에 의해 멀어졌겠죠. 별은커녕 덩어리 한 번 못 만들고 빠이빠이 하는 겁니다.

그런데 그것을 어떻게 알았을까요? 백수십억 년 전 우주의 상태가 균일한지 균일하지 않은지 알아내기 쉽지 않을 텐데요. 바로 우주배경복사 덕분입니다. 또 등장했죠? 다 식은 열기가 뭐 그리 대

　　　　　　　　　　　　　과학이 빛나는 밤에

단할까 싶을 수도 있지만, 빅뱅의 유일한 직접적인 증거이고 생각만큼 단순한 열기도 아닙니다. 뭔가 뽑아낼 거리가 상당히 많아요.

특히 천문학 분야에서 우주배경복사는 상당히 중요하기 때문에 좀 더 정확한 관측을 위해 엄청난 돈을 들여 위성을 발사해 왔습니다. 구소련은 1983년 RELIKT－1 위성을, 미국은 1989년 COBE 위성과 2001년 WMAP 위성을, 유럽연합은 2009년 PLANCK 위성을 발사했어요. 그만큼 우주배경복사가 대단한 겁니다.

다 식은 열기가 물질이 균일하게 퍼진 것과 무슨 상관이 있을까요? 우주배경복사는 그 온도가 균일하다고 말씀드렸잖아요. 그런데 어느 곳에는 물질이 많이 모이고, 어느 곳에는 물질이 적게 모이면 열기도 차이가 날 수밖에 없어요. 물질에 흡수되기도 하고 방출되기도 하면서 영향을 받으니까요. 이 열기가 어디나 똑같다는 것은 당시 우주 공간에는 물질이 어디나 똑같은 밀도로 가득 차 있었다는 얘기입니다. 이런 상태로는 별과 은하가 생겨나기 힘들다는 계산이 나오고요. 그러나 현재 우리 우주는 별과 은하가 가득해요. 왜 이렇게 예상과 다른 결과가 생겼을까요? 빅뱅의 순간 뭔가 특별한 일이 일어났기 때문입니다.

알맞은 밀도의 차이

과학자들은 그 특별한 일에 대한 실마리 역시 우주배경복사에서 찾았습니다. 우주배경복사의 온도를 위성으로 정밀하게 측정해 보니 1/10만 정도로 미세한 차이가 있었죠. 그 차이는 딱 적당한 차이입니다. 과학자들이 그 정도 밀도 차이가 나야 지금처럼 별과 은하가 생길 수 있을 거라고 예상했거든요. 차이가 그보다 약간 더 크거나 작았다면 우주는 지금과 전혀 다른 모습이 될 가능성이 높았죠.

계산상으로 1/10만보다 큰 차이가 났다면 중력의 눈덩이 효과 때문에 물질들이 잘 모여서 우주가 블랙홀 천지가 될 가능성이 컸습니다. 중력이 지나치게 강해지면서 빛도 빠져나올 수 없는 블랙홀이 마구 생겨나는 거죠. 반대로 1/10만보다 작은 차이였다면 중력이 힘을 발휘하지 못하면서 물질들이 모이지 못하고 우왕좌왕하다가 흩어질 가능성이 높았습니다. 텅 비고 심심한 우주가 되는 거죠. 그러면 딱 알맞은 밀도 차이가 존재한 원인이 무엇일까요?

수많은 선택지를 품은 양자 요동

아마도 '양자 요동' 때문일 가능성이 높습니다. 양자 요동은 미시 세계에서 일어나는 현상으로, 우주가 원자만큼 작았다면 그 영향을 받을 수밖에 없습니다. 바로 그 영향의 흔적이 우주가 커진 뒤에도 남아 밀도 차이가 생겨난 거죠. 아기 때 생긴 상처가 흉터로 남는 것처럼 말입니다.

양자 요동은 '요동'에서 알 수 있듯이 불안정하고 큰 변화를 의미합니다. 그래서 어떤 불균일함을 만들어 내기에 알맞죠. 이런 요동은 굉장히 크게 나타날 수 있습니다. 예를 들어 전자 하나를 특정 위치에서 정확히 측정하려고 한다면 전자의 에너지가 요동치게 됩

과학이 빛나는 밤에

니다. 전등 수천 개를 밝힐 만큼 큰 에너지일 수도 있고, 0에 가까울 만큼 적은 에너지일 수도 있어요. 그런데 왜 조그마한 전자를 측정했을 뿐인데 에너지가 요동칠까요? 지금 여러분은 그 어렵다는 양자물리의 핵심개념에 접근하고 있는 겁니다. 이상한 것은 당연하니까 조금만 인내심을 발휘해 보세요.

이런 이상한 상황은 카메라를 예로 들어 설명하기도 합니다. 날아가는 축구공을 굉장히 빠른 셔터스피드로 찍으면 축구공이 마치 공중에 멈춘 것처럼 찍히겠죠. 이렇게 되면 위치에 관한 정보는 상당히 정확히 알 수 있지만 축구공의 에너지에 대해서는 세게 가는지, 약하게 가는지 알 수 없어요. 반대로 셔터 스피드를 느리게 해서 축구공의 날아가는 궤적을 흐릿하게 찍으면 축구공의 에너지는 알 수 있지만, 위치는 정확하게 알 수 없습니다.

그런데 비슷한 상황이 전자에서도 발생한 겁니다. 전자의 위치를 정확히 측정하려고 하면 에너지의 양을 모르고, 에너지를 정확히 측정하려고 하면 위치를 모르죠. 하지만 축구공과 전자는 다릅니다. 분명히 축구공의 에너지는 정해져서 일정한 속도와 방향으로 날아가고 있습니다. 정답이 있는데 모를 뿐이죠. 그러나 전자는 정답 자체가 없습니다. 엄청난 에너지가 나올 수도 있고 나오지 않을 수도 있습니다. 수많은 선택지가 존재하고, 그중에서 무엇이든 답이 될 수 있어요. 인간 세계에서는 똑같은 자세로 공을 차면 공이 어느 방향으로 날아갈지 알 수 있지만, 원자 세계에서는 똑같은 자세로 공을 찼어도 어디로 날아갈지 전혀 알 수가 없습니다.

우주가 아주 작았을 때의
불확정성

이런 이상한 상황은 왜 발생할까요? 그리고 인간의 세상에서는 왜 그런 현상을 볼 수 없을까요? 그것을 이해하기 위해서는 불확정성이라는 양자 물리의 핵심 개념을 이해해야 합니다. 뒤에서 다시 다루겠지만, 핵심은 불확정성이 매우 작다는 것입니다.

불확정성을 아주 작은 풍선이라고 생각해 보죠. 공간은 이 풍선으로 가득 차 있습니다. 그런데 풍선은 원자보다 작기 때문에 눈에 띄지 않고 우리가 직접 건드릴 수도 없습니다. 다만 위치나 에너지를 원자 수준 이하로 정밀하게 측정하면 건드릴 수 있어요. 여기에서 풍선의 세로축이 위치고 가로축이 에너지라면, 위치를 정확히 측정하기 위해서는 풍선을 위아래 방향에서 눌러줘야 합니다. 그러면 에너지 쪽은 부풀어 오르면서 불안정해지겠죠? 반대로 에너지 쪽을 누르면 위치 쪽이 불안정해집니다. 많이 누를수록 어느 한쪽은 그만큼 불안정해집니다.

이런 불확정성의 성질 때문에 우리 일상에서는 양자 요동을 경험할 수 없어요. 그런데 우주가 원자만큼 작았을 때는 불확정성 풍선을 건드릴 수밖에 없습니다. 그래서 양자 요동이 발생했고, 그로 인해 밀도 차이가 생겨날 수 있었죠. 그러면 이제 문제가 다 해결되었을까요?

초현실적으로 빠른 팽창 속도, 인플레이션

아닙니다. 그 물질의 밀도 차이가 계속 유지되기 힘들거든요. 팽창하는 동안 우주의 지역별로 밀도가 달라질 수 있습니다. 거대한 우주 전체의 밀도가 1/10만까지 정확히 같기는 힘들죠. 원자보다 작던 우주가 거대한 크기로 팽창한 뒤에도 우주 전체가 자로 잰 듯 정확히 같은 밀도를 유지한다는 것은 거의 불가능한 일입니다. 쌍둥이 형제라도 어른이 됐을 때 키가 완전히 똑같을 수는 없듯이 말이죠.

이 문제는 1980년대에 미국의 과학자인 앨런 구스Alan Harvey Guth의 아이디어로 해결됩니다. 간단해요. 우주가 극도로 빠르게 팽창하면 됩니다. 작은 우주가 1/10만이라는 밀도 차이를 만들어 내는 양자 요동 상태에서 빠른 속도로 엄청나게 커진 뒤, 물질들이 생겨나면 우주는 전체적으로 밀도가 거의 같은 차이를 가진 상태에서 시작할 수 있죠. 상하기 전에 즉시 배달한다면 지구촌 어디에서나 비슷한 품질의 우유를 먹을 수 있듯이 우주도 '변질'되기 전에 커진 겁니다.

그런데 이렇게 되려면 팽창 속도가 상상 이상이어야 합니다. 완두콩 하나가 순식간에 지평선을 넘어 지구를 넘어 태양계를 넘어 은하를 넘어 우주만큼 확대될 정도는 되어야 해요. 가장 빠르다는 빛의 속도도 여기에 비하면 아무것도 아니죠. 상대성이론에 따르면 빛보다 빠를 수 없지 않느냐는 반론도 있겠지만, 공간 자체의 팽창 속도는 상대성이론에서도 뭐라고 잔소리하지 않습니다. 제한속도 없이 팽창할 수 있어요. 제한속도는 공간 안에 있는 물체에게나 해당되는 소리죠.

이런 무제한적인 극도의 팽창은 단순히 빅뱅이라고 하기엔 무리가 있기 때문에 '인플레이션'이라는 좀 더 학문적인 용어로 부릅니다. 이 인플레이션 덕분에 원자 세계의 양자 요동이 우주 곳곳에 퍼져 나가 균일하면서도 적당히 불균일한 물질의 밀도 차이를 만들어 냈고, 그 물질들이 별과 은하가 될 수 있었습니다.

초현실적인 빅뱅에 의해 간신히 '1/10만이라는 밀도 차'가 만들어졌다 해도 바로 별과 은하가 되는 것은 아닙니다. 씨앗만 뿌린다고 싹이 트는 것이 아니듯 은밀한 도움이 필요했거든요. 그 도움이 없었다면 계산상으로 그 밀도 차이만 한 중력으로 은하와 별이 되는 과정은 너무나 느렸습니다. 138억 년도 모자랄 판이었죠.

세상이 좀 달라 보이나요?

밤하늘을 보며 138억 년 전 인플레이션과 양자 요동을 떠올려 보세요. 우리 삶과 아무 상관없을 것 같은 단어들이지만, 그 둘이 없었다면 별과 은하도 없고 138억 년 뒤 이 책을 볼 여러분도 존재할 수 없습니다. 여러분은 전혀 상관없어 보이던 미시 세계와 거대한 우주, 까마득한 과거와 지금이 밀접하게 연결된 세상에 사는 겁니다.

은밀하게 충만하게,
암흑 물질

우주에 존재하는 보통 물질, 즉 원자로 구성된 일반적인 물질의 중력으로는 제 시간에 별과 은하가 생겨날 수가 없었습니다. 중력이 턱없이 부족했거든요. 그래서 더 많은 중력을 제공할 수 있는 새로운 물질이 필요했습니다. 지금까지 관측된 적이 없고 과학자들의 계산에서 빠져 있던 물질이 존재해야 했죠. 그것도 아주 많은 양이 필요했습니다. 이 정체불명의 물질을 '암흑 물질'이라고 부릅니다. 우주 전체에 존재하는 보통 물질보다 약 6배 많은 것으로 추측되죠.

암흑 물질에 대한 실마리는 1930년대 미국의 천체물리학자 프리츠 츠비키Fritz Zwicky가 처음 발견합니다. 츠비키는 은하들의 무리인 은하단을 관측하다가 이상한 점을 발견했어요. 은하들이 굉장히 빠르게 움직이는데도 은하단에서 벗어나지 않은 겁니다. 원심력에 의해 튕겨 나가야 할 것 같은데, 은하들끼리 무슨 밧줄로 연결되기라도 한 것처럼 은하단을 유지하고 있었습니다. 은하들 사이는 텅 빈 공간들뿐인데 말이에요.

계산상 은하들의 중력으로 은하단을 유지한다는 것은 불가능했습니다. 은하단을 유지하기 위해서는 눈에 보이는 은하들보다 100배가 넘는 중력을 만들어 내는 물질이 필요했죠. 그 물질들이 존재한다면 빛나는 별과 은하는 은하단 전체 질량의 일부에 불과했습니다. 은하단은 뭔지 모를 물질로 가득 차야 했어요.

하지만 그 물질이 무엇인지 알 수 없었고, 츠비키의 발견은 주목받지 못했습니다. 당시 기술로 은하를 관찰한다는 것이 쉽지 않았기 때문에 관심 자체가 적었고, 과학자들은 츠비키가 간과한 다른 요소가 있을 것이라고 생각했죠. 그러나 관측 기술이 발달하고 1970년대 비슷한 현상이 은하에서도 발견되자, 츠비키의 주장이 다시 주목을 받습니다.

암흑 물질의 발견

여성 천문학자 베라 루빈Vera Cooper Rubin이 은하를 관측해 보니, 굉장히 빠른 속도로 회전하는데도 별들은 은하에 잘 붙들려 있었습니다. 별들 사이는 수십조 km나 되는 텅 빈 공간뿐인데도 은하는 마치 끈으로 엮인 것처럼 잘 유지됐어요. 하지만 계산상 눈에 보이는 별들의 중력으로는 은하가 유지될 수 없었습니다. 그러니 은하 역시 눈에 보이지 않는 '뭔가 다른 물질'로 가득 찬 게 아닌가 생각할 수밖에 없었죠. 추가적인 중력이 없으면 은하가 유지되지 않으니까요. 계산상 은하 총 질량의 10배 이상이 필요했습니다.

과학이 빛나는 밤에

문제는 이런 암흑 물질의 정체를 도무지 알 수 없다는 점이었어요. 이 물질은 단순히 빛을 내지 않아서 관측하기 힘든 것이 아니었습니다. 엄청나게 많은 시커먼 물질들이 둥둥 떠다닌다면 다른 별의 빛을 가리는 현상이 발견됐을 텐데, 그런 일은 일어나지 않았거든요. 마치 투명한 유리 조각처럼 빛을 통과시키는 듯했습니다. 그렇다고 진짜 유리 조각처럼 만질 수 있고 잡아챌 수 있는 덩어리 같지도 않았어요. 은하를 가득 채우는 그 덩어리들이 지구에 무수히 떨어지고 쌓이는 일은 없었으니까요.

　　암흑 물질은 보통 물질처럼 빛을 흡수하거나 방출하지 않는 것으로 보였습니다. 양성자나 전자처럼 전하를 가져서(전기적 극성을 띠어 극성이 HCl처럼 +, -가 갈라지는 경우) 서로 끌어당기거나 결합하지 않고, 황야의 외로운 늑대처럼 단독 입자로 돌아다닌다는 거죠. 이런 상황이면 발견하기 쉽지 않아요. 미세한 입자들로 존재하는 것도 문제지만, 전기적 성질이 없으니 보통 물질과 잘 반응하지 않는다는 얘기거든요. 전기적 극성이 있어야 보통 물질과 밀어내고 끌어당기면서 영향을 주고받을 텐데, 암흑 물질 입자는 그런 게 없습니다. 다만 질량을 가지고 있기 때문에 보통 물질과 중력 작용을 나타내고, 중력 작용을 통해서 자신을 드러낼 뿐이죠.

　　현재 확실한 것은 오직 중력으로 보통 물질에 영향을 줄 수 있다는 겁니다. 하지만 중력은 웬만큼 강하지 않고는 티가 나지 않아요. 암흑 물질 덩어리가 실험실에 있다 한들 그 중력은 미세해서 측정할 수 없을 테니까요.

우주를 꽉 채운 암흑 물질

만약에 실험실을 은하단보다 크게 만들 수 있다면 어떨까요? 허황된 얘기 같지만 측정이 가능할 수도 있겠죠? 그 실험실 안에는 막대한 암흑 물질이 있을 테니까요. 그런데 허황된 얘기만은 아닙니다. 실험실을 크게 만들 필요 없이 관측 규모를 확대하면 되거든요. 실제 은하단을 관측하면 그 주위에 이상한 모양으로 늘어진 은하나 똑같은 별이 몇 개씩 보이는데, 이것은 암흑 물질의 중력이 빛을 휘게 하면서 만들어 내는 효과입니다.

여기에서 희한한 부분이 암흑 물질들 자체는 중력에 의해 한곳으로 모이지 않는 것 같다는 점이에요. 그랬다면 엄청난 블랙홀이 곳곳에서 탄생했을 텐데, 암흑 물질들은 그런 일을 벌이지 않거든요. 암흑 물질들은 뿌연 안개처럼 조용히 흩어져서 은하와 은하단을 둘러싸고 있을 뿐입니다. 정체를 드러내거나 나서지 않으면서도 은하가 붕괴되지 않도록 뒤에서 강력한 힘을 발휘하는 거예요. 무슨 키다리 아저씨도 아니고 참 희한하죠?

이 암흑 물질 키다리 아저씨는 은하가 탄생할 때도 결정적인 도움을 주었을 겁니다. 보통 물질들만의 중력으로는 138억 년이 지났어도 별과 은하가 생겨나지 않았을 테니까요. 아마도 빅뱅 이후 암흑 물질이 재빠르게 우주 곳곳에 '자리' 잡은 뒤, 중력으로 보통 물질들을 끌어들여 별과 은하를 만들어 냈을 가능성이 높습니다. 암흑 물질은 은하와 은하단이 생기는 데 주춧돌 역할까지 한 셈이죠. 빅뱅 당시 암흑 물질이라는 주춧돌이 제때 잘 설치되지 않았다면 별과 은하도 제대로 만들어지지 않았을 거예요.

쉽지 않죠? 물질들이 제대로 모이는 데 이렇게 많은 조건이 필요할 줄이야. 정체를 알 수 없어 찝찝하지만, 암흑 물질의 은밀한 도움으로 물질들이 모이는 문제는 마무리되었습니다. 기반은 마련됐으니까 별들이 빛나기만 하면 될 것 같은데, 이것 역시 쉬운 일은 아닙니다. 단순히 물질이 모인다고 거기에서 빛이 마구 뿜어져 나올 리는 없으니까요. 복잡 미묘하고 절묘한 조건들이 필요합니다.

세상이 좀 달라 보이나요?

지금 이 순간 여러분 근처에 있을 암흑 물질을 상상해 보세요. 볼 수는 없지만 암흑 물질 소용돌이가 휘몰아치며 여러분을 관통하고 있을지도 모릅니다. 아마 수십 km/s 이상 빠른 속도일 겁니다. 태풍은 비교 대상도 안 되죠. 태양계가 그만큼 빨리 암흑 물질이 가득한 은하를 돌고 있으니까요. 느낄 수 없어 아쉽지만, 우리는 생각보다 격렬하고 역동적인 세상에 살고 있습니다.

우연 그 이상의 순간,
최초의 별빛

암흑 물질의 도움으로 모여서 빛을 내야 할 물질은 원자입니다. 원자 하면 가운데 있는 원자핵과 주변을 떠도는 전자가 떠올라요. 왠지 태양계와 비슷한 듯해서 친숙하기도 하고, 그리 복잡해 보이진 않습니다. 그런데 원자는 생각보다 훨씬 복잡합니다. 자세히 들여다보면 생소한 구성 요소와 힘들이 복잡하게 상호작용 하죠. 단

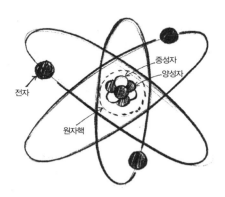

러더퍼드의 원자모형

과학이 빛나는 밤에

순해 보이는 시계도 수많은 톱니바퀴와 부품들로 구성되듯이 원자도 마찬가지입니다.

문제는 원자 부품들의 성질이 무척 예민하다는 거예요. 그중 하나라도 다른 방식으로 굴러간다면 이상한 결과가 나올 수 있습니다. 빛을 내지 못하는 별이 되거나, 빛을 내더라도 금방 꺼지는 별이 될 수 있죠. 제대로 된 별이 있어야 은하도 있고 별이 있어야 지구도 있는데, 그 별의 '품질'이 위태위태해지는 겁니다. 원자들이 제대로 조립되어야 우주의 역사도 순조롭게 흘러갈 수 있어요.

여기에서는 원자를 자세히 보고, 도대체 뭐가 그리 대단해서 우주의 역사를 쥐락펴락하는지, 그 복잡 미묘한 원자들은 어떻게 이 우주에 생겨났는지 이야기해 보려고 합니다.

먼저 '전자'는 전자일 뿐, 부품이랄 게 없습니다. 복잡한 것은 '원자핵'이죠. 원자핵은 양성자와 중성자라는 부품으로 구성되거든요. 양성자는 아주 중요한 부품이에요. 양성자의 숫자가 달라지면 원자의 종류가 바뀝니다. 양성자 하나는 수소, 두 개는 헬륨, 세 개는 리튬… 이렇게 말이죠.

그래서 양성자 수만 바꿀 수 있다면 주기율표에 나오는 모든 원소를 만들 수 있습니다. 쇠를 금으로 만드는 것도 가능해요. 철은 양성자가 26개인데, 여기에 53개만 더하면 금이 되거든요. 오랜 옛날 과학자들의 꿈이었고, 뉴턴이 죽을 때까지 매달린 연금술은 과학적으로 가능한 일이 되는 것입니다.

양성자를 밀어내고 끌어당기는 힘,
전자기력

그러나 이게 쉬운 일이 아니에요. 쉬운 일이라면 세상에 금이 넘칠 겁니다. 그 까닭은 양성자들이 서로 밀어내는 힘이 있기 때문입니다. 이 힘은 중력과 다른 새로운 힘이에요. 양성자들이 서로 가까워질수록 밀어내는 힘이 강해집니다. 같은 극 자석이 가까워질수록 밀어내는 힘이 강해지는 것처럼 말이죠. 결합하려면 일단 가까워져야 하는데, 그게 어려우니 양성자들을 결합시키는 것이 쉽지 않아요. 자석처럼 눈에 보이고 만질 수 있는 큰 물체라면 억지로 붙잡아 결합시킬 텐데 양성자는 그렇지도 않고요. 그러니 웬만큼 강한 에너지가 아니면 양성자들은 다 비켜 나갑니다.

그렇다고 이 힘이 밀어내는 일만 하는 것은 아니에요. 이 힘은 극성에 따라 다르게 작용하는데, 자석처럼 서로 다른 극일 경우는 끌어당깁니다. 전자는 양성자와 극이 달라서 서로 끌어당겨요. 전자가 원자핵 주변을 떠도는 것이 바로 이 끌어당기는 힘 때문입니다. 이렇게 극성까지 있는 것을 보니 자석의 힘과 비슷하죠? 이 힘은 실제로도 자기력과 밀접한 관계가 있는 '전기력'입니다. 양성자가 서로 밀어낸 것은 바로 전기적으로 같은 극성인 +극이기 때문이고, 전자와 끌어당긴 것은 전자가 전기적으로 다른 −극이기 때문이에요.

전기력과 자기력의 밀접한 관계를 잘 볼 수 있는 간단한 실험이 전선 주위에 만들어지는 자기장입니다. 전기가 흐르는 순간 자기장이 주변에 생겨나죠. 반대로 자석의 힘으로 전기를 만들어 낼 수도 있습니다. 발전기의 원리가 자석의 힘으로 전기를 생산해 내는 거예요. 이렇게 전기와 자기는 서로 만들어 내고 존재할 수 있게 하는 동전의 양면 같은 관계입니다. 그래서 전기력과 자기력을 다른 힘으로 여기지 않고 '전자기력'이라고 부르죠.

양성자를 붙드는 힘, 강력

어쩌다 보니 전자기력이라는 새로운 힘을 소개했네요. 이제 문제는 양성자의 결합입니다. 산소, 탄소, 철, 금 같은 물질이 생겨나려면 양성자가 결합해야 하는데 전자기력의 특성상 양성자는 결합할 수 없잖아요. 그래서 새로운 힘이 하나 더 필요합니다. '강력'은 이름처럼 강해서 전자기력보다 100배 강한 힘으로 전기적 극성에 상관없이 양성자나 중성자가 서로 끌어당기게 만듭니다.

하지만 이 힘에는 약점이 있습니다. 아주 가까운 거리에서만 작용하거든요. 서로 밀어내는 양성자들을 아주 가깝게 만들어 줘야 합니다. 그러나 전자기력의 특성상 거의 불가능하죠? 양성자들은 가까워질수록 밀어내는 힘이 강해지니까요. 그래서 강력만 가지고는 양성자가 결합할 수 없습니다. 중간에서 도우미 역할을 해 줄 중성자가 필요하거든요. 다행히 중성자는 전기적 극성이 없기 때문에 얼마든지 양성자와 가까워질 수 있고, 강력에 의해 결합할 수 있습니다.

이 중성자들을 매개로 양성자들이 결합할 수 있고, 원자핵을 이룰 수 있는 거예요. 중성자가 접착제 역할을 하죠. 원자핵이 양성자 두 개 이상으로 구성된 원소들은 이 중성자와 강력 덕분에 존재할 수 있는 겁니다.

하지만 원자핵의 양성자 수가 늘어나서 80여 개에 가까워지면 양성자들의 전자기력 때문에 원자핵이 불안정해집니다. 강력은 영향력이 미치는 범위가 좁아서 힘이 합쳐지지 못하는데, 전자기력은 영향력이 미치는 범위가 넓어서 힘이 합쳐지거든요. 그래서 불안정해진 원자핵이 붕괴되는 것을 방사능 붕괴라고 합니다. 여기에서 핵분열 에너지가 나오고요. 우라늄이나 플루토늄이 대표적인 예입니다.

그런데 강력의 성질에는 오묘한 부분이 있습니다. 만약 강력이 중력처럼 멀리까지 뻗어 나갔다면 어떻게 됐을까요? 강력은 중력에 비해 10^{38}배나 강합니다. 우주는 역사의 결정적 순간이고 뭐고 할 것 없이 순식간에 오그라들어서 사라졌겠죠.

또 하나 오묘한 점은 양성자와 중성자의 속을 보면 알 수 있습니다. 양성자와 중성자는 쿼크라는 부품으로 구성되는데, 그 쿼크들 사이에 강력이 작용합니다. 그러니까 강력은 양성자와 중성자들을 단순하게 끌어당기는 힘이 아니라 쿼크들 사이에서 작용하는 힘이에요. 보통의 물질을 구성하는 쿼크는 업 쿼크와 다운쿼크, 이렇게 두 종류입니다. 이 쿼크를 어떻게 조합하느냐에 따라 양성자가 될지, 중성자가 될지가 결정되죠.

그런데 쿼크는 양성자와 중성자와 비교했을 때 굉장히 작습니다. 양성자와 중성자가 지구라면, 쿼크는 강아지만 한 크기 정도

과학이 빛나는 밤에

에 불과해요. 강력이 중력이나 전자기력과 같았다면 강아지 세 마리는 당장에 착 달라붙었을 테고, 양성자와 중성자는 그 크기를 유지하지 못했을 겁니다. 하지만 강력은 단순히 끌어당기거나 밀어내는 힘이 아니에요.

강력은 마치 강아지를 묶어 놓은 줄처럼 작용합니다. 줄이 엄청나게 길어서 강아지들이 지구만 한 공간을 마음대로 돌아다니는 거죠. 겨우 세 마리지만 상상할 수 없을 만큼 빠른 속도로 돌아다닌다면 지구가 강아지로 가득 찬 것처럼 보일 겁니다. 하지만 강아지가 지구를 벗어나기에는 줄이 모자라기 때문에 강아지는 지구 안에서만 자유롭게 돌아다닐 수 있어요. 세 쿼크가 이런 식으로 양성자와 중성자를 구성하죠. 딱 저 정도 끈처럼 힘이 작용하기 때문에 중력이나 전자기력처럼 멀리 작용할 수 없는 겁니다. 끈의 길이를 벗어나면 힘이 0이 되거든요. 정말 딱이죠? 강력은 양성자나 중성자를 구성하기에 적합한 힘입니다.

그런데 생소한 힘이 하나 더 있습니다. 쿼크의 종류를 바꾸는 '약력'이에요. 약력이 작용하면 업 쿼크가 다운쿼크가 될 수 있고 반대도 가능합니다. 그리고 쿼크가 바뀌면서 양성자가 중성자가 될 수도 있고 중성자가 양성자가 될 수도 있어요. 끌어당기고 미는 힘이 아니라 입자의 성질을 바꾸는 힘이에요. 복잡하죠? 도대체 이런 힘까지 필요한 이유가 뭔가 싶을 텐데요. 좀 있으면 굉장한 역할을 한다는 것을 알 수 있습니다.

별이 빛나는 원리, 핵융합

그러면 발길을 돌려서 원자 속의 복잡 미묘함이 별이 빛나는 과정에 어떤 영향을 주는지 알아볼까요? 별이 빛나는 원리는 간단합니다. 아인슈타인의 유명한 공식 $E=mC^2$에 의해 빛이 뿜어 나오죠. $E=mC^2$에서 E는 에너지, m은 질량, C^2은 광속의 제곱이잖아요. 이 식을 살펴보면 질량 1g이 에너지로 변할 때는 광속의 제곱을 해 줘야 합니다. 광속은 30만 km/s이기 때문에 계산해 보면 1g에서도 엄청난 에너지가 발생해요.

예를 들어 벽돌 한 장 무게 정도 되는 1kg만 순수 에너지로 바꿔어도 석유 3,800만 l를 태웠을 때의 에너지가 나옵니다. 요즘 휘발유가 1l에 2,000원 정도니까 벽돌 한 장에 760억 원어치 에너지가 숨어 있는 셈이에요. 질량은 엄청난 에너지의 원천입니다.

그러니까 별에서도 질량을 에너지로 바꾸면 엄청난 빛을 만들 수 있어요. 필요한 재료도 수소 원자만 있으면 됩니다. 수소 원자 말고 다른 재료가 없기도 하고요. 빅뱅 당시 생겨난 원자는 수소와 헬륨뿐이거든요. 원자의 개수 비로 봤을 때 90%가 수소, 10%가 헬륨이죠. 수소 원자핵이 별에서 충돌하며 결합하다 보면 헬륨 원자핵이 되는데, 이 과정에서 질량의 0.7%가 에너지로 바뀌어요.

이 부분이 생소할 수 있습니다. 재료들이 떨어져 있을 때는 합쳐서 100kg이었는데, 조립한 뒤 보니까 99.3kg이 된 거나 마찬가지인 거잖아요. 재료를 조립할 때 뭔가 빼 놓은 것도 아닌데 남모르게 질량이 빠져나갔어요. 질량이 어디에서 줄었을까요? 질량에 대해 잘 생각해 보세요. 질량과 에너지는 같으니까, 어떤 물체의 에너지가

과학이 빛나는 밤에

줄면 질량도 줄어드는 거예요.

예를 들어 볼링공이 날아갈 때와 정지해 있을 때 어떤 볼링공이 더 무거울까요? 날아가는 볼링공이 더 무겁습니다. 운동에너지의 일부는 속도를 빠르게 하는 데 쓰이지만 또 다른 일부는 볼링공의 질량으로 더해지거든요. 물론 아주 미세한 차이지만 분명히 질량은 늘어납니다. 그리고 볼링공이 어딘가에 부딪혀 멈추게 되면 '쿵'하는 소리와 충격으로 에너지를 잃게 되고 그만큼 가벼워지게 되죠. 그러니까 질량은 어떤 물체에 들어 있는 뭔가로만 생각해서는 안 됩니다. 그 물체의 에너지 상태도 질량이죠.

자리가 사람을 만든다는 말이 있습니다. 똑같은 할아버지인데 집에 혼자 있을 땐 골골한 할아버지지만, 기업체 회장 자리에 앉으면 막강한 힘이 있는 사람이 되죠. 물체의 질량도 마찬가지입니다. 물체의 상태에 따라 질량이 커지기도 하고 작아지기도 해요.

그런데 양성자와 중성자들이 핵융합을 할 때도 상태가 변합니다. 자유분방하게 돌아다니던 양성자와 중성자가 결합하면서 에너지는 많지만 불안정한 상태에서 에너지가 적고 안정한 상태가 된 셈이죠. 이렇게 줄어든 에너지만큼 질량도 줄어듭니다. 질량의 0.7% 만큼 줄었을 뿐이지만, 광속의 제곱을 해 줘야 하니 엄청난 에너지가 발생한 것이고요.

원자핵이 결합해서 나오는 핵융합 에너지는 워낙 많은 에너지를 생산할 수 있고, 종전의 원자력발전소처럼 방사능 물질이 나오는 것도 아니기 때문에 과학자들은 그것을 흉내 내려고 열심히 노력 중입니다. 성공한다면 그야말로 꿈의 에너지가 되죠. 바닷물 1ℓ

에 포함된 중수소 0.03g만으로도 핵융합을 통해 폐기물 걱정 없이 서울과 부산을 세 번 왕복할 에너지를 만들 수 있습니다.

그러나 이론적으로는 좋지만 현재로서는 핵융합 발전이 불가능합니다. 양성자들의 반발력을 이겨 내고 충돌시키려면 엄청난 열에너지가 필요한데, 그 열에너지가 감당이 안 되거든요. 필요한 온도는 무려 1억 ℃입니다. 1억 ℃를 만들기도 어렵지만, 그 온도를 감당하는 기계도 없죠. 순식간에 녹아내릴 테니까요.

자기력을 이용해 핵융합 물질을 공중에 띄우는 토카막 핵융합로가 있지만, 오래 띄우는 데는 성공하지 못한 상태입니다. 기껏해야 수십 초 수준이죠. 하지만 선진국들이 앞다퉈 연구하고 있으니 핵융합이 성공할 날이 오리라 기대해 봅니다.

빛의 첫걸음을 떼는 힘,
강력과 약력

그런데 이 빛이 만들어지는 과정을 자세히 들여다보면 원자 세계의 복잡 미묘함이 하나둘 드러납니다. 가장 눈에 띄게 활약하는 힘은 강력이에요. 강력으로 수소 원자핵의 양성자들이 서로 밀어내는 힘을 이겨 내고 결합하니까요. 강력이 조금이라도 약해지거나 강해지면 별이 빛날 수 없습니다. 강력이 약하면 수소 원자들이 충돌해도 결합할 수 없거든요. 10%라도 약해지면 결합이고 뭐고 없던 일이 됩니다.

반대로 강력이 강해지는 것도 문제죠. 강력이 강하면 핵융합이 잘 일어나서 더 많은 빛을 만들 수 있을 것 같으나, 그게 지나쳐서 미리 핵융합이 됩니다. 별이 생기기 전, 빅뱅 순간에 핵융합이 일어나는 거예요. 강력이 강하다 보니 수소 원자들이 우주 공간에서 생겨나자마자 결합해서 전부 헬륨이 됩니다. 빅뱅 당시 우주 공간은 지금보다 훨씬 작았기 때문에 원자들이 생겨났을 때 서로 무수히 충돌하거든요. 그 속에서 미리 핵융합이 되면 나중에 생겨난 별은 빛을 만들 재료가 없어집니다. 지금의 강력 세기로도 빅뱅 당시 핵융합이 일어나서 헬륨 원자 10%가 생겼죠. 수소 원자들이 많이 살아남은 것은 그나마 강력의 세기가 적당했기 때문이에요.

이런 강력의 활약 뒤에서 조용히 자기 역할을 하는 또 다른 힘이 약력입니다. 약력의 도움 없이는 강력의 활약도 무용지물이고, '빛 만들기'는 시작조차 안 되거든요. 약력의 임무는 빛 만드는 과정의 '첫 단추'를 끼우는 일입니다. 빛 만들기는 여러 단계를 거쳐서 일

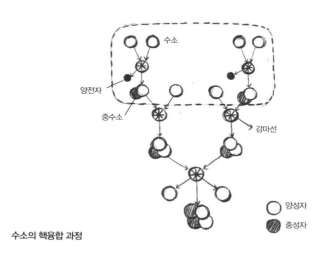

수소의 핵융합 과정

어나는 복잡한 일인데요, 그중 첫 관문이 수소 원자핵 두 개가 만나서 중수소가 되는 겁니다.

앞의 그림처럼 양성자인 수소 두 개가 만났는데, 결과물은 양성자 하나와 중성자 하나로 구성된 '중수소'입니다. 양성자 하나가 중성자로 변한 겁니다. 이런 마술 같은 일을 가능하게 만드는 것이 약력이죠. 중성자들이 있어야 헬륨도 만들어지기 때문에 약력의 마술은 핵융합에 꼭 필요합니다. 강력이 아무리 날고 기어도 약력이 제 역할을 못 하면 양성자 두 개가 만나 봐야 핵융합을 할 수 없으니까 지금처럼 빛나는 별은 존재할 수 없어요. 우주는 수소 원자들만 여기저기 몰려다니는 어둡고 단순한 세상이 됩니다.

식으면서 복잡 미묘해진 우주

양성자, 중성자, 쿼크, 강력, 약력 등 복잡 미묘한 요소들이 빛 만들기를 좌지우지합니다. 그러면 이것들은 언제, 어떻게 생겨났을까요? 빅뱅의 순간에 무슨 일이 벌어진 모양인데, 직접적인 증거는 찾을 수 없습니다. 그러나 실마리로 대략적인 사건의 전개 과정을 풀어 볼 수 있습니다.

중요한 실마리는 138억 년 전 우주가 매우 뜨거웠다는 점이에요. 에너지보존법칙에 따라 물질과 에너지는 지금과 똑같은 양이지만, 그것들이 움직이는 공간이 아주 좁아요. 그 좁은 공간에 막대한 물질과 에너지가 들어 있다고 생각해 보세요. 얼마나 극렬한 충돌이 일어나면서 뜨거워지겠어요? 이 상태가 138억 년 전 우주입니다.

　　　　　　　　　　　　　　　　　　　　과학이 빛나는 밤에

지금 이 순간 우주의 은하와 태양계의 모든 구성원이 갑자기 축구공만 한 공간에 넣어졌다고 상상해 보세요. 그 모든 사물과 그들의 움직임, 운동에너지가 격렬한 충돌을 일으킬 겁니다. 모든 사물과 물질은 도저히 더 부서질 수 없는 상태까지 부서지겠죠. 원자는 물론 원자핵도 부서지고, 심지어 중성자와 양성자도 부서져서 쿼크 조각으로 분해됩니다. 어쩌면 쿼크도 부서져서 인간이 아직 발견하지 못한 또 다른 물질로 분해될 수 있습니다. 물질이 다 사라지고 에너지만 존재할 수도 있고요. 다양한 사물, 다양한 움직임, 다양한 원자… 이런 다양함과 복잡함은 사라지고 단순한 극도의 에너지만 남는 겁니다. 이 모습이 138억 년 전 빅뱅의 상태와 가장 가까워요.

이제 아주 뜨거운 우주가 팽창한다고 생각해 보세요. 열기가 흩어지면서 우주는 식기 시작합니다. 그때 공간에서 물질 같은 것이 생겨나요. 마치 뜨거운 수증기가 식으면서 물방울이 되고, 더 차가워지면 눈송이가 되듯이 우주에 물질이 나타나는 거죠. 에너지가 식으면서 응축된 것이 물질이라고 볼 수 있습니다. 그렇게 생겨난 물질들도 더 다양한 물질로 변할 수 있고요.

물질이 생겨나는 과정은 대략 이렇게 그려 볼 수 있습니다. 그런데 물질 사이에 존재하는 힘들이 어떻게 생겨났는지는 이 비유로 그려 보기 힘들죠? 물질들은 생겨났어도 아무 관심이 없어서 밀어낼 생각도, 끌어당길 생각도 안 할 수 있잖아요. 이 부분을 이해하려면 공간이 텅 빈 곳이라는 고정관념을 버려야 해요. 공간은 텅 비지 않았어요. 설사 완벽한 진공이라 해도 거기에는 뭔가 있습니다. 그 예로 중력을 들 수 있죠. 중력은 공간이 휘므로써 생기는 힘이에요.

그래서 중력은 진공이든 뭐든 상관없이 생겨납니다.

공간에 아무것도 없다면 휠 수도 없을 거예요. 공간은 질량에 따라 수학적으로 정확하게 휘고, 정확한 중력을 만들죠. 텅 비어 보여도 모종의 물리적 성질이 있습니다. 물질들은 그 성질에 맞춰 움직이고요. 중력만 공간을 통해 힘을 전달하는 것은 아닙니다. 다른 힘들도 공간을 가로질러, 공간에 의해 그 힘이 전달되거든요. 물론 중력과 전달되는 방식이 다르지만, 어쨌든 공간을 이용하기 때문에 그 힘들도 공간의 물리적 성질이라고 볼 수 있습니다.

비슷한 예로 일상생활에서 쉽게 볼 수 있는 공간의 성질이 온도, 습도, 풍향, 풍속 같은 것들입니다. 무더우면 지치고 피곤해서 밖에 나가지 못하고, 바람이 불면 물체가 휩쓸려 날아가기도 하듯, 공간의 성질은 공간에 있는 물체의 움직임에 영향을 줍니다. 이런 식으로 원자들과 그 부품들에게 힘을 전달해서 영향을 주는 공간의 성질을 '장'이라고 불러요. 장이 출렁이거나 휘면서 변하면 힘이 전달되죠. 힘의 종류에 따라 중력장, 전자기장, 약력장, 강력장 등 여러 가지가 있어요.

과학자들은 물질이 생겨나는 것처럼 장도 우주가 식으면서 생겨났다고 생각합니다. 우주가 매우 뜨거웠을 땐 공간의 성질도 단순해서 딱히 장이랄 게 없었는데 공간이 팽창하면서 식자, 공간의 성질이 복잡 다양해지면서 여러 가지 장이 나타나고 중력, 전자기력, 약력, 강력 같은 힘들이 나타났다는 거예요.

예를 들어 공기가 좁은 공간에 압축되어 공기의 원자와 분자들이 극렬하게 충돌하는 아주 뜨거운 상태라면, 거기에 무슨 풍향이 있

과학이 빛나는 밤에

고 습도나 풍속이 있겠어요. 뜨거운 온도라는 성질만 있을 뿐이죠. 하지만 그 공기들이 넓은 공간에 나오면 비로소 풍향, 풍속, 습도 같은 성질이 생겨납니다. 이처럼 공간도 차가워지면서 다양한 성질이 나타났다는 거죠. 이런 것을 진공의 특성이 변했다는 의미로 '진공의 상전이'라고 부릅니다.

이런 면은 사람의 성질과도 유사하죠. 극도로 열 받은 상황에서는 화내는 것 외에 별다른 성질이 없지만, 열이 식고 마음이 차분해지면 이성적인 생각, 행동에 대한 후회, 앞으로 벌어질 일에 대한 예측 등을 할 수 있어요. 결국 뜨겁고 단순하던 우주가 팽창과 함께 식으면서 복잡 미묘한 부품과 힘으로 작동하는 원자들을 만들어 냈다는 겁니다.

그런데 복잡 미묘해지는 것은 좋지만, 꼭 이런 식일 필요가 있었을까요? 다른 방식으로 복잡 미묘해질 수도 있지 않았을까요? 양성자가 쿼크 여섯 개로 구성되거나, 강력이 좀 약해지거나, 약력이 좀 강해지거나, 전자기력은 아예 없거나 이런 식으로 말이죠.

네, 얼마든지 다른 방식일 수도 있었습니다. 지금까지 연구 결과에 따르면 양성자와 중성자, 전자들이 꼭 그런 모습이어야 할 이유나 그 힘들이 꼭 존재해야 할 이유, 그 힘들의 성질이 꼭 그래야 할 이유도 발견되지 않았어요. 우주 팽창 순간에 별 이유 없이 운 좋게 그런 상황이 벌어졌을 가능성이 높아 보입니다. 어떤 필연적 이유가 있었을지도 모르지만, 아직 그 '순간'에 대한 지식이 적어서 확실히 말할 수 없습니다.

'운'이었다면 우주 팽창 순간은 그 이후 물질과 공간의 성질이 결정된 '결정적 순간'이 되죠. 그러나 단순히 운으로 보기에는 이상한 정황들이 있습니다. 별이 빛난 이후의 상황을 잘 보면 왠지 고개를 갸웃하게 되거든요.

세상이 좀 달라 보이나요?

일광욕할 때 가끔 우주의 힘을 떠올려 보세요. 아무렇지도 않게 내리쬐는 빛이지만 강력, 중력, 약력, 전자기력이 복잡 미묘하게 관여되어 만들어진 결과물이니까요. 과학으로 좀 더 뜻 깊고 지적인 일광욕이 될 거예요.

생명체를 위한 그것, 탄소

원자 세계의 복잡 미묘함은 빛을 만들어 내는 과정뿐만 아니라 생명체가 생겨나는 과정에도 결정적인 영향을 줍니다. 지구가 만들어지는 얘기도 하지 않았는데 생명 탄생까지 나오고 좀 서두르는 것 같죠? 그런데 지구도 중요하지만, 생명체에게 아주 중요한 물질이 별에서 만들어지거든요. 그 물질은 원자번호 6번, 탄소입니다. 탄소가 생겨나는 과정이 좀 묘한 부분이 있어요.

생명체는 수많은 원자들이 모여서 복잡하게 결합해야 만들어집니다. 원자들을 대충 쌓아 놓는다고 거기에서 DNA나 단백질, 미토콘드리아, 세포막이 생겨날 수는 없어요. 생명체를 건물에 비유한다면 다양하고 복잡한 기능을 갖춘 거대한 빌딩이라고 볼 수 있습니다. 이런 건물을 세울 때는 반드시 기둥과 골조 같은 뼈대가 필요해요. 벽돌을 대충 쌓아 올리면 금방 무너질 테니까요.

탄소는 이런 뼈대를 만드는 데 알맞은 재료입니다. 탄소 원자는 자기들끼리 꼬리에 꼬리를 물고 결합해서 무한대에 가깝게 기다란 뼈대를 만들 수 있거든요. 다양한 뼈대 모양도 가능합니다. 탄소의 이런 능력을 '카테나화'라고 해요. 카테나화는 모든 원소 가운데 탄소에서만 가능합니다. 그렇다고 탄소에 특별한 입자가 따로 있는 것도 아니고, 탄소 역시 양성자와 중성자, 전자로 구성된 원자일 뿐이거든요. 하지만 전자의 성질과 양성자의 힘, 전자들이 따라야 하는 규칙들이 얽히고설키면서 탄소는 특별한 원소가 됩니다. 우연과 우연이 만나고 또 만나면서 멋진 결과물을 만들어 낸 거죠.

그 우연 가운데 먼저 살펴볼 것은 전자입니다. 두 전자가 마치 결혼하듯 전자쌍을 이룰 수 있어요. 만약 한 원자의 전자와 다른 원자의 전자가 전자쌍을 형성하면 두 원자는 붙어 다닙니다. 결혼하면 집안끼리 친척이 되는 것과 마찬가지죠. 이런 결합을 가리켜 전자를 공유하며 결합한다고 해서 '공유결합'이라고 불러요.

공유결합 덕분에 탄소는 줄줄이 결합하면서 카테나화할 수 있습니다. 하지만 굳이 전자쌍 때문에 탄소가 공유결합에 유리할 이유는 없습니다. 모든 전자들이 다른 원자들과 전자쌍을 이룰 수 있다면 전자가 많은 원자가 유리하니까요. 산소나 질소 같은 원자들은 탄소보다 전자가 많으니 더 많이 공유결합 할 수 있고, 탄소보다 훌륭한 뼈대를 만들 수 있을 겁니다. 자식이 많은 집안일수록 다른 집안과 더 많은 사돈이 될 수 있는 것처럼 말이죠.

하지만 실제 공유결합이 가능한 수를 보면 탄소는 네 개, 질소는 세 개, 산소는 두 개입니다. 전자는 많은데 오히려 공유결합 할 수 있는 수가 적어요. 그것은 전자가 쌍을 이룰 때 꼭 다른 원자와 쌍을 이룰 필요는 없기 때문입니다. 같은 원자에 있는 전자들끼리도

과학이 빛나는 밤에

전자쌍을 만들 수 있어요. 이것을 비공유 전자쌍이라고 하는데, 산소는 전자 여덟 개 가운데 여섯 개가 비공유 전자쌍 세 쌍을 이룹니다. 나머지 전자 두 개만 다른 원자의 전자와 전자쌍을 이룰 수 있어요. 그런데 비공유 전자쌍을 이룰 수 있으면서 왜 두 개는 남겨 놓을까요? 탄소는 전자가 여섯 개니까 비공유 전자쌍 세 쌍이 형성되면 다른 원자와 공유결합을 하나도 안 만들 수 있는데 왜 네 개씩이나 공유결합 할 수 있을까요?

전자들의 방, 오비탈

여기서 우리가 알아야 할 개념이 오비탈입니다. 원자핵 주변을 떠도는 전자들에게는 일종의 '영역'이 있는데, 이것을 '오비탈'이라고 불러요. 오비탈에 대해 제대로 파고들려면 양자물리학에 대한 이야기가 나와야 하는데, 여기서는 전자가 존재할 수 있는 영역 정도로만 간단하게 정리한 다음 이야기를 진행하려고 합니다. 이 오비탈은 원자핵을 중심으로 다양한 모양으로 생겨나요. 전반적으로 전자의 에너지 상태가 높으면 오비탈이 커지고 그 모양도 요란해집니다. 전자의 에너지가 높으면 아무래도 좀 더 넓은 범위에서 나타나니까요.

우리가 일반적으로 생각하는 전자의 원 궤도는 좀 더 편하게 원자를 이해하기 위해 사용하는 것뿐이지 사실은 오비탈이 실제 전자가 존재하는 방식과 가장 잘 부합한다고 볼 수 있습니다. 어려운 오비탈의 의미를 그대로 받아들일 필요는 없고, 앞에서 말씀 드린 것

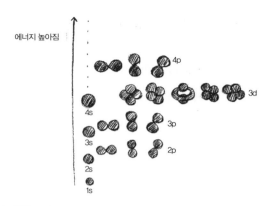

에너지 높아짐

4p

3d

4s

3p

3s

2p

2s

1s

오비탈의 다양한 모양

처럼 지금은 전자가 들어가는 방 정도라고 생각하면 됩니다.

위의 그림을 보면 1s 오비탈이 에너지 상태가 가장 낮은 방이고, 그다음부터 순서대로 에너지 상태가 높은 방이에요. 각 오비탈의 중심에는 모두 원자핵이 있으며, 모든 오비탈은 원자핵을 중심으로 만들어집니다. 원자핵 하나에 수많은 오비탈 방이 겹쳐 있을 수 있죠.

전자는 에너지에 따라 알맞은 방에 두 개씩 들어갈 수 있어요. 같은 방에 들어간 전자 두 개가 전자쌍이 되는 겁니다. 이제 탄소의 전자를 오비탈에 채워 보겠습니다. 1s 오비탈부터 순서대로 채웁니다. 1s 오비탈에 전자 두 개가 들어가고, 2s 오비탈에 전자 두 개가 들어가죠. 그러면 남은 전자 두 개는 어떻게 될까요? 2p에는 모양은 다르지만 에너지 상태가 똑같은 방이 세 개입니다. 그 방 가운데 하나에 전자가 두 개 다 들어갈까요?

그렇지 않습니다. 하나씩 들어가거든요. 전자들은 가급적 독방을

과학이 빛나는 밤에

쓰고 싶은 거예요. 이렇게 독방을 쓰는 전자가 공유결합을 할 수 있습니다. 이상하죠? 공유결합을 두 개만 할 수 있을 뿐이니까요. 그러나 이것은 어디까지나 탄소가 혼자 있을 때입니다.

끈끈한 탄소의 결합력

탄소가 결합할 때는 달라져요. 상대방 원자의 양성자에서 나오는 +극의 힘이 끌어당기는 바람에 2s 오비탈에 있던 전자 하나가 p오비탈의 빈방으로 끌어올려집니다. 그러면서 독방이 네 개가 되죠. 2s 방 하나와 2p 방 세 개, 합방 가능한 방이 네 개가 되니까 전자쌍도 네 개를 만들 수 있습니다. 탄소 원자핵의 양성자가 전자를 끌어내리는 힘이 적당히 약했기 때문에 이런 일이 벌어진 겁니다.

탄소보다 양성자가 적은 붕소부터는 양성자의 힘이 더 약해져서 전자가 튀어 올라오는 정도가 아니라 p오비탈의 전자가 아예 도망가려고 합니다. 리튬은 힘이 많이 약해서 2s 오비탈의 전자가 잘 도망가죠. 이렇게 전자가 도망간 원자를 이온이라고 하는데, 리튬

탄소의 오비탈

이 주로 이온으로 존재하는 것도 이 때문입니다. 휴대전화 배터리에 쓰이는 리튬 이온이 바로 그 이온이죠. 그래서 탄소보다 양성자가 적으면 결합을 해도 불안정합니다.

이제 헬륨까지 가면 전자가 두 개뿐이고 오비탈 방도 작기 때문에 양성자가 전자를 통제하기 쉬워져요. 거기부터는 결합이 또 강해집니다. 반대로 탄소보다 양성자가 하나 더 많아지는 질소부터는 양성자의 힘이 강해지기 때문에 전자가 잘 튀어 올라가지 못해요. 튀어 올라가도 빈 방이 없고요. 결국 질소는 독방이 세 개라 전자쌍도 세 개만 만들 수 있습니다. 산소는 두 개가 되고요.

게다가 질소부터는 양성자 개수가 많아지면서 양성자의 힘 역시 강해져 다른 원자와 결합할 때 전자를 끌어오려는 힘이 커집니다. 전자에 대한 욕심이 많아지는 거죠. 두 눈 벌겋게 뜨고 어디 공유결합 할 전자 없나 찾아다닌다고 할까요? 그런데 욕구가 강하다 보니 마구잡이로 빨리 결합해요. 특히 산소는 욕심이 지나쳐서 들러붙지 않는 데가 없을 정도죠. 철 같은 금속에 들러붙어 녹슬게 만드는 범인이 바로 산소입니다.

뿐만 아니라 자기들끼리 이중 삼중으로 공유결합 해서 O^2, N^2를 만들기도 하고요. 그래서 산소와 질소는 '저희들끼리 공유결합 한 분자'로 존재하는 경우가 많아요. 성미가 급하다 보니 순식간에 공유결합이 끝나는 겁니다. 이렇게 되면 시간이 모자라서 복잡한 구조가 만들어질 수 없어요. 탄소처럼 길게 사슬을 만들 여유가 없는 거예요.

그러나 탄소는 딱 중간입니다. 리튬처럼 전자를 흘리고 다니는

과학이 빛나는 밤에

것도 아니고, 산소나 질소처럼 욕심부리지도 않으면서 '중용의 미덕'을 발휘해요. 안정적인 결합을 만들어 내면서도 여유롭게 다양하고 큰 결합을 만들어 냅니다. 그런 여유와 안정성 덕분에 사슬, 축구공, 튜브 등 다양한 모양이 만들어질 수 있죠. 결국 오비탈 빈방이 하나 남은 상태에서 탄소의 양성자가 끌어당기는 힘이 약간 모자랐고, 전자가 여섯 개였기 때문에 탄소는 카테나화 할 수 있었던 겁니다.

한 오비탈 안에
똑같은 전자는 금지

그런데 왜 한 오비탈에 전자 두 개가 들어갈 수 있을까요? 한 개도 아니고 세 개도 아니고 두 개입니다. 방이 좁아서 그럴까요?

그 이유는 '금지'되어 있기 때문입니다. 물리학자 볼프강 파울리 Wolfgang Pauli가 처음 발견한 것으로, '파울리의 배타 원리'라고 불려요. 이 원리에 따르면 원자의 한 에너지 상태에 전자들이 겹쳐서 존재할 수 없습니다. 그 원인이 무엇인지 파울리는 제시하지 못했지만, 이런 '금지'가 없었다면 전자들은 한 오비탈에 모두 겹쳐 있을 수도 있죠. 그렇게 되면 자기들끼리 전부 비공유 전자쌍을 만들어서 공유결합은 불가능해지고, 분자들은 모두 원자들로 분해되어 뿔뿔이 흩어질 겁니다. DNA나 단백질은 말할 것도 없고 주변의 물, 돌, 땅 등 남아나는 것이 없겠죠.

그렇다면 한 오비탈에 전자가 하나씩 들어가야지 왜 두 개가 들어갈까요? 바로 두 전자가 다르기 때문입니다. 에너지는 같지만 전자의 성질 중 하나인 스핀이 달라요. 스핀은 간단히 말해서 전자의 회전운동인데, 방향이 바뀔 수는 있어도 절대 멈추지 않습니다. 전자의 스핀 방향은 두 가지인데 방향이 다를 경우 한 오비탈에 존재할 수 있죠. 그러니까 파울리의 배타 원리는 전체적인 에너지뿐만 아니라 전자의 성질이 모두 같을 경우 한 오비탈에 있어서는 안 된다는 '금지'입니다. 마치 주민등록번호 13자리 숫자가 모두 같은 사람이 존재할 수 없는 것처럼요.

어쨌든 탄소의 운은 대단합니다. 겨우 양성자 하나 차이로 거대한 분자의 뼈대가 될 수 있는 능력이 생겼고, 모든 생명체에게 가장 중요한 물질이 됐으니까요. 탄소의 절묘함은 여기에서 그치지 않습니다. 그 탄생 과정에서 아주 스케일이 큰 절묘함을 만들어 내거든요. 중력, 강력, 약력, 전자기력이 모두 합심해서 말이죠.

세상이 좀 달라 보이나요?

신라시대 의상義湘대사는 이렇게 말했다고 하네요. "하나의 작은 티끌 안에 우주가 들어 있고 모든 티끌마다 우주가 가득하네—微塵中含十方 一切塵中亦如是." 복잡하고 미묘한 원자의 세계를 엿보고 나니 의상대사의 이야기가 색다르게 느껴지죠?

주변에 있는 사물을 보세요. 그 물체는 아무리 작고 평범한 물건이라도 전 세계 인구의 수십 수백 수억 배, 그 이상의 원자들로 구성되었습니다. 그 원자들의 결합에는 스핀과 전자쌍, 오비탈 규칙, 밀

과학이 빛나는 밤에

고 당김이 얽히고설켰고요. 수많은 원자들이 돌고, 밀고, 쌍을 이루고, 오비탈 방을 차지하고… 그야말로 난리를 피우죠. 이 난리법석을 듣는다면 전 세계 어느 나이트클럽보다 시끄럽고 혼란스러울 텐데, 그럴 수 없다는 것이 안타까울 뿐입니다.

마치 드라마처럼,
별의 폭발

　탄소가 생겨나는 것은 간단하지 않습니다. 생각 같아서는 수소 원자들이 결합해서 헬륨이 된 것처럼 헬륨들이 결합하면 쉽게 탄소가 되지 않을까 싶죠? 헬륨 세 개만 결합하면 탄소(양성자 여섯 개, 중성자 여섯 개)가 되니까요. 하지만 과학자들이 계산해 보니 그런 일은 쉽게 일어날 수 없었습니다.

　안타깝게도 헬륨 두 개가 결합해서 생겨나는 베릴륨 원자핵이 약해서 순식간에 부서지거든요. 거기에 헬륨 하나만 더 결합하면 되는데 버티지 못해요. 그렇다고 헬륨 세 개가 동시에 모여서 탄소가 될 확률은 희박하고요. 일단 탄소가 되면 탄소 원자핵은 튼튼하기 때문에 별문제가 없는데, 거기까지 가기 힘들어요. 이런 상황에는 탄소가 적어서 생명체가 만들어지는 것도 거의 불가능하죠.

　하지만 분명 뭔가 다른 수가 있었을 겁니다. 지금 우리 우주는 탄소가 풍부하니까요. 그 다른 수를 프레드 호일이 알아냅니다. 호일이 알아낸 것은 탄소가 되는 또 다른 길이죠. 이 길은 그냥 다른 길이 아닙니다. 보통 탄소가 되는 길이 '골목길'이라면, 이 길은 '8차선 고속도로'라고 할까요? 핵융합반응이 훨씬 빨리, 많이 일어날 수 있는 길이거든요.

비교하기 위해 핵융합이 일어나는 상황을 볼까요? 베릴륨이 있고 헬륨이 날아옵니다. 운 좋게 베릴륨은 아직 부서지지 않았어요. 둘이 부딪힙니다. 결합되면서 탄소가 생겨나고 빛이 뿜어져 나와요. 빛이 뿜어져 나오는 것은 수소가 헬륨이 될 때처럼 질량이 에너지로 '변환'되기 때문입니다. 베릴륨과 헬륨이 탄소가 될 때 질량이 약간 줄어드는데, 그 질량에너지만큼 빛이 되죠.

하지만 이런 일이 일어나기는 쉽지 않습니다. 충돌하더라도 꼭 결합에 성공한다는 보장이 없고요. 양성자와 중성자가 마구잡이로 들러붙어서 원자핵이 생긴 게 아니거든요. 양성자와 중성자도 원자핵에서 나름대로 자기 위치가 있습니다. 충돌 과정에서 그 위치에 맞게 들어가야 결합에 성공하죠.

원자핵은 생각보다 훨씬 복잡한 구조예요. 일반적인 이미지는 양성자와 중성자가 들러붙어서 공 모양처럼 된 것을 떠올리기 쉽지만, 양성자와 중성자도 전자들처럼 궤도를 따라 돌고 있습니다. 중심에 뭔가 있는 것은 아니고, 특별한 중심 없이 돌아요. 굳이 중심이 필요 없는 것은 양성자와 중성자들이 강력으로 끌어당기다 보니 중심부는 힘들이 겹쳐서 강력이 크게 작용합니다. 반대로 원자핵 표면 쪽은 힘이 약하게 작용하고요. 그래서 양성자와 중성자들은 강력의 중심을 따라 돌 수 있죠.

그것 빼고는 전자의 궤도와 거의 비슷합니다. 궤도마다 에너지도 달라요. 중심에 가장 가까운 궤도가 에너지가 가장 낮고, 중심에서 멀수록 에너지가 높아요. 아무래도 가장 자유분방하니까요. 이 궤도들을 낮은 궤도부터 순서대로 채워 나가야 하는 것도 전자와 같습니다. 채울 수 있는 개수도 전자처럼 정해져 있어 가장 낮은 궤도는 2개, 그다음은 6개, 12개… 이런 식입니다. 이 부분이 중요해요. 이 것 때문에 원자핵의 구조가 밝혀졌고, 원자핵의 성질도 달라지거든요. 이 숫자가 채워지면 원자핵은 굉장히 안정해집니다. 전자랑 똑같죠? 전자도 궤도를 채우면 반응이 잘 일어나지 않아요. 비활성 원소라고 해서 헬륨, 네온, 아르곤, 크립톤 등이 있죠.

원자핵에서는 양성자 따로 중성자 따로 이 숫자가 채워지는데, 양쪽 다 이 숫자로 채워지면 굉장히 안정해집니다. 예를 들어 헬륨은 양성자도 두 개, 중성자도 두 개라서 안정하고 튼튼하죠. 양성자와 중성자가 결합할 때는 가능하면 이 숫자를 채우려고 합니다. 그래서 이 숫자에 해당하는 원소들은 다른 원소보다 많아요.

우주가 꾸민 것 같은 '다른' 탄소

원자핵의 구조를 모르던 과학자들은 자연에서 원소들의 양이 왜 차이가 나는지 궁금했습니다. 그리고 양성자와 중성자가 특별한 수가 될 때 원소의 양이 많아진다는 것을 발견하고, 그 수를 '마법수'라고 불렀죠. 원자핵의 구조를 밝혀서 마법수의 비밀을 풀어낸 폴란드 출신 독일 물리학자 마리아 마이어Maria Goeppert Mayer는 그 공로로 노벨상을 탔습니다. 여성이 노벨 물리학상을 탄 것은 마리 퀴리Marie Curie와 마이어뿐이에요. 그녀가 밝혀낸 원자핵의 구조를 '껍질 모형'이라고 하는데, 제가 궤도라고 표현한 것이 바로 '껍질'입니다.

그러나 이것을 가지고 원자핵이 100% 저렇게 생겼다고 말할 수는 없어요. 직접 본 것도 아니고 마법수 문제 같은 현상이 잘 설명되니까 '그렇게 생겼을 것이다'라고 추측할 뿐이죠. 원자핵에서 생겨나는 모든 현상이 껍질 모형으로 설명되는 것도 아니고요. 그래서 다른 모형들도 있습니다. 미시 세계는 우리가 '딱 뭐다'라고 말할 수 없는 곳입니다.

원자핵은 복잡하고 결합할 때도 쉽지 않아요. 따로 뭉쳐서 원자핵을 형성하던 양성자와 중성자가 복잡한 구조에 맞게 재배치되면서 에너지가 낮은 궤도부터 채워져야 핵융합이 성공하니까요. 그래서 충돌한다고 다 핵융합이 되는 게 아닙니다. 상황에 따라 다르지만 실패할 확률도 꽤 되죠. 농구 시합에서 공을 던졌다고 전부 득점이 되지 않는 것처럼 말입니다.

그런데 골대가 공 바로 앞에 있다면 어떨까요? 공은 멀리 날아갈 필요도 없이 그냥 들어가고, 득점 확률이 엄청 높아질 거예요. 이것이 프레드 호일이 발견한 또 다른 길입니다. 호일은 원자핵의 에너지 상태가 다른 탄소가 있을 것이라고 예상했습니다. 보통 탄소와 똑같이 양성자와 중성자가 여섯 개씩 있지만, 그 양성자와 중성자들이 에너지가 높은 궤도에 있는 거예요. 다시 말해 원자핵의 에너지가 다른 거죠. 별것 아닌 듯해도 중요한 점이에요.

이 탄소의 에너지 양이 베릴륨, 헬륨의 에너지 양과 같습니다. 에너지가 남지 않아요. 다시 말해 베릴륨과 헬륨의 양성자와 중성자는 낮은 에너지 궤도를 향해 날아갈 필요 없이 자신의 에너지 상태 그대로 있어도 됩니다. 아주 편안하고 자연스러운 상태죠. 이런 상태를 '공명'이라고 불러요. 반응 전 입자의 에너지와 반응 후 입자의 에너지가 같은 상태를 의미합니다. 그런 조건이 되면 핵융합반응의 성공 확률과 반응 속도가 급속하게 올라갑니다.

처음에 호일은 '다른 탄소'가 있으리라는 '확신'만 있었습니다. 이 우주에 그런 탄소가 있다는 증거가 없었거든요. 호일은 그런 증거를 찾아낼 연구 설비도 없고, 천문학을 전공해서 그 분야의 지식도 부족했어요. 하지만 호일은 확신 하나로 미국에 가서 저명한 핵물리학자들에게 자신의 주장을 이야기하고 실험을 부탁합니다. 영국의 무명 천문학자가 예고도 없이 찾아와 이상한 탄소를 찾는 핵물리 실험을 해 달라니 처음엔 황당했을 거예요. 하지만 호일의 끈질긴 설득에 넘어갔고, 결국 실험에 착수해서 '다른 탄소'를 찾아냈어요.

이렇게 발견된 '다른 탄소'는 호일의 확신대로 에너지가 같았습니다. 베릴륨과 헬륨의 원래 질량에너지에 충돌 에너지를 살짝 더하면 똑같았죠. 그리고 공명으로 생겨난 '다른 탄소'는 에너지를 방출하면서 보통 탄소가 되었어요. 이 공명 덕분에 핵융합 성공 확률이 높아지면서 많은 탄소가 만들어질 수 있었고, 그 탄소들을 중심으로 생명체가 생겨난 거죠.

참 절묘하죠? 필요하다고 생각한 것이 딱 맞게 존재하니 말이에요. '다른 탄소'도 그렇고, 그 탄소의 에너지 값도 그렇고요. 호일은

과학이 빛나는 밤에

이것을 보고 신기해서 "우주가 꾸며 낸 것 같다"고 했습니다.

그런데 또 다른 공명도 있습니다. 미국의 물리학자 에드윈 샐피터Edwin Salpeter가 헬륨과 헬륨이 결합해서 생기는 베릴륨마저 공명이 있다는 것을 발견했어요. 헬륨과 헬륨의 총 에너지와 베릴륨의 에너지가 같다는 거죠. 그래서 베릴륨도 많이 생겨납니다. 베릴륨도 공명, 탄소도 공명, 이중으로 공명이 일어나요.

이중 공명까지 일어나는 것을 보면 공명이 흔한 일로 느껴질 수 있는데 그렇지 않습니다. 강력의 세기가 0.5% 달라지거나 전자기력의 세기가 4% 달라지면 '다른 탄소'가 아예 존재할 수 없거든요. 양성자나 중성자가 밀어내고 끌어당기는 힘이 조금만 달라져도 '다른 탄소'는 붕괴되죠. 보통 탄소보다 에너지 상태가 높다는 것은 그만큼 불안정하다는 뜻이니까요. 공명은 간신히 존재해서 쉽게 볼 수 없습니다. 게다가 다른 공명이 방해할 수도 있어요. 산소는 '다른 산소'가 존재하는데, 그 에너지가 1%만 낮아졌다면 별 속의 탄소는 모두 산소가 되었을 거라고 합니다.

탄소 하나 생겨나는 데도 이렇게 복잡 미묘하고, 다양한 요소들이 뒤엉켜 있어요. 여기에서 끝이 아닙니다. 탄소가 많이 생겨났다 해도 별 속에 있어서는 소용없거든요. 별 밖으로 나와야 나중에 생명체도 될 수 있잖아요.

만만찮은 별의 폭발 과정

이제부터 이야기가 좀 스펙터

클해집니다. 탄소를 뽑아내는 가장 좋은 방법은 '폭발'이에요. 별을 폭발시켜서 탄소를 우주 공간에 흩어 놓는 거죠. 말은 간단한데 별 속에 폭약이 있는 것도 아니고 어떻게 폭발시킬 수 있을까요?

아주 특별한 조건은 필요 없습니다. 태양의 1.4배가 넘는 질량만 있으면 되죠. 질량이 태양의 1.4배 이하인 별은 폭발이 일어나지 않고 백색왜성이 되거든요. 이 조건만 갖추면 우주의 복잡 미묘한 성질들에 의해 자연스럽게 폭발이 일어납니다. 폭약은 없지만 터지는 과정도 비슷해요. 시한폭탄처럼 카운트다운 하는 과정도 있고, 본격적으로 뇌관이 작동하는 과정도 있고, 마지막으로 폭약이 터지는 과정도 있습니다.

먼저 카운트다운은 별의 중심부에서 수소 원자핵이 고갈되면서 시작돼요. 이것은 별에게 치명타입니다. 수소 원자핵이 전부 헬륨으로 변해서 핵융합에 필요한 재료가 사라졌으니까요. 별은 빛을 내기 힘들고, 형체를 유지하기도 힘들어집니다. 별은 막대한 물질이 모인 곳이잖아요. 그 물질들의 질량이 만드는 엄청난 중력이 별을 쪼그라뜨리려고 호시탐탐 기회를 엿보는데, 핵융합 에너지에서 나오는 뜨거운 에너지로 부풀어 올라서 겨우 그 중력을 이겨 내고 있는 것이거든요.

그러니 수소 핵융합이 힘들어지면 에너지도 잘 나오지 않고, 별의 생명은 얼마 남지 않은 셈이에요. 슬슬 화려한 마무리를 준비할 시간이죠. 이때부터 별은 무시무시한 폭탄으로 착착 변해 갑니다. 물론 형광등 꺼지듯 별빛이 갑자기 꺼지진 않아요. 수소 핵융합 이후에도 핵융합은 계속될 수 있거든요. 별의 중심부에서 수소 핵융합이 멈추더라도 중력에 의해 별이 오그라들면서 헬륨 원자핵들을 압박하고 충돌하게 만들어 헬륨 핵융합이 일어나게 만듭니다. 그러면 헬륨 핵융합으로 탄소를 만들어 내면서 좀 더 시간을 벌 수 있죠. 그런 식으로 탄소 역시 핵융합을 할 수 있고, 그때 만들어진 산소가 또 핵융합의 대상이 되고, 산소 핵융합에 의해 만들어진 네온 역시 핵융합의 대상이 되면서 중력이 큰 무거운 별은 철까지 핵융합이 됩니다.

하지만 핵융합의 대상인 원자핵의 덩치가 커질수록 핵융합은 힘들어지고, 별이 얻어낼 수 있는 에너지도 적어지죠. 양성자 수가 많은 큰 원자핵들은 전자기력에 의한 반발력도 크기 때문입니다. 그래서 핵융합 진도가 한 단계씩 나아갈 때마다 핵융합 지속 시간은 극적으로 짧아집니다. 질량이 태양의 25배인 별은 수소 핵융합이 100만 년, 헬륨 핵융합은 10만 년, 탄소 핵융합은 600년, 네온 핵융합은 1년, 산소 핵융합은 6개월, 마지막으로 철을 만들어내는 실리콘 핵융합은 단 하루가 걸립니다.

철까지 가면 에너지가 나오지 않아요. 양성자가 지나치게 많아졌기 때문에 융합시키면 오히려 에너지가 흡수됩니다. 이제 카운트다운이 끝났어요.

그다음부터는 모든 일이 순식간에 일어납니다. 폭탄이 작동된 거죠. 사건은 철이 된 별의 중심부에서 일어납니다. 여기에서 별의 모든 부분이 철로 변한 것은 아니라는 점에 주의해야 합니다. 별의 중심부일수록 중력이 강하고 물질의 밀도가 높아서 원자핵들이 많이 충돌하기 때문에 핵융합이 더 빨리, 더 잘 일어나거든요. 그래서 별의 중심부는 철이 되었다고 해도 나머지 부분은 진도를 따라잡지 못해서 다른 물질로 구성되었습니다. 핵융합 진도는 별 바깥으로 갈수록 느려지기 때문에 규소, 산소, 탄소, 헬륨, 수소가 차례차례 양파 껍질처럼 별을 둘러싸고 있어요.

이제 철이 된 별의 중심부에서 폭탄이 작동되는데, 그 원동력은 중력입니다. 중력이 강하다 보니 전자가 철의 원자핵에 있던 양성자로 빨려 들어가는 현상이 일어나거든요. 양성자의 +극과 전자의 −극이 합쳐지면서 양성자는 중성자가 됩니다. 철 원자에서 전자와 양성자가 없어지고 중성자만 남은 거죠. 이게 큰일이에요. 갑자기 엄청난 압축이 일어납니다. 양성자나 전자는 전기적 극성이 같은 양성자와 전자를 만나면 서로 밀어내니까 원자들이 밀어내면서 거리를 유지할 수 있거든요. 그래서 별다른 껍질이 없어도 원자는 자기 형태나 부피를 유지했죠.

그런데 그렇게 유지되는 원자의 부피에서 빈 공간이 무려 99.9999%나 되어요. 문제가 심각합니다. 축구 경기장 한가운데 축구공이 원자핵이라면, 전자는 저 멀리 스탠드를 떠도는 먼지예요. 원자들은 다 그렇습니다. 나머지는 빈 공간이죠. 빈틈없어 보이는 쇳덩이도 빈 공간이 99.9999%입니다. 우리 몸도 마찬가지고요. 몸을 빈 공간 없이 압축하면 털 조각 하나밖에 안 될 겁니다.

하지만 모든 게 중성자인 상태에서는 그 막대한 빈 공간이 유지되지 않아요. 별의 중심부는 아주 작은 크기로 압축되면서 중성자들이 모인 거대한 원자핵으로 변합니다. 빈 공간이 전혀 없는, 우주에서 가장 밀도 높고 무겁고 단단한 물체가 되죠. 이 물체는 워낙

과학이 빛나는 밤에

밀도가 높아서 한 스푼의 무게가 뉴욕New York 맨해튼 섬 전체의 무게와 맞먹을 정도입니다.

이런 일이 별의 중심부에서 순식간에 일어나기 때문에 별의 바깥 부분은 갑자기 밑이 휑하게 느껴져요. 이렇게 되면 별의 바깥 부분은 별의 중심부를 향해 추락하고, 우주에서 가장 단단한 물체와 부딪히게 됩니다. 그리고 다시 튕겨 오르죠. 여기에서 끝나면 아주 간단해요. 하지만 우리 우주는 호락호락하지 않습니다. 튕겨 올랐지만 힘이 부족해요. 별의 중심부에서 끌어당기는 중력도 무시 못 하거든요. 이 상황에서 누가 좀 더 밀어 줘야 하는데, 시기적절하게 새로운 입자가 등장합니다. '중성미자'가 별의 중심부에서 엄청난 양으로 뿜어져 나와서 별의 바깥 부분을 밀어 올리죠.

갑자기 등장한 중성미자는 별의 중심부에서 전자가 양성자에 빨려 들어갈 때 만들어진 거예요. 단순하게 설명했지만 그저 양성자와 전자의 합체가 아닙니다. 양성자가 중성자로 바뀔 때 약력이 작용한다고 했죠? 그 약력이 빨려 들어온 전자의 에너지를 가지고 양성자의 쿼크를 변화시켜서 중성자를 만드는데, 그때 중성미자도 반드시 생겨나야 합니다.

그 까닭을 간략하게 설명하면 우주의 '보존법칙' 때문입니다. 말 그대로 뭔가 보존되어야 한다는 거죠. 에너지가 보존된다는 에너지 보존법칙은 꽤 유명합니다. 마찬가지로 전하량과 입자 수도 보존되죠. 그래서 전하량은 양성자의 +극과 전자의 −극이 합쳐져서 중성이 되었으니 보존된 겁니다. 사라진 게 아니라 합쳐진 것일 뿐이죠. 그런데 입자 수는 중성미자가 생겨나지 않는다면 입자 수 하나가 줄어든 게 됩니다. 쿼크 세 개인 양성자와 전자 한 개가 만나 쿼크 3개인 중성자가 되니까요. 우리 우주는 이런 일을 허용하지 않습니다. 입자 수가 변해서는 안 되죠. 그래서 전자에 대응해 생겨나는 것이 중성미자인 겁니다. 이 중성미자들이 뿜어져 나온 덕분에 탄소가 함유된 별의 바깥 부분이 우주를 향해 밀려 올라가면서 드디어 별이 폭발하죠.

그런데 이게 또 간단하지 않습니다. 우리 우주는 장난꾸러기예요. 쉽게 넘어가는 게 없어요. 폭발에서 중요한 역할을 하는 중성미자는 약력의 컨트롤을 받는데, 약력은 중성미자가 보통 물질과 상호작용 할 수 있게 해 줍니다. 상호작용이 강하면 들러붙고, 약하면 모른 체하고 지나가는 거라고 보면 돼요.

그런데 약력이 지나치게 강하면 중성미자가 뿜어져 나올 수 없어요. 생겨나자마자 별의 중심부 물질에 들러붙습니다. 상호작용을 강하게 하니까요. 게다가 별 중심부의 밀도가 워낙 높아 웬만해서는 빠져나올 수 없어요. 그렇다고 지나치게 약하면 중성미자가 자유롭게 뿜어져 나오겠지만, 별의 바깥 부분을 밀어 올리지 못하고 그냥 지나가죠. 좀 들러붙어서 같이 밀고 올라가야 하는데, 그게 안 되는 거예요. 약력의 세기는 적당해야 해요. 별의 중심부에 들러붙지 않으면서도 별의 바깥 부분을 스쳐 지나가지 않을 정도로 말입니다.

운 좋게 약력은 딱 적당했고 덕분에 중성미자가 별의 바깥 부분을 쭉 밀어 올리면서 맹렬하게 폭발할 수 있습니다. 이렇게 해서 1,000억 개 별빛보다 밝다는 초신성 폭발이 일어납니다. 1054년에 폭발한 게자리 초신성은 일주일 동안 대낮에도 보였고, 653일 동안

과학이 빛나는 밤에

밝게 관측됐다고 해요. 지금도 그 폭발의 흔적을 볼 수 있습니다.

화려한 폭발과 함께 별의 잔해는 사방으로 흩어졌고, 먼 훗날 그 잔해에서 지구와 생명체가 생겨났습니다. 원자들의 미시 세계에서 가끔 영향을 미치는 약력이라는 생소한 힘 때문에 우주의 역사가 왔다 갔다 할 수 있다니, 우주는 희한하게 여기저기에서 엮이는 모양입니다. 얽히고설킨 막장 드라마의 인간관계를 보는 것 같아요. 하지만 이렇게 엮인 부분은 훨씬 많습니다.

우주를 우주이게 하는 미세한 조정

앞에서 살펴본 것처럼 우주의 물리적 성질 중에 절묘하게 맞춰진 '듯한' 것들을 '미세 조정'이라고 부르는데, 미세 조정은 원자 세계에 관한 것만 20가지가 넘고 우주에 관한 부분도 10가지 정도 되거든요. 물론 그 모든 경우가 정밀한 미세 조정이 필요한 것은 아니고, 생명체가 존재하는 데 큰 영향을 주지 않는 것도 있습니다. 하지만 최소한 몇 가지 이상은 1%라도 달라지면 안 되죠. 누군가 다이얼을 돌려 맞춘다면 진땀 흘릴 만도 합니다. 빅뱅의 순간, 불과 1초가 지나기 전에 완벽히 돌려놔야 하니까요.

예를 들어 원자핵의 양성자는 전자에 비해 1,836배나 무겁습니다. 덕분에 양성자는 원자의 중심에 눌러앉고, 가벼운 전자는 주위를 돌아요. 그런데 질량은 이렇게 차이가 나도 양성자 한 개의 +전하량과 전자 한 개의 −전하량은 똑같습니다. 상쇄해서 정확히 0이 되죠. 왜 이렇게 상쇄될까요. 쿼크를 보면 1/3, 2/3 전하량도 가능하거든요. 왜 그렇게 딱 맞춰졌는지는 알 수 없어요.

하지만 조금이라도 달라진다면 우주는 대혼란에 빠질 겁니다. 양성자 한 개의 전하량이 약간 많아진다면 어떻게 될까요? 원래 모든 원자는 균형이 맞는 상태인데, 양성자의 전하량이 늘어나면서 +극이 더 커집니다. 모든 원자는 갑자기 +극 물질이 되는 거예요. 그러면 원자들끼리 서로 밀어내겠죠. 원자로 구성된 모든 물질은 붕괴되는 겁니다. 여러분의 몸을 구성하는 DNA나 단백질 분자들도 마찬가지고요. 그래서 이 전하량의 균형도 미세 조정이라고 볼 수 있습니다.

전자는 전자기력 때문에 원자핵에 끌어당겨져서 그 주위를 벗어나지 못하고 있는데요. 이 상황에서 우리 우주의 전자기력 자체가 약해진다면 어떻게 될까요? 전자는 원자핵에서 자유롭게 달아날 수 있습니다. 이런 우주에서는 화학반응이 일어나지 않아요. 다른 원자와 결합하고 분해되는 화학반응에서 전자가 핵심적인 역할을 하잖아요. 그러니 공유결합도, 이온결합도 일어나지 않는 거죠.

세상은 아무런 화학반응이 일어나지 않는 심심한 세상이 될 겁니다. 그러나 전자기력이 강해도 문제입니다. 전자와 원자핵이 강하게 끌어당기는 바람에 전자가 제 역할을 할 수 없어요. 원자핵에 속박되는 겁니다. 옴짝달싹 못하는 전자 때문에 역시 화학반응이 일어날 수 없죠. 전자기력의 세기도 적당해야 합니다.

그러나 솜씨 좋게 다이얼 돌리는 수준으로는 도저히 맞출 수 없을 듯한 미세 조정이 있습니다. 다른 미세 조정과는 차원이 달라요.

과학이 빛나는 밤에

미세 조정계의 최고봉, 미스터리 중의 미스터리, 과학계의 핫 이슈 '암흑 에너지'입니다.

세상이 좀 달라 보이나요?

주변을 둘러보세요. 아무리 평범하고 별 볼 일 없는 풍경이라도 천문학적인 입장에서는 어느 하나 빠짐없이 초신성 폭발의 잔해입니다. 비록 매캐한 연기가 피어오르지 않고, 사방에 불타 버린 잔해가 널브러져 있지 않아도 원자 하나하나에는 거대한 폭발의 역사가 스며들어 있어요. 격렬하고 스펙터클한 역사는 책이나 드라마에서만 볼 수 있는 게 아닙니다. 여러분 자신과 주변 모든 사물이 그 역사의 결과물이고 증거죠.

디테일의 힘,
암흑 에너지

암흑 에너지가 존재할 거라 생각한 사람은 아무도 없었습니다. 과학자들은 당혹스러웠죠. 이야기는 1995년에 시작됩니다. 우주의 팽창 속도를 관측하던 과학자들은 50억 년부터 그 속도가 점점 빨라진다는 사실을 발견합니다. '우주 가속 팽창'은 당황스러운 현상이었습니다. 팽창 속도가 유지되거나 물질들의 중력 때문에 줄어드는 것은 예상할 수 있지만, 빨라지는 것은 전혀 예상하지 못했거든요. 상식적으로 생각해 봐도 공간이든, 자동차든 속도가 빨라지려면 새로운 에너지를 가해야 하잖아요. 그런데 이 거대한 우주 공간을 팽창시키는 엄청난 에너지가 갑자기 어디에서 생겨나겠습니까.

100여 년 전, 그런 에너지가 존재할 것이라고 생각한 과학자가 있었으니 바로 아인슈타인입니다. 그는 상대성이론을 완성해 놓고 고민에 빠졌어요. 이론에 따르면 우주 공간은 팽창하거나 수축하거나 둘 중 하나일 수밖에 없습니다. 앞에서 다룬 무시무시한 중력 때문이죠. 계산해 보니 물질이 없는 텅 빈 공간은 팽창하고, 물질이 있는 공간은 중력으로 인해 결국 수축하는 것으로 나왔습니다. 우리 우주는 물질들이 엄연히 존재하니까 수축해야 해요.

하지만 우리 우주가 수축하는 것처럼 보이지 않았습니다. 별과 은하들은 언제나 그 자리에 있는 것처럼 보였어요. 아인슈타인 본인도 변치 않는 물리법칙 아래 영원히 존재하는 정적인 우주를 좋아했고, 우주는 수축해서는 안 되는 거였습니다. 그래서 수축하는 힘에 맞서는 팽창하는 힘이 필요했죠.

아인슈타인이 맞았다!
우주 상수

아인슈타인은 상대성이론에 '우주 상수'를 추가했습니다. 이것은 텅 빈 공간의 에너지를 의미하는데, 이 에너지가 우주 공간을 팽창시키는 역할을 했어요. 좀 억지스럽고 이상하지요? 상식적으로 아무것도 없는 공간에 무슨 에너지가 있겠습니까. 하지만 아인슈타인은 이렇게 해서라도 중력과 균형을 맞춰서 팽창도 수축도 하지 않는 정적인 우주를 만들고 싶었어요. 그 간절한 마음 때문에 르메트르와 프리드만의 주장도 무시했고요.

하지만 얼마 뒤 허블이 우주가 팽창하고 있다는 사실을 밝혀냅니다. 아인슈타인은 일생일대의 실수라면서 우주 상수를 폐기했죠. '텅 빈 공간의 에너지'처럼 억지스러운 개념은 잊었고, 우주는 빅뱅 때문에 팽창하다가 먼 훗날 언젠가 중력에 의해 다시 수축할 것으로 보였습니다. 그런데 100여 년 뒤, 우주 가속 팽창이라는 관측 결과가 나왔어요. 이 곤혹스런 상황에서 과학자들은 아인슈타인을 떠올릴 수밖에 없었죠. '그는 천재야. 우주 상수는 실수가 아니었어!'

우주 상수의 특징을 이용하면 50억 년 전 갑자기 일어나기 시작한 우주 가속 팽창을 설명할 수 있기 때문입니다. 그 설명을 이해하려면 우주 상수의 특징을 자세히 알아야 하는데요. 우주 상수에서 '상수'는 정해진 값입니다. 이랬다 저랬다 하는 양이 아니에요. 이런 상수의 예가 중력이나 전자기력 같은 힘의 세기입니다. 이런 힘의 세기는 딱 정해져서 공간이 팽창하든, 수축하든, 우주 공간 어디를 가든 절대 변하지 않아요.

우주 상수도 일단 정해지면 변치 않는 값입니다. 그런데 우주 상수는 중력이나 전자기력과는 다르게 일정한 부피의 공간이 가지는 에너지 값이에요. 예를 들어 부피 $1m^3$ 공간은 1이라는 에너지를 갖는다는 식이죠. 그래서 우주가 어떻게 되더라도 일정한 부피의 공간은 일정한 에너지를 갖게 됩니다. 그런데 우주 공간은 팽창하잖아요. 공간의 부피는 점점 늘어납니다. 그러면 공간의 에너지도 늘어날 수밖에 없어요. 공간이 $1m^3$일 때는 에너지가 1이지만, $2m^3$면 2가 되고, $3m^3$면 3이 되죠. 공간이 늘어날수록 우주를 팽창시키는 에너지도 늘어납니다. 이 성질 때문에 우주 가속 팽창과 잘 들어맞는 겁니다.

처음 빅뱅이 일어났을 때 우주 상수에 의한 팽창 에너지는 아주 작습니다. 우주 공간 자체가 작으니까요. 이때는 우주 상수가 아닌 빅뱅의 팽창력으로 강하게 팽창하는 시기죠. 그러다가 물질들의 중력으로 인해 팽창 속도가 점점 줄어드는 시기가 옵니다. 하지만 공

과학이 빛나는 밤에

간은 계속 팽창하기 때문에 우주 상수에 의한 에너지는 꾸준히 늘어나요. 어느 시점이 되면 우주 상수의 팽창 에너지가 커져서 중력을 이겨 냅니다. 꾸준히 축적해 온 에너지가 그때 빛을 발하죠. 그 시점이 바로 50억 년 전입니다. 그때부터는 갈수록 팽창 속도가 빨라집니다. 공간은 계속 늘어나고, 우주 상수에 의한 팽창 에너지는 계속 커지니까요. 시나리오가 실제 상황과 맞아떨어집니다.

문제는 텅 빈 공간에 에너지가 있느냐는 거예요. 참 막막한 질문이죠. 뭐가 있어야 에너지를 재든지 말든지 할 텐데, 아무것도 없는 공간에 측정기를 들이댈 수도 없으니까요. 하지만 해결책이 없는 건 아니에요. 진공도 에너지를 가질 수 있거든요. 심지어 '무한한 에너지'를 가질 수도 있습니다. 이런 얘기는 공간에 존재하는 '장'이라는 성질 때문이에요. 여기에서는 장이 '출렁임(변화)을 통해 힘을 전달한다'는 정도만 이해하면 됩니다. 장의 출렁임을 가장 흔히 볼 수 있는 예는 자석 주위의 철 가루 배열이에요. 이미지가 대충 잡히죠?

파장의 무한대 더하기

그러면 장 가운데 무한한 에너지를 설명하기 좋은 전자기장을 보겠습니다. 전자기장이 출렁이면 전파를 만들 수 있어요. 우리는 이 전파 덕분에 라디오도 듣고, 휴대전화로 통화도 하고, TV도 볼 수 있습니다. 이 전파는 길이가 다양한 출렁임이 가능해요. 이 출렁임의 길이를 '파장'이라고 하지요.

아주 짧은 파장, 짧은 파장, 긴 파장, 아주 긴 파장 등 파장의 길이는 다양합니다. 거의 무한대죠. 길이야 정하기 나름이니까요. 우주만큼 긴 출렁임도 가능합니다. 희한한 것은 무한한 파장들이 한꺼번에 존재할 수 있다는 점이에요. 상상이 잘 안 된다고요? 한 번에 한 가지 전자기파만 존재한다면 실험이 문제가 아니라 일상생활이 아주 불편해져요. 지금 이 순간에도 사람들이 얼마나 많은 전파를 동시에 사용하고 있습니까. 눈으로 볼 수 없을 뿐이지 수많은 휴대전화와 라디오, TV 전파들이 왔다 갔다 하느라 난리일 거예요.

　물론 수많은 전파가 다 출렁이는 건 아닙니다. 그 파장에 해당하는 전자기장을 건드리지 않으면 파장은 가만있을 테니까요. 그런데 자세히 보니 건드리지 않은 파장도 미세하게 출렁이고 있었다면 어떨까요? 0에 가까워서 0처럼 보이는데 그게 아니었던 겁니다. 아주 살짝이나마 흔들리고 있었던 거죠.

　이러면 상황은 갑자기 바뀝니다. 0에 가까운 출렁임이라도 파장의 개수가 무한하다 보니 그 출렁이는 에너지를 전부 더하면 무한한 에너지가 됩니다. 무시무시한 '무한대 더하기'죠. 1원짜리 동전이 별것 아닌 듯해도 무한히 많다면 이야기가 달라지는 것처럼 모든 주파수들이 보일 듯 말 듯 미세하게 출렁인다고 가정하면 무한한 에너지가 나올 수 있는 거예요.

　더 무서운 것은 이런 일이 과학적으로 실제 일어날 수 있다는 사실입니다. 기이하고 이해가 안 되는 양자물리학의 불확정성에 의해서 말이죠.

　미시 세계는 불확정성이 가득한 세계이기 때문에 전자기장의 출

　　　　　　　　　　　　　　　과학이 빛나는 밤에

렁임은 정확히 0이 되어서는 안 됩니다. 전자기장의 에너지가 0이 되는 순간, 불확정성 풍선의 에너지축이 '꾹' 눌리게 되면서 다른 쪽이 부풀어 올라 요동치게 되거든요. 그래서 전자기장은 미세하게나마 출렁이게 되는 거죠.

여전히 낯선 암흑 에너지

이렇게 불확실한 출렁임은 전자기장의 모든 주파수에서 일어나야 하고요. 그러면 무시무시한 무한대 더하기가 작동하죠. 물리학자 폴 데이비스Paul Davies의 계산에 따르면 이런 식으로 생겨날 수 있는 에너지는 1cm³당 10^{93}g이라고 합니다. 그것도 무한대의 에너지가 생겨나야 하지만 적당한 선에서 멈춘다는 가정 아래 계산한 겁니다. 계산에 따르면 손톱만 한 공간에 수십 억×수십 억 t이 넘는 에너지가 들어 있어요.

이 정도로도 대단하지만, 에너지는 손톱만 한 공간뿐만 아니라 우주 공간 전체에 가득해야 합니다. 그렇다면 우주 전체 에너지의 총합은 얼마일까요? 아마도 계산이 무의미할 정도로 크고, 인내심을 가지고 계산한다면 인간이 볼 수 있는 가장 큰 숫자가 될 겁니다. 우주가 그런 에너지로 가득하다면 공간이 폭발적으로 팽창하면서 당장 모든 것들이 갈가리 찢기죠. 원자 하나도 남은 것이 없을 정도로 완벽히 분해되어 흩어지는 겁니다.

그러나 우리 우주는 그렇지 않아요. 암흑 에너지는 측정 결과 0.00000000000000000…000000000001(10^{-53})g이죠. 계산한 양에 비해 $1/10^{120}$밖에 안 됩니다. 이 정도면 0이나 마찬가지입니다. 소수점 뒤로 53개나 가야 1이 나타나니까요. 다행이기는 하지만 이것은 과학자들에게 골치 아픈 일입니다. 과학자들이 암흑 에너지가 존재할 수도 있다는 생각을 하지 않은 것은 아니에요. 양자물리학을 출렁이는 장에 적용하면 계산할 것도 없이 무한대의 에너지가 튀어나오니까요. 하지만 우주에는 그것을 어떤 식으로든 0이 되게 만드는 뭔가가 있을 것이라고 생각했습니다.

에너지는 양의 에너지만 있는 것이 아니고 음의 에너지도 있거든요. 음의 에너지는 간단히 말해서 물체를 움직이지 못하게 하는 에너지로, 중력이 대표적인 예입니다. 물체를 끌어당겨서 결과적으로는 못 움직이게 만들죠. 이외에도 과학자들이 아직 발견하지 못한 또 다른 힘이나 장이 있어서 음의 에너지를 얼마든지 발휘할 수도 있습니다.

그 장들의 출렁임 역시 0에 가까워서 우리 눈에 띄지 않은 것이라면, 거기에서도 무한대 더하기가 작동해서 무한한 음의 에너지가 발생할 수 있어요. 그러면 양의 에너지와 마찬가지로 음의 에너지도 무한대니까 더해서 0이 되는 것은 별로 어렵지 않을 것입니다. +무한대 더하기 −무한대는 0. 간단하잖아요. 과학자들은 우리 우주가 그럴 것이라고 생각했죠.

그런데 웬걸, 소수점 뒤 53번째 자리에 떡하니 1이 나타나는 겁니다. 이러면 간단한 계산은 불가능합니다. +무한대 더하기 −무한대인데, 사실은 무한대가 아니고 무한대보다 0.00000⋯000000001 작은 무한대를 더해야 하는 거예요. 대칭적으로 딱 상쇄하는 것은 간단해도 '미세한 양'만 남겨 놓고 나머지를 전부 상쇄하는 것은 수학적으로 아주 지저분해 보이고, 도무지 가능할 것 같지 않았습니다.

문제를 심각하게 만드는 것이 하나 더 있었어요. 그 1이 한 칸만 앞으로 왔어도 우주의 팽창 에너지가 커져서 은하가 형성되지 않는 겁니다. 1은 정확히 그 자리에 있어야 했습니다. 0보다 한참 뒤여서 아무도 거기 1이 있을 거라고 상상하지 못한 자리, 관찰력 뛰어난 과학자들도 근대과학이 발생한 지 300년 이상 지나서야 발견한 '그 자리'에 1이 있어야 했어요.

암흑 에너지가 왜 딱 그 정도인지는 알 수 없습니다. 이런저런 추측만 가능할 뿐, 언제 어떻게 생겨났는지도 미스터리고요. 이것이 우리가 추측해 본 방식으로 생겨난다면 어떤 미세 조정보다 맞추기 힘들 거예요. 다이얼의 눈금이 0.00000000…0000000000001mm도 안 될 테니까요. 살짝 덜 돌리거나 더 돌려도 별과 은하는 생겨나지 않을 테니 대충 맞출 수도 없고요.

별과 은하가 별것 아닌 듯해도 정말 까다롭게 생겨났죠? 힘들의 균형뿐만 아니라 암흑 물질, 암흑 에너지까지 고비가 한두 개가 아닙니다. 이 모든 고비를 무사히 넘겼기에 지금의 우주가 될 수 있었어요.

그러면 다음 단계인 태양계는 쉽게 생겨날 수 있을까요? 언뜻 생각하면 잔해 속에서 별이 하나 생겨나고, 나머지 잔해가 뭉치는 과정에서 지구가 생겨나면 될 것도 같습니다. 실제로 태양계가 이렇게 생겨났고요. 하지만 의외로 디테일이 상당히 중요합니다. 태양계가 생겨나는 과정에서도 까딱하면 전혀 다른 역사가 펼쳐질 뻔한 결정적 순간이 있었거든요.

세상이 좀 달라 보이나요?

밤하늘의 별을 보며 그 복잡 미묘한 생성 과정을 생각해 보세요. 결정적 순간마다 미묘하게 맞아떨어진 균형, 아직 정체를 알 수 없는 암흑 물질의 도움, 불가능해 보이는 미세 조정의 최고봉 암흑 에너지⋯. 이 모든 것들이 별과 은하의 탄생과 성장 배경에 감춰져 있습니다. 출생의 비밀이 꼭 막장 드라마의 단골 소재는 아니에요. 밤하늘에는 웬만한 드라마 뺨칠 정도로 우연과 운명, 미스터리가 뒤엉킨 이야기가 펼쳐져 있습니다.

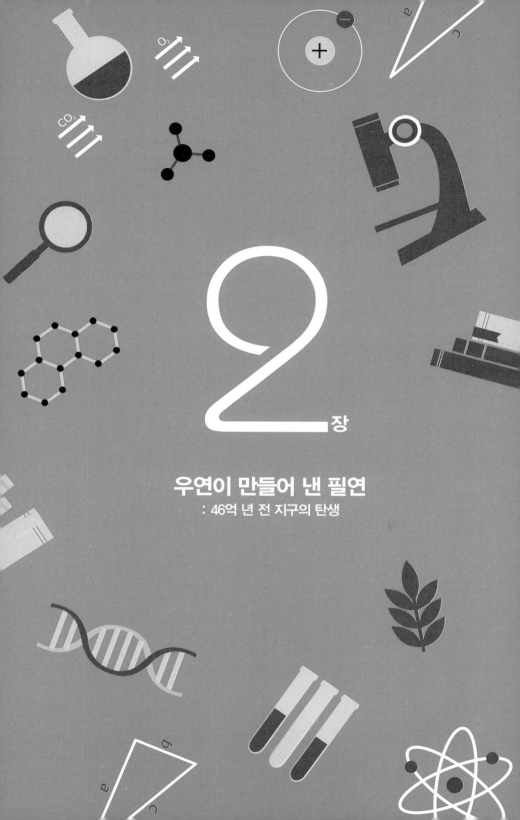

2장

우연이 만들어 낸 필연

: 46억 년 전 지구의 탄생

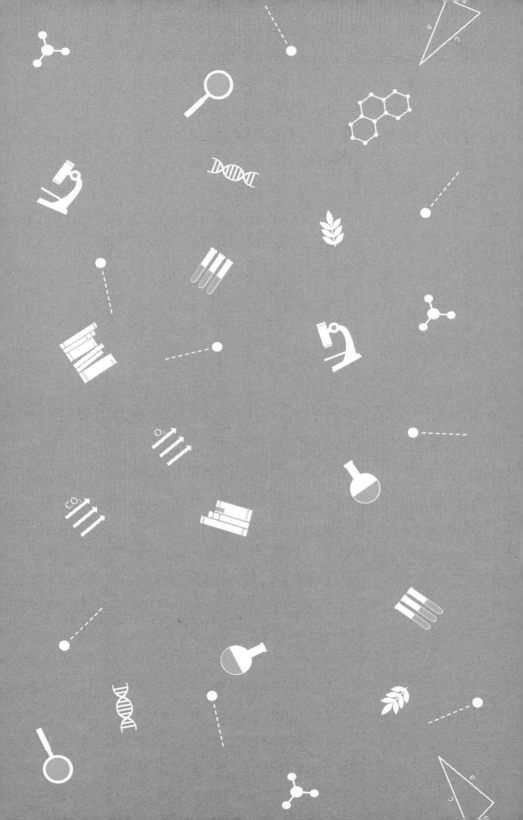

새로운 질서,
태양계의 형성

거대한 태양계도 작은 디테일이 중요합니다. 별것 아닌 듯해도 어떤 부분이 살짝 틀어지거나 달라지면 지구에 파괴적인 영향을 주거든요. 어떻게 지금처럼 디테일이 살아 있는 태양계가 될 수 있었는지 살펴보죠.

약 50억 년 전 거대한 초신성 폭발이 일어납니다. 충격파와 잔해가 사방으로 퍼지면서 주위에 있는 성간 매질을 밀고 나가요. 성간 매질이란 별과 별 사이 공간에 떠다니는 밀도가 희박한 원자, 분자, 먼지, 자기장 등을 의미합니다. 초신성 잔해와 뒤엉켜 밀려 나가던 성간 매질은 밀도가 높아지면서 뭉치죠. 구름이 여기저기 피어오르는 것 같았을 거예요. 하지만 이 구름들은 지구상의 구름과 달리 초신성의 폭발 에너지가 있기 때문에 초음속으로 내달립니다. 맹렬히 날아다니던 구름들이 서로 충돌하기도 하고요.

극심한 충돌의 압력으로 이제 구름 속에서는 밀도 높은 덩어리들이 만들어지기 시작합니다. 장차 별이 될 씨앗들이죠. 그런데 이 덩어리 중 세 개가 서로 중력에 이끌려 뱅글뱅글 돕니다. 좀 위태로운 회전이에요. 크기가 비슷한 덩어리들이기 때문에 특별한 중심이 없거든요. 어느 순간 그중 하나가 튕겨 나갑니다. 그 덩어리가 뒷날 태양이 되죠. 여기까지 태양의 탄생 과정을 추측해 봤습니다.

태양의 독립

좀 불쌍해 보이기도 하죠? 하지만 튕겨 나가서 홀로 태양계의 주인이 됐기 때문에 뒷날 태양계의 행성들이 안정적인 궤도로 공전할 수 있습니다. 태양이 튕겨 나오지 않고 그대로 있었거나 다른 덩어리와 함께 쌍성계(항성 두 개)를 만들었다면 어떻게 되었을까요? 태양이 세 개나 두 개가 되면 공전의 중심이 계속 흔들립니다. 공전이 안정적인 원궤도가 되지 못하고 혼란스럽게 꼬이기도 하죠. 행성이 두 태양 사이로 다니기도 하고, 그러다가 태양에 흡수되는 사태가 벌어지기도 합니다. 지구가 그런 처지였다면 생명체는 고사하고 지구 자체의 운명도 건사하기 힘들었을 거예요.

그런 측면에서 지구는 운이 좋았습니다. 별들이 형성되고 10만 년 정도 지났을 때 삼성계(항성 세 개)와 쌍성계가 합쳐서 85%고, 태양처럼 별이 하나인 경우는 15%밖에 안 되거든요. 별들은 구름 속에서 한꺼번에 생기기 때문에 태양처럼 홀로 있는 경우는 많지 않습니다. 상대적으로 삼성계나 쌍성계가 많죠.

그렇게 튕겨 나간 태양은 뱅글뱅글 자전하면서 주위의 물질들을 빨아들였을 겁니다. 이런 과정을 통해 태양은 질량의 99%를 얻죠. 원래부터 큰 덩어리는 아니었던 겁니다. 태양이 열심히 몸집을 불려서 진정한 태양이 되는 데 1,000만 년 정도 걸렸어요. 그런데 이 몸집이 또 중요합니다. 지나치게 많은 덩어리가 뭉치면 안 되거든요. 질량이 태양의 두 배 이상인 별은 수명이 10억 년 정도밖에 안 됩니다. 100억 년인 태양에 비해 1/10이죠. 별들의 세계에서는 덩치가 크면 굵고 짧게 살아요. 태양이 그랬다면 지구에서는 생명체가 제대로 자리 잡기도 전에 거대한 폭발이 일어나 지구 자체가 사라졌을 거예요.

이렇게 에너지 소모가 빠른 까닭은 중력 때문입니다. 질량이 크면 중력도 커지니까 강한 중력으로 인해 수소 원자들이 더 많이, 더 가까이 모이게 되고, 수소 원자들이 더 격렬하게 충돌하니까 핵융합이 잘될 수밖에 없어요. 수소 원자는 더 빨리 헬륨으로 바뀌고, 헬륨은 더 빨리 탄소로 바뀌고… 별은 더 빨리 폭발할 수밖에 없습니다.

태양을 중심으로 하는
행성들의 형성

태양이 적당한 크기로 형성되고 있을 때 주위에서는 행성들도 만들어졌습니다. 처음에는 먼지와 뿌연 가스뿐이었지만, 회전하면서 서서히 덩어리들이 생겨났죠. 자세히 보면 먼지들이 마치 자석처럼 서로 이끌려 붙어 나가는 모습

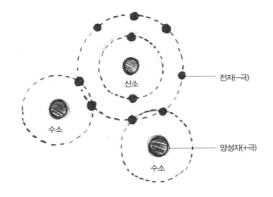

전자(-극)

산소

수소

양성자(+극)

수소

물 분자 구조

이 눈에 띄었을 거예요. 이건 무슨 일일까요?

　먼지의 정체는 눈송이입니다. 중심에는 성분이 다양한 먼지가 있고, 그 주위에 물 분자(H_2O)가 달라붙어 눈송이가 되죠. 물 분자들은 초신성에서 만들어진 산소와 수소가 결합하면서 생성됩니다. 그런데 물은 분자구조가 약간 특이해요. 위 그림을 보면 수소 원자가 한곳에 모여 있죠? 산소가 공유결합 하겠다고 수소의 전자를 산소 쪽으로 끌어간 상태이기 때문에 수소 원자 쪽은 양성자들의 +극이 좀 더 외부에 노출됩니다. 산소 쪽은 -극 전자에 둘러싸였지요. 전체적으로 볼 때 산소 쪽은 -극이 우세하고, 수소 쪽은 +극이 우세합니다. 이것이 서로 끌어당기게 만드는 힘이에요. 자석의 N극과 S극처럼 한쪽은 +극, 한쪽은 -극이니까요. 일종의 전기적 자석이 되는 거죠.

　그래서 전기적 자석인 물은 서로 끌어당기며 잘 붙었고, 그 현상이 태양 주위를 도는 눈송이들에게 일어난 겁니다. 물이 풀 같은 역할을 한 셈이에요. 성분이 다른 원소들이 씨앗이 되고, 그 주변에 물 분자들이 들러붙으면서 잘 결합될 수 있도록 유도한 겁니다.

물과는 반대로 이산화탄소는 무극성분자입니다. 분자의 형태가 어느 한쪽으로 기울거나 하지 않고 대칭적이기 때문에 전기적 극성을 띠지 않아요. 그래서 분자들의 인력이 강하지 않고, 아주 낮은 온도인 -78℃에서도 바로 기체가 됩니다. 뿔뿔이 흩어지는 거죠. 반면 물은 극성분자이기 때문에 서로 끌어당기면서 흩어지는 것을 방지합니다. 그래서 좀 더 높은 온도에서도 기체가 되지 않고 액체 상태로 존재할 수 있고요. 지구에 바다가 존재하는 것은 물 분자의 형태 때문이기도 합니다.

물 분자의 인력으로 태양 주위의 눈송이들은 결합하면서 점차 커졌습니다. 덩어리들이 어느 정도 커진 뒤에는 중력을 이용해서 더 많은 눈송이들을 끌어들였고요. 이렇게 제법 큰 덩어리도 생기고, 덩어리를 중심으로 가스 소용돌이도 생겨났습니다. 그중 가장 큰 녀석이 목성이에요.

여기서 목성의 크기도 중요합니다. 목성이 지나치게 커졌다면 핵융합이 시작되면서 제2의 태양이 될 수도 있었거든요. 질량이 부족했기에 목성은 별이 되지 못하고 덩치 큰 행성이 되는 데 만족해야 했죠. 그리고 그 덩치로 좋은 일을 합니다. 목성 덕분에 소행성이 바글거리던 태양계가 많이 깨끗해졌거든요. 목성의 덩치가 작거나 목성이 없었다면 태양계는 소행성이 바글거리는 무법천지가 되었을지 모릅니다. 이 소행성들은 지구와 부딪혀서 생명체들에게 큰 타격을 줄 수 있죠. 공룡이 멸종된 것처럼 말입니다.

소행성은 초속 수십 km 속도로 움직이기 때문에 크든 작든 일단 충돌하면 그 파괴력이 엄청나요. 총알이 달걀을 산산조각 내는 장면 보셨나요? 물론 지구가 달걀처럼 산산조각나지는 않지만 크게 다를 것도 없습니다. 달걀처럼 지구도 바깥 부분만 살짝 딱딱하고 그 안은 암석이 녹아 있는 부드러운 상태잖아요. 그래서 소행성이 충돌할 경우 그 부분만 피해를 당하는 것이 아니라 이차적인 피해가 클 수 있어요.

총알 맞은 달걀에서 흰자와 노른자가 뿜어 나오듯 지구의 수많은 화산들에서 일제히 용암이 분출할 수 있거든요. 그 화산 폭발에서 나오는 엄청난 가스와 연기, 먼지들이 솟구쳐 올라가면서 지구의 하늘은 시커먼 먹구름이 잔뜩 낀 것처럼 되죠. 맑고 따뜻한 낮은 사라지고 어두컴컴한 밤만 계속됩니다.

화산 폭발이 얼마나 무시무시한지 느껴볼 수 있는 사례를 소개해 드릴게요. 이 글은 2000여 년 전 로마Roma 시대에 베수비오Vesuvio 산이 폭발했을 때 쓴 것입니다. 글에서 삼촌은 폼페이Pompeii 사람들을 구조하기 위한 함대를 이끈 플리니우스Gaius Plinius Secundus, 글 쓴 사람은 그의 조카입니다.

삼촌은 당시 나폴리Napoli 만에서 함대를 지휘하고 있었다. 9월 9일 나의 모친은 삼촌에게 이상한 구름이 생겼다고 알렸다. 삼촌은 그것이 잘 보이는 곳으로 가기 위해 신발을 신고 나갔다. 큰 구름 떼가 보였는데, 흡사 가지가 위로 둥글게 뻗은 잣나무와 같았다. 과학자인 삼촌이 더 가까이에서 관찰하려고 작은 배를 준비시켜 집에서 나가려 할 때 카스코의 아내가 달려와서 산 아래 있는 자신의 별장이 위험에 처했다며 배로 피신시켜 달라

과학이 빛나는 밤에

고 애원했다.

과학자적 호기심은 인명을 구출해야 한다는 의무감으로 바뀌었고, 삼촌은 그녀뿐만 아니라 다른 사람들도 구출하려고 외출의 목적을 바꿨다. 많은 이들이 탈출하는 것을 목격했다. 잿더미가 배를 덮치고 가까이 갈수록 재의 농도는 짙었다. 배를 사타비아 쪽으로 몰았다. 삼촌의 친구 폼포니아누스가 보여서 그를 구출하기 위해 배를 몰았다. 공포에 떠는 친구를 배에 오르게 하고, 그가 가지고 있던 물건들도 싣게 했다.

베수비오 산에서 용암이 더 넓게 퍼졌다. 어두우니 불빛이 더 빛나 보였다. 삼촌은 사람들을 위로하고 잠자리에 들었다. 그사이 화산재가 집을 덮쳐 더 지체했다가는 빠져나올 수 없다고 판단하자, 삼촌은 일어나서 폼페이아노에게 갔다. 그들은 밖으로 나가기로 결정했다. 화산재가 비 오듯 쏟아졌고, 점점 집을 덮쳤다. 해변에 나가서 배를 탈 수 있는지 살펴보았다. 용암이 다시 덮쳤다. 삼촌이 두 노예의 부축을 받고 피신을 시도했다. 그러나 기관지에 염증이 있는 삼촌은 먼지와 가스 때문에 숨을 쉴 수 없었다. 이불을 덮고 누워 있는데 잠이 든 것처럼 보였다. 그는 죽었다.

〈고종희 교수의 이탈리아 예술산책〉 중에서(《문화일보》 2006년 3월 10일자).

이렇게 무시무시한 화산 폭발을 동시다발적으로 일으킬 수 있는 소행성을 목성이 살신성인의 정신으로 치워 준 겁니다. 그 덩치로 소행성들의 좋은 표적이 된 셈이죠. 그런데 목성이 소행성을 막아 주는 것만은 아닙니다. 오히려 지구 쪽으로 날려 보내기도 해요. '한 쪽으로는 착한 척하면서 뒤로는 나쁜 짓을 하느냐'고 욕할 수도 있지만, 어떻게 보면 아주 고마운 일이에요.

공룡 멸종만 봐도 그렇죠? 그 소행성도 목성이 날려 줬을 가능성이 높은데, 그때 공룡이 멸종하지 않았다면 인간이 지금처럼 지구에서 활개 치고 다닐 수 없었을 겁니다. 공룡이 자리를 비워 준 덕분에 포유류가 번성하고 진화할 수 있었고, 인간도 생겨났어요. 이런 식으로 새로운 진화가 일어나려면 멸종도 중요한데, 소행성이 그일을 도울 수 있습니다. 지나치게 많은 소행성은 안 되지만, 가끔씩 날아오는 소행성은 진화에 단비 같은 존재인 거죠.

태양계의 시작

그런데 목성이 투수도 아니고 소행성을 어떻게 날려 보낼까요? 목성은 중력을 이용합니다. 화성과 목성 사이엔 소행성들이 모여 있는 소행성대가 있어요. 안타깝게도 행성이 되지 못하고 부스러기 상태로 남은 거죠. 이 소행성 중 일부는 공전하다가 목성과 아주 가까워지는 경우가 생깁니다. 아무 위치에서나 그렇게 되는 것은 아니고, 목성의 공전주기와 타이밍이 딱 맞는 공전궤도가 있어요. 그 궤도에서는 소행성이 세 바퀴 공전하는 시간과 목성이 한 바퀴 공전하는 시간이 일치하기 때문에 소행성과 목성이 아주 가까운 거리에 나란히 위치하는 경우가 생겨요. 회전 속도가 다른 시침과 분침이 12시 정각에 만나는 것처럼 말이죠. 그러면 목성이 중력으로 소행성을 자꾸 끌어당기고, 소행성은 궤도 밖으로 살짝살짝 밀려납니다. 그게 쌓이다 보면 어느 순간 뿅! 하고 궤도 밖으로 이탈하죠.

과학이 빛나는 밤에

마치 그네를 밀어 주는 것과 비슷하다고 볼 수 있습니다. 그네가 최고로 올라와서 미는 사람과 최대한 가까워졌을 때 정확히 밀어 줘야 그네가 쭉쭉 올라가잖아요. 목성은 이런 타이밍과 중력의 절묘한 조화로 소행성을 날려 보낼 수 있었고, 이렇게 튀어 나간 소행성 중 일부가 지구와 부딪히면서 진화의 역사에 한 획을 그을 수 있는 겁니다.

초신성 폭발 잔해 속에서 회전하던 소용돌이가 이렇게 적당한 태양계가 된 것은 참 다행스러운 일이죠. 그때 소용돌이가 약간만 다르게 돌았어도 태양이 좀 더 커지거나 목성의 위치가 달라지는 것은 어려운 일이 아니거든요. 소용돌이라는 것 자체가 예측 불가능한 특성이 있으니까요.

이제 어느 정도 주변 정리가 되었으니, 다음은 드디어 생명체가 발을 딛고 살 수 있는 '푸른 행성' 지구 차례입니다. 태양계에서 유일하게 바다가 있고, 생명체로 바글거리는 행성. 지구가 이렇게 개성적인 데는 다 까닭이 있습니다.

세상이 좀 달라 보이나요?

물을 보세요. 흔하디흔한 물이지만 지금 이 순간에도 작은 물 분자들은 전기적 자석이 되어 서로 맹렬하게 끌어당깁니다. 덕분에 액체 상태가 유지되죠. 물방울의 형태가 동그랗게 유지되는 것도 그 힘 때문입니다.

물이 그런 형태가 아니라면 어땠을까요? 물도 강물도 바다도 존재할 수 없었을 거예요. 아니 행성 자체가 생겨날 수 없었겠죠. 눈송이 먼지들이 제대로 들러붙지 못했을 테니까요. 우리는 물 분자의 형태에 의해서도 우주의 역사가 좌지우지되는 예민한 세상에 살고 있는 겁니다.

과학이 빛나는 밤에

지구에만
바다가 있는 이유

바다처럼 지구의 개성을 뚜렷하게 보여 주는 것은 없습니다. 태양계 어디에서도 푸른 바다를 찾아볼 수 없죠. 다른 행성들은 기껏해야 얼음이 존재하거나, 땅속 깊은 곳에 녹은 물이 있을지도 모른다고 추측할 뿐입니다. 지구처럼 땅 표면에 깊이 수백, 수천 m 되는 엄청난 물이 가득 찬 곳은 없습니다. 이 푸른 바다에서 생명체가 탄생했고, 지금도 바다에 의지해 많은 생명체가 살아가죠. 소중한 바다는 왜 지구에만 있을까요? 지구 형성 시기로 돌아가서 무슨 일이 있었는지 살펴보겠습니다.

태양과 지구의 적절한 거리

목성이 형성되던 시기, 그 안쪽에서도 제법 큰 덩어리들이 보입니다. 그중 하나가 우리의 행성, 지구죠. 지구가 될 덩어리는 주변 덩어리들과 충돌하고, 먼지를 끌어들이면서 크기를 행성에 가깝게 키우고 있습니다. 여기에서 위치가 중요합니다. 별것 아닌 듯해도 바다가 형성되려면 태양과 거리가 적당해야 하거든요. 지구의 위치가 태양에 가까웠다면 바다는커녕 금성처럼 생지옥이 됐을 수도 있습니다. 금성은 기온 300℃에 물한 방울 존재하지 않고, 기압은 지구의 100배거든요. 압력솥 그 자체죠. 금성에 가면 더위도 더위지만, 온몸이 오그라들어서 부서질것 같은 고통을 느낄 겁니다. 실제로도 부서지고요.

기압은 말 그대로 공기의 압력인데, 우리는 익숙해서 못 느끼지만 공기 분자들은 지금 이 순간에도 우리 몸을 두드리면서 눌러 주고 있습니다. 공기의 압력에 의해 우리 몸이 지탱되는 거죠. 〈토탈리콜Total Recall〉에서 인간이 기압이 매우 낮은 화성의 대기에 노출되었을 때 어떤 일이 일어나는지 보여 주는데, 신체 장기들이 부풀어올라 터지려고 합니다. 금성의 경우에는 반대로 기압이 높아 몸이 오그라들겠죠. 영화적인 과장이지만 기압은 그렇게 중요해요.

금성이 그렇게 된 것은 태양에 좀 더 가까웠기 때문이에요. 거기부터 모든 게 시작되었습니다. 덕분에 비가 내리기엔 약간 더웠어요. 금성의 당시 온도가 약 700K(425℃)이고, 물의 기화 온도가 650K(377℃)였거든요. 650K 이하로 내려가야 액화되면서 비가 내릴 수 있었죠. 300℃가 넘는 높은 온도에서 비가 내릴 수 있는 이유는 100기압에 달할 정도로 기압이 높았기 때문이었습니다. 기압이 높으면 물의 끓는점, 기화 온도도 높아지거든요. 그러나 금성은 태양과 가까워 온도가 내려가지 않아 비가 내리지 않으니 수증기가 계속 구름 형태로 떠 있을 수밖에 없고, 구름은 태양 빛에 분해

과학이 빛나는 밤에

되어 사라지죠. 물 분자가 분해되면서 양성자와 중성자 합쳐서 16개나 되는 무거운 산소는 남고, 양성자 하나짜리 수소는 우주 공간으로 날아간 겁니다. 결국 소중한 물은 사라지고, 바다가 생길 가능성도 사라졌어요. 바다가 없기 때문에 금성은 기온이 더 올라갈 수밖에 없었습니다.

바다는 온실가스를 흡수해서 기온을 낮출 수 있거든요. 탄산음료에 이산화탄소가 녹아 있는 것처럼 물에는 이산화탄소 같은 기체가 녹아 들어갈 수 있는데, 당시 금성뿐만 아니라 세 행성 모두 공기 중에 엄청난 이산화탄소가 있었습니다. 초신성에서 만들어진 풍부한 탄소에 산소들이 들러붙는 바람에 생겨난 것들이죠. 그 양이 지금의 20만 배나 되었습니다. 지금 공기 중에 있는 이산화탄소는 대기 성분 중 0.03%에 불과해도 온실효과가 나타나 지구의 온도가 올라간다고 난리인데, 20만 배에 달하는 60기압의 이산화탄소가 공기 중에 있으면 기온은 엄청나게 올라갈 수밖에 없어요.

60기압이 얼마나 많은 양이냐면 지금 지구 대기의 양을 1이라고 했을 때 그것의 60배라는 의미입니다. 60배나 많은 공기가, 그것도 이산화탄소로 지구에 꽉 들어차 있는 거죠.

지구는 다행히 태양에서 금성보다 멀리 있어서 기온이 600K 정도로, 비가 내릴 수 있는 온도에 비해 50K 정도 낮았습니다. 이런 상황에서 지표면이 어느 정도 식자 엄청난 비가 내렸죠. 지구의 거대한 바다가 그 비에 의해 형성되었으니 지구 역사상 다시없는 폭우였을 겁니다. 그야말로 하늘에서 폭포수가 쏟아지는 수준이 아니었을까 싶어요. 이 비에 바다가 생기면서 공기 중에 있던 많은 이산화탄소가 흡수됩니다. 하지만 바다가 흡수하는 양에도 한계가 있어, 아직 10기압에 달하는 이산화탄소가 공기 중에 남았어요. 지금 대기 중에 있는 이산화탄소에 비하면 엄청나게 많은 양이라 빨리 제거되지 않으면 온실효과가 일어나면서 바다가 증발할 수도 있는 상황이었죠.

울퉁불퉁한 표면

이 위기에서 지구에 있는 특별한 시스템 덕분에 바다는 증발하지 않았습니다. 바로 '판 구조'입니다. 지구는 달걀처럼 반질반질한 껍데기 하나로 둘러싸인 행성이 아닙니다. 지구 바깥쪽, 즉 지각은 여러 조각의 판으로 구성되어 있어요. 이 갈라진 판들은 그 밑에 있는 맨틀이 대류하면서 움직이는데, 그때 판들 사이 갈라진 틈에서 맨틀의 칼슘 성분이 흘러나옵니다. 바로 이 성분이 이산화탄소와 결합해 탄산칼슘이 되면서 이산화탄소를 제거하죠.

탄산칼슘은 무거워서 가라앉고, 차곡차곡 쌓이고 굳어서 석회석류 암석이 됩니다. 이런 식으로 만들어진 석회석이 시멘트의 원료입니다. 지금 여러분이 어떤 건물 안에서 책을 읽고 있다면 아주 오래전 칼슘에 붙잡힌 이산화탄소들이 여러분을 받쳐 주는 셈이죠. 이렇게 바닷물 속에 녹아 있던 이산화탄소가 제거됨으로써 바다는 더 많은 이산화탄소를 흡수할 수 있었고, 이산화탄소 양은 확 줄어듭니다.

과학이 빛나는 밤에

적당한 별의 크기

하지만 그렇게 두면 시원해지는 것이 도가 지나쳐서 바다가 다 얼어붙습니다. 바다가 이산화탄소를 제거하는 것 말고도, 비가 내리면서도 이산화탄소가 제거되거든요. 암석들은 비를 맞으면 '화학적 풍화작용'이 일어나면서 공기 중의 이산화탄소와 결합합니다. 특히 규산염과 이산화탄소가 결합해서 탄산염 광물이 되죠. 이런 현상이 계속되면 공기 중의 이산화탄소는 대부분 돌이 됩니다. 화성은 이런 일이 일어나는 바람에 평균기온 -50℃의 추운 행성이 되었어요. 지구가 화성처럼 추운 행성이 될 운명에서 벗어난 것은 돌이 된 이산화탄소를 공기 중으로 돌려놓는 시스템이 있었기 때문이에요.

여기에서 판 구조가 다시 등장합니다. 바다 밑에 있는 판이 움직

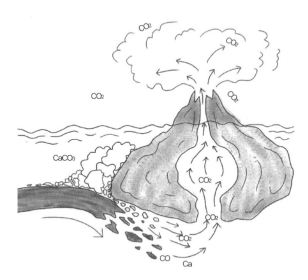

판 구조에 의한 이산화탄소 순환

이다가 대륙판 밑으로 끌려 들어가는데, 그때 탄산칼슘(CaCO₃) 암석들도 맨틀 속으로 끌려 들어가죠. 이 탄산칼슘 성분이 맨틀과 만나면서 분해될 때 이산화탄소가 나오고, 이산화탄소는 화산을 통해 밖으로 뿜어져 나옵니다. 그래서 공기 중에 적당한 이산화탄소가 존재하면서 바다가 적당한 기온을 유지하게 된 거예요.

하지만 안타깝게도 화성이나 금성은 판 구조가 없고, 달걀처럼 한 조각이에요. 그 까닭은 지구보다 크기가 좀 작았기 때문일 겁니다. 크기가 작으면 열도 그만큼 빨리 빠져나가거든요. 거대한 쇠 공과 손톱만 한 쇠 구슬을 뜨겁게 데우면 쇠 구슬이 빨리 식는 것과 마찬가지죠. 행성 안에 있던 열이 빠져나갈 때 큰 행성은 그 열이 한참 나가야 하지만, 작은 행성은 열이 조금만 나가도 우주 공간으로 빠져나갈 수 있으니까 작은 행성이 빨리 식을 수밖에 없습니다.

화성이나 금성의 지표면은 빨리 식으면서 지각이 두꺼워졌고, 두꺼운 지각은 갈라질 수 없으니 판 구조가 생길 수 없었습니다. 장차 지구가 될 덩어리가 지금처럼 커지지 못하고 작은 상태에 머물렀다면 지구의 운명은 달라졌을 거예요.

화성도 열기가 식지 않았을 때는 바다가 있었을 겁니다. 그러나 작은 크기 때문에 열이 빨리 식으면서 물은 땅속으로 다 스며들었죠. 지구는 몇 km만 내려가도 맨틀과 만나고 물이 끓어올라 다시 용솟음치지만, 화성은 한참 더 내려가야 맨틀과 만날 수 있습니다. 물이 끓어오르다가도 식어서 멈출 수밖에 없어요. 화성의 바다는 두꺼운 지각에 다 스며들었을 가능성이 높습니다.

이처럼 지구는 적당한 위치에 적당한 크기로 생겨나면서 푸른 바

과학이 빛나는 밤에

다가 생겼죠. 될성부른 나무는 떡잎부터 안다더니, 지구가 바로 그
런 경우입니다. 처음에는 아무도 그 자리가 그렇게 좋은 자리인지,
그 크기가 그렇게 적당한 크기인지 몰랐겠지만요.

바다가 생긴 것은 다행이지만, 그렇다고 해서 푸른 지구가 완성
되는 것은 아닙니다. 지구의 기후가 나빠지면 바다는 얼거나 증발
할 수도 있거든요. 기후를 적당히 유지하는 것도 쉬운 일이 아닙니
다. 그러나 지구에게는 기후를 안정하게 유지해 줄 특별한 동반자
가 있었습니다.

세상이 좀 달라 보이나요?

바다를 보세요. 수십억 년 전 바다를 만든 그 비는 얼마나 대단했
을까요? 나이아가라Niagara폭포를 밑에서 쳐다보는 느낌 이상이었
겠죠? 수백, 수천 m 높은 하늘에서 쏟아졌을 테니까요. 상상만 해도
짜릿합니다. 타임머신이 있다면 그때로 가 보고 싶네요.

자비로운 밤의 여왕, 달

지구를 향해 이름 모를 행성이 다가오고 있습니다. 거대한 행성이 지구의 하늘을 가득 채웠죠. 태양이 가려지고 깜깜해졌습니다. 잠시 뒤 지구 역사상 가장 거대한 충돌이 일어났어요. 지각은 여지없이 부서지고, 엄청난 맨틀이 우주 공간으로 솟구쳤습니다. 지구의 한쪽이 철저히 부서졌어요. 지구가 쪼개지지 않은 것이 그나마 다행이었어요. 우주 공간으로 솟구친 맨틀은 여기저기에서 덩어리지며 모여듭니다. 지구의 친구, 달이 탄생하는 순간이었죠.

달은 거대한 충돌 때문에 지구의 일부가 뭉텅이로 떨어져 나가서 생긴 위성입니다. 다른 데서 날아온 게 아니라 피를 나눈 분신이에요. 그래서 달은 다른 행성의 위성들보다 큽니다. 다른 행성의 위성들은 충돌로 생긴 게 아니라서 모행성에 비하면 티끌만 하거든요. 화성의 위성은 데이모스와 포보스인데, 주변을 지나던 소행성을 포획한 것이라 반지름이 몇 km에 지나지 않습니다.

지구의 중심을 잡아 주는 달

　　　　　　　　　　그런데 달과 지구의 기후가 무슨 상슨 상관일까요? 달은 저 멀리에서 무심히 지구를 돌 뿐인데 말이죠. 바로 그겁니다. 도는 것. 지구는 바로 그것 때문에 큰 도움을 받습니다. 미친 듯이 혼자 뱅글뱅글 도는 사람이 있고, 손잡고 같이 도는 사람이 있습니다. 둘 중 누가 더 안정적일까요?

　지구와 달이 그런 경우입니다. 달이 지구 주위를 돌면서 자전축을 안정적으로 유지해 주거든요. 그 자전축이 지구의 기후에 큰 영향을 줍니다. 자전축이 안정적이지 않으면 기후가 마구 변해서 생명체가 살아가기 힘들거든요. 실제로 자전축이 아주 불안정하거나 이상한 행성들이 있습니다. 천왕성은 자전축이 태양을 향해 누워 있죠.

　지구의 자전축이 그렇게 된다면 무슨 일이 벌어질까요? 일단 태양을 향한 면은 밤이 없습니다. 1년의 절반은 쉼 없이 달궈져서 타는 듯한 더위가 계속되겠죠. 강과 호수는 모두 말라붙고, 식물들은 말라 죽고, 동물들은 물을 찾아 헤맵니다. 그런가 하면 지구 반대쪽

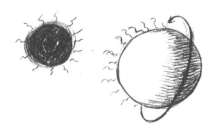

자전축이 태양을 향해 누울 경우

은 낮이 없습니다. 밤이 계속되는 가운데 어둠과 추위 속에서 바다는 얼어붙고, 생명체들은 자취를 감출 거예요.

그나마 살 만한 곳은 밤과 낮 사이의 좁은 중간 지대일 텐데, 거기는 엄청난 강풍이 불고 비바람과 폭풍우가 몰아치겠죠. 뜨거운 낮 지역의 공기와 차가운 밤 지역의 공기가 충돌하면서 격렬하게 섞일 테니까요. 초속 수백 m 강풍이 불어 태풍은 저리 가라입니다. 이런 환경에선 덩치 큰 동물은 살기 힘들고, 기껏해야 미생물이나 작은 곤충 정도만 살 수 있을 거예요. 인간은 도저히 적응할 수 없는 환경입니다.

천왕성은 좀 극단적인 경우지만, 일반적으로 달 같은 위성이 없으면 자전축이 불안정해질 수밖에 없습니다. 화성을 보면 현재 자전축은 25° 기울어졌지만, 10만 년 주기로 15°에서 35°로 변해요. 하지만 1,000만 년을 계산해 보면 자전축이 0°에서 60°까지 왔다 갔다 합니다. 계산 자체가 혼란스러울 정도로 크게 변하죠.

지구가 화성처럼 자전축이 불안정하다면 어떻게 될까요? 지금 상황에서 1°만 더 기울어도 사계절에 큰 변화가 올 겁니다. 기울기가 커질수록 여름과 겨울은 길어지고, 봄가을은 짧아지면서 점점 천왕성처럼 극단적인 기후가 될 거예요. 이산화탄소가 미세하게 늘어났다고 기후가 변하니 재난이 닥치니 하지만, 이건 호수에 조약돌 던지는 것에 불과합니다. 자전축의 기울기 변화는 거대한 바위죠.

그 바위의 효과를 제대로 볼 수 있는 현상이 빙하기입니다. 지구는 달 덕분에 자전축이 4만 1,000년 주기로 1.5°씩 바뀌는데, 그 정

과학이 빛나는 밤에

도로도 빙하기가 왔다 갔다 하거든요. 그냥 좀 추워지는 것이 아니라 심하면 적도까지 얼음으로 덮이는 빙하기 말이에요. 달이 있으니까 그 정도지, 달이 없었다면 훨씬 더 심각했을 겁니다. 물론 자전축의 기울기 변화만으로 빙하기가 오는 것은 아니지만, 분명 큰 영향을 줍니다.

그렇게 소중한 달을 위성으로 가질 확률이 어느 정도 될까요? 드넓은 우주 공간에서 티끌에 불과한 지구와 이름 모를 행성이 충돌하는 것이 쉬운 일은 아닙니다. 충돌한다고 모두 달이 생기는 것도 아니고요. 타이밍이 중요하거든요. 지구가 딱 적당한 크기여야 합니다. 지구가 지나치게 작을 때 충돌하면 지구의 중력이 약해서 솟구쳐 오른 맨틀이 다 흩어졌을 테고, 지구가 더 컸을 때 충돌했다면 중력이 강해서 솟구친 맨틀이 지구로 떨어졌을 겁니다.

충돌하기 쉽지 않고 충돌해도 달이 생기기 쉽지 않으니, 지금의 지구처럼 유익한 동반자인 달을 가지기는 참 어려운 일이죠. 우리는 달에게 소원을 빌기보다 감사 인사를 해야 합니다. 있어 주는 것만으로도 고마운 존재니까요.

달이 준 선물은 이것이 전부가 아닙니다. 달이 생겨나는 과정에서 지구에게 뭔가 특별한 것이 생겨나거든요. 다른 행성에서는 거의 찾아볼 수 없는 그것은 뒷날 생겨날 생명체에게 그야말로 최고의 선물입니다.

세상이 좀 달라 보이나요?

달을 보세요. 달을 만들어 낸 그 충돌, 얼마나 대단했을까요? 하늘로 솟구쳐 올라가는 맨틀의 모습은 장관이었을 겁니다. 거대한 불덩이가 하늘을 뒤덮으며 솟구쳐 올라갔으니까요. 지평선부터 하늘 꼭대기까지 전체가 용솟음친 거대한 맨틀로 가득했을 거예요. 이 장면도 타임머신이 생기면 꼭 보고 싶네요. 보고 싶은 게 많아서 큰일입니다.

지구의 보호막,
자기장

　　지구와 충돌한 이름 모를 행성, 충돌과 함께 바깥 부분은 부서지
면서 우주 공간으로 날아가고 중심부는 지구 내부를 향해 파고듭니
다. 그리고 지구 내부의 엄청난 열기에 녹아내리면서 합쳐지죠. 겉
으로 보기에는 약간 커진 것 외에 별 차이가 없었지만, 붉은 빛으로
이글거리는 지구는 예전의 지구가 아니었습니다.

축복과 저주를 함께 내리는 태양

　　　　　　　　　　　　태양은 환한 빛으로 지구상의
생명체들이 살아갈 수 있는 소중한 에너지를 줍니다. 하지만 태양
에서 나오는 것이 모두 생명체에게 좋지는 않아요. 때로는 치명적
인 것도 있죠. 자외선은 해수욕장 피서객의 피부를 태우고, 심한 경
우 피부 세포의 DNA에 변형을 주어 피부암을 일으키기도 합니다.
사람뿐만 아니라 다른 생명체에게도 좋지 않은 영향을 끼치죠.

그나마 자외선을 막아 주는 오존층 덕분에 그 피해가 덜합니다. 하지만 자외선보다 강력한 놈도 있어요. 태양에서 날아오는 하전 입자 같은 것들인데, 전기를 띠어서 그대로 세포에 닿으면 세포막과 DNA 같은 세포의 구성 요소들을 파괴할 수 있습니다. 정전기가 일어날 때 고통스러운 것처럼 세포들도 하전입자가 날아오면 고통스러워요.

하전입자들은 태양에서 생겨난 '태양풍'에 실려 지구로 날아옵니다. 지금 이 순간에도 지구는 거대한 태양풍에 휩쓸려요. 하지만 생명체들은 자기장이라는 보호막이 있기 때문에 태양풍이 부는지 전혀 모릅니다. 자석 주위에 형성되는 바로 그 자기장이죠. 지구도 자석처럼 자기장이 있어서 주위에 자기장이 형성됩니다. 나침반이 북극과 남극을 가리키는 것도 지구의 자기장 때문이에요.

이 자기장이 지구를 둘러싸고 지구보다 훨씬 큰 태양풍을 간신히 막아 줍니다. 초속 40m가 넘는 태풍의 비바람 속에서 우산 쓰고 간신히 버티는 것과 비슷한 상황이죠. 태양풍의 위력 때문에 직접 맞닥뜨리는 부분은 금방이라도 터질 것처럼 오그라듭니다.

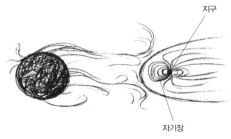

태양풍을 막아주는 자기장

과학이 빛나는 밤에

지구 내부에서 꿈틀거리는 전선

자기장이 어떻게 전기를 띤 입자를 막을 수 있을까요? 바로 전기와 자기가 밀접한 관계이기 때문입니다. 예를 들어 전기를 띤 입자인 전자가 움직이면 자기력이 생겨납니다.

모든 자기장의 근원은 '전자의 움직임'입니다. 전자가 운동하면서 자기장을 출렁이게 만들면 자석 주위에 철가루 뿌렸을 때 보이는 식의 자기장이 생겨나는 겁니다. 자기장을 만들려면 전자가 움직이기만 하면 됩니다. 앞에서 말씀드렸던 전선 주변 자기장도 전자들이 전선 안에서 이동하며 자기장을 만들어냈기 때문이었죠.

이렇게 이동하는 것뿐만 아니라 전자의 스핀, 즉 '회전운동'에 의해서도 자기장이 생길 수 있는데요. 연못 위에서 돌맹이가 돌면 물결이 생기듯 전자의 스핀운동에 의해서도 출렁이는 자기장이 만들어집니다. 전기를 띤 입자는 자석이나 마찬가지에요. 태양풍에 실려온 작은 자석과 지구라는 거대한 자석이 만나는 겁니다. 그리고 그 작은 자석들은 지구를 향해 곧바로 떨어져 내리지 못하고 지구의 양극인 북극이나 남극으로 끌려 들어가게 되죠. 그리고 거기서 쏟아져 내리게 됩니다.

그러면 전기를 띤 입자들과 지구 대기의 입자들이 만나 불빛을 만들어 내요. 그것이 '오로라'입니다. 이 자기장은 다른 행성에서는 거의 발견되지 않고, 있어도 아주 약합니다. 지구만 자기장을 가지게 된 것은 지구에게만 일어났던 그 거대한 충돌 사건 때문이죠. 행성이 거대한 자석이 되려면 철이나 니켈 같은 금속 성분을 많이 가지고 있어야 하는데 지구는 충돌로 인해서 그 문제를 해결했거든요.

행성의 중심부는 대개 가장 무겁고 단단한 물질인 철이나 니켈로 이루어져 있어요. 지구와 충돌한 행성의 중심부도 마찬가지입니다. 그런 금속 성분의 행성 중심부가 지구와 충돌하면서 합쳐진 겁니다. 그래서 지구는 다른 행성들보다는 훨씬 많은 금속 성분을 가질 수 있었고, 금속 성분을 바탕으로 자기장을 가지게 되었지요.

그런데 금속과 자석이 무슨 관계일까요? 바로 전자쌍 때문입니다. 스핀 방향이 반대인 두 전자가 쌍을 이루면 자기력이 상쇄돼요. 높은 물결과 낮은 물결이 만나면 서로 상쇄되어 물결 높이가 0이 되듯이 자기력도 없어지게 되는 거죠. 그래서 물질 속에 있는 전자들이 전부 전자쌍을 이루고 있으면 자기력을 못 띠게 됩니다. 다만 물질 속에 전자쌍을 이루지 못한 자유 전자들이 있을 경우, 그 스핀이 자기장을 출렁이게 해서 자석이 될 수 있죠. 금속에는 그런 자유 전자가 매우 많습니다. 그러나 금속 성분이 충분하다고 해서 자석이 되는 것은 아닙니다. 그렇다면 우리 주변에 있는 금속들도 다 자석이어야 할 테니까요.

그 이유는 금속에 있는 자유전자들의 스핀 방향이 다 어긋나 있으면 눈에 보일 만큼 강한 자기력을 만들어내지 못하기 때문입니다. 미세한 자석들이 서로 다른 방향으로 마구 흩어져 있다고 생각해 보세요. 그러면 자기장이 전부 제각각이다보니 전체적으로는 아무 것도 끌어당기지 못하게 됩니다. 줄다리기를 하는데 서로 방향이 엇갈리게 마구 당기는 것이나 마찬가지죠.

과학이 빛나는 밤에

자기장도 힘을 합쳐야 하는 겁니다. 자석이 바로 그런 예인데요. 스핀 방향이 한 방향으로 다 맞춰져 있어요. 전자들이 쫙 줄 맞춰 늘어서서 한 방향으로 뱅글뱅글 돌고 있는 거죠. 이렇게 되면 힘이 합쳐져서 눈에 보이는 강한 자기장을 만들어낼 수 있게 됩니다. 방향만 잘 맞추면 전류가 흐르지 않아도 자기장이 만들어지는 거죠.

이렇게 스핀 방향이 맞춰지면서 자석이 되는 것을 '자화'라고 합니다. 금속은 금속이어서 자석에 붙는 것이 아니라 순간적으로 자화되면서 자석이 됐기 때문에 자석에 붙는 것입니다.

그러나 그런 자화는 일시적이죠. 약간만 시간이 지나면 금속에 있는 전자들의 스핀 방향이 슬슬 어긋나면서 자기력이 사라지게 됩니다. 스핀 방향이 고정되어 있지 않기 때문이죠. 자석 같은 경우는 스핀 방향이 잘 고정되기 때문에 자기력이 유지되는 것이고요. 금속이 자화되려면 전자의 스핀 방향이 맞춰져야 하는데 쉽지 않은 겁니다. 더구나 지구 내부는 지나치게 뜨거워서 설령 스핀이 맞춰져도 금방 다시 흐트러집니다. 그 열에너지에 의해 전자들의 스핀 방향이 어지럽혀지거든요. 전자가 이리저리 몸을 돌리기도 하고, 요리조리 움직이기도 하면서 맞춰진 방향이 흐트러집니다. 그러면 자기장도 사라집니다.

스핀 방향이 상당히 미묘하기 때문에 보통 자석은 라이터 불로 지지기만 해도 자성이 사라집니다. 자성이 사라지는 온도를 퀴리온도라고 하는데, 철은 770℃에 불과하죠. 수천 ℃에 이르는 지구 내부 온도에서 철의 자성은 버틸 수 없습니다.

열이 아니라도 자성이 수십억 년 유지될 수는 없어요. 전자들 자체가 자석이기 때문에 가만히 줄 맞춰 있을 수가 없거든요. 서로 살짝살짝 밀어내고 당기죠. 이런 상태가 계속되면 방향이 조금씩 흐트러지면서 자성이 사라집니다. 자석에도 유통기한이 있는 셈이에요. 그러니까 설령 지구에 진짜 자석이 있었어도 수십억 년이 흐르는 동안 자성은 사라졌을 겁니다.

남은 방법은 지구 속에 전류가 흐르는 것뿐이죠. 전류를 만들어내는 발전기가 존재할 수 있다면 그 전류에서 자기장이 생겨나거든요. 전류만 흐른다면 내부가 아무리 뜨거워도 계속 자기장이 생겨날 테니까요.

과연 그것이 가능한지 볼까요? 일단 발전기는 자석이 있어야 합니다. 자석 주위에 생긴 자기장에 전선을 대고 왔다 갔다 하면 전류가 생겨요. 전선의 주요 재료인 금속 물질에 있는 자유전자가 자기장에 떠밀려 움직이면서 전류가 만들어지는 거죠. 이것이 발전기의 가장 단순한 원리입니다. 이렇게 전자가 밀려가면 전류가 만들어지고, 전류는 또 자기장을 만들어 낼 수 있습니다.

지구 내부에서도 이런 일이 일어난다는 것이 다이너모이론이에요. 여기서 전선의 역할은 외핵이 담당합니다. 외핵은 액체 상태 금속인데, 내핵에서 방사능 붕괴가 일어나면서 발생하는 열 때문에 대류가 일어나거든요. 움직이는 전선이나 마찬가지죠.

이렇게 대류 흐름 속에 있던 금속 성분이 약한 자성을 띠는 지구의 어느 부분에 스며들면서 흘러가면 전류가 생겨납니다. 그 전류에서는 자기장이 생겨나고요. 그러나 온도가 그렇게 뜨거운 상태에서 자성을 띠는 부분이 유지될 수 있는지, 정말 외핵의 대류로 전류가 생겨나는지는 확실하지 않습니다. 다이너모이론도 가설일 뿐이죠.

하지만 지구자기장의 변화를 보면 다이너모이론이 어느 정도 맞는 것 같습니다. 지구자기장은 불안정하거든요. 지금도 자기상의 북극은 해마다 20km 속도로 서쪽으로 이동하고, 5%씩 약해집니다. 수십억 년 지구 역사를 살펴보면 더 어지러워요. 북극과 남극은 사방을 돌아다녔고, 그 세기도 약해졌다가 세졌다가 아예 없어지기도 했어요. 지금 운 좋게 지리상의 북극, 남극과 가까울 뿐입니다.

지구가 튼튼한 자석으로 구성되었다면 이렇게 불안정할 수 없습니다. 액체의 대류에 의해 생기는 자기장이니까 가능한 일이죠. 액체의 흐름은 주변의 영향을 많이 받을 수밖에 없잖아요. 지구 자전의 영향을 받을 수도 있고, 자기들끼리 흐름이 겹쳐서 뭔가 다른 흐름을 만들어 낼 수도 있고… 확실하게 밝혀진 부분은 없습니다. 특이하게도 지구에는 자기장이 있고, 약간 불안하지만 든든하게 생명체를 보호할 우산이 되어 주고 있죠.

생명체의 탄생 준비 끝

이 정도면 생명이 탄생하기에 완벽한 환경으로 보입니다. 푸른 바다, 안정된 기후, 자기장 같은 보호막까지… 주변 행성에 비하면 완전 궁궐이죠. 주변 환경뿐만 아니라 생명체를 만들어 낼 수 있는 화학물질도 풍부했습니다. 초신성의 잔해에서 생겨난 덕분에 지구에는 탄소, 질소, 산소, 인 등 다양한 원소들이 가득했어요. 이런 상태에서는 번개 같은 자극만 가해져도 다양한 원자들이 헤쳐 모이면서 복잡한 분자들이 탄생할 수 있습니다.

이것은 실험으로도 확인됩니다. 플라스크 안에 지구의 원시대기 상태를 재현하고 번개 치는 것처럼 방전하면 아미노산 같은 화학 물질이 생겨나거든요. 이 아미노산이 아주 중요해요. 이것들이 결합하면 생명체를 구성하는 중요 물질인 단백질이 됩니다. 신체에서 단백질로 구성되지 않은 부분을 찾기 힘들 정도죠. 머리카락부터 신경세포, 피부, 뼈, 각종 장기, 백혈구, 적혈구, 손발톱까지 단백질이 아닌 것이 없습니다. 이런 단백질의 주요 성분인 아미노산이 쉽게 만들어지는 걸 보니 생명체가 탄생하는 것은 별로 어렵지 않을 듯싶었습니다.

여기까지가 인간의 한계죠. 방전하고 아무리 기다려도 단세포생물인 세균 한 마리조차 만들어지지 않았거든요. 지금까지 지구의 어떤 실험실에서도, 아무리 최첨단 장비를 가지고 노력해도 인공적으로 생명체를 만들어내진 못했습니다. 도대체 원인이 뭘까요?

세상이 좀 달라 보이나요?

하늘을 보며 지구자기장을 떠올려 보세요. 지금 이 순간에도 땅속 깊은 곳에서 수천 ℃ 열기 속에 만들어진 자기장이 차가운 우주 공간으로 쭉쭉 뻗어 나가 지구를 감싸 줍니다. 수천 km 땅속에 흐르는 전자들이 지구를 뒤덮는 거대한 자기장을 만들어 여러분과 지구의 모든 생명체를 지켜 주는 셈이죠. 지구, 참 착한 행성입니다.

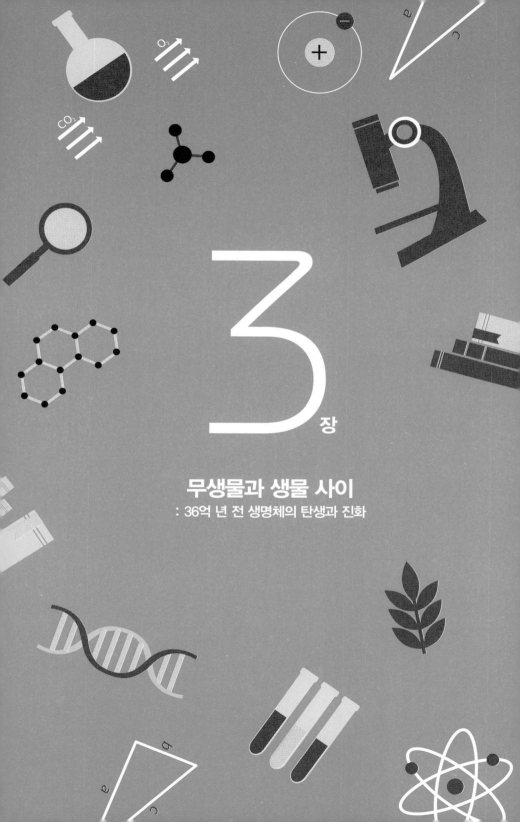

3장

무생물과 생물 사이
: 36억 년 전 생명체의 탄생과 진화

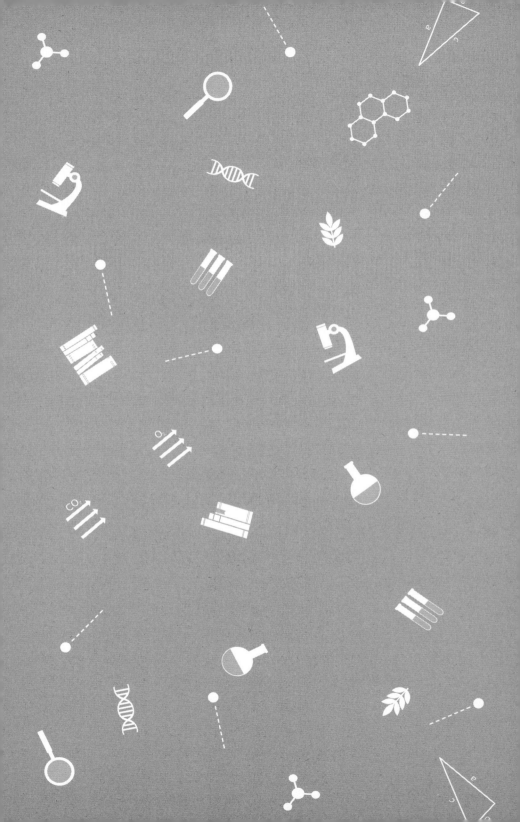

동시에 태어난 닭과 달걀,
최초의 생명

알고 보니 아미노산이 대충 결합해서는 제대로 된 단백질이 만들어지지 않았어요. 단백질의 부품은 20가지 아미노산(발린, 라이신, 아이소류신, 메싸이오닌, 트레오닌, 세린 등)입니다. 얘들이 결합하는 것은 간단하지만, 결합 순서가 정확해야 하거든요. 수백 개 혹은 수천 개가 넘는 아미노산이 조립되는데, 그 순서가 잘못되면 제 기능을 못 하는 불량 단백질이 만들어질 가능성이 높기 때문입니다.

조립 과정에서 그 이유를 알 수 있는데, 처음에는 아미노산이 일렬로 결합하지만, 그다음에는 아미노산들이 서로 끌어당기고 밀어내면서 입체적인 3차원 구조가 됩니다. 마치 자석 블록으로 뭔가 만드는 것처럼 착착 밀어내고 당기고 돌아가면서 입체구조가 되는 거죠. 아미노산이 진짜 자석은 아니지만, 아미노산 분자를 구성하는 원자들은 전기적 성질이 있기 때문에 자석처럼 밀고 당길 수 있기 때문입니다. 물 분자가 자석처럼 행동하듯 말이죠.

일렬로 결합한 길다란 사슬 모양이면 이 아미노산이나 저 아미노산이나 길이 차이만 날 뿐이지만, 저렇게 3차원 구조로 만들어지면 모양이 완전히 달라질 수 있게 되죠. 예를 들어 오른쪽으로 접혀야 하는데 잘못된 아미노산 때문에 왼쪽으로 접히면 전체 형태가 완전히 달라질 수 있습니다. 길 한번 잘못 들면 엉뚱한 곳으로 갈 수도 있는 것처럼 말이죠.

물론 아미노산 하나가 잘못 들어왔다고 항상 단백질의 형태가 달라지는 것은 아닙니다. 구조상 중요하지 않은 부분일 경우에는 별다른 변화가 없을 수도 있어요. 하지만 오류 없이 제대로 된 단백질이 만들어질 확률은 극히 적습니다. 예를 들어 혈액 속에 있는 알부민이라는 단백질은 584개 아미노산으로 구성되는데, 이것이 하나도 틀리지 않고 조립될 확률은 $1/20^{584}$입니다. 매번 20가지 아미노산 가운데 정확히 하나만 끼워 넣어야 하니 확률이 이렇게 나와요. 이러니 실험실에서 생명체를 쉽게 만들 수 있을까요?

문제가 또 있어요. 저 단백질을 어떻게 매번 똑같이 만들어 내느냐는 거죠. 단백질을 하나만 만들어서 쓰는 게 아니잖아요. 생명체는 수천, 수만, 수십억 개 단백질이 필요한데 그걸 운으로 모두 똑같이 만들 수는 없습니다. 그래서 생명체에게는 단백질뿐만 아니라 아미노산이 결합하는 순서가 적힌 '결합 순서도'가 필요하죠.

생명체의 설계도, DNA의 발견

그것이 DNA입니다. 단백질도 복잡한데 만만치 않게 복잡한 놈이 또 등장했어요. 하지만 처

과학이 빛나는 밤에

음에는 그렇게 복잡한 줄 몰랐습니다. DNA가 최초로 발견된 것은 1869년이에요. 스위스의 생리학자 미셰르Johann Friedrich Miescher가 환자의 고름에서 백혈구 세포를 채취한 뒤 거기에서 단백질을 뽑아 내는 실험을 하다가 단백질 분해 효소로도 녹지 않는 물질을 발견한 겁니다. 바로 DNA죠.

하지만 당시에는 단백질이 아닌 뭔가 다른 물질일 뿐, DNA가 무슨 역할을 하는지 알 수 없었습니다. 비슷한 시기에 멘델Gregor Johann Mendel의 유전법칙이 알려졌어요. 과학자들도 유전 현상을 만들어 내는 물질이 있을 거라고 생각했지만, 그게 설마 DNA일 줄은 몰랐습니다. DNA는 아주 단순해 보였거든요. DNA의 주요 성분은 아데닌, 구아닌, 사이토신, 티민 네 가지일 뿐입니다.

그런데 1953년 왓슨James Dewey Watson과 크릭Francis Harry Compton Crick이 DNA의 구조와 형태를 알아내면서 DNA가 엄청나게 복잡한

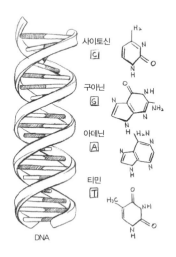

정보를 표현할 수 있다는 것이 밝혀집니다. 그 유명한 이중나선이죠. DNA는 네 가지 분자가 마구잡이로 뒤섞인 물질이 아니었습니다. 아데닌은 티민과, 사이토신은 구아닌과 짝을 이뤄 결합했고, 그 결합들이 이어지면서 질서 정연하고 아름다운 나선을 만들어 냈죠.

그 뒤 계속된 연구를 통해 네 가지 물질의 배열이 마치 '문자' 같은 역할을 한다는 것이 밝혀집니다. 그 문자를 이용해 20가지 아미노산을 정확히 나타낼 수 있었죠. 방법은 단순합니다. 세 분자 배열이 아미노산 하나를 가리키는데, 그것을 '코돈'이라고 부릅니다. 예를 들어 티민, 아데닌, 티민 순서로 분자가 배열되어 있으면 티로신을 의미하고, 아데닌, 구아닌, 티민 순서로 배열되어 있으면 세린을 의미합니다. DNA는 이런 코돈들이 죽 늘어서 있는 '단백질 결합 순서표'라고 볼 수 있죠. 바로 이것 때문에 DNA가 중요합니다. 단백질 결합 순서표가 손상되면 전혀 엉뚱한 단백질이 만들어지니까요.

이런 면에서 DNA의 이중나선이 딱 알맞은 겁니다. 지퍼가 맞물리듯 분자들이 짝을 이뤄 결합하기 때문에 구조적으로도 안정하고, 한쪽이 없어져도 다른 한쪽과 맞는 짝을 끼우면 되니까 복구하기 쉬워요. 덕분에 DNA는 쉽게 망가지지 않아요. 실험실에서 생명체가 만들어지려면 이렇게 훌륭한 이중나선도 만들어져야 합니다.

더 골치 아픈 건 둘이 동시에 만들어져야 한다는 사실이에요. 단백질은 DNA 없이는 정확하게 만들어질 수 없고, DNA는 단백질의 관리 없이는 존재하기 힘듭니다. 예를 들어 DNA는 이중나선 모양 지퍼처럼 맞물려 있잖아요. 그게 안정적이어서 좋긴 한데, DNA에서 정보를 읽어 내려면 그걸 열어야 해요. 닫힌 상태에서는 코돈을 읽어 낼 수 없습니다. 볼일을 보려면 지퍼를 열어야죠.

그걸 DNA의 관리자인 단백질이 합니다. 손상된 DNA를 복구하는 것도 단백질이고, 번식을 위해서 DNA가 한 벌 더 필요할 때 복사하는 것도 단백질입니다. DNA 없이는 단백질이 생겨날 수 없고, 단백질 없이는 DNA가 무용지물이죠. 둘은 닭과 달걀의 관계입니다.

DNA 생성 에너지, 세포막

그런데 필요한 것이 하나 더 있습니다. 단백질이나 DNA가 만들어질 때는 에너지가 필요하거든요. 기계에서 물건을 만들어 낼 때 에너지가 필요하듯이 세포도 마찬가지입니다. 에너지가 없는 상태에서는 아무것도 만들어 낼 수 없죠. 이때 에너지를 만드는 '세포막'이 등장합니다.

단순한 막이 어떻게 에너지를 만들까요? 좀 복잡하지만 간단히 설명하면 기본적인 원리는 '수력발전'과 같습니다. 수력발전에서는 댐에 갇힌 물을 떨어뜨리면서 그 힘으로 터빈을 돌려 전기를 만들잖아요. 세포막도 그 원리로 에너지를 만들어요. 댐처럼 물을 가지고 하는 것이 아니라 양성자를 이용합니다. 물 역할은 양성자가 하고, 댐 역할은 세포막이 하죠.

세포막에는 양성자를 세포막 안으로 퍼내는 펌프가 있습니다. 마치 펌프를 이용해 물을 댐 위로 퍼 올리는 것과 같아요. 세균은 그 펌프로 양성자를 세포막 안으로 퍼냅니다. 그러면 세포막 안에는 양성자가 많이 쌓이고, 세포막 바깥쪽에는 양성자가 적어져요.

이렇게 양성자가 한쪽에 쌓이면 전기적으로 불균형이 생깁니다. 세포막 안은 +극이고 바깥쪽은 -극이니까요. 그러면 +극은 -극 쪽으로 끌리니까 양성자들은 자꾸 세포막 바깥쪽으로 나가려고 합니다. 수력발전에서 물이 쏟아져 내리려고 하는 것과 마찬가지죠. 그렇게 되면 물이 터빈을 돌리듯 양성자도 뭔가를 돌리거나 움직일 수 있는 힘이 생기는 거예요.

여기에서 보너스가 있습니다. 일반적인 댐과 달리 세포막 댐은 에너지가 더 생겨요. 이번에는 전자에 의해서 에너지가 만들어집니다. 전자는 -극이니까 양성자로 가득 찬 댐 쪽으로 전자가 끌려가요. 그렇기 때문에 전자도 일을 할 수 있는 힘을 갖게 되죠. 이제 적당한 기계만 있으면 그 에너지로 작동되는 겁니다. 세포막에는 그 적당한 기계들이 다양하게 설치되어 있고요. 양성자를 퍼 올리는 펌프의 경우는 전자의 힘으로 돌아가고 ATP라는 분자를 만드는 기계는 양성자의 힘으로 돌아갑니다.

천연 건전지 ATP

ATP가 아주 중요한 물질인데, 마치 건전지랑 비슷해요. 그런데 건전지가 왜 필요할까요? 인간 세계에서는 전선을 사방으로 이어서 에너지를 공급하지만, 세포에는 전선이 없거든요. 그러니까 에너지를 어디 담아서 필요한 곳으로 보내 줘야 합니다. ATP는 그런 에너지를 담는 분자죠. ATP는 ADP와 인산이라는 부품으로 구성되는데, 양성자의 힘으로 ATP 제조 기계가 돌아가면 ADP와 인산이 결합해서 ATP가 완성됩니다.

이 ATP 제조 기계가 좀 신기해요. 진짜 수력터빈 돌아가듯이 터빈이 있거든요. 양성자가 쏟아져 들어오면 이 터빈을 돌리는데, 한 번에 120°씩 돌아갑니다. 그러니까 한 바퀴 돌려면 세 번 돌아야 하는 거죠. 이 터빈은 첫 번째 돌 때 ADP와 인산을 가져오고, 두 번째 돌 때 ADP와 인산을 결합시키고, 세 번째 돌 때 ATP를 내보냅니다. 진짜 기계 같죠? 공장에서 물건 찍어 내듯이 착착 ATP를 만들어요. 이 기계 말고 전자로 ATP를 만드는 기계도 있습니다. ATP는 워낙 중요하니까 가급적 여기저기에서 많이 만들 수 있도록 되어 있는 겁니다.

양성자와 전자가 어디에서 났는지 이야기하지 않았죠? 이것을 얻는 방법에 따라 식물과 동물이 나뉘어요. 포도당을 분해해서 양성자와 전자를 가져오는 것이 동물이고, 햇빛으로 물을 분해해서 양성자와 전자를 가져오는 것이 식물입니다. 식물은 햇빛과 물에서 만들어진 에너지로 포도당을 만들고, 동물은 그 포도당을 분해해서 에너지를 만들어요. 하지만 양성자와 전자를 어디에서 얻느냐가 다를 뿐, 기본적인 원리는 똑같습니다. 모든 생물은 '양성자 댐'을 이용해서 에너지를 만들어요.

우리가 단순히 '막'으로 생각한 세포막이 알고 보니 이런 발전소였던 겁니다. 발전소 없이 공장이 돌아갈 수 없듯이, 단백질과 DNA는 세포막 없이 존재할 수 없어요. 세 가지 모두 닭과 달걀의 관계입니다. 생겨날 거면 동시에 세 가지가 생겨나야죠. 저 복잡한 놈들이 말입니다.

과학자들이 실험실에서 아무리 최첨단 장비로 노력해도 세포 하나를 만들지 못한 까닭을 이제 좀 이해하시겠죠? 하나하나가 무척 복잡해서 아직 과학적으로 다 밝혀진 것이 아닌데, 그것이 한꺼번에 플라스크 안에서 운 좋게 만들어질 수는 없었던 겁니다. 그러나 36억 년 전 지구에서는 별다른 장비 없이도 최초의 생명체가 생겨났어요. 그러니까 우리가 여기 지구에 존재하는 것이고요. 그러면 그때 도대체 무슨 일이 일어났던 것일까요?

세상이 좀 달라 보이나요?

눈에 보이지도 않는 세포 하나가 이렇게 복잡합니다. 이 복잡한 시스템을 한 개도 아니고 세 개씩이나 갖추고 있죠. 앞으로는 곰팡이 하나도 쉽게 털어 내지 마세요. 한번쯤 '야, 참 놀랍구나!' 감탄하고 청소하면 좀 더 지적인 청소가 되지 않을까 싶습니다.

수수께끼와 같은 첫걸음, 생명의 탄생

저 멀리 파도 소리가 들리는 바닷가 근처. 축축한 점토로 된 조그마한 언덕에는 미세한 점토 알갱이들이 반짝거리고, 점토 사이사이에는 비와 바닷물에서 흡수된 각종 화학물질이 스며듭니다. 자세히 보니 이 물컹물컹한 점토 알갱이들이 여기저기에서 미세한 덩어리가 되었다가 흩어지고 있어요. 무슨 일일까요? 현미경을 가지고 몇 년씩 지켜봐야 관찰할 수 있는 모습이지만, 점토에서 일어나는 이런 현상은 생명 탄생의 결정적 순간인지도 모릅니다.

복잡하고 거대한 건물이 세워지는 과정을 생각해 보세요. 건물은 한 번에 갑자기 세워지지 않습니다. 먼저 주위에 있는 나무판으로 거푸집을 만들고, 그것을 지지하는 받침대를 무수히 세우죠. 거푸집 위에 콘크리트를 부어서 굳히면 건물의 형태가 드러납니다. 나머지 작업을 마무리해서 건물이 완성되면 거푸집이나 받침대는 깨끗이 치워요.

최초의 생명체도 거푸집이 있지 않았을까요? DNA, 단백질, 세포막이 한 번에 완벽하게 만들어지는 것은 불가능해 보이지만, 거푸집의 도움을 받아 기본적인 것부터 차곡차곡 만들면 시간이 흐르면서 하나씩 완성될 수 있었을지도 모릅니다. 건물이 거푸집 덕분에 콘크리트가 굳을 때까지 시간을 번 것처럼 말이죠. 그리고 생명체가 완성되면 거푸집은 흔적을 발견할 수 없습니다. 병아리가 껍데기를 뒤집어쓰고 다니지 않는 것처럼 말입니다.

생명체 탄생 가설, 점토 거푸집설

점토가 최초의 생명체에게 거푸집 같은 역할을 했다는 주장이 있습니다. '점토 거푸집'이 가능한 까닭은 점토를 자세히 보면 알 수 있죠. 점토 알갱이 조각에는 미세한 결이 있습니다. 점토를 구성하는 분자들이 결합하는 특성에 따라 결이 생겨나거든요. 물 분자가 육각형으로 결합하는 것이 눈 결정을 육각형으로 만들듯이, 점토 분자도 특수한 형태를 만들고 그것이 결 모양으로 나타납니다. 그 미세한 결이 거푸집처럼 화학물질들을 끌어들이죠.

게다가 점토는 표면이 음전하, 즉 -극인 특성이 있어서 더 잘 들러붙습니다. 화학물질들의 원자핵에 있는 양성자들을 끌어당기는 거죠. 하지만 아무 화학물질이나 들러붙는 것은 아니고, 분자구조가 점토 조각의 결에 잘 맞는 물질들이 들러붙습니다. 점토 조각의 종류는 워낙 다양하기 때문에 결 모양이 다르고, 붙을 수 있는 화학물질도 다양해요. 따라서 다양한 거푸집이 가능합니다.

과학이 빛나는 밤에

더 좋은 것은 작은 점토 조각이 모여서 하나의 판을 만들어 내기도 한다는 점이에요. 마치 그림 퍼즐 맞추듯이 가장자리가 잘 맞는 조각들은 서로 붙어서 판이 됩니다. 다양한 거푸집이 조합될 수 있죠. 놀랍게도 이 판들은 '자기 복제'까지 가능해요. 판 밑으로 판의 조각과 맞는 조각이 달라붙고, 그 옆으로 가장자리가 잘 맞는 조각이 달라붙다 보면 똑같은 판이 하나 더 만들어집니다. 이런 식으로 진행되면 접시가 높이 쌓인 모습이 되죠. 생명체가 번식하는 것과 비슷합니다.

물론 모든 점토 조각 판들이 이렇게 성장하는 것은 아니에요. 특별히 안정적이고 주위의 또 다른 점토 조각들을 잘 끌어들일 수 있는 '매력적인' 점토 조각 판들만 가능합니다. 이제 중요한 것은 저 매력적인 판들 사이에 낀 화학물질이에요. 그 화학물질들이 생명 탄생에 꼭 필요한 물질들의 조합이라면 어떨까요? 그 물질들은 매력적인 판이 늘어나는 것과 동시에 늘어납니다. 생명 탄생에 유용한 화학물질을 담아 놓은 시험관이 늘어나는 것이나 마찬가지죠.

DNA나 단백질이 당장 생겨나진 않겠지만, 점토 시험관이 워낙

점토 조각 판의 성장

많다 보니 언젠가는 DNA나 단백질 같은 '의미 있는 분자'들이 만들어질 수 있습니다. 그런 일이 물속에서 일어났다면 금방 여기저기 흩어져서 없던 일이 되겠지만, 판 위에서는 그럴 걱정이 없습니다. 판이 화학물질을 든든하게 받쳐 주니까요.

또 하나 좋은 점은 점토 조각 판이 어떤 상황에서는 분리되면서 다른 판과 다시 조합될 수 있다는 겁니다. 시험관들을 이리저리 뒤섞는 거나 마찬가지죠. 판에서 생겨난 '의미 있는 분자'들이 만날 수 있는 겁니다. 점토 언덕은 그야말로 생명 탄생을 위한 '거대한 실험실'이 될 수 있는 거죠.

꽤 그럴듯한 이야기지만 안타깝게도 아직 확인되지 않은 가설에 불과합니다. 아주 천천히 일어나는 일이고, 워낙 미세한 알갱이에서 일어나는 일이라 관측하기도 쉽지 않거든요. 그리고 환경조건에 대한 이야기만 있지 구조가 복잡한 DNA, 단백질, 세포막이 구체적으로 어떻게 생겨날 수 있는지 설명도 없고요.

정말 시간만 벌어 주면 저 세 가지가 그냥 생겨날 수 있을까요? 이 문제에 완벽한 해답은 없지만, 실마리 정도는 찾을 수 있습니다. 그 실마리는 생명체에서 DNA 못지않게 핵심적인 일을 하는 새로운 등장물, RNA입니다.

생명체 탄생 가설, RNA설

RNA는 DNA의 유전자 정보를 복사해서 단백질을 만드는 일을 해요. RNA가 중간 다리 역할을 하는 겁니다. RNA가 없으면 DNA도, 단백질도 무용지물이죠.

RNA를 구성하는 분자를 보면 아데닌, 사이토신, 구아닌, 유라실이 있는데 유라실 빼고 나머지는 DNA와 같습니다. 유라실도 사실상 티민과 똑같은 역할을 하고요. 이렇게 구성 요소가 닮았기 때문에 DNA 정보를 충실히 복사할 수 있는 거죠. 그리고 RNA 종류에 따라 다양한 단백질이 관여하는데, RNA의 한 종류인 mRNA는 'RNA 중합 효소'라는 단백질이 중요한 역할을 합니다. RNA 중합효소는 맞물려 있던 DNA가 열리면 거기 달려가 주변에 떠다니는 아데닌, 사이토신, 구아닌, 유라실을 끌어모아 열려 있는 DNA 한쪽 가닥에 맞게 탁탁 끼우죠. DNA의 가닥에 아데닌이 있으면 그 짝인 유라실을 끼우고, 사이토신이 있으면 구아닌을 끼우는 식으로 말입니다. 이렇게 해서 mRNA가 만들어져요. 그러면 이 복사된 정보에 맞춰 또 다른 단백질이 관여하는 tRNA와 rRNA에 의해 목표로 한 단백질이 만들어집니다.

이렇게 정보도 복제하고 실질적으로 뭔가 만들어 내는 다재다능한 모습을 보여주니 RNA에 의해 최초의 생명체가 만들어지지 않았을까 의심해 볼 수 있죠. 처음에 RNA가 생겨나고, 얘들이 분화하며 역할을 분담해서 DNA도 되고 단백질도 만들어졌다는 겁니다. 가게가 커지면 사장 혼자 하던 일을 여러 종업원한테 시키잖아요. 그런 일을 RNA 사장이 한 셈이죠. RNA 사장 입장에서는 DNA도, 단백질도 나중에 들어온 종업원에 불과할지도 모르는 겁니다.

1960년대 후반 스피겔먼Sol Spiegelman이 이런 생각에 관한 실험을 했습니다. 그는 바이러스에서 뽑아낸 RNA를 특수한 배양액에 넣었어요. 배양액에는 RNA가 만들어지는 데 필요한 아데닌, 사이토 신, 구아닌, 유라실과 'RNA 중합 효소'처럼 재료들을 모아 RNA를 만 들 수 있는 복제 단백질도 들었어요. 한마디로 재료를 듬뿍 주고 바 이러스에서 뽑아낸 RNA가 뭘 만들어 내는지 지켜본 겁니다. 단백질 도, DNA도 없는 상황에서 RNA 홀로 진짜 생명체처럼 살아남아 진 화하면서 세포를 만들어 낼 수 있는지 관찰하고 싶었죠.

결과는 놀라웠습니다. '스피겔먼의 괴물'이라고 부르는 RNA 괴 물이 생겨났거든요. RNA는 자신을 복제하면서 번식했을 뿐만 아 니라 진화까지 했습니다. 불필요한 RNA 성분들을 떨궈 내고 크기 를 줄여서 좀 더 효율적으로 자신을 마구 복제할 수 있게 만들기까 지 했죠. 결과적으로 아주 빠르게 번식하는 RNA 생명체가 생겨났 습니다.

더 놀라운 것은 1974년에 아이겐Manfred Eigen이 한 실험이에요. 배양액만 놔둔 상태에서도 RNA 괴물이 생겨났으니까요. 벽돌 무 더기에서 벽돌들이 스스로 움직이더니 집이 지어진 것이나 마찬가 지죠. 세포의 복잡성에 비하면 아무것도 아니지만 정말 놀라운 일 이었죠. 일부 과학자들은 생명체가 실험실에서 생겨난 것이라고 여 길 정도였습니다.

그럼에도 세균의 탄생

그러면 생명 탄생 문제는 해 결되었을까요? 아닙니다. 진짜 문제는 배양액이에요. 재료 물질만 풍부하게 넣어 주면 되는 게 아니거든요. 어떤 화학적 특성 때문에 배양액이 자연적으로 만들어진다는 것은 거의 불가능해요. DNA, RNA, 단백질 같은 복잡한 물질이 생겨나기 전에 해결해야 할 근본적 문제이기도 하죠.

바로 '키랄성'이라는 분자구조의 성질 때문입니다. 이것은 분자구조는 똑같은데 방향만 왼쪽, 오른쪽으로 반대 형태인 것을 의미해요. 마치 왼손, 오른손 같은 거죠. 그런데 두 방향 가운데 한쪽이 자연적으로 우세하거나 하지 않기 때문에 분자들이 자연에서 생성될 때는 오른쪽 분자, 왼쪽 분자가 반씩 생겨납니다. 단백질과 DNA가 그런 키랄성 분자예요.

문제는 생명체 내에서 DNA와 단백질이 한쪽 분자로 구성된다는 겁니다. DNA는 오른쪽 형태 분자들이고, 단백질은 왼쪽 형태 분자들이죠. 자연적으로 생겨날 때는 양쪽이 뒤섞여서 반씩 생겨나는데, DNA와 단백질은 그중 한쪽 키랄성 분자로만 만들어지는 겁니다. 이게 참 황당한 상황인데요. 한쪽 키랄성 분자들만 골라내기가 힘들거든요. 방향이 같은 분자들끼리 모이는 힘이 있는 것도 아니고, 어지럽게 뒤엉킨 상황에서 같은 방향 분자들끼리 헤쳐모여야 해요.

그런데 그래야 하는 이유가 있습니다. 키랄성 분자가 생긴 것은 비슷해도 화학작용은 완전히 다를 수 있거든요. 6과 9가 생긴 건 비슷해도 의미가 완전히 다르듯이 분자도 마찬가지입니다. 예를 들어 탈리도마이드라는 화학물질은 왼쪽 형태는 메스꺼움을 치료하지만, 오른쪽 형태는 태아의 기형을 유발하죠. 약을 만들 때 조심해야 하는 것도 이 때문입니다. 반대 방향 단백질로 약을 만들면 독이

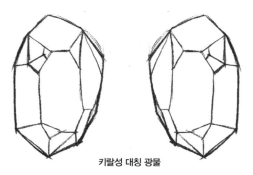
키랄성 대칭 광물

될 수도 있거든요. 덕분에 전 세계 제약 회사에서는 연간 1조 달러나 들여서 굉장히 복잡한 과정을 거쳐 왼쪽 형태 분자와 오른쪽 형태 분자를 골라냅니다.

배양액도 키랄성에 맞춰서 만들어 줘야 합니다. 키랄성이 뒤섞인 상태에서는 RNA도 뒤죽박죽이 되니까요. 그런데 40억 년 전 지구 어느 곳에서 키랄성까지 고려해서 물질들이 따로 모여 있었을까요? 제약 회사나 실험실에서도 하기 힘든데 말이죠.

희망이 아예 없는 것은 아닙니다. 우리에겐 돌이 있거든요. 키랄성이 생명체를 구성하는 물질에만 있는 것이 아니라 광물에도 있어요. 방해석이 키랄성 대칭 광물입니다. 오른쪽 키랄성 방해석이 있고, 왼쪽 키랄성 방해석이 있습니다. 결정을 보면 형태는 똑같은데 방향만 달라요.

그러니까 이 방해석이 자기 키랄성에 맞는 분자들만 선별해서 끌어당긴 것은 아닐까 의심할 수 있습니다. 두 방향 분자들이 섞인 액체가 방해석에 스며들었는데, 어떤 방향 물질은 들러붙고 다른 방

과학이 빛나는 밤에

향 물질은 흘러내려서 한쪽 키랄성 분자들이 선별되는 겁니다. 이렇게 선별된 상태에서 RNA 괴물이 탄생할 수도 있고요.

하지만 희망의 등불은 어둡습니다. 방해석의 선별적인 끌어당김이 미약하거든요. 광물에 키랄성이 있다고 해서 화학물질을 꼭 선별해서 끌어당긴 법은 없습니다. 약간 선별해서 끌어당기는 것으로 확인되었을 뿐이죠. 방해석이 100% 선별했다면 제약 회사들은 1조 달러를 아낄 수 있는 절호의 찬스인데 안타까워요.

그러면 도대체 최초의 생명체가 어떻게 생겨났을까요? 점토에서 생겨났는지, 방해석 위의 특수 배양액에서 나온 RNA 괴물에서 생겨났는지 수많은 가설이 있을 뿐 제대로 된 해답은 없습니다. 그럴듯한 시나리오조차 없는 상태죠. 생물학에서 이토록 막막하고 미스터리한 분야도 없을 겁니다.

오죽했으면 DNA 구조를 발견해서 노벨상을 탄 크릭과 천문학자 호일은 생명체가 외계에서 왔다고까지 주장했습니다. 하지만 이 주장이 황당하지 않은 것이 우주 공간에서 아미노산 같은 성분이 다량 검출되었고, 심지어 아미노산 성분이 함유된 운석도 있었거든요. 완성된 생명체가 왔을지 모르지만, 최소한 중요 부품은 우주에서 왔을 가능성도 있는 겁니다. 현재로선 완벽한 해답은 없으나, 어떤 가설이든 합리적인 부분이 있으니까 무시할 수는 없습니다. 이 가설들이 합쳐지면 점토 조각들이 합쳐져서 판이 만들어지듯 어떤 해답이 나올 수도 있지 않을까요?

다만 생명이 탄생한 구체적인 과정은 알 수 없어도 그것이 비법인지 우연인지 구별할 방법은 있습니다. 기적적인 우연이라면 지구 외에 다른 행성에는 생명이 존재하지 않겠죠? 반대로 외계 생명체를 발견한다면 특별한 비법이 있을 가능성이 높아집니다. 화성이 그 후보지로 적당해요. 초기에는 지구와 환경이 비슷했으니까요. 화성에서 세균이나 그 흔적이 발견된다면 이 우주에는 생명체를 만들어 내는 물리적 비법이 존재할 가능성이 높아집니다. 아니라면 우주에 생명체가 존재할 확률은 극히 낮아지고요. 생명 탄생은 우주 전체의 일반적 현상이 아니라 지구에서 일어난 독특한 우연적 사건일 가능성이 높아지죠. 화성 탐사선이 어떤 결과를 가져올지 기대됩니다.

이처럼 어떻게 생겨났는지 알 수 없지만 분명히 최초의 생명체, 세균이 생겨났습니다. 그것도 38억 년 전 들끓던 용암이 어느 정도 식고 바다가 생기면서 생명체가 생겨날 만한 기후가 되자마자 말이죠. 그 복잡한 DNA, 단백질, 세포막이 거의 순식간에 생겨난 것이나 마찬가지입니다. 정말 비법이 있었는지, 기적적인 우연이었는지 알 수 없지만요. 하여튼 등장 속도가 아주 빨랐습니다.

그러면 세균이 생겨난 속도처럼 진화 속도도 빨랐을까요? 아닙니다. 아주 느렸어요, 무려 10억 년이 넘는 시간 동안 아무 일도 없었거든요. 전광석화 같은 등장에 비해 진화 속도는 거북이 저리 가라입니다. 세균의 종류는 늘어났지만 세균일 뿐이었습니다. 20억 년 동안 지구는 세균이 바글거리는 세균 행성이었어요.

그럴 수밖에 없는 것이 세균은 생존과 번식에서 지구상 어떤 생명체보다 성공적이었습니다. 변화가 별로 필요 없었을 거예요. 세균의 번식력은 워낙 뛰어나서 어떤 세균은 영양분이 충분하면 20분마다 두 배로 늘어난다고 합니다. 영양분이 공급되어 계속 두 배로 늘어나면 36시간 만에 지구를 30cm 두께로 덮을 수 있죠.

생존력도 타의 추종을 불허해서 지상은 말할 것도 없고, 빛이 전혀 들지 않는 땅속 수 km 아래에서도 살아갑니다. 그 속에서 암석의 금속 물질을 분해한 영양분으로 살아요. 워낙 척박한 환경이라 1세대가 바뀌는 데 100만 년이 걸린다고 합니다. 그런데도 번식을 잘해서 그 세균의 양이 지상에 사는 생물들의 양을 합친 것과 맞먹는대요.

깜깜한 수천 m 깊이 바닷속 열수 분출공에 사는 세균도 있습니다. 열수 분출공은 마그마에 의해 데워진 물이 솟구치는 바닷속 온천 같은 곳인데, 거기에서 나오는 물질들을 분해해서 살아갑니다. 암흑천지에 물의 압력은 300기압이 넘고, 온도는 400℃가 넘는 극단적인 환경인데 열수 분출공에서 나오는 황, 메탄 같은 물질을 분해해서 살죠.

좋은 곳 놔두고 왜 그런 데서 사는지는 이해가 안 되지만, 덕분에 외계 생명체가 존재할지도 모른다고 기대할 수 있습니다. 그런 환경이 토성의 위성인 타이탄에도 있을 것으로 추측되거든요. 과학자들은 타이탄에 세균 같은 생명체가 존재할 가능성이 높다고 생각해요.

타이탄뿐만 아니라 우주 공간에서 살아남을 수 있는 세균도 있습니다. 우주정거장에서 발견된 이 세균은 지구에서 발사될 때 딸려 간 것으로 생각되는데, -200℃가 넘는 추위와 태양의 방사선을 쬐면서도 금속을 갉아 먹으며 31개월 이상 살아남았습니다. 이렇게 우수하고 강력한 생명체가 진화하고 변화할 필요가 있었을까요?

그럴 까닭이 없죠. 지금도 양으로 따지면 지구의 생명체 중 60% 이상이 세균이라고 합니다. 지구는 세균이 과반수 이상인 세균 우위의 행성이라고 볼 수 있어요. 생존력과 번식력이 더 떨어질 수도 있는데 세균이 진화한 것이 오히려 이상할 지경이에요. 하지만 그 이상한 일이 22억 년 전 발생합니다.

세상이 좀 달라 보이나요?

자신을 쭉 훑어보세요. 잘 보이지 않겠지만 여러분을 구성하는 세포 하나하나가 생물학 최고의 미해결 문제입니다. 세포가 어떻게 생겨날 수 있는지 그럴듯한 시나리오조차 없는 실정이니까요. 생명의 시작은 우주의 시작만큼이나 베일에 가려져 있습니다. 단순한 물질에서 갑자기 복잡한 시스템이 생겨났다는 것은 점에서 우주가 생겨났다는 것만큼이나 상식적으로 받아들이기 힘듭니다. 진짜 미스터리는 UFO나 고대 피라미드, 스톤헨지Stonehenge 같은 유적이 아니라 우리 자신일지도 모릅니다.

두 세균의 위험한 결합, 세균의 진화

진화는 성능이 좋아지는 것이 아니라 좀 더 복잡해지는 겁니다. 세균에서 진화한 진핵세포는 똑같은 단세포생물이지만 훨씬 복잡하죠. 세균이 구멍가게 정도라면, 진핵세포는 거대한 공장입니다. 크기부터 천배 차이가 나고, 하는 일에 따라 공간이 나뉘어요. 철저히 분업화되었고요.

이 복잡한 진핵세포에서 모든 식물과 동물, 인간이 진화합니다. 진화 역사상 첫걸음이었죠. 그 한 발자국이 없었다면 지구는 여전

진핵세포

세균

세균에서 진핵세포로 진화

히 세균 천국일 겁니다. 그러면 진핵세포로의 진화는 22억 년 전 어떻게 성공했을까요?

메탄생성고세균과
알파프로테오박테리아의 결합

사건은 컴컴한 바다 밑바닥에서 살아가던 메탄생성고세균에서 시작됩니다. 이 세균은 수소와 이산화탄소로 필요한 모든 물질과 에너지를 만들어 내는 능력이 있었죠. 이산화탄소에 수소를 결합해서 포도당을 만들고, 이것을 기반으로 핵산(DNA의 기본 부품)과 단백질, 지질(세포막을 만드는 재료) 등을 만들었습니다. 에너지를 만들 때 부산물로 메탄을 내놓기 때문에 메탄생성고세균이라는 이름이 붙었어요.

이런 면에서 꽤 능력이 있지만, 수소를 얻기 힘들다는 것이 문제였습니다. 순수한 수소는 산소가 가만히 놔두지 않기 때문에 수소를 구하려면 산소가 거의 없는, 어둠침침한 늪의 밑바닥 같은 곳에서 살아가야 했죠. 메탄생성고세균은 항상 어두운 곳에 움츠리고 살 수밖에 없었습니다. 지금도 메탄생성고세균은 늪의 밑바닥이나 동물 창자에서 살아요. 외톨이 같은 이미지죠? 반드시 수소가 있어야 능력을 발휘하며 살아갈 수 있으니까 어쩔 수 없습니다.

이런 메탄생성고세균에게 다재다능한 알파프로테오박테리아가 나타납니다. 알파프로테오박테리아는 바다 밑바닥, 햇빛 비치는 수면 근처 어디에서나 살 수 있는 발랄하고 활동적인 세균이에요. 알

과학이 빛나는 밤에

파프로테오박테리아는 산소로 에너지를 만들 수 있고, 질산염 같은 다른 물질로도 에너지를 만들며 살아갈 수 있거든요. 그 부산물로 수소를 만들었습니다.

바로 그 점 때문에 메탄생성고세균은 알파프로테오박테리아에게 반했죠. 반했다기보다 절실하게 필요했습니다. 수소를 두고 황산염 환원 세균과 경쟁하느라 상황이 좋지 않았거든요. 원래 황산염 환원 세균은 크게 신경 쓸 필요가 없었습니다. 황산염 환원 세균은 수소와 황산염을 가지고 살아가는 세균인데, 황산염이 바다에 많지 않아서 황산염 환원 세균도 숫자가 적었어요. 그런데 상황이 갑자기 바뀝니다.

22억 년 전 지구 속을 뜨겁게 달구던 맨틀이 식는 일이 발생했거든요. 덕분에 맨틀에 의해서 녹아내리던 지각이 두꺼워지고, 마그마의 온도가 낮아지면서 화산활동이 줄었죠. 화산가스가 자취를 감추면서 산소의 양이 갑자기 늘었습니다.

원래 화산가스에 포함된 산화철 성분이 산소와 결합해서 대기 중에 산소를 제거하는데, 이런 현상이 거의 사라졌어요. 산소가 급증했고 늘어난 산소가 황과 결합하면서 황산염이 많이 만들어졌죠. 황산염이 많아지자 황산염 환원 세균도 급증했습니다. 그리고 수소를 두고 메탄생성고세균과 경쟁했어요. 이런 상황에서 알파프로테오박테리아가 만드는 수소는 가뭄에 단비 같은 존재였습니다.

발랄한 알파프로테오박테리아와 외톨이 메탄생성고세균의 동거가 시작되었죠. 메탄생성고세균은 알파프로테오박테리아에게 착 달라붙어서 떨어질 줄 몰랐습니다. 집착이 심해지자 달라붙는 정도를 넘어서서 아예 감싸기 시작했죠. 심하면 완전히 자기 속으로 넣기도 했습니다. 갇혀 버린 알파프로테오박테리아는 비극적인 최후를 맞았어요. 메탄생성고세균 안에서는 자신에게 필요한 질산염을 얻을 수 없거든요. 메탄생성고세균은 알파프로테오박테리아가 필요한 질산염을 흡수할 능력이 없었습니다. 욕심부리다가 좋은 친구까지 잃고 만 거죠.

밝은 세상으로 첫걸음

여기에서 끝났다면 진화는 일어날 수 없었겠지만 최후를 맞이한 알파프로테오박테리아의 유전자가 메탄생성고세균의 유전자에 섞여 들어가면서 상황이 달라집니다. 세균들은 유전자를 교환하려는 성향이 있기 때문에 유전자가 섞이는 것은 어려운 일이 아니었어요. 이런 성향을 잘 볼 수 있는 예가 플라스미드입니다. 보통 알고 있는 이중나선의 기다란 유전자가 아니라 고리 모양 작은 유전자죠.

세균들은 서로 관을 뻗어 플라스미드를 교환해요. 쓸 만한 단백질을 만들 수 있는 플라스미드 유전자를 공유하는 겁니다. 그래서 세균은 유전자가 상당히 유동적이에요. 필요한 것은 얻고, 필요 없는 것은 빨리빨리 버리죠. 유전자는 항상 적은 양을 유지합니다. 반대로 진핵세포는 당장 쓸데없는 유전자도 가지고 있어서 유전자의 양이 세균에 비해 수백, 수천 배가 넘어요.

운 좋게도 죽은 알파프로테오박테리아의 유전자 중에 질산염을

과학이 빛나는 밤에

흡수하는 유전자가 메탄생성고세균에게 섞여 들어갑니다. 이로 인해 메탄생성고세균도 질산염을 흡수할 능력이 생겼어요. 그 상태에서 또 다른 알파프로테오박테리아를 집어삼켰고요. 참 욕심 많죠? 그런데 이번엔 좀 달랐어요. 메탄생성고세균이 질산염을 흡수해 주니까 알파프로테오박테리아는 굶어 죽지 않았습니다.

드디어 합병이 성공했습니다. 구멍가게 두 개가 합쳐서 거대한 공장으로 성장할 발판을 마련한 거예요. 그러나 둘이 행복하게 살면 진핵세포로 진화할 수 없습니다. 진핵세포는 기본적으로 산소를 이용해서 살아가는 생명체거든요. 진핵세포가 진화해서 생겨난 지구상의 모든 식물과 동물, 인간이 그렇죠. 그런데 두 세균의 연합체가 어둡고 산소가 없는 호수 밑바닥에 계속 머무른다면 알파프로테오박테리아는 산소를 이용해서 살아가는 능력을 잃어요. 앞에서 말한 대로 세균은 필요 없는 유전자는 버리니까요. 돌연변이가 일어나 사라지기도 하고요. 유전자는 항상 돌연변이를 일으킬 가능성이 있는데, 산소를 이용하는 단백질을 만드는 정보를 가진 유전자는 돌연변이가 일어나도 생존이나 번식에 별문제가 없으니 그 상태로 유전될 가능성이 높습니다.

이렇게 되면 알파프로테오박테리아의 산소 활용 능력은 번식할수록 사라지죠. 메탄생성고세균은 돌연변이가 일어나기 전에 어둠침침한 연못 바닥에서 벗어나 산소가 많은 수면 근처 밝은 세상으로 나아가야 했습니다. 하지만 그건 메탄생성고세균에게 죽음을 무릅써야 하는 상황이에요. 생전 처음 가 보는 환경인데다, 메탄생성고세균이 알파프로테오박테리아의 산소 활용 능력을 알 리도 없으니까요. 익숙한 바다 밑바닥에서 살아가는 것이 안전한 선택이었을 거예요.

그런데 기적이 일어납니다. 다재다능한 연인의 재능이 사라지는 것을 두고 볼 수 없다는 듯, 목숨 걸고 새로운 환경을 찾아 떠났어요. 수면 근처 밝은 바다로 올라온 메탄생성고세균은 공포에 떨었을 겁니다. 수소는 없고 산소만 득실득실한 곳이었거든요. 그런데 이게 웬일입니까. 일심동체가 된 알파프로테오박테리아가 산소를 흡수하고, 산소를 이용해 에너지를 만들면서 수소를 만들어 주는 거예요. 질산염뿐만 아니라 산소로도 수소를 만드는 재능이 여기에서 빛을 발했죠.

게다가 그곳엔 보기 싫은 황산염 환원 세균도 없었습니다. 녀석들에게 필요한 황산염은 무거워서 바다 밑으로 가라앉았거든요. 그리고 수면 근처는 알파프로테오박테리아가 좋아하는 질산염 같은 화합물은 더 많았고요. 또한 급증한 산소에 적응 못 한 세균들이 사라진 상황이었기 때문에 경쟁도 덜하고 훨씬 여유로웠어요. 경쟁자는 없고 살기는 더 좋으니 그곳이 천국이었습니다.

어둠침침한 곳에서 치열하게 경쟁하며 살던 과거는 깨끗이 잊고, 두 세균 연합체는 자기도 모르게 진화의 첫걸음을 내딛습니다. 알파프로테오박테리아는 나중에 모든 동식물과 인간에게서 발견되는 미토콘드리아가 되죠. 미토콘드리아는 지금도 우리 몸속에서 산소를 이용해 에너지를 만들고 있어요.

하지만 이 상태를 진핵세포라고 부르기는 좀 허전합니다. 아직 진핵세포의 특징인 핵도 없고, DNA의 양이 수천 배씩 늘어나지도 않았고, 크기도 커지지 않았거든요. 한마디로 공장이라고 보기엔 볼품이 없죠. 그냥 두 가게를 합친 것처럼 보일 뿐입니다.

일단 크기 문제는 진핵세포 안에 있는 미토콘드리아가 장기적으로 해결할 수 있습니다. 발전소가 세포 안으로 들어온 거니까 세포가 커지는 데 훨씬 유리하거든요. 세균은 내부에 발전소가 따로 없고 세포막에서 에너지를 만드니까 커질 수 없어요. 크기가 커져서 세포 내부가 세포막에서 멀어지면 에너지를 공급 받지 못하니까요. 마을 바깥의 산에서 나무를 베어다가 장작을 때는 시골 마을 같은 경우죠. 이런 상태에서는 마을이 커지기 힘듭니다. 마을 안쪽에 사는 사람들은 나무를 베러 멀리까지 가야 하거든요.

그러나 여기저기 발전소가 있다면 마을이 커져도 큰 문제가 없습니다. 어디 살든 에너지를 공급 받기 쉬우니까요. 그래서 마을이 커지고 도시로 확대될 수 있는 겁니다. 진핵세포에서도 이런 일이 일어났어요. 진핵세포에는 미토콘드리아가 수백, 수천 개씩 존재합니다. 세포 안 어디에서나 에너지를 쉽게 공급 받을 수 있죠. 덕분에 진핵세포가 천배 이상 커질 수 있는 기반이 마련됩니다.

하지만 구체적으로 어떻게 커졌는지, 진핵세포 안의 복잡한 구조들은 어떻게 생겨났는지, 진핵세포의 다른 특징들이 어떻게 생겨났는지는 아직 설명하기 힘들어요. 지금까지 이야기한 내용도 유력한 가설 가운데 하나일 뿐, 증명된 건 아닙니다. 그 근거는 진핵세포의 유전자가 메탄생성고세균과 비슷하고, 미토콘드리아의 유전자는 알파프로테오박테리아와 유사하다는 겁니다.

처음에는 메탄생성고세균처럼 음지에 처박혀 수소를 이용해 근근이 살아가던 세균이 산소를 이용하는 활동적인 진핵세포의 조상이라는 것이 예상 밖의 결과였습니다. 최근 발달한 유전자 분석 기술이 아니었다면 메탄생성고세균은 후보에 들지도 못했을 거예요. 이렇게 진화에서 중요한 실마리는 유전자에서 찾는 경우가 많습니다. 나머지 진핵세포의 특징에 대한 설명도 그 실마리를 유전자에서 찾아볼 수 있어요. 22억 년 전 유전자에게 약간 이상하면서도 중요한 변화가 일어난 것으로 보이거든요.

세상이 좀 달라 보이나요?

여러분의 조상은 먼 옛날 어둠침침한 바다 밑바닥에 살던 세균 한 마리였습니다. 어둠 속에서 살아가는 고지식한 조상 세균과 다재다능한 알파프로테오박테리아가 만난 덕분에 여러분도 존재할 수 있었죠. 여러분의 신체를 구성하는 세포들을 훑어보면서 22억 년 전 펼쳐진 세균들의 극적인 사랑과 도전 이야기를 떠올려 보세요.

과학이 빛나는 밤에

반가운 불청객 바이러스, 진핵세포로 진화

수상한 작은 물체가 두 세균 연합체에게 접근합니다. 그리고 아주 자연스럽게 세포 속으로 들어와 뭔가 풀어 놓습니다. 그것은 정체를 알 수 없는 단백질과 RNA였죠.

단백질은 능숙하게 주위의 분자들을 끌어모아 RNA를 DNA로 만듭니다. RNA가 DNA가 된다? 뭔가 순서가 바뀌었죠? 원래는 반대로 일어나야 하는데 말입니다. 하지만 불가능한 일은 아니에요. RNA가 DNA의 이중나선 중 한쪽 가닥을 복사한 것이기 때문에 RNA 가닥에 맞는 반대쪽 가닥을 만들어 주면 이중나선인 DNA가 되거든요.

이렇게 만들어진 수상한 DNA는 유유히 이동해서 세균 연합체의 DNA에 섞여 들어갑니다. 그런데 수상한 DNA의 내용은 더 수상했어요. 요약하면 '나 같은 놈을 또 만들어 내라'입니다. 이 부분이 읽혀서 실행되면 또 다른 '수상한 침입자'가 복제되어 생겨나요. 오래전 유행한 행운의 편지 같은 겁니다. 이 편지를 읽고 똑같은 편지를 써서 열 명에게 보내지 않으면 당신은 불행해진다는 내용, 생각나세요? 수많은 사람의 시간과 편지지, 잉크를 낭비하게 만든 악질적인 편지죠.

행운의 편지는 컴퓨터에서도 쉽게 발견할 수 있는데, 바로 바이러스입니다. 아무 쓸모도 없으면서 컴퓨터 데이터에 슬며시 들어가 자신을 복제한 뒤 다른 컴퓨터로 마구 퍼뜨려요. 수상한 침입자와 하는 일이 똑같습니다. 이름도 같아요. 수상한 침입자도 바이러스로 불리거든요. 사람들을 고통스럽게 하는 감기 바이러스가 세포 속에서 하는 일이 악질적인 DNA를 심는 거예요.

그 악질 DNA가 우리의 조상인 세균 연합체의 DNA에 들어갔습니다. 에너지 낭비보다 심각한 것은 원래 DNA를 망가뜨린다는 점이었죠. DNA 아무 곳에나 들어갔기 때문에 단백질 결합 순서표가 엉뚱한 내용이 될 수도 있거든요. 세균 연합체에게는 굉장히 치명적이었어요. 정상적인 상태라면 이 침입을 격퇴해야 했습니다. 세균들에게 이런 침입은 비일비재한 일이다 보니 악질 DNA를 없애는 시스템이 있거든요. 그런데 진핵생물로 진화한 세균 연합체는 어쩐 일인지 상황을 통제하지 못합니다. DNA는 누더기가 되었죠.

진핵세포로 진화

그러나 전화위복이란 말처럼 세균 연합체는 그 일로 인해 작은 세균에서 거대한 진핵세포로 진화를 시작합니다. 구멍가게가 공장으로 커지려면 일단 수많은 건물을 만들어야 해요. 벽도 만들고 지붕도 만들자니 많은 재료들이 필요합니다. 세균 연합체도 마찬가지예요. 진핵세포처럼 커지려면 그런 재료들이 많이 만들어져야 했죠. 그 재료를 만드는 결합 순서표는 DNA고요. DNA에 그런 재료들을 많이 만들라는 명령이 쓰여 있으면 가능합니다. 그러나 그런 게 쓰여 있을 리 없어요. 세균 연합체에게는 지금 공간도 충분했습니다. 괜한 공간 낭비니까요.

악질 DNA에 의해 원래 DNA의 내용이 바뀐 곳이 운 좋게도 세포막을 만드는 재료에 대한 명령이 쓰인 곳이었습니다. '적당히 만들어라'가 엉뚱하게도 '많이 만들어라'로 바뀌었어요. 글자가 바뀐게 아니라 악질 DNA가 중간에 삽입되면서 원래 DNA가 엉뚱하게 읽힌 겁니다. 답안지를 한 칸씩 밀려 쓰는 것과 같은 일이 DNA에서 일어나 다른 정보가 된 셈이죠.

이 일로 세포막을 만드는 재료가 갑자기 많이 생겨납니다. 세균 연합체의 세포막이 늘어나면서 크기가 커지고, 세포 안에 그 세포막들이 쌓이면서 새로운 공간도 만들었어요. 진핵세포의 가장 눈에 띄는 특징인 핵도 그런 식으로 만들어졌을 가능성이 높습니다. 멀리 이동하지 못한 세포막 재료들이 DNA 주변에서 뭉치며 DNA를 한곳에 가두는데, 이것이 핵이 되는 거죠.

그다음부터 정확히 어떤 상황이 펼쳐지면서 진핵세포가 됐는지 알 수 없습니다. 하지만 저런 일이 많아질수록 엉뚱한 단백질들이 생산되었으리라는 점은 분명해요. 대부분 쓸모없는 것이겠지만, 꽤 쓸모 있는 것도 있었을 겁니다. 생존에 도움을 주는 단백질을 만들어 낸 세균 연합체는 많은 자손을 낳으면서 번성했을 테고, 쓸모 있는 단백질을 만들어 낸 자손도 번성했겠죠. 이런 식으로 쓸모 있는 엉뚱한 단백질들이 세균 연합체에 많아지면서 지금의 거대한 진핵 세포가 된 것이 아닐까 추측해 볼 수 있습니다.

인간 사회도 마찬가지잖아요. 변화나 발전은 엉뚱한 사람들에 의해서 일어납니다. 종전에 없던 생각이나 아이디어를 만들어 내는 사람들이죠. 물론 그런 아이디어라고 다 쓸모 있는 건 아니에요. 대부분 쓸모없어 사라지지만, 그중 기발하고 쓸모 있는 한두 개는 세상을 바꿉니다. 진화를 위해서는 DNA도 좀 엉뚱해져야 할 필요가 있었는데, 바이러스가 그런 일을 해 준 셈이에요.

보다 복잡해지는 것이 진화

바이러스도 스스로 기술을 발전시키면서 변했습니다. '점핑 유전자'가 대표적인 예죠. 점핑 유전자는 옥수수의 이상한 유전 현상을 연구하던 과학자가 발견했어요. 과학자가 관찰해 보니 똑같은 씨앗에서 자라난 옥수수인데 알맹이 색깔과 배열이 달랐습니다. 왜 그런지 알아보다가 DNA들 사이를 '점핑'하면서 돌아다니는 희한한 유전자를 발견했어요. 녀석이 여기저기 돌아다니며 유전자를 변형했는데, 그 변형된 부분이 옥수수 알갱이의 색깔과 배열을 결정하는 부분이었지요.

이런 식으로 DNA에 삽입된 쓸모없는 DNA의 흔적은 아주 많습니다. 인간만 해도 DNA 중에서 실제 단백질을 만드는 정보를 담은 DNA는 2%에 불과하고 나머지는 정크 DNA, 즉 무의미한 DNA입니다. 이것이 바이러스나 점핑 유전자들에 의해 끼워 넣어진 DNA로 보입니다. 그 흔적은 진화의 강력한 증거로 여겨지는데, DNA에 들어 있는 정크 DNA의 위치들이 모든 진핵생물에서 거의 똑같거든요. 아메바부터 곰팡이, 파리, 소나무, 강아지, 인간에 이르기까지 말입니다. 이것은 모두 같은 조상이 있다는 증거죠.

22억 년 전, 침입자의 습격 속에서 정크 DNA들이 마구 생겨나는 상황을 통제하지 못하고 어쩔 줄 모르던 세균 연합체가 모든 동식물의 조상이 된 겁니다. 조상의 누더기 DNA는 후손에게 그대로 전해졌고요. 그러나 최근 연구에 따르면 정크 DNA들은 직접 단백질을 만들지는 못해도 정상 DNA에 이런저런 영향을 준다고 합니다. 정상 DNA의 정보를 뒤부터 읽도록 해서 거꾸로 결합된 단백질을 만들게 하고, 정상 DNA가 언제 단백질을 만들어 낼지 타이밍을 정해 주는 역할도 한대요.

어쨌든 복잡해진 겁니다. 세균은 정크 DNA 없이도 잘 살았는데 말이에요. 하지만 그것도 진화입니다. 비효율적이고 혼란스러워도 진화는 복잡해지는 것이지 성능이 좋아지는 것하고 관계없거든요. 앞에서 이야기했듯이 생존과 번식에서 최고 성능을 자랑하는 생명체는 세균입니다. 이런 식으로 유전자의 변형이 자주 일어나면서 10억 년이 넘는 동안 진화하지 않던 세균은 진핵세포로, 다시 식물과 동물로 진화할 수 있었죠. 세균에게 바이러스는 불청객이지만, 우주의 역사가 재미있어지는 데 꼭 필요한 손님이었습니다.

이제 진핵세포의 다음 진화는 단순히 복잡해지는 것이 아니라 생존과 번식 방법이 완전히 바뀌는 쪽이었습니다. 세포들 입장에서는 손해가 막심할 수도 있는 이상한 진화죠.

세상이 좀 달라 보이나요?

귀찮은 감기, 환절기만 되면 왜 이렇게 사람들을 괴롭히는지 참 미워요. 그렇다고 마냥 미워할 존재가 아닙니다. 어디에서 왔는지 모르지만 그 바이러스들이 진화의 원동력이고, 한편으로는 여러분에게 유전자를 물려준 조상이니까요. 앞으로는 감기에 걸리면 한번쯤 몸속 바이러스에게 수고한다고 이야기해 주세요. 바이러스 덕분에 여러분의 세포가 새로운 진화의 발판이 될 수도 있으니까요.

과학이 빛나는 밤에

배후의 조종자 미토콘드리아,
다세포로 진화

22억 년 전 산소 농도가 높은 바다에서 진핵세포 한 마리가 번식합니다. 한 마리가 두 마리가 되고, 두 마리가 네 마리가 되었죠. 그런데 얘들이 주위로 흩어지지 않고 한 덩어리처럼 서로 엉겨 붙었습니다. 그 세포들 속에서 음흉한 웃음소리가 들리네요. 살펴보니 미토콘드리아입니다. 다세포생물로 진화하는 순간, '미토콘드리아의 웃음'에서 우리는 진화가 이상한 방향으로 흘러간 실마리를 찾을 수 있습니다. 무슨 일이 있었는지 알아볼까요?

산소가 급증한 환경

진핵생물에서 다세포생물로 진화는 거의 동시에 진행되었습니다. 원인은 진핵세포로 진화하게 한 '산소 급증 사건'이죠. 진핵생물이 만드는 단백질 가운데 콜라겐은 세포와 세포 사이를 들러붙게 합니다. 콜라겐을 만들 때는 산소가 많이 필요해요. 그래서 진핵생물은 산소 급증 사건 와중에 콜라겐을 많이 만들고, 서로 엉겨 붙을 수 있었습니다.

그렇게 다세포생물이 될 수 있는 기반이 생기긴 했지만, 엉겨 붙어 있다고 해서 다세포생물이라고 부르지는 않습니다. 단순히 엉겨 붙은 상태는 '군집'이라고 하죠. 군집은 필요에 따라 모였다가 흩어질 수 있습니다. 날씨가 추울 때 체온을 나누자고 한곳에 모인 사람들과 비슷해요.

진정한 다세포생물은 큰 회사라고 볼 수 있습니다. 부서들이 따로 있고, 부서마다 하는 일이 다르고, 부서 안에서도 하는 일이 다르고, 일을 제대로 못 하면 자르기도 하는 체계적인 회사 말이에요. 다세포생물도 똑같습니다. 오히려 더 엄격하죠. 세포마다 하는 일이 정해졌을 뿐만 아니라, 일을 제대로 못 하면 죽어야 하거든요. 심지어 정년퇴직 제도가 있어서 일정 기간이 지나면 자동으로 죽어요. 인간 같은 다세포생물은 넉 달 정도 지나면 90%가 새로운 세포로 바뀝니다. 의무 고용 기간이 넉 달밖에 안 되는 혹독한 회사라고 할까요?

그런 면은 세포 입장에서 오히려 손해입니다. 마음대로 생존할 자유도 없고, 가장 중요한 번식의 자유도 없어요. 모든 세포가 번식할 수 있는 게 아니라 번식만 하는 생식세포가 따로 있으니까요. 벌이나 개미 같죠. 번식은 여왕개미나 여왕벌에게 맡기고, 대다수 개체는 열심히 일하다가 죽는 것처럼 말입니다.

다세포생물의 세포들도 마찬가지예요. 번식은 하지 못하고 결국 다 죽습니다. 반면 세균은 번식도 마음대로 하고, 잡아먹히지 않

과학이 빛나는 밤에

는 이상 계속 생존할 수 있죠. 결코 각 세포 입장에서 좋을 것이 하나도 없어 보이는데, 왜 다세포생물로 진화했을까요? 실마리는 기생입니다. 기생하는 생물은 숙주를 조종해서 숙주에게 해로운 행동을 하게 만들 수도 있거든요. 〈연가시〉라는 영화에 보면 기생생물인 연가시가 숙주를 조종해서 물에 빠져 죽게 만들죠. 자신이 번식하기 위해서 말입니다.

이런 예는 많습니다. 개미 배 속에 기생하는 선충은 개미를 새에 먹히게 하려고 개미의 배를 빨갛게 만들어요. 새들이 좋아하는 딸기처럼 보이게 하는 거죠. 게다가 개미가 배를 자꾸 치켜들고 다니게 만들어요. 개미가 새에게 먹히면 선충의 알은 새의 배설물로 나옵니다. 개미들은 이 배설물을 엄청 좋아하고요. 선충은 이렇게 수많은 개미들의 배 속으로 퍼져 나가요.

미토콘드리아가 유도한 진화

이런 기생이 세포에게서도 일어났을 가능성이 높습니다. 유력한 범인은 미토콘드리아죠. 모든 진핵세포에 빠짐없이 존재하는 미토콘드리아가 자신에게 유리한 조건을 만들기 위해 다세포생물로 진화를 유발한 겁니다. 결정적 증거는 없지만, 유력한 간접증거들이 있어요.

먼저 일을 제대로 못 하는 세포들이 잘리는 현상인 '세포 자살'에 밀접한 관련이 있다는 증거가 있습니다. 세포 자살은 세포분열을 잘 못 한다거나 어떤 기능을 제대로 수행하지 못할 경우 세포가 분해되는 것인데, 세포 자살 버튼을 누르는 것이 바로 미토콘드리아입니다. 미토콘드리아에서 사이토크로뮴 C라는 물질이 나오면 그 물질이 어떤 단백질을 만들고, 그 단백질은 또 다른 단백질을 만드는 연쇄 과정이 시작되는데요. 결국 세포 분해 단백질이 나와 세포를 분해합니다. 세포 스스로 만든 단백질이 세포를 무너뜨리는 것이고, 그 시작이 미토콘드리아죠.

그런데 미토콘드리아가 숙주로 삼은 세포가 분해되면 미토콘드리아에게 손해일 것 같기도 하죠? 아닙니다. 숙주세포가 세포분열을 제대로 못 할 경우 미토콘드리아는 세포에 갇힌 꼴이 되는데, 저렇게 해서 탈출할 수 있거든요. 숙주는 분해되지만 미토콘드리아는 자기 살길을 찾아갑니다. 미토콘드리아는 감옥에서 빠져나가기 위해 감옥을 무너뜨리는 시스템을 만들어 놓고 그 버튼을 누른 셈이죠. 기생생물들이 하는 짓을 보면 그럴듯한 추측이에요.

유성생식도 마찬가지입니다. 미토콘드리아가 그 시작 버튼을 누를 수 있어요. 특별한 물질을 따로 생산할 필요도 없고, 미토콘드리아가 하는 일을 좀 더 많이 열심히 하면 돼요. 미토콘드리아는 세포 안의 발전소답게 에너지가 저장된 ATP 분자를 만들어 내는데 그 과정에서 부스러기 분자들이 나와요. 세포나 사람이나 뭔가 만들 때는 부스러기가 나올 수밖에 없죠.

문제는 이 부스러기입니다. 얘들은 원래 있던 조각에서 떨어져 나온 것이기 때문에 어딘가 불안정해요. 잘 연애하던 연인을 억지로 떼어 놓은 것이나 마찬가지죠. 그런데 원래 사귀던 연인은 벌써 짝을 만났어요. 미토콘드리아에 의해서 ATP가 되었죠. 홀로 남

과학이 빛나는 밤에

은 사람은 외롭고 서러워서 어떻게든 다른 짝을 만나려고 합니다.

부스러기 분자들의 상황이 딱 이래요. 세포의 다른 부분에 가서 막 들러붙습니다. 그게 DNA일 수도 있고, 세포막일 수도 있고, 단백질일 수도 있는데 물불 가리지 않고 달라붙어요. 이러면 종전의 결합 상태가 흔들리고 상처 받고 무너질 수도 있어요. 세포에는 이런 것을 복구하고 부스러기를 제거하는 시스템이 갖춰져 있지만, 지나치게 많으면 감당이 안 됩니다.

이럴 때는 어떻게 하느냐, 이제 유성생식과 비슷한 현상이 일어납니다. 단세포생물은 세포가 위기 상황에 처하면 다른 세포와 '융합'하는 경향이 있거든요. 적자가 많고 위기에 처한 기업이 큰 기업에 인수 합병되는 것과 비슷합니다. 미토콘드리아가 내부에서 일부러 그 위기 상황을 만들어 융합 현상을 유발하죠. 융합? 이거 유성생식과 어딘가 비슷한 부분이 있습니다. 유성생식이라는 것이 결국 암수 생식세포가 만나서 하나로 융합하는 것이잖아요. 제대로 감수분열 해서 DNA를 섞는 그럴듯한 유성생식은 아니지만, 그 시발점을 미토콘드리아가 만들었을 가능성이 있는 거죠.

유성생식의 기원이 정말 미토콘드리아라면 진화의 역사에서 획기적인 일을 해낸 겁니다. 그동안 DNA가 바이러스나 돌연변이나 작은 플라스미드 조각에 의해서 소규모로, 부분적으로 변했다면 유성생식은 수많은 DNA들이 뒤섞이면서 대규모로, 전면적으로 변하는 것이니까요. 유성생식은 진화의 속도를 엄청 빠르게 만드는 액셀러레이터 역할을 한 셈이죠.

하지만 진핵세포들이 원하는 진화는 아니었을 겁니다. 잘리고 죽고 생식도 못 하고… 원치 않는 정도가 아니라 스트레스 엄청 받는 가혹한 진화였을 거예요. 억지로 취직하고 생계 때문에 그만두지도 못하는 상황이라고 할까요? 그러나 체계적인 회사 같은 다세포생물이 아니면 훨씬 더 거대하고 복잡한 동식물, 더 나아가서는 인간이 될 수 없었죠. 17억 년 뒤 다세포생물 회사는 그 능력을 유감없이 발휘해서 생물 역사상 가장 눈부시고 폭발적인 진화를 합니다. 바로 캄브리아기 대폭발이죠.

세상이 좀 달라 보이나요?

60조 개나 되는 거대한 세포 덩어리인 '인간' 속에서는 얼마나 많은 세포들이 희생하고 착취당할까요? 세균으로서 누리던 자유와 권리를 모두 빼앗기고, 집단을 위해 자신을 내던져야 하는 세포들. 여러분은 그 희생 위에서 웃고 즐기며 사는 걸지도 모릅니다.

과학이 빛나는 밤에

4 장

바다에서 육지로, 그 위대한 도약
: 6억 년 전 생물의 번성

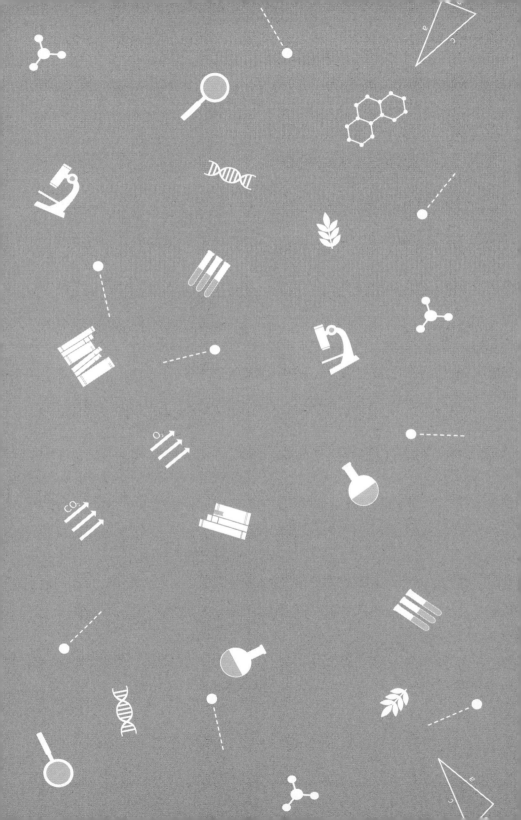

생명체가 처음 빛을 봤을 때, 진화의 폭발

눈, 코, 입이 있는 인간은 눈을 당연히 있는 것으로 생각하지만, 지구상에 눈이 탄생한 것은 6억 년도 되지 않습니다. 그 전에 생명체에게 세상은 암흑이었죠. 빛을 볼 수 없으니 사실 암흑도 아니었을 겁니다. 세상은 그저 물컹거리거나 딱딱하거나, 뜨겁거나 차갑거나, 고약하거나 달콤한 냄새(화학물질)가 나는 곳이었어요. 바다로 쏟아져 들어오는 햇빛, 출렁이는 파도, 붉게 타오르는 태양, 용암을 내뿜는 화산은 그들에게 존재하지 않았습니다. 당시 생명체들에게 세상은 피부에 와 닿는 다양한 느낌들의 총합이었을 뿐이죠.

드디어 눈을 뜬 생물

그들에게 5억 4,000만 년 전 드디어 '눈'이 생겨났습니다. 빛과 어둠이라는 완전히 새로운 느낌이 신경세포에서 만들어지고, 드디어 그것을 봤어요. 처음부터 풀

컬러 고화질로 보이진 않았겠지만, 빛과 어두움을 구분하고 뭔가 다가오거나 지나가는 것도 '볼' 수 있었을 거예요. 하지만 이 정도만 되어도 생존에 유리했을 겁니다. 뭔가를 먹거나 피할 때 아주 유용했을 테니까요.

캄브리아기에 일어난 폭발적 진화를 캄브리아기 대폭발이라고 부르는데 눈의 탄생이 폭발적 진화의 발단이 되었을 가능성이 높습니다. 눈이 생기기 전 생존경쟁과 그 이후의 생존경쟁은 차원이 달라지거든요. 캄브리아기 이전에는 흐물거리는 세포 덩어리들이 바닷속을 둥둥 떠다닐 뿐이고 눈이 없으니 쫓고 쫓기는 생존경쟁이 일어나기 힘들어요. 물론 냄새로 쫓을 수 있지만, 눈으로 보는 것보다 정확도가 떨어지기 때문에 스릴 있는 추격전은 벌어지지 않았을 겁니다. 둥둥 떠다니다가 운 좋아서 부딪히면 잡아먹는 정도일까요?

그런데 갑자기 어떤 생명체에게 눈이 생깁니다. 눈이 있으면 상대방이 어디 있는지 알고, 그쪽으로 움직여서 잡아먹을 수 있어요. 운 좋게 부딪힐 때까지 기다릴 필요가 없습니다. 피식자(잡아먹히는 동물)들도 가만있을 수 없습니다. 드디어 군비경쟁이 시작되죠. 피식자들도 뭔가 방어 장치를 마련해야 합니다. 그렇다고 돈 주고 살 수도 없고, 돌연변이가 일어나길 기다리는 수밖에요. 요행히 잘 도망하던 피식자에게서 껍질이 생겨납니다. 이제 먹힐 걱정은 안 해도 돼요. 생존과 번식에서 아주 유리해졌습니다. 껍질이 있는 피식자는 자손을 널리 퍼뜨리죠.

이제 가만있으면 포식자가 굶어 죽을 지경입니다. 실제로 많이

과학이 빛나는 밤에

굶어 죽었을 거예요. 그러다가 운 좋은 포식자에게 단단한 이빨이 돋아납니다. 이번에는 포식자가 생존과 번식에 유리해지면서 자손을 널리 퍼뜨립니다.

피식자도 서둘러 눈을 만들어야겠죠? 껍질로는 안 되고, 빨리 피하는 게 최고니까요. 포식자를 눈으로 확인하고 서둘러 도망가기 위해 빠른 다리도 만들었을 겁니다. 이러면 포식자는 빨리 쫓아가기 위해 빠르게 움직일 수 있는 지느러미나 갈퀴를 만들 거예요. 이렇게 물고 물리는 생존경쟁 속에 진화가 폭발적으로 일어나죠. 인간 세상에도 비슷한 일이 있었어요. 핵폭탄이 개발되니까 서로 핵폭탄을 만들기 위해 경쟁하고, 나중에는 더 강력한 핵폭탄을 만들려고 엄청난 경쟁을 했습니다.

생명 역사에서는 '눈'이 핵폭탄 같은 존재가 아니었을까 싶어요. 캄브리아기 대폭발을 통해 무려 35가지 생물 '문'이 생겨났습니다. 문이 다르다는 것은 완전히 다른 생물 종류라는 의미예요. 사람과 곤충이 다르고, 곤충과 해파리가 다르듯이 말이죠. 인간을 생물학적으로 분류하면 동물, 척삭동물문, 포유강, 영장목, 사람과, 사람족, 사람속, 호모사피엔스종이에요. 바퀴벌레는 동물, 절지동물문, 곤충류강, 바퀴목입니다. '문'은 동식물 바로 다음 분류 기준인데, 이때 35가지 문이 생긴 뒤 두 번 다시 생기지 않습니다. 생물의 다양성에서는 이때가 최고였죠. 이렇게 갑작스러운 진화를 화석으로 확인한 다윈Charles Robert Darwin은 당황스러웠습니다. 마치 신이 어느 날 갑자기 생명체들을 창조한 것처럼 보였거든요.

물론 '눈' 하나로 캄브리아기 폭발을 모두 설명할 수는 없습니다.

그럴듯한 추측일 뿐이죠. 하지만 '눈'만큼 진화를 촉진할 수 있는 변화도 없을 것 같습니다.

캄브리아기 분화의 대폭발

눈은 왜 하필 그때 생겨났을까요? 확실한 원인이 밝혀진 것은 아니지만, 눈의 구조를 살펴보면 어느 정도 감이 잡힙니다. 눈에서 빛을 모아 주는 수정체(렌즈)가 그 실마리죠. 눈에는 동공이라는 구멍이 있는데, 동공이 커지면 이 빛 저 빛 다 들어와서 상이 흐려집니다. 그렇다고 구멍을 작게 하면 상이 또렷해지는 대신 상이 어두워져요. 구멍이 작아서 들어오는 빛이 적으니까요. 그래서 수정체가 필요합니다. 수정체가 있으면 없는 것보다 100배 정도 밝은 이미지를 볼 수 있거든요.

눈이 있는 첫 생명체인 삼엽충의 수정체는 방해석이었습니다. 물론 수정체가 꼭 돌일 필요는 없습니다. 인간의 수정체는 단백질로 만들어지죠. 삼엽충의 방해석이 어디에서 왔는지 살펴보면 실마리가 좀 풀립니다.

2012년 4월 미국의 위스콘신대학University of Wisconsin에서 주목할 만한 발표를 합니다. '대부정합' 때문에 캄브리아기 대폭발이 일어났다는 것이죠. 대부정합이란 세월이 흐르면서 자연스럽게 퇴적층이 쌓이는 것이 아니라, 어떤 층 위에 아주 오랫동안 퇴적이 일어나지 않아서 층 사이에 극단적인 시간 차이가 생기는 것을 말합니다. 예를 들어 해마다 조금씩 퇴적물이 쌓여서 층이 만들어지는 것

과학이 빛나는 밤에

이 정상인데, 대부정합은 아래층은 10억 년 전 것이고 바로 위층은 5억 년 전 거예요. 5억 년 동안이나 퇴적이 일어나지 않은 겁니다.

그러면 도대체 무슨 일이 있었는가 하면, 퇴적된 것이 아니라 계속 침식된 겁니다. 발표에 따르면 캄브리아기 초 북미 대륙 전체가 바다 위에 아주 얕게 올라와 있었다고 합니다. 이것이 문제죠. 아예 높게 솟아 있었거나 바다 깊이 잠겨 있었다면 괜찮을 텐데, 바다가 대륙 위를 휩쓸고 다니기 딱 좋은 높이였습니다. 갯벌이나 해수욕장의 모래밭을 파도가 휩쓸고 다니는 모습을 상상해 보세요. 당시 그와 비슷한 일이 북미 대륙 전체에 일어나면서 계속 침식되다 보니 대륙의 기반암까지 드러난 겁니다.

기반암은 땅 밑의 마그마가 굳어서 생긴 화성암으로, 칼슘과 철분, 이산화규소 같은 성분이 많습니다. 그 물질들이 침식되면서 녹아 바닷물 속으로 흘러들었죠. 바닷속 생명체들은 이 암석 성분을 어떻게든 이용해야 했을 거예요. 그렇지 않으면 암석 성분이 몸속으로 스며들고 굳어서 죽을 수 있었거든요. 인간의 몸에 생겨나는 결석처럼 말입니다.

생명체는 암석 성분을 이용해 껍질, 눈의 수정체, 뼈 등을 만들면서 살아남습니다. 특히 눈은 폭발적 진화를 불러왔고요. 폭발적인 진화를 거치며 바다에는 다양한 동물들의 역동적인 생존경쟁이 펼쳐지는 화려한 생태계가 생겼어요. 그럴듯하죠? 정말 대부정합과 눈 때문에 그 엄청난 진화가 일어났는지는 모릅니다. 여러 가지 근거를 종합해 볼 때 상당히 합리적인 이야기일 뿐이죠. 그래도 수억 년 전에 일어난 일을 흐릿한 화석과 지층 연구 등에 의지해서 이

만큼 알아낸 것도 대단합니다. 인간이 아니면 할 수 없는 일이에요.

캄브리아기 대폭발이 일어나면서 바다 생태계는 아주 풍부하고 다양해졌습니다. 하지만 상대적으로 땅 위는 썰렁하다 못해 아무것도 없었어요. 거대한 대륙 어디를 둘러봐도 풀 한 포기 없는 황무지, 사막이었죠. 아직 식물이 육상에 진출하지 못한 상태였거든요. 식물도 없는 지상에 동물이 올라갈 리 없습니다. 식물도 강렬한 자외선을 피할 수 있고 촉촉한 바다를 떠날 필요가 없었고요. 그러나 주변 상황이 식물을 가만두지 않았어요.

세상이 좀 달라 보이나요?

세상을 본다는 것 자체가 보통 일이 아니죠? 눈은 그저 아름다운 풍경을 보기 위해 생겨난 것이 아닙니다. 급격한 환경 변화와 치열한 생존경쟁에서 살아남기 위한 몸부림 속에 눈이 탄생했어요. 앞으론 고생하신 조상님들의 몸부림을 생각해서라도 '눈은 폼으로 달고 다니냐'는 험한 말은 쓰지 않는 것이 어떨까요?

땅에 첫발을 디딘
위대한 도약

여름철 해변에서 피부를 태우는 자외선의 강력한 힘을 한번쯤 느껴 봤을 겁니다. 오존층이 잘 막아 주는데도 자외선의 위력은 대단해요. 지금이야 자외선을 피할 그늘이라도 있지, 4억 년 전에는 어디를 봐도 그늘이 없었습니다. 온통 사막이었으니까요. 그런 상황에서 자외선에 타 죽을지도 모르는데 땅 위로 기어 올라갈 생명체는 없었죠. 더구나 식물은 강렬한 자외선과 건조한 공기 속에서 말라 죽기 쉬운 운명이니, 스스로 땅 위에 보금자리를 틀 까닭이 없었습니다.

그런데 4억 2,500만 년 전, 식물들이 육상에 진출할 수밖에 없는 환경이 만들어집니다. 거대한 산맥이 생겨났거든요. 산맥이 만들어진 곳은 원래 얕은 바다였습니다. 당시 로렌시아Laurentia대륙과 발티카Baltica 대륙 사이에는 이아페투스Iapetus해라는 얕은 바다가 있었는데, 지금도 그렇지만 햇빛이 잘 드는 얕은 바다는 생명체들이 살기 좋죠. 광합성에 유리하니 바닷속 식물이나 플랑크톤이 살기 좋고, 그것들을 먹고 사는 물고기 같은 동물에게도 적당한 환경입니다.

반짝이는 햇빛을 받아 일렁이는 푸른 바다 밑에는 여러 가지 색 산호초와 바다 식물이 가득하고, 그 사이를 수많은 고기들이 몰려 다녔어요. 하지만 로렌시아대륙과 발티카 대륙이 가까워지면서 바다가 서서히 좁아지더니 말라붙기 시작했습니다. 수많은 산호초와 물고기, 바다 식물이 몰살당했죠.

대륙 이동은 계속됐고, 결국 두 대륙이 충돌함으로써 칼레도니아 Caledonia 산맥이 생겨납니다. 8,000m 정도 되는 산봉우리들이 즐비했어요. 이렇게 생겨난 산들이 구름의 흐름을 막았고, 구름에서 비가 내려 산맥을 따라 흐르는 강물이 생겨났어요. 지구상에 처음으로 생긴 강이 아닐까 싶습니다.

그런데 강이 바다에 비해 좀 변덕스러운 것이 문제였죠. 비가 많이 내리면 수위가 올라갔다가 적게 내리면 수위가 내려가거든요. 물속에서 잘 살던 식물이 갑자기 공기 중에 노출될 수도 있는 상황이 되는 겁니다. 지금은 식물들이 수분 손실을 막는 보호막과 물을 흡수할 수 있는 뿌리가 있지만, 당시 물속에 살던 식물들에게는 그런 기능이 발달했을 리 없습니다. 보호막도 뿌리도 없이 메마른 공기 중에 노출되는 것은 죽음을 의미하죠.

그나마 유리한 것이 녹조류인데요. 바깥을 둘러싼 큐티클이 발달해서 어느 정도 수분 손실을 막을 수 있었습니다. 갈조류나 홍조류는 뿌리(물을 흡수하는 뿌리는 아니고 지지 역할만 하죠)나 줄기가 있어 생긴 건 훨씬 식물다웠지만, 큐티클이 없어서 육상 진출의 후보조차 되지 못했어요. 하지만 큐티클이 수분 손실을 영원히 막아 주지 않기 때문에 녹조류도 약간 유리할 뿐, 결국 말라 죽을 운명이었습니다.

녹조류를 밀어준 곰팡이의 힘

속수무책으로 죽을 날만 기다리던 녹조류에게 구원의 손길을 내민 것이 '균류'입니다. 균류에 대해서 잘 모르는 분들이 많을 텐데, 균류의 가장 흔하고 전형적인 형태는 곰팡이입니다. 버섯이나 무좀균도 균류예요. 버섯은 균류가 포자를 퍼뜨리기 위해 땅 위로 솟아오르게 만든 생식기죠. 그 밑에는 곰팡이 균사가 사방으로 뻗어 있습니다. 무좀균은 이름 때문에 세균이라고 착각할 수 있는데, 살을 파고들어 영양분을 흡수해 먹고 사는 곰팡이입니다.

균류는 동물도 아니고 식물도 아니에요. 엄연한 제3의 생물이죠. 다만 대부분 음지에 숨어서 활동하기 때문에 주목 받지 못했을 뿐이죠. 게다가 한때 식물의 하위분류로 취급되기도 했지만, 균류는 그렇게 무시당할 생물이 아닙니다. 특히 식물과 밀접한 관계가 있어요. 90%가 넘는 식물의 뿌리는 균류로 둘러싸여 있습니다. 균류는 촘촘한 균사체를 사방으로 뻗어서 흡수한 물과 무기질을 식물에게 주거든요. 대신 식물은 광합성을 통해 만든 영양분을 균류에게 나누어 주면서 공생하죠.

균류는 식물의 뿌리 주변은 물론 다른 곳으로도 사방팔방 뻗어

나가서 자기들끼리 네트워크를 만들어 식물을 관리하기도 합니다. 미국의 오리건Oregon 주 동부 약 992만 m² 산림에 있는 뿌리썩음병 균이라는 균류는 숲의 나무들을 주기적으로 죽입니다. 주로 오래 되고 약한 나무를 죽이는데, 덕분에 건강하고 젊은 나무들이 더 크게 자랄 수 있어요. 균류 역시 더 많은 영양분을 얻을 수 있어 이익이고요.

참 영리해 보이기도 하고, 약삭빨라 보이기도 하죠? 자신들은 영양분을 만들 수 없는데도 남을 이용해서 잘 살아가니까요. 어두운 땅속에 퍼져서 식물들을 좌지우지하며 살아가는 균류의 양은 엄청납니다. 균류만 남고 주변의 흙과 땅이 모두 사라진다면 세상은 얽히고설킨 균류로 가득 찰 거예요.

음지의 제왕 균류가 식물의 육상 진출을 이끌었습니다. 위기에 처한 녹조류에게 수분과 무기질을 공급하고, 자외선에 약한 녹조류를 보호하기 위해 균사로 덮어 물심양면으로 도와주었죠. 녹조류는 광합성으로 만든 영양분을 균류에게 나눠 주었고요. 강인한 균류의 생명력과 녹조류의 광합성 능력이 만나 육상에서도 살아남을 수 있는 연합체가 탄생한 겁니다.

이 연합체가 '지의류'입니다. 산에 가서 바위를 눈여겨보면 커피 쏟은 얼룩 같은 것이 바로 지의류예요. 지의류는 한 생명체가 아니라 균류와 조류가 공생하는 연합체입니다. 지의류가 육상 진출에 성공하면서 바위들 위로 퍼져 나가고, 바로 지의류가 분비하는 화학물질 때문에 바위가 녹으면서 흙이 만들어졌어요. 지의류가 아니었으면 육상에는 토양이 부족해서 식물이 살 수 없었을 겁니다. 식

과학이 빛나는 밤에

물이 육상에 진출하는 데 지의류가 여러 가지 도움을 준 거죠.

뒷날 최초로 육상에 단독 진출한 쿡소니아의 뿌리에도 균류가 공생하며 도와주었습니다. 하지만 쿡소니아가 육상 진출에 완벽히 성공한 것은 아닙니다. 물가 근처 축축한 땅에서만 살 수 있었거든요. 쿡소니아에서 진화한 이끼나 고사리류는 좀 낫지만, 역시 습기가 필요했습니다. 마른 땅에서 살려면 또 한 번 벽을 넘어야 했어요.

세상이 좀 달라 보이나요?

하찮게 보던 곰팡이가 보통이 아니죠? 모든 동식물의 육상 진출은 곰팡이가 아니면 꿈도 못 꿨을 일입니다. 잠깐만 한눈팔면 언제 어디에서나 피어나는 곰팡이. 한번쯤은 선구자, 지배자, 관리자로 치켜세워도 좋을 것 같습니다.

잔혹하면서 매혹적인 번식, 식물

식물이 균류의 도움을 받아 상륙에 성공한 뒤 생존 문제는 잘 풀어 나갔습니다. 문제는 번식이었죠. 바닷속에서는 정자와 난자의 이동이 자유롭고 쉬웠는데, 땅 위는 건조해서 정자와 난자가 만나기도 전에 말라 죽었습니다. 그래서 처음 상륙한 이끼나 고사리 같은 식물들은 축축한 판을 만들어 정자가 그 위를 헤엄쳐 갈 수 있도록 했어요. 좋은 방법이지만 완벽하진 못했습니다. 판이 축축한 상태로 유지되려면 주변이 습해야 했거든요. 고사리나 이끼류가 주로 습한 환경에 사는 것도 이 때문이에요.

그렇다고 건조한 환경에서 번식이 아예 불가능한 것은 아니었습니다. 정자와 난자가 만나는 유성생식은 습한 환경에서 가능하지만, 무성생식은 건조해도 가능하거든요. 복잡하게 정자와 난자가 만날 것 없이 식물의 세포가 포자 형태로 떨어져 나가 싹이 트는 경우도 있고, 식물의 가지나 뿌리 같은 일부분에서 새싹이 나오는 경우도 있죠. 거미고사리나 낚시고사리는 잎 끝이 땅에 닿으면 거기에서 뿌리가 나와 번식하기도 하거든요. 딸기나 둥근바위솔은 땅 위를 기는 줄기가 나와, 그 끝 부분에서 새로운 개체가 탄생하는 방식으로 번식하고요.

유성생식으로 변화

식물은 무성생식을 활용할 수 있는데도 유성생식을 할 수 있는 완벽한 방법을 찾아내려고 애썼습니다. 최초로 성공한 식물은 겉씨식물이에요. 정자는 껍질을 씌워서 꽃가루 형태로 만들고, 난자는 보호막으로 여러 겹 감싸서 건조한 문제를 해결했습니다. 겉씨식물의 대표 주자인 은행나무의 번식 과정을 보면 건조한 문제를 해결한 것뿐만 아니라 드라마틱한 연출이 돋보여요.

먼저 은행나무의 수나무에서 꽃가루가 날아갑니다. 암나무도 정자 맞을 준비를 하죠. 수정되지 않은 씨앗(밑씨)의 작은 구멍에서 점액질 한 방울이 나옵니다. 바람에 실려 온 꽃가루가 점액질에 닿으면 씨앗 속으로 끌려 들어가요. 거기에는 작은 대기실이 있습니다. 먼저 온 다른 꽃가루들도 그곳에서 기다려요. 대기실이 필요한 까닭은 꽃가루들이 성숙한 상태에서 날아가는 것이 아니기 때문에 대기실에서 성숙해질 때까지 키우는 겁니다.

꽃가루들이 속속 도착하면 난자의 성숙도 촉진됩니다. 성숙한 정자와 난자가 되는 데 넉 달이 걸려요. 때가 되면 대기실 벽이 터집니다. 오랜 시간 기다린 정자는 꽃가루에서 튀어나와 난자를 향해 돌

진해요. 한 꽃가루에서 정자가 두 개씩 튀어나오는데, 정자에 나선형으로 난 가느다란 털이 마치 어뢰처럼 정자를 전진시킵니다. 가장 먼저 난자에 도착한 정자가 수정에 성공하죠.

속씨식물의 선택과 배제 전략

오랜 기다림과 극적인 만남, 이 정도에서 끝났으면 참 아름다운 사랑 이야기일 텐데, 식물은 한 발 더 나아갑니다. 화려하면서도 잔혹한 사랑 혹은 희생 이야기라고 할까요? 주인공은 겉씨식물에서 진화한 속씨식물입니다. 속씨식물은 대부분 눈에 띄게 화려한 꽃을 피워요. 화려한 꽃 덕분에 곤충의 도움을 받아 좀 더 적극적으로 꽃가루를 퍼뜨릴 수 있죠. 바람이 불기만 기다리는 겉씨식물에 비하면 속씨식물은 연애의 달인입니다.

곤충 덕분에 꽃가루가 암술에 묻으면 정자 두 개가 나와 씨앗으로 들어갑니다. 그리고 빠른 정자가 난자와 만나 수정에 성공해요. 여기까지는 평범한 스토리인데, 나머지 정자가 문제입니다. 얘가 씨앗 속에 있던 또 다른 난자와 수정되는 거예요. 이것을 '내배유'라고 부릅니다. 참 이상하죠? 수정은 한 번으로 족한데, 굳이 두 번이나 수정되었으니 말이에요. 달걀에 노른자가 두 개 있는 거나 마찬가지입니다.

그러면 쌍둥이처럼 씨앗이 두 개가 될까요? 아닙니다. 내배유는 씨앗이 되지 않고 희생의 길을 택해요. 무럭무럭 성장해서 자기 자신을 진짜 씨앗에게 영양분으로 바칩니다. 좀 잔인하지만 합리적으로 보이기도 합니다. 한정된 영양분을 한쪽으로 몰아주어 집중적으로 키우니까요. 우리나라가 가난했을 때 부모님들이 장남만 맛있는 것 주고 공부시킨 것과 비슷하다고 할까요? 다 줄 수 없는 상황에서 하나라도 제대로 키우려는 거죠.

몰아주기는 다세포생물에게 당연시되는 일이기도 합니다. 번식할 권리를 생식세포에게 몰아주고, 나머지 세포들은 일만 하다가 죽게 만드는 것이 다세포생물의 기본적인 운영 철학이에요. 이런 운영 철학을 집단에 반영해서 살아가는 벌과 개미도 있고요.

그런데 '몰아주기'를 위해 영양분을 흡수한 내배유가 엉뚱하게 동물들의 중요한 영양분이 됩니다. 특히 인간에게 중요한 영양분이죠. 쌀, 밀, 옥수수 등의 낟알이 대부분 내배유거든요. 이런 곡식이 없다면 농업은 존재할 수도 없고, 인간은 숲 속에서 사냥하는 데 시간을 보내느라 문명을 창조하고 발전시킬 겨를이 없었을 겁니다.

동물들의 육상 진출

식물이 유성생식에 성공하면서 다양한 진화가 가능해졌고, 그 다양성의 힘으로 척박한 환경에 적응하며 사방으로 퍼져 나갔어요. 땅이 거대한 나무들로 가득해지자, 동물들도 하나둘 육상 진출을 시도합니다. 처음에 두각을 나타낸 동물은 거미와 곤충들이에요. 이때가 4억 년 전부터 3억 6,000만 년 전까지 기간에 해당하는 데본기입니다. 데본기는 육상에서 양치류와 고사리류가, 바다에서 어류가 번성한 시기죠.

고사리나 양치류가 지금은 그리 크지 않지만 당시에는 높이 30m, 두께 2m에 달하는 양치류들이 거대한 숲을 이루었어요. 지금과는 완전히 다른 모습이었습니다. 데본기 말기에는 드디어 양서류가 생겨나요. 어류에서 진화한 동물이 상륙에 성공한 겁니다. 양서류는 개구리 같은 모습으로 아직도 지구상에 존재하죠. 육상 진출에 완전히 성공한 것은 아니지만, 어느 정도 습한 환경에서는 물과 뭍을 오가며 살 수 있습니다. 식물이나 동물이나 땅을 완전히 정복하진 않았지만, 이런저런 시도를 하며 대륙을 향해 뻗어 나갈 준비를 하는 시기죠. 계절에 비유하면 '봄'이라고 할 수 있어요.

그다음 석탄기는 '여름'이에요. 3억 6,000만 년 전부터 2억 8,000만 년 전까지 기간에 해당하는데, 생물들이 본격적으로 번성하면서 퍼져 나갑니다. 특히 양치류의 숲이 지구 전역으로 뻗어 나가죠. 대륙은 거대한 숲으로 뒤덮였고, 엄청난 식물이 나중에 흙 속에 파묻혀 석탄이 됩니다. 그래서 이름이 석탄기예요. 무성한 숲에서 양서류가 전성기를 맞습니다. 아주 커서 30cm 이상 되는 양서류도 많았어요.

양서류 못지않게 곤충도 전성기를 맞이하고 있었습니다. 땅과 나무, 하늘을 누비는 곤충들은 역사상 가장 컸어요. 지네 1m, 진드기와 잠자리 30cm, 바퀴벌레도 지금보다 3~4배 이상 컸을 겁니다. 곤충이 이렇게 커진 것은 급증한 산소 농도 때문이에요. 숲이 번성하면서 공기 중에 산소 농도가 30% 넘게 늘어났거든요. 이렇게 되면 곤충은 산소를 흡수하기 쉬워 몸이 커집니다. 원래 곤충은 몸속

과학이 빛나는 밤에

에 폐와 혈관이 없어서 산소는 오직 껍질을 통해 스며들 수 있거든요. 산소 농도가 낮으면 산소가 몸속 깊숙이 녹아들지 않아 살기 힘듭니다. 그래서 지금도 곤충은 몸이 크지 않은 것이고요. 석탄기처럼 산소 농도가 높은 상태에서는 몸이 커도 산소가 깊숙이 스며들기 때문에 문제가 없었죠.

거대한 곤충들이 숲을 활보했으니 석탄기의 숲은 바람 소리와 곤충들 기어 다니는 소리만 들렸을 거예요. 아직 조류는 생겨나지 않았으니 새 소리는 들리지 않았을 겁니다. 적막하고 고요하고 징그러운 숲, 그 자체라고 할까요?

괴기스러운 석탄기 말기에 드디어 파충류가 생겨납니다. 석탄기 다음인 페름기는 파충류가 서서히 퍼져 나가면서 진화하는 시기로, 나중에 공룡이 될 파충류와 우리 조상인 포유류가 될 파충류도 그중에 있었죠. 그런데 이들에게 치명적 위기가 닥칩니다.

세상이 좀 달라 보이나요?

얌전한 줄 알았던 식물이 저렇게 '성'에 집착하다니… 어쩌면 인간보다 더할지 모르겠다는 생각마저 듭니다. 평화로운 숲과 들판은 식물들에게 무수한 부킹과 유혹의 댄스로 가득한 나이트클럽인지도 모르겠습니다.

강함은 따뜻한 피에서,
포유류

지평선 이쪽 끝에서 저쪽 끝까지 어느 곳을 둘러봐도 거대한 불길로 가득합니다. 동물들은 독한 가스와 열기를 피할 곳이 없습니다. 바다조차 자줏빛으로 변했고, 달걀 썩는 냄새를 풍깁니다. 가쁜 숨을 내쉬던 동물 한 마리가 픽 쓰러지더니 답답한 듯 헐떡거립니다. 금방이라도 숨이 넘어갈 것 같은 이 동물은 살아날 수 있을까요? 살아남아야 합니다. 우리 조상이거든요.

콜드 플룸과 핫 플룸의 교차로
시작된 대멸종

페름기 말, 지구 역사상 전무후무한 대멸종 사건이 일어납니다. 생물 종 가운데 약 90%가 멸종했어요. 멸종이라면 소행성이 전문이지만 이때는 달랐던 것으로 보입니다. 지각의 움직임이 멸종을 불러왔을 가능성이 높죠. 처음엔

과학이 빛나는 밤에

별거 아니었습니다. 대륙지각들이 아주 천천히 모여들었어요. 시베리아Siberia 밑으로 거대한 맨틀 덩어리가 하강하고 있었기 때문인데, 이것을 '콜드 플룸'이라고 부릅니다. 콜드 플룸 때문에 그 위에 있는 대륙들이 끌려 들어갔어요. 설거지통에서 가라앉는 접시가 물을 빨아들이는 것과 비슷합니다.

그런데 여기에서 반작용으로 다시 핫 플룸이 생겨난다는 게 문제예요. 핫 플룸 생성 원인은 약간 복잡합니다. 먼저 모여드는 대륙지각이 해양지각을 밀어냅니다. 그러면 대륙지각 밑으로 해양지각이 떨어지면서 맨틀 위에 모이죠. 그러다가 어느 순간 뚝 떨어지고, 하부 맨틀을 자극하면서 핫 플룸이 발생해요. 물에 돌을 던지면 물이 튀기는 원리와 비슷합니다. 콜드 플룸 자리에서 핫 플룸이 밀려 올라오면서 엄청난 용암이 분출해요. 지금의 시베리아 전역에서 용암이 터져 나왔으니 그 양이 엄청났지요.

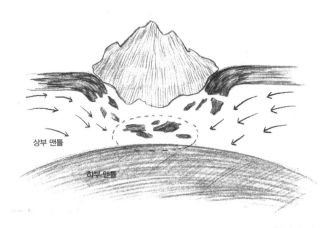

상부 맨틀

하부 맨틀

페름기 말 지각 변동

이것이 멸종의 도화선입니다. 대륙은 예전에도 뭉쳤다 흩어졌다 하고 엄청난 용암이 뿜어져 나오기도 했지만, 이번에는 달랐습니다. 육상 진출에 성공한 식물들 때문이에요. 석탄기 식물들이 쌓여 석탄이 된 층을 용암이 뚫고 나왔거든요. 용암과 만난 석탄이 불타면서 막대한 유독가스와 온실가스가 생겼죠. 시베리아뿐만 아니라 중국에서도 용암이 분출했습니다. 원투펀치가 날려진 셈이에요.

더 큰 문제는 그다음부터 일어난 악순환입니다. 지구 온도가 올라가면서 바닷속에 얼어붙어 있던 메탄가스도 녹아서 분출했는데, 이 메탄가스가 이산화탄소보다 여섯 배 정도 강력한 온실가스라서 지구의 온도는 더욱 상승했어요. 지금도 바닷속에 있는 메탄가스는 엄청납니다. 수백 년 동안 인류에게 필요한 가스를 모두 공급할 수 있을 정도죠. 한술 더 떠서 메탄은 산소 농도를 급격히 낮춥니다. 메탄가스가 산소와 만나면 이산화탄소로 변하는데, 그 반응에 산소가 쓰이면서 대기 중 산소 농도가 옅어지거든요. 그렇지 않아도 시베리아의 거대한 불 때문에 산소가 줄어든 마당에, 엎친 데 덮친 격이지요.

바다가 따뜻해지면 바닷물에 녹아 있는 산소 양이 줄어 해양 생물에게는 치명적입니다. 맥주가 미지근해지면 김이 빠지는 것처럼 액체가 따뜻해지면 기체가 많이 녹아 있지 못하거든요. 더위에 허덕이고 숨도 쉴 수 없어 괴로운 상황에서 육지와 바닷속 생명체들은 멸종하거나 힘겹게 살아남아야 했습니다.

뿐만 아닙니다. 용암이 분출하는 가스에는 황 성분이 많아 바다에 황산염이 늘어나면서 황산염 환원 세균이 엄청나게 번식했죠.

과학이 빛나는 밤에

우리 조상인 메탄생성고세균을 괴롭힌 그놈이죠. 이놈들이 황화수소를 배출하는데, 딱 달걀 썩은 냄새가 납니다. 이 가스는 조금 마시면 후각이 마비되지만, 많이 마시면 의식불명에 빠져요. 바다 색깔도 이상하게 바뀌었습니다. 황산염 환원 세균들이 번성하면 바다가 자줏빛이 되거든요. 게다가 황화수소는 오존층을 파괴해서 강렬한 자외선이 내리쬐도록 만들었어요. 페름기 암석층에서 발견된 홀씨 화석은 심하게 뒤틀렸는데, 자외선에 장시간 노출되었기 때문으로 추측됩니다. 강렬한 자외선에 숨 쉬기 힘들고 덥고 악취 나고 유독 가스가 가득하고… 이래저래 생물들은 죽어 나갔죠.

따뜻한 피가 흐르는 동물의 등장

잘못했으면 우리 조상도 그때 황천길 갈 뻔했어요. 하지만 황천길 대신 진화의 길을 선택합니다. 멸종의 위기를 겪으며 진화에 성공한 거죠. 물론 그 길은 안타까울 정도로 힘들었습니다. 그 와중에 생겨난 진화의 흔적이 아직도 우리 몸에 남아 있어요. 바로 따뜻한 혈액입니다.

인간을 비롯한 모든 포유류는 일정한 체온을 유지하는 온혈동물이에요. 사실 온혈동물은 눈물겹고 힘든 운명이죠. 24시간 내내 일정한 체온을 유지하기 위해서는 열이 필요하고, 영양분을 계속 태워야 하거든요. 당연히 영양분이 많이 필요하고, 먹이를 구하기 위해 계속 돌아다녀야 합니다. 끊임없는 노동의 굴레는 온혈동물이 되면서부터 어깨에 지워진 겁니다.

그에 반해 파충류는 팔자가 좋아요. 냉혈동물은 일정한 체온을 유지하지 않아도 되기 때문에 열을 만들기 위해 먹이를 열심히 구할 필요가 없습니다. 파충류는 대개 가만있다가 먹을 때만 움직여요. 몸을 데워야 할 때는 일광욕을 합니다. 포유류에 비해 파충류의 삶은 여유롭고 느긋하죠. 인간이 파충류라면 아마 하루에 한 끼만 먹어도 될 겁니다. 지금처럼 열심히 일할 필요가 없죠.

그러면 포유류는 왜 온혈동물이 되었을까요? 아마도 대멸종의 힘든 시기에 약자였기 때문이 아닐까 싶습니다. 포유류의 조상이 강자였다면 이렇게 불쌍한 진화가 필요 없었을 테니까요. 파충류가 지금 저렇게 느긋한 걸 보면 그들의 조상은 당시에 강자였을 거예요.

이런 그림이 아니었을까요? 파충류의 조상은 힘이 세니까 느긋하게 먹이를 먹습니다. 포유류의 조상은 주변에 있다가 파충류가 잠시 한눈팔거나 기회가 있을 때 그 순간을 놓치지 않고 낚아채서 먹죠. 그 외에도 먹이가 있으면 강자보다 빨리 달려가서 먹었을 겁니다. 강자가 차지하면 빼앗을 수 없으니까요. 포유류의 조상은 체온을 항상 따뜻하게 유지해서 스탠바이 상태가 되어 있어야 했어요. 힘센 파충류의 조상처럼 일광욕으로 몸을 데우려고 30~40분씩 기다렸다간 국물도 없었을 테니까요.

온혈동물의 체온을 유지하는 시스템은 효율이 좋기도 합니다. 산소를 태워서 열을 내는데, 산소를 마지막 한 방울까지 쥐어짤 수 있는 시스템이거든요. 그렇게 해야 포유류는 체온을 유지할 수 있었을 겁니다. 파충류가 필요할 때만 움직여도 쓰러지지 않는 세발자전거라면, 포유류는 멈추는 순간 쓰러지는 두발자전거인 셈이죠. 두발자전거가 빠르고 효율적이지만, 대신 멈추면 균형이 무너지니까 계속 페달을 밟아야 하는 것처럼 포유류의 조상은 잠시라도 멈추면 시스템이 무너지니까 계속 먹이를 구하러 돌아다닐 수밖에 없었습니다. '따뜻한 피'는 눈물겨운 진화의 흔적이에요.

하이테크 폐를 가진 공룡의 번성

놀라운 진화적 혁신으로 위기를 극복한 동물도 있습니다. 그 혁신을 통해 중생대를 제패했죠. 주인공은 바로 공룡입니다. 공룡의 폐는 혁신적인 진화를 통해 산소 흡수 효율을 극적으로 높였고, 그 힘을 원동력으로 산소 부족 사태에서 훌륭히 살아남아 수천만 년 동안 땅 위를 평정합니다.

그런데 폐가 진화한 것을 어떻게 알아냈을까요? 공룡은 모두 멸종했고, 폐처럼 부드러운 기관은 화석으로도 남지 않았을 텐데요. 실마리는 공룡의 직계 후손인 '새'입니다. 공룡의 후손이라면 악어를 떠올릴 수도 있는데, 악어는 공룡의 사촌입니다. 공룡과는 형태도 크게 다르죠. 악어는 다리가 양옆에서 나오고, 배를 바닥에 질질 끌고 다닙니다. 공룡은 두 발로 직립하고, 앞발은 공중에 떠 있죠. 티라노사우루스가 전형적인 공룡의 모습입니다. 거대한 네 발 공룡인 브론토사우루스는 조상은 두 발이었으나 몸이 무거워지면서 네 발로 진화한 것뿐입니다. 이런 직립의 특징은 새가 그대로 물려받았어요. 깃털도 마찬가지입니다. 공룡 중에는 의외로 깃털 달린 녀석이 많았거든요. 새의 눈매만 봐도 공룡 같다는 생각이 듭니다. 아무리 귀여운 새도 눈매는 꽤 날카롭거든요. 발톱도 아주 날카롭고요.

새의 폐는 양서류와 비교하면 수준 차이가 확실합니다. 양서류의 폐는 공기주머니일 뿐이에요. 공기가 들어가서 흡수되면 끝이죠. 반면 조류의 폐는 사이막이 있습니다. 주머니 모양이기는 하지만 흡수할 수 있는 표면적을 넓히기 위해서 얇은 막이 많아요. 사이막 곳곳에 퍼진 혈관으로 보다 많은 산소가 흡수될 수 있어요.

그런 면에서는 인간의 폐도 훌륭합니다. 표면적을 넓히기 위해 허파꽈리가 있거든요. 펼치면 80m² 축구장 넓이가 될 정도죠. 하지만 인간의 폐는 그리 효율적이지 못합니다. 흡수가 잘되려면 들이마신 공기에서 산소를 모두 흡수하고 남은 공기는 깨끗이 내뱉은 뒤 새 공기를 들이마셔야 하는데, 인간의 폐는 그게 안 되거든요.

허파꽈리 하나하나를 쥐어짤 수 없기 때문에 헌 공기가 깨끗이 배출되지 않은 상태에서 새 공기와 뒤섞입니다. 입으로 산소가 많은 공기를 들이마셔도 허파꽈리에서 헌 공기와 뒤섞이며 산소 농도

허파꽈리

과학이 빛나는 밤에

가 옅어질 수밖에 없죠. 농도가 옅은 산소는 흡수도 덜 됩니다. 폐에서 산소 분자를 하나하나 골라 흡수할 수는 없잖아요. 이산화탄소와 섞여 있으면 흡수하기 힘들어요.

하지만 조류의 폐는 다릅니다. 기낭이라는 기관이 핵심이에요. 기낭은 말 그대로 공기를 담은 주머니입니다. 호흡할 때 공기의 대기실 역할을 하죠. 이 대기실이 호흡의 효율을 높이는 데 중요합니다. 호흡의 과정을 보면 뒤 기낭으로 공기가 들어가서 앞의 헌 공기가 나갈 때까지 대기해요. 다 나가면 그제야 폐로 들어갑니다. 산소가 다 흡수된 공기는 앞 기낭으로 가서 다시 대기합니다. 들이마시는 공기와 섞이지 않기 위해서요. 한 흐름이기 때문에 헌 공기와 새 공기가 섞이지 않습니다. 들이마신 공기의 산소를 마지막 한 방울까지 호흡할 수 있어요. 참 효율적이죠? 하지만 여기서 끝이 아닙니다.

역류 교환이라는 놀라운 시스템이 있거든요. 폐에서 공기가 들어오는 방향과 사이막의 피가 흘러가는 방향이 달라요. 이것이 효율을 높이는 중요한 역할을 합니다. 역류 교환의 효율성은 역류 교환이 아닐 때와 비교하면 잘 알 수 있어요. 혈액과 공기가 같은 방향으로 흐르면 혈액이 흡수할 수 있는 산소 양이 얼마 안 됩니다. 혈액은 공기와 혈액 속 산소 농도가 같아질 때까지 산소를 흡수할 수 있거든요.

예를 들어 물이 담긴 컵의 가운데를 막으로 나눠서 한쪽에만 설탕을 진하게 녹였다고 해 봐요. 그런 상태에서 막을 제거하면 설탕물과 물이 섞이겠죠? 양쪽 농도가 똑같아질 때까지 설탕 분자가 왔다 갔다 하면서 섞일 겁니다. 혈액이 산소를 흡수할 때도 마찬가지예요. 공기 중 산소 농도와 혈액 속 산소 농도가 같아질 때까지 흡수되는 겁니다. 처음에 공기 중 산소 농도가 100이고 혈액 속 산소 농도가 0이었다면 둘 다 50이 될 때까지 산소가 흡수되고, 그다음부터는 산소가 흡수되지 않습니다.

그러나 역류 교환은 공기 입장에서 산소를 끝까지 빼앗길 수밖에 없는 상황이에요. 예를 들어 열 명이 두 줄로 서 있는데, 한쪽은 공기 줄이고 다른 쪽은 혈액 줄입니다. 공기 줄 사람들은 모두 손에 산소를 100개 정도 들고 있어요. 혈액 줄은 빈손이고요. 두 줄이 서로 다가옵니다. 앞사람부터 마주치겠죠?

공기 줄의 첫 번째 사람은 혈액 줄 첫 번째 사람에게 산소 50을 줍니다. 서로 50, 50이 되었으니 다음으로 넘어가요. 공기 줄의 첫 번째 사람과 두 번째 혈액 줄 사람이 만나는데 혈액 줄 사람이 또 빈손입니다. 그러면 산소 25를 줘야 해요. 서로 25, 25가 됐으니까 넘어가서 세 번째 사람을 만납니다. 또 빈손이에요. 이번엔 산소 12.5를 줍니다. 계속 이런 식이에요. 결국 가진 산소를 다 줘야죠.

공기 줄의 두 번째나 세 번째 사람들도 마찬가지입니다. 계속 자기보다 산소를 덜 가진 혈액 줄 사람을 만날 수밖에 없어요. 결국 자기가 가진 산소를 다 나눠 줘요. 덕분에 산소가 부족한 당시 상황에서 한 방울이라도 더 흡수했고, 살아남는 데 조금이나마 유리한 고지를 차지할 수 있었습니다.

이렇게 새들은 효율적인 폐를 물려받았기 때문에 히말라야Himalaya산맥을 날아서 넘을 때도 산소통이 필요 없습니다. 희박한

과학이 빛나는 밤에

산소 농도에서도 얼마든지 산소를 최대한 흡수할 수 있으니까요. 하지만 인간의 폐는 산소 흡수 효율이 낮아서 산소통에 의존해야 히말라야 꼭대기에 오를 수 있죠.

공룡이 지구를 제패하고 전성기를 맞이한 데는 하이테크 폐도 중요한 요인이었을 겁니다. 덕분에 포유류는 쥐 죽은 듯이, 실제로도 거의 쥐의 모습을 한 채 숨어 지냈어요. 그런 상태가 계속됐다면 공룡의 압도적인 덩치와 힘의 우위 앞에 이리저리 도망치며 바쁜 온혈동물로 불쌍하게 살아야 할 운명이었습니다. 포유류가 기세를 떨쳐야 인간으로 진화할 유인원도 생겨나고 할 텐데, 희망이 없는 상황이었죠. 하지만 교묘하게도 상황이 깨끗하게 정리되고, 유인원으로 진화가 시작됩니다.

세상이 좀 달라 보이나요?

여러분의 피부에 살며시 손을 대 보세요. 따뜻한 체온이 느껴지나요? 앞으로는 따뜻함뿐만 아니라 그 체온에 숨겨진 애절한 진화의 역사도 느껴 보시기 바랍니다. 대멸종의 위기에서 살아남기 위해 택한 그 불쌍한 진화의 길을 수억 년 뒤에 태어난 여러분도 걷고 있습니다.

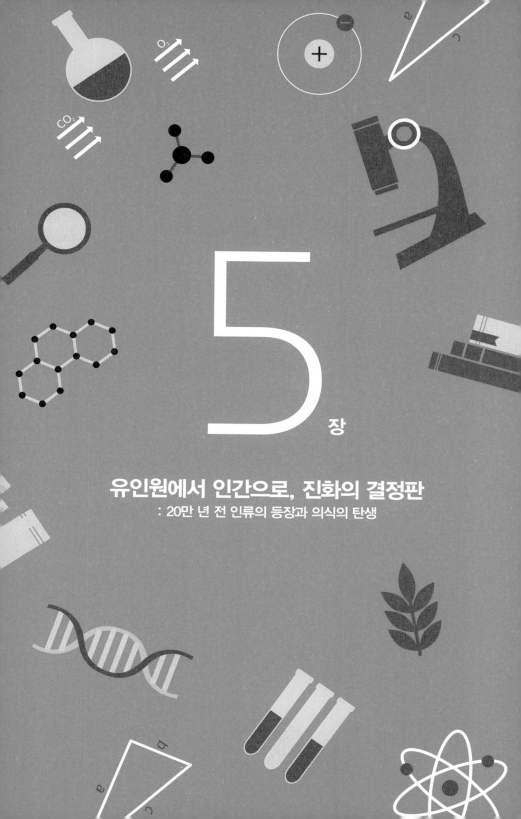

5장

유인원에서 인간으로, 진화의 결정판

: 20만 년 전 인류의 등장과 의식의 탄생

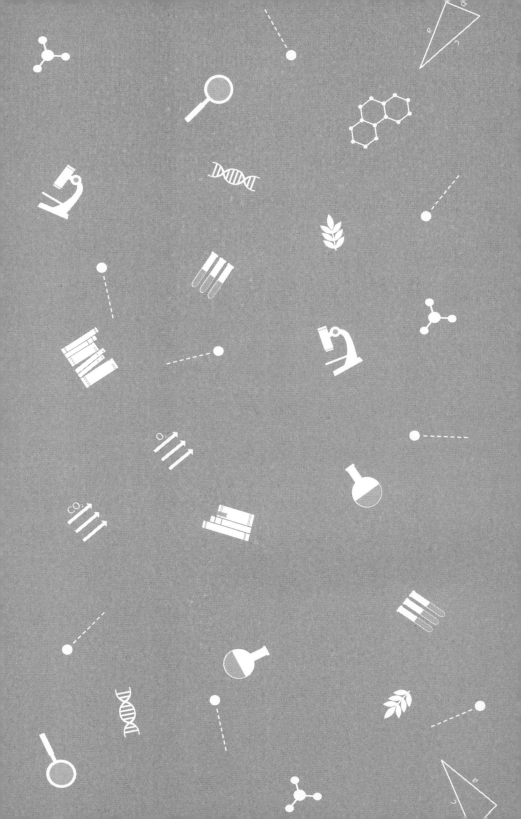

인류를 위한 긴 새벽,
빙하기와 간빙기

인류 진화를 위한 준비 하나,
소행성 충돌

인간이 진화를 통해 생겨나는 과정은 '군사작전' 같기도 합니다. 별로 상관없어 보이는 부분들이 짜 맞춘 듯 인간 진화에서 중요한 역할을 하거든요.

첫 번째 작전은 초토화 작전입니다. 공격하기 전에 대포나 폭격을 이용해서 적진을 초토화하는 일이 진화 과정에서도 일어났어요. 중생대의 지배자 공룡의 멸종입니다. 소행성 폭격(?)으로 깨끗이 초토화됐죠. 요즘에는 소행성에 의한 멸종이 일반 상식으로 자리 잡았지만, 처음에는 잘 받아들여지지 않았습니다. 과학자들은 일관된 법칙이나 질서를 중요시하기 때문에 갑작스러운 사건에 의한 멸종이라는 설명은 좋아하지 않거든요. 하지만 결정적 증거가 발견되면서 주류 이론이 됩니다.

K/T라고 불리는 얇은 회색 지층이 그 증거죠. K/T 지층의 전후

를 비교하면 K/T 지층 아랫부분에서는 다양한 식물과 공룡 화석이 발견되는데, K/T 지층 윗부분에서는 주로 고사리류가 발견됩니다. 공룡 화석도 사라졌고요. 산불이 난 뒤 가장 먼저 등장하는 식물이 고사리니까 K/T 지층이 생기면서 재난이 났고, 산림이 황폐해지면서 공룡이 사라졌다는 추측을 할 수 있어요.

그런데 이 지층에서 이리듐이 발견되었습니다. 이리듐은 소행성에 주로 포함된 물질로, 지상에서는 보기 힘들죠. K/T 지층의 이리듐은 소행성에서 왔을 가능성이 컸어요. 소행성이 지구에 충돌하면서 지상에 이리듐이 흩뿌려진 겁니다. 이렇게 해서 소행성 충돌 멸종 이론이 힘을 얻었어요. 공룡 멸종 외에도 크고 작은 멸종 사건들이 소행성에 의한 것일 가능성이 높아요. 데본기 멸종도 생물 종의 70%가 사라진 대멸종인데, 소행성을 유력한 용의자로 보고 있습니다.

하지만 이런 멸종을 꼭 나쁘다고 볼 수는 없어요. 죽은 생물들은 억울하겠지만, 이런 위기를 거쳐 새로운 생물들이 등장하고 진화하니까요. 포유류는 특히 감사해야 할 일이에요. 소행성이 아니었다면 지금도 공룡의 위세에 눌려 밤에만 겨우 돌아다니는 쥐 비슷한 모습이었을 겁니다.

그러나 소행성 충돌이 단순한 우연이라면 굳이 작전이니 뭐니 하지 않겠지요. 충돌의 배후에는 목성이 있었습니다. 앞에서 살펴봤듯이 목성의 중력이 소행성을 궤도에서 빼내 날려 보낼 수 있으니까요. 물론 목성이 날려 보냈는지 확실하지 않지만, 목성일 가능성이 꽤 높아요. 별 상관없어 보이는 태양계의 천체물리학적 환경이 지구의 진화에 큰 영향을 준 겁니다.

초토화 작전으로 포유류 시대인 신생대가 열렸지만, 바로 인간이 출현한 것은 아닙니다. 인간의 조상이 되어야 할 영장류(포유류의 하위분류로 원숭이, 침팬지, 오랑우탄 등의 척추동물)는 안전하고 먹을 것이 많은 나무 위에서 편안히 살고 있었죠. 빨리 땅으로 내려와 직립보행도 하고, 손도 자유로워지고 도구도 만들어야 하는데, 우리 조상은 그럴 필요가 없었습니다. 나무 위에서 잘 살던 영장류가 굳이 맹수들의 세계인 땅으로 내려와서 목숨 걸고 진화를 위해 헌신할 이유가 없으니까요.

인류 진화를 위한 준비 둘, 빙하기

이런 상황에서 두 번째 작전이 펼쳐집니다. 마치 적절한 진영을 배치하는 것 같은데, 군대를 배치하는 것은 아니고 '대륙 배치'를 의미해요. 이 작전의 결과는 지도에 나타납니다. 다음 페이지에 나오는 남극과 북극은 좀 희한한 모양이에요. 북극은 마치 구멍을 파 놓은 듯 유라시아 대륙과 아메리카 대륙, 그린란드로 둘러싸였고, 반대로 남극은 바다 한가운데 큰 땅덩어리가 말뚝을 박은 것처럼 홀로 있습니다. 이런 대륙 배치가 빙하기를 불러와요.

남극에 대륙이 없었다면 얼음이 생겨도 해류에 의해 흩어져서 좀 추운 바다가 되었을 뿐일 겁니다. 하지만 남극에 대륙이 위치하면

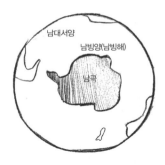

남극과 북극의 형태비교

서 땅 위에 눈이 쌓이고 얼음이 되었고, 지금처럼 수천 m 빙하로 가득 찬 대륙에 되었죠. 재미있는 건 북극인데, 남극처럼 대륙은 없지만 대륙에 둘러싸여서 얼음이 흩어지지 않고 갇힙니다. 그래서 추운 북극이 되었어요.

이렇게 생겨난 얼음들은 햇빛을 반사해서 우주 공간으로 날려 보내기 때문에 마치 에어컨처럼 지구의 온도를 낮춥니다. 북극은 주변이 대륙이라서 그 영향력이 더 크죠. 북극의 추운 공기가 주변으로 퍼져서 눈이 내리게 하고, 땅에 쌓인 눈이 햇빛을 반사할 수 있거든요. 지구의 온도는 한층 더 낮아지는 겁니다.

빙하기가 오면서 기후는 춥고 건조해졌고, 숲은 줄어들기 시작했어요. 숲 변두리에 살던 영장류들은 나무가 사라지면서 맹수가 우글거리는 초원으로 밀려납니다. 등 떠밀려 진화의 길에 선 셈이죠.

과학이 빛나는 밤에

간빙기에 한숨 돌린 인류의 조상

빙하기가 계속됐다면 갑자기 초원으로 밀려난 영장류들은 적응하지 못하고 멸종할 수도 있었습니다. 다행히 빙하기 사이사이 따듯한 간빙기가 주기적으로 반복되었어요. 숲이 다시 확장되면서 영장류에게 어느 정도 여유가 생겼습니다. 좀 억지스럽지만 치고 빠지는 게릴라전술과 비슷하다고 할까요? 간빙기도 그냥 생기는 것이 아닙니다. 간빙기의 주기를 '밀란코비치 주기'라고 하는데, 이는 지구운동의 세 가지 요소가 결합해서 생깁니다. 자전축의 세차운동, 자전축의 기울기 변화, 지구 공전궤도의 이심률 변화이죠.

'자전축의 세차운동'은 지구의 자전축 자체가 뱅글 도는 것을 말합니다. 기울기는 유지하면서 축이 한 바퀴 도는 거예요. '자전축의 기울기 변화'는 말 그대로 자전축의 각도가 변합니다. 4만 1,000년 주기로 21.5°에서 24.5° 사이를 왔다 갔다 하죠. 현재 각도는 23.4°로, 서서히 줄어들고 있습니다.

'지구 공전궤도의 이심률' 변화는 공전궤도의 모양이 변화하는 것인데 이심률이 커지면 타원 모양, 이심률이 작아지면 원 모양에 가깝게 됩니다. 변화 원인은 아직 밝혀지지 않았지만 타원궤도의 경우 태양과의 거리가 가까워졌다가 멀어졌다 하면 지구의 기후가 크게 변할 수밖에 없게 됩니다.

달에 관해 이야기할 때 설명했듯이, 자전축이 살짝 바뀌어도 기후가 크게 변할 수 있기 때문에 세 가지 요소가 합쳐지면 그 파괴력이 무시 못 할 정도로 큽니다. 태양과 지구의 거리, 태양 빛이 닿는 면적 등이 변하면서 지구 기후가 확 바뀔 수 있죠. 그런데 세 가지 요소가 복합적으로 작용하다 보니 계산이 복잡했어요. 세르비아의 천체물리학자 밀란코비치Milutin Milankovitch 주도로 과학자들이 모여서 100일 동안이나 끙끙대며 계산했다고 합니다. 그렇게 해서 간신히 밀란코비치 주기가 탄생했고, 과거 지구의 기후변화와 비교해 보니 잘 맞았어요.

병 주고 약 주면서 왔다 갔다 하는 지구의 기후 변화 덕분에 변두리 영장류들은 가까스로 살아남아 진화의 길을 걸었습니다. 목성, 소행성, 대륙, 자전축, 태양 등 여러 요소가 묘하게 맞물려 돌아가면서 영장류를 땅으로 끌어내리는 데 성공한 셈이죠. 하지만 영장류가 땅으로 내려왔다고 꼭 직립하거나 인간처럼 될 필요는 없습니다. 땅에서도 네발로 잘 사는 동물들이 대부분이니까요. 땅에서 두 발로 서서 살아가는 동물은 인간뿐입니다. 왜 그런 일이 있었을까요?

세상이 좀 달라 보이나요?

창밖의 도시 풍경을 보세요. 매일 보는 풍경이고 앞으로도 그렇겠죠? 아마 공룡에게도 세상은 그랬을 겁니다. 수천만 년을 이어 왔고, 언제나 계속될 지루한 일상이었어요. 하지만 모든 것이 한순간에 사라졌습니다. 인류 문명도 다르지 않아요. 멀쩡하던 세상이 내일 사라진다 해도 우주의 역사에서는 얼마든지 있을 수 있는 자연스러운 일이죠. 가끔 이런 종말을 되새겨 본다면 평범한 일상이 좀 더 소중하게 느껴지지 않을까 싶습니다.

유인원에서 인간으로,
더불어 살아가기

어둠 속에서 유인원 20여 마리가 두려움에 떨고 있습니다. 가뭄과 추위로 숲이 사라진 뒤 땅 위에 사는 이들은 밤마다 긴장의 시간을 보냅니다. 벌써 몇 마리가 어둠 속에서 습격한 사자에게 잡아먹혔거든요. 저 멀리 숲이 보이지만, 그곳에는 사나운 유인원 집단이 자리 잡아서 감히 들어갈 엄두도 못 냅니다. 수풀에서 부스럭거리는 소리가 들립니다. 오늘은 또 몇 마리가 잡혀갈까요? 이 집단은 살아남을 수 있을까요? 살아남아야 합니다. 우리 조상이니까요.

유인원은 어떻게 인간으로 진화했을까요? 정확한 이론적 설명은 아직 없습니다. 물증이라고 해 봐야 뼛조각이 전부죠. 하지만 빈약하나마 물증을 극복할 대안이 있습니다. 살아 있는 증거, 침팬지와 인간이 있거든요.

진화는 생명체에서 일어나기 때문에 생명체가 증거물이고 사건 현장입니다. 침팬지와 인간을 비교하면 진화 전후로 어떻게 달라졌는지, 진화가 왜 일어났는지 추측할 수 있어요. 물론 침팬지가 인류의 조상은 아니지만, 가장 비슷할 것으로 추측됩니다. 같은 영장류인데다 인간과 유전자가 98% 일치하고, 생활환경도 인류의 조상과 비슷하거든요. 여기서 유인원은 그냥 원숭이와 다릅니다. 몸통이 둥글지 않고, 가슴이 넓적하고 편평하다는 점이 가장 큰 특징이죠. 인간도 그런 유인원의 특성을 물려받았습니다. 유인원에는 고릴라, 오랑우탄 등이 포함되고, 침팬지가 인간과 가장 가까워요.

침팬지와 인간의 차이

이제 침팬지와 인간의 차이를 살펴보겠습니다. 먼저 인간은 직립하고 털이 없어요. 자세히 보면 털이 없는 것은 아니고 대신 솜털이 있죠. 길고 억센 털이 솜털로 변한 거예요. 또 공격성이 약해 큰 집단을 이룰 수 있습니다.

이에 반해 침팬지는 공격성이 강해서 큰 집단을 이룰 수 없고, 특히 수컷은 공격성이 강해요. 서열을 정하고, 그 서열을 유지하기 위해 끊임없이 물어뜯고 싸웁니다. 우두머리가 된 수컷은 이전 우두머리의 자식들을 다 물어 죽이는 것이 그 예죠. 다른 집단에 대한 증오심도 강해서 다른 집단의 침팬지들을 빈번하게 납치·살해합니다. 침팬지 박사로 유명한 제인 구달Jane Goodal이 연구하던 침팬지 집단 네 개 중 두 집단이 다른 집단 침팬지의 공격으로 사라졌어요. 엄청난 공격성입니다.

인간도 공격성이 있지만, 침팬지에 비하면 아주 약하죠. 극장이나 전시회, 박물관에 수백, 수천 명이 모여도 아무 일이 없잖아요.

과학이 빛나는 밤에

침팬지들을 그렇게 모아 놓으면 이유 불문하고 당장 피비린내 나는 싸움이 벌어져요. 인간은 침팬지에 비해 온순하고 사회성이 뛰어납니다. 덕분에 침팬지는 수십 마리 수준으로밖에 무리를 형성하지 못하지만 인간은 수천, 수백만이 집단을 이룰 수 있어요.

왜 이렇게 달라졌을까요? 털이나 직립도 그렇고, 공격성이 약해졌고… 무슨 일이 있었을 거예요. 실마리는 역시 환경 변화에서 찾을 수 있습니다. 당시는 빙하기로 인한 가뭄 때문에 숲이 줄어드는 상황이었거든요. 우리 조상들은 줄어드는 숲의 가장자리에 살다가 맹수들이 득시글거리는 초원으로 밀려났고요.

일반적으로는 이런 위기에서 살아남기 위해 먼저 직립이 생겨났다고 생각했습니다. 다가오는 포식자를 발견하기 위해서죠. 하지만 직립이 생존에 도움이 된다면 왜 초원의 다른 동물들은 아무도 직립하지 않았을까요? 오히려 직립으로 인해 포식자의 눈에 잘 띄는 부작용이 있지 않았을까요? 차라리 미어캣처럼 평소엔 네발로 다니고, 망볼 때만 서는 것이 효과적이지 않았을까요?

당장 살아남으려면 도망가는 게 가장 좋지만, 유인원은 달리기도 빠르지 않았습니다. 이런 상황에서 남은 방법은 뭉치는 것뿐이죠. 다 같이 힘을 합쳐 소리 지르고 돌멩이를 던지고 소란을 피우면 사자도 움찔하면서 도망갈 수밖에 없을 겁니다. 사회성 좋고 잘 뭉칠수록 살아날 확률이 높았어요. 그런데 잘 뭉치는 데 가장 방해가 되는 것이 주체할 수 없는 공격성입니다. 그래서 인류의 조상은 공격성을 줄이는 쪽으로 진화했을 것이라는 추측이 가능합니다.

위기에서 선택한 유아화

그 방법으로는 '유아화'가 유력하죠. 유아화는 생명체가 나이는 먹지만, 성숙하는 데 오래 걸려서 어린 상태를 오랫동안 유지하는 것을 말합니다. 인간처럼 극단적으로 유아화된 경우도 없어요. 어른이 되는 데 무려 20년이 걸리니까요. 초원의 다른 동물은 태어나자마자 뛰어다니지만, 인간의 아기는 1년 남짓 기다려야 겨우 아장아장 걷습니다. 인류의 조상이 극단적으로 유아화된 이유는 침팬지 새끼를 보면 알 수 있어요. 어린 침팬지들은 공격성이 훨씬 약합니다. 살아남으려면 공격성을 줄이는 유아화가 필요했고, 초원으로 밀려난 집단 중 유아화 경향이 강한 집단들이 살아남았을 가능성이 크죠.

우리 주변에서도 유아화의 예를 쉽게 찾아볼 수 있습니다. 개는 조상인 늑대에 비해 훨씬 유치하고 아기 같아요. 몸집이 작을 뿐만 아니라, 주인에게 잘 보이려고 애교 부리고 끙끙대고… 늑대한테는 상상도 할 수 없는 특징이죠. 인간이 유아화 경향이 강한 늑대만 골라서 번식시키는 바람에 늑대가 유아화된 겁니다. 사납고 말 안 듣는 늑대를 키울 필요는 없으니까요.

그런데 유아화 개념이 더 설득력 있는 이유가 있습니다. 그것을 받아들이면 솜털이나 직립도 자동적으로 설명되거든요. 유인원의 아기들은 어미 배 속에서 솜털이다가 태어나서 굵고 긴 털로 바뀌는데, 인간은 유아화로 태어난 뒤에도 솜털을 유지하는 겁니다.

직립도 설명이 가능해요. 유아화되면 신체 성장이 달라지거든요. 신체는 부위에 따라 자라는 기간이 다릅니다. 머리부터 자라고, 그

다음에는 상체, 마지막으로 하체가 자라죠. 이런 성장 기간이 유아화에 의해 늘어나서 몇 년 만에 자랄 것이 20년 가까이 자라는 겁니다. 이때 신체 각 부위가 자라는 기간이 공평하게 늘어나는 것이 아니라, 나중에 자라는 쪽 성장 기간이 더 길어요. 고무줄 잡아당기는 것과 비슷해서 잡힌 앞부분보다 늘어나는 쪽이 많이 길어집니다. 유아화에 의해 성장 기간이 늘어날 때도 마찬가지죠.

그래서 머리보다 상체가 많이 커지고, 상체보다 하체가 많이 커집니다. 팔보다 다리가 길어지니 네발로 기는 것보다 서는 것이 편해요. 그 상태로 기어 다니면 엉덩이가 잔뜩 올라가니까요. 지능이 높은 것도 설명 가능합니다. 성장 기간이 길어지면서 뇌의 성장 기간도 길어지고, 뇌가 커지면서 지능이 높아진 것일 수 있으니까요.

위기를 극복하기 위해 시도한 유아화가 지금처럼 멀뚱히 서서 돌아다니는 동물계의 이단아, 털 없는 벌거숭이 인간을 만든 셈이죠. 아무런 위기도 없었다면, 인류의 조상이 숲을 차지할 정도로 강자였다면 진화하지 않았을 겁니다.

하지만 그 정도로 인간이라고 부를 수는 없어요. 좀 똑똑하고 사회성 좋고 자꾸 서서 돌아다니는 유인원 정도입니다. 인간을 인간으로 만드는 가장 중요한 특성은 사회성이나 직립이 아니에요. 설령 털이 있고 기어 다니고 공격성이 강해도 그 '특성'만 있으면 인간 대접을 받을 수 있습니다. 그러나 그런 특성을 갖추도록 진화하는 데는 더 큰 위기가 필요했죠. 맹수에게 몇 마리 잡혀가는 정도가 아니라 인류가 지구상에서 사라질 뻔한 위기입니다.

세상이 좀 달라 보이나요?

사람들이 많은 곳에 돌아다녀 보세요. 서로 으르렁대지 않고, 웬만하면 납치해서 때리거나 죽이지 않는 평화로운 모습을 보면서 우리 조상들이 겪어야 했던 불쌍한 진화의 역사를 되새겨 보는 겁니다. 좀 색다른 산책이 되겠죠?

내려간 물렁뼈,
말의 탄생

    심장 고동 소리가 울리는 유인원의 배 속, 아직 태어나지 않은 아기가 편안하게 웅크리고 있습니다. 그런데 이 아기는 다른 유인원 아기들과 달리 목 부분의 물렁뼈가 좀 내려갔어요. 별것 아닌 차이 같지만, 이 차이가 결국 '말'을 만들어 냅니다.

    말하는 강아지가 인간적일까요, 엉거주춤 서 있는 유인원이 인간적일까요? 언어만큼 인간을 인간답게 하는 것은 없습니다. 인간이 말할 수 없었다면 문명도 탄생하지 않았을 것이고, 발달된 과학 기술과 복잡한 사회구조도 없었겠죠. 하지만 그토록 중요한 언어가 어떻게 생겨났는지 알아내기는 매우 힘듭니다. 언어는 단순히 머리가 좋아진다고 생기는 것이 아니거든요. 혀나 성대 같은 신체 기관이 받쳐 줘야 합니다. 말을 머리로 할 수는 없으니까요. 강아지나 침팬지는 아무리 머리가 좋아져도 말하기 힘들어요. 얼마나 까다로운지 한번 살펴볼까요?

인두의 존재

일단 입안으로 들어가 볼게요. 혀 뒤로 넘어가면 인두라는 빈 공간이 있습니다. 밑으로 내려가면 기도와 식도 두 갈래 길이 나와요. 기도는 공기가 폐를 향해 가는 길이고, 식도는 음식물이 위를 향해 내려가는 길입니다. 말은 폐에서 나오는 공기로 하니까 기도 쪽으로 가 보죠. 기도의 입구는 후두로 둘러싸였습니다. 목에 있는 물렁뼈가 후두의 일부인데, 세탁기 호스와 비슷한 모양으로 기도를 둘러싸고 있습니다. 이런 식으로 단단한 구조이기 때문에 기도가 쉽게 접히거나 들러붙지 않아요.

후두 안에는 성대가 있습니다. 성대에서 말이 시작되는데, 성대에 쳐진 커튼 같은 막이 그 일을 해냅니다. 커튼과 달리 위아래가 팽팽하게 고정되어 성대 사이로 공기가 나올 때 진동이 일어나면서 소리가 만들어지죠.

성대에서 만들어진 소리는 위로 올라가 인두에서 증폭됩니다. 인두가 울림통 역할을 하죠. 이렇게 증폭된 소리가 목구멍으로 나오

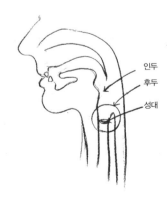

인간의 입안 구조

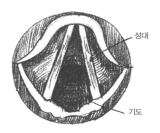

면 혀와 입을 통해 소리가 다듬어져서 말이 됩니다. 좀 더 자세히 나눠 보면 후두와 인두에서 모음이 만들어지고, 구강에서 자음이 만들어진다고 볼 수 있어요. '오, 아'는 후두에서, '이, 에, 우'는 인두에서 만들어집니다. 노래를 부른다면 성대와 인두에서 음정과 멜로디가 만들어지고, 입에서 노랫말이 만들어지는 거죠.

침팬지는 다른 것들은 있지만 인두가 없습니다. 침팬지는 후두가 올라와 있어 빈 공간이 없거든요. 인간은 후두가 내려가면서 빈 공간이 생겨났고, 인두가 만들어졌어요. 침팬지는 인두가 없다 보니 낼 수 있는 소리가 제한적입니다. 마치 울림통 없는 바이올린 같아요. 바이올린에서 현의 역할은 성대가 하고, 울림통 역할은 인두가 하거든요. 바이올린에서 가장 비싼 부분이 울림통인 것처럼, 소리의 질은 인두(울림통)에 따라 결정됩니다.

한술 더 떠서 인간은 인두의 크기가 자유자재로 변해요. 후두가 오르락내리락하면서 인두가 커졌다 작아졌다 할 수 있거든요. 바이올린보다 뛰어나죠. 바이올린부터 첼로까지 마음대로 변하는 전천

후 악기라고 할까요? 이렇게 인두 크기가 변하기 때문에 다양한 음색을 표현할 수 있습니다. 인간의 목소리를 천상의 악기에 비유하는 것은 인간을 띄워 주려고 하는 소리가 아니라 사실이죠. 인간의 목소리처럼 풍부한 표현이 가능한 악기는 찾기 힘듭니다.

72개 근육이 빚어내는
말의 오케스트라

그렇지만 장비가 좋다고 해서 좋은 소리가 나는 것은 아닙니다. 바이올린이 좋아도 제대로 켜지 못하면 좋은 소리가 날 리 없잖아요. 이 신체 기관들을 움직이는 근육의 역할이 중요해요. 말을 만들어 내는 데는 근육이 72개나 사용됩니다. 혀만 해도 근육이 8개죠. 이 근육이 대충 움직여서도 안 되고, 타이밍에 맞춰 정확히 순서대로 움직여야 비로소 말이 나옵니다. 우선 폐 근육이 수축하면서 공기를 밀어 올려야 하고, 때맞춰 성대 막을 적당한 크기로 조절해 줘야 하고, 때맞춰 후두의 위치를 조절해서 인두 크기를 조절해 줘야 하고, 때맞춰 혀와 입의 모양을 갖춰야 해요. 하나라도 타이밍이 맞지 않으면 꽝입니다.

말하는 것보다 훨씬 단순해 보이는 삼키는 행동만 해도 60여 개 근육이 타이밍에 맞춰 움직여야 해요. 근육에 손상이 오거나 신경이 망가지거나 심리적인 이유가 있거나 해서 근육을 잘못 움직이면 삼키지 못합니다. 거식증이나 뇌졸중이 그런 예죠. 이런 장애를 연하 곤란이라고 하는데, 치료하기 까다로워서 고생하는 분들이 많습니다.

그러니 말을 한다는 것은 수많은 근육이 만들어 내는 오케스트라 연주나 마찬가지예요. 수십 개 악기들이 타이밍에 맞춰 연주해서 하나의 음악을 만들 듯, 72개 근육이 타이밍에 맞춰 움직이기 때문에 말 한마디가 나옵니다. 말 한마디 한다는 것이 간단한 일 같아도 알고 보면 까다롭죠? 인간은 최첨단 고기능 음향 하드웨어를 갖춘 동물입니다.

그러나 아무리 훌륭한 오케스트라가 있어도 악보가 없으면 무용지물이에요. 악보가 있어도 도도도 미미미 레레레… 이렇게 연주하라고 되어 있으면 소용없고요. 까다로운 조건 중 하나가 남았어요. 그 조건은 인류 역사상 가장 큰 위기와 함께 완성됩니다.

세상이 좀 달라 보이나요?

작은 차이가 명품을 만든다는 말이 있죠? 후두를 만지면서 그 의미를 생각해 보세요. 겨우 몇 cm 차이입니다. 털 없는 유인원 인간은 다른 유인원에 비해 딱 그만큼 후두가 내려간 덕분에 뒷날 지구를 뒤덮는 문명을 만들어 냈어요. 인류의 문명이 명품인지 잘 모르겠지만, 그 뿌리에는 사소한 변화 하나가 자리 잡고 있었습니다.

위기에서 터진 말문,
언어의 발전

꽝!

귀청이 찢어질 듯한 폭발음 속에 거대한 산이 통째로 사라집니다. 2,800km³ 흙덩이가 산산조각 나며 하늘을 시커멓게 뒤덮었죠. 가로, 세로, 높이가 3만 m짜리 정육면체가 폭발했다고 보면 됩니다. 7만 5,000년 전 인도네시아 토바Toba 화산 폭발로 인류 최대의 위기가 닥칩니다.

보다 정교하게
세상을 인식하기 시작한 인류

5만 년 전쯤 인간의 뇌에서 뭔가 커다란 변화가 시작된 것으로 보입니다. 그 이후 갑자기 그림을 그리고 조각품을 만들었거든요. 웬만한 수준 이상이었습니다. 약 3만 년 전 그려진 것으로 추정되는 프랑스의 쇼베Chauvet 동굴벽화

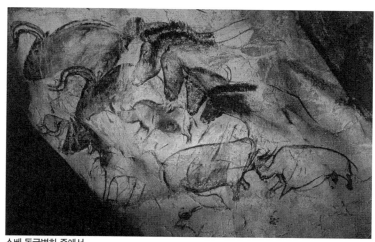

쇼베 동굴벽화 중에서

를 보면 현대인도 그보다 잘 그리기 힘들 정도로 동물들의 움직임
이 아주 생동감 있게 표현되었어요. 뿔이나 다리 근육 같은 세부적
인 부분도 사실적이고요.

조각도 아주 잘해서 2만 5,000년 전쯤 만들어진 것으로 추정되
는 원시 비너스Venus 상은 살이 늘어진 모습이나 다리 근육의 형태,
머리 부분의 오밀조밀한 장식이 섬세하고 사실적입니다. 그전에는
이 정도로 정교한 조각품은 상상도 할 수 없었죠.

70만 년 전에 구석기시대가 시작되었지만 수십만 년이 흘러도
별다른 발전은 없었고, 기껏해야 돌을 쪼개서 만드는 뗀석기 정도
가 전부였거든요. 말이 석기지 일반인에게는 평범한 돌로 보일 수
준이에요. 좀 더 잘 깨진 돌일 뿐인데다, 크기도 꽤 커서 그걸 도구
로 썼을까 의심이 들 정도입니다. 똑똑한 원숭이도 그 정도는 만들
수 있을 것 같다고 할까요?

하지만 정교한 조각, 사실적인 그림 같은 예술 작품은 유인원은 만들 수 없는 인간의 흔적입니다. 여기에서 언어가 생겨난 시점도 비슷할 것이라고 추측할 수 있죠. 어떤 변화가 언어를 만들어 냈을까요? 신체적 조건은 갖춰졌을 겁니다. 뼛조각을 보면 구석기 인류는 지금의 인류와 크게 다르지 않거든요. 남은 것은 '뇌'입니다.

위기를 맞아 커진 뇌

예술 작품과 언어를 만들어 낼 수 있는 뇌의 변화는 도대체 무엇일까요? 침팬지와 인간의 뇌를 비교해 보면 그 변화의 모습을 알 수 있습니다. 원숭이나 인간이나 전체적으로 보면 별다르지 않습니다. 둘 다 회백질로 구성된 신피질(뇌의 바깥쪽 쭈글쭈글하고 물컹거리는 부분)이 있거든요. 예전에는 인간이 침팬지보다 전두엽의 비율이 크다고 했지만, 최근의 연구 결과 별 차이가 없는 것으로 밝혀졌습니다. 전두엽이 계획적이고 추상적인 사고를 하는 데 쓰이는 부분이니 클수록 똑똑하다는 의미입니다만, 침팬지나 인간이나 뇌의 30% 정도를 차지하죠.

핵심적 차이는 뇌 자체의 크기입니다. 인간의 뇌가 침팬지보다 3배 정도 커요. 신체는 인간이 겨우 1.5배 정도 큰데, 뇌는 3배나 크니 지나치게 커진 셈이에요. 뇌가 커진다는 것은 뇌를 채우는 신경 세포 수가 늘어난다는 의미입니다. 그것은 처리 용량이 늘어난다는 의미도 되죠. 특히 연합영역이라는 부위의 처리 용량이 늘어나는 것이 중요해요.

연합영역은 신피질에 있는 세 가지 영역 중 하나입니다. 나머지는 감각영역, 운동영역이에요. 연합영역은 감각영역에서 올라오는 감각 정보(시각, 촉각, 후각 등)를 바탕으로 판단해서 운동영역에 명령을 내립니다. 예를 들어 감각영역에서 이상한 냄새가 난다고 신호가 올라오면 연합영역에서는 그 냄새에 맞는 예전 기억을 끌어와서 비교합니다. 그것이 맹수의 냄새와 일치한다는 판단을 내리면 운동영역에 도망치라는 신호를 보내죠. 정보를 취합·비교해서 판단하는 역할을 하는 겁니다.

　　마치 작업대 같다고 할까요? 책과 사진 자료, 노트북 등을 올려놓고 비교·참고하면서 뭔가 만들어 내는 곳이죠. 이 작업대는 클수록 좋습니다. 작업대가 작으면 올려놓을 양이 적기 때문에 단순한 작업만 할 수 있지만, 작업대가 크면 고차원적인 작업도 할 수 있거든요.

　　마찬가지로 연합영역이 크면 많은 감각 정보와 많은 기억들을 끌어모아 비교할 수 있기 때문에 판단 수준도 높아집니다. 침팬지는 한두 개 정보만 끌어올 수 있다면, 인간은 훨씬 다양한 기억을 끌어오고 수준 높은 판단도 할 수 있어요. 예를 들어 인간이 맹수의 냄새를 맡는다면 주변의 나무가 미끄럽다는 것, 내가 도망치면 친구나 가족에게 미칠 영향, 맹수를 물리칠 도구 등을 한꺼번에 생각할 수 있습니다. 고민 끝에 불 피울 도구를 찾아서 불을 피우고, 친구나 가족들에게 알려서 대피시키는 등 수준 높은 판단도 할 수 있고요. 하지만 연합영역이 작다면 내릴 수 있는 판단은 '즉시 도망'이 전부죠.

　　연합영역은 언어를 만들어 낼 때도 꼭 필요합니다. 언어는 소리에 다양한 기억을 연결해 주잖아요. 예를 들어 버스라는 소리에 다양한 기억(길다, 사람들이 탄다, 부르릉거리는 소리가 난다, 타면 목적지에 갈 수 있다…)을 연관시키면 버스라는 단어가 됩니다. 물론 침팬지 같은 동물도 연합영역이 있어서 단어를 만들 수는 있어요. '저리 가' '피해' '맛있는 것' '맛없는 것'처럼 간단한 단어들 말이죠.

하지만 인간은 단어를 결합해서 추상적인 단어도 만들 수 있습니다. 버스나 택시, 기차를 결합해서 운송 수단이라는 추상적 단어를 만들어요. 단어를 결합해서 문장도 만들 수 있고요. 문장은 여러 단어에 포함된 기억들이 워낙 많기 때문에 연합영역이라는 작업대가 작다면 상상도 할 수 없어요. 작업대가 크기 때문에 단어를 문법에 맞게 요리조리 조립한 다음 쫙 늘어놓고 한꺼번에 이해하고 말할 수 있는 겁니다.

그렇다고 해서 뇌가 크다고 반드시 언어가 생겨나는 것 같지는 않아요. 20만~30만 년 전에도 뇌는 컸거든요. 멸종한 네안데르탈인은 뇌가 크고 신체도 발달했습니다. 하지만 형편없는 유물 수준을 보면 언어가 없었을 가능성이 높아요. 문제는 신경세포들의 배선으로 보입니다. 아무리 작업대가 커도 필요한 참고 자료와 도구들을 가져다 놓지 못하면 아무 소용이 없듯이, 신경세포들도 알맞게 배선이 되어 적당한 기억이나 단어들을 많이 끌어오지 못하면 소용없죠. 끌어온 단어들을 제대로 조립하는 것도 중요하고요. 배선이 제대로 안 되었으면 엉뚱하게 조립될 테니까요. 네안데르탈인은 뇌는 크지만 배선에 문제가 있어서 언어가 없었을 가능성이 높습니다.

그런데 5만 년 전쯤 갑자기 배선이 획기적으로 바뀐 까닭은 무엇일까요? 진화의 단골손님, 바로 위기입니다. 언어라는 획기적인 진화가 필요하다 보니 위기도 규모가 커요. 5만~10만 년 전 인간은 두 번이나 멸종될 뻔합니다. 우선 11만 년 전쯤 빙하기가 와서 인류는 10만 년 전쯤 멸종 위기까지 가죠. 추위 속에서 병에 걸리고 먹을 것도 부족했던 인류의 조상은 떼죽음 당하고, 따뜻한 곳을 찾아 헤매면서 간신히 살아남았습니다. 심지어 인간이 1만 명도 안 됐을 거라는 연구 결과가 있어요. 지구상의 사람들을 다 끌어모아 봐야 운동장 하나 겨우 채울 정도밖에 안 된다는 겁니다. 멸종 위기종으로 동물원에서 보호되어야 할 수준이죠.

인간은 단수가 아니다

　　　　　　　　　7만 5,000년 전에 다시 위기가 닥칩니다. 인도네시아에 있는 토바 화산이 폭발하면서 산 전체가 통째로 날아갔어요. 엄청난 먼지와 폭발 잔해가 수천, 수만 m까지 치솟아 지구 전역으로 퍼졌습니다. 지구 상공을 뒤덮은 폭발 잔해가 햇빛을 반사해서 추위를 몰고 왔고, 또 한 번 인류의 조상을 시련에 빠뜨렸죠.

　결정적인 원투펀치를 맞은 격입니다. 당시 인류가 얼마나 살기 힘들었는지는 유전자에도 흔적이 남았을 정도예요. 미토콘드리아 유전자 연구에 따르면, 인간은 한 엄마에게서 태어난 후손일 가능성이 높다고 합니다. 다른 엄마들도 있었지만, 혹독한 위기 속에 그 엄마의 자식과 후손은 다 죽었죠. 모든 인류의 엄마인 그는 '아프리카 이브'라고 불립니다. 생김새도 피부색도 많이 다른 것 같지만, 인류는 모두 외가 친척이에요. 워낙 인척 관계가 가깝다 보니 유전적으로도 거의 차이가 나지 않습니다. 인류 집단 전체의 유전자 차이보다 침팬지 20마리 집단의 유전자 차이가 클 정도니까요.

이런 상황에 인간이 살아남기 위해서 할 일은 역시 뭉치는 것이었습니다. 단순히 포식자를 쫓아내는 정도가 아니라 좀 더 복잡한 의사소통이 포함된 '뭉침'이죠. 예를 들어 먹을 것이 없었으니 어디에 먹을 것이 있는지, 무엇을 먹고 무엇을 먹지 말아야 할지 정보를 서로 알려 줘야 했습니다. 사냥이 중요해졌을 수도 있어요. 동물은 단백질 같은 영양분이 훨씬 많이 함유되었기 때문에 큰 동물 하나만 잡아도 집단 전체가 영양 보충할 수 있었을 테니까요. 하지만 사냥은 결코 쉽지 않았어요. 느린 인간이 동물을 사냥하기 위해서는 다른 육식동물보다 훨씬 계획적으로 의사소통해야 했습니다.

인간의 사냥 능력을 잘 볼 수 있는 예가 매머드 사냥이죠. 시베리아에서는 원시인들이 매머드를 잡아먹은 뒤 남은 뼈로 집을 지은 흔적이 발견되기도 했어요. 인간은 매머드를 때려잡은 것이 아니라, 지형지물을 잘 파악한 뒤 매머드를 함정으로 몰아넣었다고 합니다. 현대인도 거대한 매머드를 보면 사냥할 생각이 가실 텐데, 기껏해야 나무창이나 있었을 원시인이 치밀한 작전 끝에 매머드를 사냥하는 장면은 그야말로 대단했을 거예요.

물론 처음부터 모든 사람이 의사소통하진 못했겠죠. 하지만 새로 태어난 아이 중 뇌의 배선이 발달해서 계획적이고 의사소통을 잘할 수 있는 아이는 무리에서 우대 받았을 겁니다. 더불어 생존과

과학이 빛나는 밤에

번식에도 유리했을 테고, 뇌의 배선을 잘 만들어 내는 유전자는 널리 퍼졌을 거예요.

하지만 아무리 긍정적으로 생각해도 유전적 선택에 따라 언어를 만들어 내는 뇌의 배선이 생겨날 수 있는지 의문입니다. 인간의 문법은 지나치게 복잡하거든요. 문법을 정리한 책의 두께만 봐도 알 수 있죠. 연합영역이 아무리 크고, 멸종 위기가 다가왔다고 해도 그 복잡한 문법이 무작위적인 뇌의 배선 변화로 생겨날 것 같지는 않습니다. 신경세포의 배선이 막 변한다고 해도 신경세포들이 문법에 대해 미리 알고 딱딱 맞춰서 변하지는 않을 텐데 말이에요. 이리저리 배선이 되다 보니 복잡한 문법을 이해하고 만들어 낼 수 있었다는 건데, 상상이 잘 안 됩니다.

배선의 중요성은 아이가 말을 배우는 것을 보면 알 수 있어요. 침팬지한테는 과학자들이 별수를 다 써서 가르쳐도 겨우 두 단어 연결하는 게 전부인데, 어린아이는 흘려듣기만 하고도 그 복잡한 문법을 사용해서 말을 합니다. 어릴 때는 특수한 배선이 작용하면서 스펀지가 물 빨아들이듯이 언어를 쫙 빨아들이면서 익히다가 일정한 시기가 지나면 닫히는 것 같아요. 덕분에 어른들은 외국어 배우기가 참 힘들죠.

무슨 일이 일어났는지 알 수 없지만, 위기를 거치면서 뇌의 배선이 발달했고 멸종 위기를 넘긴 5만 년 전부터는 서서히 인간다운 인간이 되어 갑니다. 살아남기도 힘든 상황에서 이렇게 진화했다니 대단해요. 언어는 또 다른 차원의 진화를 해낼 수 있는 기반이 됩니다. 언어가 만들어 내는 정보는 인간의 머릿속에서 퍼져 나가고 전달되고 조합되어 새로운 지식이 되고, 새로운 지식은 또 다른 지식을 만들어 내면서 세상을 발전시키거든요. 이렇게 해서 탄생한 것이 문명이죠.

그런데 언어 말고도 문명이 탄생하는 데 기여한 것이 있습니다. 그것은 그리 눈에 띄지 않았지만 은밀하게 영역을 넓혀 인간의 마음을 정복했고, 때로는 갈등의 원인이 되기도 했지만 인간이 엄청난 일을 하게 만들고, 농업과 과학의 탄생에도 영향을 주었어요.

세상이 좀 달라 보이나요?

근처 학교 운동장에 가서 그곳에 수만 년 전 위기에 처한 인류를 다 끌어모았다고 상상해 보세요. 춥고 배고픈데다 비쩍 마른 몸에, 머리는 산발한 상태고 옷도 변변치 않은 그들. 털이 없어서인지 더 춥고 야위어 보입니다. 그들 중에 갓난아기를 돌보는 한 엄마에게 시선을 돌려 보세요. 우리의 어머니인 '그'입니다. 그는 엄마로서 해야 할 일을 합니다. 쓰다듬고 젖 먹이고 안아 주고 정성을 다해 아기를 보살펴요. 그 평범한 손길 하나하나가 뒷날 인류를 존재하게 한 위대한 업적이 됩니다. 그 아기를 살려 낸 일이 그렇게 대단한 일이라고는 아무도 전혀 생각지 않았는데 말이죠.

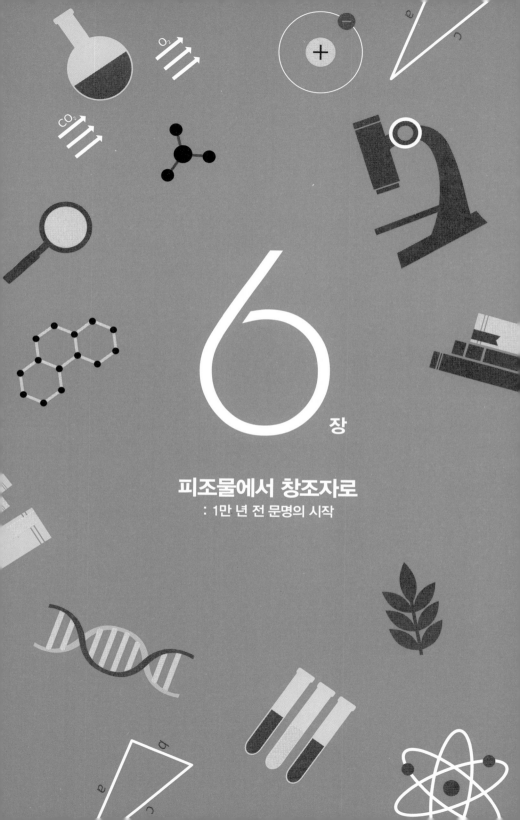

6장

피조물에서 창조자로

: 1만 년 전 문명의 시작

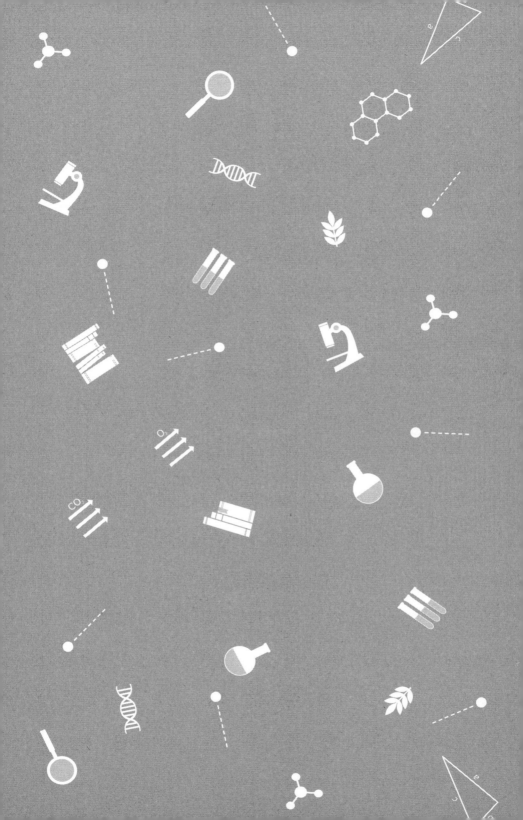

눈치의 진화,
종교의 발생

아파트 70층 높이의 쾰른Köln 대성당, 230만 개 돌덩이로 쌓아 올린 피라미드, 땡볕이 내리쬐는 나스카Nazca 사막에 그려진 수백 m에서 수 km에 달하는 그림들…. 수시로 굶고 병에 걸렸으며, 별다른 치료 방법이 없었기에 평균수명이 40세도 안 되던 인류가 해낸 일들입니다.

도대체 왜? 확실한 이유는 알 수 없지만, 일부 학자들은 진화 과정에서 인간에게 생겨난 종교적 본능 때문이라고 추측합니다. 그들의 주장에 따라 어떤 진화가 일어났는지는 다시 침팬지와 인간을 비교하면서 알아보죠.

침팬지는 남의 눈치를 보지 않아요. 손에다 똥 싸고, 남들 앞에서 자위행위를 하고, 수컷끼리는 살벌하게 공격합니다. 왕초가 된 수컷은 다른 수컷의 아기들을 다 물어 죽이고요. 일단 힘이 세야 생식이나 생존에서 유리합니다. 그렇게 침팬지가 공격적인 것은 먹이가 그럭저럭 풍부하고, 맹수의 위협에서 안전한 숲에 살기 때문이 아

닐까 싶어요. 사회성이 발달되거나 남을 배려할 필요가 없죠. 힘만
세면 해결되지 않을 문제가 별로 없으니까요.

그에 반해 인간의 조상은 유인원 중에서 좀 약했기 때문에 숲 변
두리로 밀려났어요. 맹수의 위협에서 자기를 보호하고 살려면 협동
이 필요했습니다. 10만~5만 년에는 멸종 위기까지 갔고요. 서로 돕
지 않고는 살아남기 힘들었지요. 열매 따는 것부터 사냥까지 협동
이 필요하지만, 특히 육아에서는 많은 협동이 필요했습니다. 인간
의 아기만큼 손이 많이 가고 느리게 자라는 새끼가 없잖아요. 먹이
구하러 갈 동안 남아서 아기를 볼 사람이 필요했을 겁니다. 서로 도
우며 아기도 보고, 힘들게 구한 열매를 나눠 먹는 배려가 없었다면
살아남기 힘들었죠.

너와 나 사이에 존재하기 시작한 신

침팬지와 인간을 비교할 때
가장 중요한 차이점은 협동과 배려 같은 사회성입니다. 사회성이
실마리예요. 인류의 조상들은 상대방의 마음을 알아차리는 것이 생
존에 중요했습니다. 한마디로 눈치가 있어야 했죠. 예를 들어 상대
방이 갑자기 발로 돌멩이를 찬다거나 표정이 안 좋아요. 이런 상황
에서 눈치가 빠른 사람은 그 마음을 읽고 "무슨 일 있냐? 내가 도와
주겠다"는 말을 건넵니다. 이런 사람은 나중에 자신이 어려움에 처
했을 때 도움을 받기 훨씬 편해요. "나 열매 좀 구하러 가야 하는데,
아기 잠깐만 부탁해"라고 할 수 있습니다. 일사불란하게 "우리 지

금부터 배려하고 협동하자!" 하지는 않았을 거예요. 서로 눈치 보면서 돕고 살았겠죠. 힘겨운 상황에서 인간에게 눈치를 잘 보는 능력, 즉 다른 사람 행동에 '숨겨진 의도나 의미'를 파악하는 능력이 발달했을 겁니다.

그런데 이것이 종교적 본능과 무슨 관련이 있을까요? 바로 '눈치의 과잉'입니다. 지나치게 눈치를 보니까 인간뿐만 아니라 모든 자연현상에도 숨겨진 의도가 있다고 생각해요. 번개가 치면 '하늘이 노했다', 지진이 일어나면 '땅이 열 받았다' 이런 식으로 말입니다. 자연현상의 배후에 어떤 존재가 있다고 보는 거예요. '에이, 설마…' 하는 분도 있겠지만, 이런 심리는 지금도 많이 남았습니다.

얼마 전 인도네시아 대지진이나 미국의 태풍 카트리나 피해가 그런 경우예요. '하늘이 벌을 내린 것이다, 신이 화가 나서 그런 일이 일어났다'고 주장하는 사람들이 있었잖아요. 지진이 나고 태풍이 발생하는 원인과 과정을 알면서도 숨겨진 의도가 있다고 생각하는 겁니다. 이렇게 인간은 자연현상의 배후에 어떤 의도를 품은 존재가 있으며, 그 존재가 '신'이라고 생각하죠. 제시 베링Jesse Bering은 《종교 본능 ─ 마음 이론은 어떻게 신을 창조하였는가?》에서 자폐증 환자들은 신을 전혀 다르게 본다는 사례를 제시합니다.

자폐증의 주요 증상이 '눈치'가 없다는 거예요. 자기 마음에 갇혀서 다른 사람의 마음을 전혀 읽지 못하죠. 사람들은 대부분 신을 어떤 감정이나 의도가 있는 인격적 존재로 받아들이는데, 자폐증 환자들은 이론적인 자연법칙 그 자체를 신이라고 인식합니다. 다른 사람의 마음을 알지 못하니 신의 마음도 모를 수밖에요. 마음이나 감정, 의도가 있을 것이란 생각을 못 하죠.

'눈치의 과잉'은 집단의 생존에도 긍정적인 영향을 주었을 수 있습니다. 인간의 마음에 윤리적인 양심 같은 것을 심어 줄 수 있거든요. 자연의 배후에 숨은 누군가가 항상 자기를 지켜본다고 생각하면 쉽게 나쁜 짓을 할 수 없으니까요. 열매를 발견해서 혼자 먹으려고 하다가도 '아, 자연에는 화나면 번개를 내려치는 누군가가 있어. 그가 나를 지금도 지켜보고 있을지 몰라. 나는 이 열매를 다른 사람들과 나눠 먹어야 해'라고 생각하는 겁니다. 열 받아서 다른 사람을 마구 때리려고 하다가도 번개를 내려치는 누군가가 나를 지켜본다고 생각하면 좀 참고요.

실제 신화나 종교를 분석해 보면 큰 집단을 이루고 평화적으로 살아가는 인간들일수록 악한 자를 징벌하는 정의로운 신을 믿는다고 합니다. 이런 신 혹은 자연의 배후가 있다고 생각하는 것이 인간의 생존에 긍정적인 영향을 주었을 수 있죠. 생존을 위해 인간의 눈치는 강해졌을 것이고, 자연현상을 보고도 신이라는 존재를 떠올리는 겁니다. 이렇게 생겨난 본능을 제시 베링은 그의 저서에서 '종교본능'이라 부릅니다.

선천적인 종교 성향

그의 주장에 따르면 종교 본능은 어떤 일에 자꾸 의도나 목적을 부여하도록 만드는데, 자연재해뿐만 아니라 생물학적인 현상에도 그런 경우가 있다고 합니다. 예를 들어 동성애를 나쁘게 보는 경우가 있죠. 동성애는 무신론자라도 나쁘게 보는 경우가 많아요. '사람이 태어난 목적은 남녀가 만나서 번식을 하는 것이다. 동성애는 그런 인간 본연의 목적에 위배된다'며 인간의 존재에 목적을 부여하는 겁니다. 인간이 태어나는 것은 자연현상이고 인과관계에 따른 것이지, 인간이 무슨 목적을 이루기 위해 만들어지는 기계가 아닌데도 자꾸 의도와 목적을 부여하죠.

동성애 문제 말고도 인간의 존재에 어떤 목적을 부여하는 경향은 꽤 많습니다. 나는 어떤 사명을 띠고 태어났다는 생각을 하는 경우가 대표적이에요. 태어난 과정을 뻔히 알고, 엄마와 아빠가 결혼해서 태어난 것뿐인데 나의 탄생에 어떤 의미가 있을 거라고 생각합니다. 프랑스의 유명한 철학자이자 무신론자 사르트르Jean Paul Sartre도 이런 생각을 했다고 해요.

나는 내가 이 세상에 나타난 무수한 먼지들과 같은 것이라고 생각하지 않아. 그보다는 앞서 기대되고 미리 그려지고 이리로 불러들여진 존재라고, 한마디로 말해 오직 창조자에게서 올 수 있는 존재라고 생각해. 물론 이것은 나의 다른 사상들과 모순되지. 하지만 이런 생각은 모호하게 떠다니면서 여전히 존재해. 내가 자신에 대해 생각할 때는 오히려 이런 식으로 생각하는 일이 많거든. 다른 식으로 생각할 수 없기 때문이지.

이렇게 얘기하고 이것을 '가슴속 신 모양의 구멍'이라고 부르기도 했죠. 다윈도 비슷한 얘기를 했습니다.

과거를 돌아보고 미래를 내다보는 인간의 능력까지 포함하는 저 거대하고 경이로운 우주를 눈먼 우연이나 필연의 결과라고 이해하는 것은 지극히 어렵다. 아니 불가능하다. 그래서 이처럼 반성하면서 나는 인간의 마음과 어느 정도 비슷한 지적 마음이 있는 제1원인에 의존할 수밖에 없다고 느꼈다. 그래서 나는 유신론자라고 불릴 만하다.

진화론의 아버지인 다윈도 자기를 유신론자로 불릴 만하다고 했으니 아이러니죠. 무신론자로 유명한 프로이트Sigmund Freud도 유신론에 끌린다는 얘기를 했습니다.

말할 것도 없이 나는 유신론자가 될 수밖에 없고, 그(프로이트의 스승인 브렌타노Franz Brentano 교수)의 논변 앞에 내 무기력함을 고백할 만큼 정직하지. 그렇지만 나는 급하게 혹은 완전하게 항복할 의사는 전혀 없어.

믿음은 나약함의 상징이라고 주장한 프로이트도 젊었을 때 이런 말을 했습니다. 대표적인 무신론자들까지 신을 인정하거나 신에게 기우는 마음이 있는 것을 보면 진화 과정에서 '종교 본능'이 생겨났을 가능성이 높지 않을까요? 덕분에 인류는 지구상의 어떤 동물도 믿지 않는 '신'을 믿게 되었고요. 그런 믿음이 거대한 성당과 피라미드를 만들게 한 거죠. 굳이 하지 않아도 될 일을 하게 하고, 하지 못할 것처럼 보이는 일도 해내게 만든 겁니다. 피비린내 나는 종교 전쟁이나 박해도 마찬가지고요. 인간의 마음 깊숙이 자리 잡은 본능의 강력한 힘이 아니고야 그런 말도 안 되는 일이 벌어질 수 없을 것 같습니다.

종교 본능이 꼭 인간을 힘들게 만든 것은 아닙니다. 훗날 역사를 살펴보면 어울리지 않게 근대과학의 탄생에 도움을 주거든요. 과학 혁명의 선구자 갈릴레이Galileo Galilei나 뉴턴은 독실한 신앙인이었고, 과학자가 된 이유도 우주에 새겨진 신의 질서를 찾겠다는 마음 때문이었습니다. 엉뚱한 데 가서 좋은 일을 한 셈이죠. 그리고 엉뚱하게 좋은 일은 거기에서 그치지 않았습니다. 석기시대 사람들이 힘들게 종교 본능을 발휘한 신전 근처에서 우연히 인류 문명의 씨앗이 탄생하거든요.

세상이 좀 달라 보이나요?

거리의 교회나 절을 보며 신에 대한 믿음이 생겨날 수밖에 없던 배경을 떠올려 보세요. 진화 과정에서 인간이 겪은 혹독한 환경, 생존하기 위한 몸부림 말이에요. 그런 과정에서 어떤 동물보다 남의 눈치와 시선을 중요시해야 했고, 그게 심해지다 보니 주변 모든 것에 눈치를 보면서 신까지 믿은 상황… 참 짠하죠? 왠지 슬퍼 보이기도 하고요. 하지만 덕분에 인간이 살아남았고 발전했으니 긍정적인 부분도 크다고 봅니다.

아, 그리고 이런 본능 이야기 때문에 제가 신에 대한 믿음을 부정하거나 폄훼하는 것은 아닙니다. 신이 정말 세련되었다면 인간들이 태어날 때마다 신을 믿는 본능을 주입하기보다 신을 믿는 본능이 생겨날 수밖에 없도록 인과적인 상황을 만들지 않았을까요? 이 방법이 훨씬 멋지다고 생각합니다.

돌연변이 씨앗의 발견, 농업의 시작

터키 괴베클리 테페Gobekli Tepe 유적의 한적한 시골 언덕, 사람 키 두 배나 되는 돌기둥 수십 개가 있습니다. 전부 T자 모양이고, 깔끔하게 다듬어진 기둥마다 정교한 문양들이 새겨졌죠. 고대 신전의 유적인 이 흔적은 1만 4,000년 전 석기시대에 만들어졌어요.

거대한 신전을 짓는 일은 수백 명이 동원된 공사였습니다. 먹을 것도 많이 필요했고요. 주변에서 얻는 열매나 사냥감으로는 그 많은 사람을 먹일 수 없었습니다. 수렵과 채집으로 먹고 살 때니 농사 지을 줄도 모르고, 모아 둔 식량도 없었죠.

사람들이 먹을 것을 찾아 사방으로 돌아다니는데 야생 밀이 눈에 띄었습니다. 밀 이삭의 껍질을 잘 벗기면 좀 딱딱하긴 해도 먹을 수 있는 밀이 들어 있어요. 하지만 밀 이삭은 익자마자 바람에 날려 떨어져서 먹기 좀 불편했습니다. 싹이 트기 전에 일일이 주워 모아야 했죠.

그러던 어느 날 유난히 오랫동안 이삭이 붙어 있는 야생 밀을 발견합니다. 다 익었는데도 이삭이 떨어지지 않은 거예요. 유전자에 돌연변이가 생겨서 이삭과 줄기를 이어 주는 조직이 그대로 남아 있었던 거죠. 원래는 그 조직이 없어지면서 이삭이 떨어져 나가는 건데 말입니다.

야생 밀에게는 좋지 않은 돌연변이죠. 다 익은 이삭(씨앗)은 빨리 주변으로 흩어져서 싹이 터야 번식에 성공하는 거잖아요. 한 발 늦게 이삭을 뿌리면 주변의 야생 밀과 번식 경쟁에서 뒤처지니까요. 하지만 인간 입장에서는 좋았습니다. 익은 채 그대로 달려 있으니 따 먹기 훨씬 편했어요.

돌연변이를 그대로 둔 데서
시작된 농업혁명

그 야생 밀의 이삭을 다 먹어 치웠다면 농업혁명은 일어나지 않았을 겁니다. 돌연변이가 쉽게 일어나는 것도 아니고, 그 돌연변이는 번식에 유리하지 않았거든요. 돌연변이 야생 밀은 번식에 실패하면서 사라질 가능성이 높았습니다. 다행히 누군가 그 이삭을 다 먹지 않고 여기저기 심었죠. 무럭무럭 자라난 야생 밀은 엄마 야생 밀처럼 다 익었는데도 이삭을 떨구지 않았습니다. 사람들은 이제 많은 밀 이삭을 훨씬 편하게 수확할 수 있었어요. 인류 최초의 농사가 시작된 겁니다.

덕분에 전보다 많은 식량을 얻었고, 수확한 곡식은 오랫동안 보관하기 편했어요. 곡식은 열매나 고기처럼 쉽게 상하지 않았거든요.

이제 배고플 때마다 먹을 것을 구하러 돌아다닐 필요가 없었습니다. 곡식을 저장해 놓고 배고플 때 꺼내 먹으면 되죠. 한마디로 세상 참 편해진 겁니다. 이런 농업의 이점 때문에 사람들은 한곳에 정착해서 농사지으며 살기 시작했어요. 그리고 농업은 식인 풍습을 없애는 역할도 합니다. 농업이 없을 때는 다른 부족과 싸워 이겨서 포로들을 잡아도 딱히 좋을 게 없었어요. 잡아먹는 것이 영양 보충도 하고 제일 좋은 선택이었죠. 하지만 농업이 탄생하면서 포로를 잡으면 농사를 시킬 수 있었습니다. 노예가 많으면 농사도 많이 지을 수 있으니 굳이 죽일 필요가 없었던 거죠.

이렇게 사람들이 모여 살면서 큰 신전도 짓고, 문명도 발생하게 됩니다. 작은 풀의 유전자 돌연변이가 문명이 탄생하는 데 가장 중요한 기반을 만든 거예요. 지금도 우리는 밀과 벼라는 풀에서 나오는 식량으로 먹고 사니 풀은 절대 우습게 볼 존재가 아니죠.

살아남은 풀

풀에게도 오래전 큰 위기가 있었습니다. 이때 잘못했으면 풀은 지구상에서 자취를 감췄을지도 몰라요. 야생 밀이고 농사고 다 없던 일이 될 수도 있었습니다. 때는 5,000만 년에서 3,000만 년 전 사이 공룡이 멸종하고 대륙이 희한하게 배치되면서 지구가 서서히 추워지던 시기입니다. 인류의 조상은 아직 나무 위에서 편안하게 살았어요. 장차 빙하기가 다가오리라고는 꿈에도 몰랐죠. 그저 날씨가 좀 서늘해지니까 시원해서 좋다고 킥킥댔을 거예요.

이때 날씨가 추워진 원인이 대륙 배치 말고 하나 더 있습니다. 이산화탄소가 원래 양보다 1/4까지 줄어든 거예요. 온실가스인 이산화탄소가 확 줄어드니까 기온은 내려갈 수밖에 없고, 빙하기가 오는 데 영향을 주었죠. 이산화탄소가 감소한 원인은 대륙의 이동으로 만들어진 '산맥' 때문입니다. 대륙이 새로운 자리를 찾아 돌아다니다가 충돌했는데, 그 때문에 지구 역사상 가장 큰 산맥들이 곳곳에 생겨났어요. 히말라야산맥은 인도 대륙이 아시아 대륙을 향해 돌진하면서 만들어진 거죠.

산맥이 만들어진 것은 좋은데, 산맥이 암석으로 구성되었다는 게 문제였습니다. 이 암석이 빗물에 씻겨 내려가고, 암석 성분 중에 칼슘이 이산화탄소와 잘 결합했어요. 칼슘이 이산화탄소를 끌어들여서 탄산칼슘이 되니 이산화탄소가 줄어들 수밖에 없었습니다. 식물에겐 큰 타격이었죠. 광합성의 주재료인 이산화탄소가 부족해지는 것이니까요. 수많은 식물이 멸종 위기에 처했고, 풀도 마찬가지였습니다.

하지만 풀은 관다발이라는 기관을 만들어 위기를 극복합니다. 관다발은 광합성을 하는 엽록소 주위에 튜브처럼 길게 뻗은 관인데, 이 관다발이 이산화탄소를 모아서 엽록소에 공급하는 역할을 했죠. 공기 중에서 흡수되는 것으로는 부족하니까 따로 관을 만들어 더 공급한 겁니다. 이렇게 풀은 위기를 극복하고 살아남았어요.

그러나 살아남는 것만으로는 부족했습니다. 광합성을 하려면 빛을 많이 받아야 하는데, 풀보다 큰 나무가 자꾸 걸리적거렸거든요.

가만히 내버려 두면 나무들이 사방팔방에서 자라 빛을 모두 가려서 풀들은 광합성도 제대로 못 하고 굶어 죽을 수밖에 없었습니다. 높이로는 나무를 이길 수 없으니 뭔가 다른 방법이 필요했죠. 바로 불입니다. 풀은 불에 잘 타는데, 초원에서 불이 자주 나는 것도 이 때문이에요. 어린 나무들이 죽으면서 풀은 걸리적거리는 나무들을 제거할 수 있었습니다. 물론 풀도 같이 피해를 당하지만, 빠져나갈 방법이 있었어요.

풀의 뿌리 부분은 불에 타지 않고 살아남을 뿐만 아니라, 새싹이 타지 않도록 여러 겹으로 감싸 뿌리와 줄기 사이에 감춰 두었거든요. 그래서 초원이 불길에 휩싸여도 1~2주가 지나면 새로운 풀들이 쑥쑥 자라날 수 있죠. 이런 풀의 영악함 덕분에 괴베클리 테페 근처의 인류는 넓은 초원에 가득 자라는 야생 밀과 만났고, 농사도 시작할 수 있었습니다. 풀이 나무에 밀려 근근이 살아갔다면 인류는 야생 밀과 만나지 못했을 수도 있어요.

그러나 먹는 문제가 해결된다고 석기시대에서 탈출할 수 있는 것은 아닙니다. 인류는 돌에서 돌이 아닌 '무언가'를 뽑아내야 했죠. 그 무언가에 과학과 농업, 문화의 발전이 달려 있었습니다.

세상이 좀 달라 보이나요?

밥풀에서 먼 옛날 일어난 돌연변이와 처음 농사를 시작한 인류의 땀방울을 떠올려 보세요. 돌연변이를 목격한 원시인의 시선, 정성 들여 씨앗을 심는 손길, 처음 수확에 성공했을 때의 기쁨…. 이런 생각을 하면 밥맛이 좀 색다르지 않을까요?

쇠와 땀과 피의 시간,
문명의 발전

　금속 없는 현대 문명을 상상할 수 있을까요? 자동차나 비행기, 숟가락, 젓가락 같은 물건은 제쳐 놓고라도 일단 금속이 없으면 전기를 못 씁니다. 전선이 없으니까요. 모든 전자 제품은 무용지물이고, 순식간에 석기시대와 다를 바 없는 생활을 하게 됩니다.

　생활의 불편함에서 그치지 않고, 식량문제와도 직결되죠. 트랙터나 콤바인 같은 농기계는 물론 호미와 쟁기, 낫도 쇠로 만드니까요. 금속이 없으면 당장 손으로 흙을 파야 할 수도 있습니다. 석기시대처럼 무거운 돌을 쓸 수도 있겠지만, 그리 유용하지 않을 거예요. 금속이 없으면 당장 먹고사는 것도 힘들게 되는 겁니다. 문명이고 지식이고 문화고 먼저 먹을 것을 찾아 헤매야 하는 상황에 놓입니다. 그래서 인류 문명은 금속 위에 세워진 금속 문명이라 해도 틀린 말이 아니에요.

　하지만 금속 문명으로 발전하기는 쉬워 보이지 않습니다. 석기는 눈에 보이는 돌을 깎아 내면 되니까 딱히 어려울 게 없어 보이고 똑똑한 유인원이라면 석기 정도는 만들 수도 있을 겁니다. 그러나 금속은 달라요. 눈앞에 있는 것을 다듬어서 만드는 것이 아닙니다. 돌에서 금속을 녹여 뽑아내고, 녹은 금속을 거푸집에 옮겨 담고, 다시 꺼내서 다듬고…. 간단히 봐서 그렇지 구체적으로 들어가면 녹이는 온도와 원료 배합도 중요하고, 챙겨야 할 것이 많습니다. 그래서 연구에 따르면 간신히, 한 단계씩 문제를 극복하면서 금속 문명으로 발전했다고 합니다. 운이 좋아서 잘 넘어가기도 했고, 치열한 노력으로 극복한 부분도 있어요.

처음에는 운이 좋았습니다. 인류가 최초로 다룬 금속은 동인데, 다른 금속과 달리 동은 순수한 금속 상태로도 꽤 많이 발견됩니다. 암석을 녹여서 뽑아낼 필요가 없죠. 90% 이상은 암석에 섞여 있지만, 나머지 10% 정도는 섞여 있지 않거든요.

동을 주무르기 시작한 인류

동이 일반적인 돌보다 볼품없었다면 고대인도 거들떠보지 않았을 겁니다. 동은 반짝거려서 평범한 돌로 보이지 않았어요. 고대인이 호기심을 가지고 접근할 수밖에 없었습니다. 게다가 부드러워서 원하는 모양을 만들기 쉬웠죠. 돌처럼 깨거나 갈아 낼 필요가 없었습니다. 물러서 무기나 도구를 만들기엔 부적당했지만, 장신구를 만들기에 적당했어요.

고대인에게 동은 보석이었습니다. 동에 대한 욕망이 커지면서 동이 더 많이 필요했지만, 순수한 동을 발견하기는 점점 쉽지 않았죠.

과학이 빛나는 밤에

이제 암석에 섞인 동을 녹여 내야 했습니다. 그런데 운 좋게도 동이 녹는 온도가 1,085℃로 낮은 편이었어요. 철은 1500℃가 넘으니까 동의 녹는 온도는 상대적으로 낮은 거예요. 당시 불을 때서 1000℃ 넘기기가 쉽지 않았는데, 간신히 도달할 만한 온도였죠.

만약 동이 녹는 온도가 1,500℃ 이상이었다면 인류는 금속의 시대에 진입할 수 없었을지도 모릅니다. 동을 녹이는 걸 포기하고 희귀한 순수 동을 찾아서 예쁜 장신구나 만들며 살았겠죠. 하지만 동이 녹는 온도가 적당했기 때문에 암석에서 동을 뽑아내는 데 성공했고, 대량생산이 시작되었습니다. 인류가 본격적인 금속의 시대로 진입한 거죠.

이렇게 동 구하기가 쉬워지자, 사람들은 장신구를 만드는 데 만족하지 않았습니다. 도구나 무기도 만들고 싶었죠. 하지만 동은 물렀어요. 해결 방법은 합금이었습니다. 동에 주석 25%를 섞으면 단단한 청동이 되거든요. 하지만 이것 역시 쉬운 일이 아니었어요. 애초에 합금이란 개념을 모르는데다, 알았다 해도 무슨 물질을 얼마나 넣어야 할지 모르니까요. 운 좋게 주석을 넣었다 해도 25%가 아니면 소용없으니 이래저래 시행착오를 겪었을 겁니다.

당장 먹고살기도 힘든데, 무수한 시행착오를 거치면서 과연 성공할지 장담할 수 없는 합금 연구를 한다는 게 가능했을까요? 게다가 이 연구는 책상 위에서 하는 것도 아니고 물량 지원이 필요했어요. 불 때는 데 엄청난 장작이 필요했고, 동과 합금할 주석도 많아야 했습니다. 간신히 청동을 만들었다 해도 그것으로 쓸 만한 도구를 만들려면 다시 힘든 공정을 거쳐야 했고요. 건장한 남자들이 생계에 대한 걱정 없이 합금 연구와 청동기 제작에 매달려야 했죠. 웬만한 씨족 집단에서는 이런 부담을 감당할 수 없었을 겁니다. 청동기를 만들려면 한 차원 높은 집단이 필요했어요.

청동기 문명과 국가의 탄생

　　　　　　　　　　　　바로 국가입니다. 그래서 청동기시대에 인류 최초로 국가들이 탄생합니다. 대표적으로 메소포타미아Mesopotamia 지방(현재 이라크 지역)의 수메르Sumer문명에서 처음 탄생한 도시국가들을 볼 수 있죠. 수메르의 도시국가들은 단순히 사람들이 많은 모여 사는 곳이 아니었습니다. 인류 최초의 국가임에도 아주 그럴듯한 국가 체계를 갖췄거든요. 현대 국가 못지않게 세련된 행정 체계와 세밀한 법체계가 있었고, 그 외에도 인류 최초의 표음문자, 공무원, 학교, 윤리 관념 등 없는 게 없었습니다. 불과 얼마 전까지 열매를 따 먹고 사냥하고 다니며 근근이 살아가던 석기시대 인류가 급속히 발전한 겁니다.

　기술적인 면에서도 뛰어났습니다. 수메르문명에서 인류 최초로 발견된 풀무가 금속을 다루는 데 굉장히 큰 역할을 했어요. 금속을 녹여 내기 위해서는 뜨거운 열이 필요한데, 장작을 때서는 온도가 잘 올라가지 않아요. 주변으로 열기가 흩어지지 않게 벽으로 감싸야죠. 그러면 또 산소가 공급되지 않는 문제가 생겨요. 이런 상황에서 풀무가 있으면 신선한 공기가 주입되면서 문제가 해결됩니다.

　이런 도시국가들의 지원 속에서 청동기 칼과 각종 도구들이 본격적으로 만들어지기 시작해요. 하지만 그런 청동기들은 실용적인 도구는 아니었어요. 상징적인 무기나 신전의 의식용 제기로 많이 쓰였죠. 청동기가 단단한 대신 잘 깨졌거든요. 실제 전투에 사용하거나 농기계로 쓰기에는 적합하지 않았습니다.

철기 문명의 시작과
히타이트인들의 굴기

　　　　　　　　금속이 실용적으로 널리 쓰인 것은 철기시대부터입니다. 하지만 철기시대로 가기 위해서는 또 한번 힘든 고비를 넘겨야 했어요. 가장 큰 문제는 녹는 온도 1,500℃입니다. 풀무를 쓰고 어쩌고 해도 가마의 온도를 1,000℃ 이상 올리기가 쉽지 않았기 때문에 철을 뽑아내기 힘들어 보였죠. 이런 한계 때문에 청동기는 수메르가 아닌 다른 문명에서도 독립적으로 만들어졌지만, 철기는 오직 한 곳에서 성공했어요.

불굴의 인내와 노력으로 그것을 해낸 사람들은 히타이트Hittite인입니다. 정확한 비법은 알 수 없지만, 히타이트 사람들은 숯의 중요성을 알고 있었던 것으로 보입니다. 숯은 철에 달라붙어서 철을 녹슬게 만드는 산소를 제거하는 데 중요한 역할을 하거든요. 자연 상태의 철광석은 대부분 산소 때문에 녹슬게 마련이고, 녹슨 철은 쓸모가 없습니다. 그런데 철광석을 녹이는 노爐에 숯을 넣으면 숯의 탄소 성분이 산소와 결합해서 빠져나옵니다. 이런 반응은 600℃에서도 일어나기 때문에 철을 녹일 수는 없어도 최소한 산소가 제거된, 녹슬지 않은 철을 얻을 수 있어요. 이렇게 산소가 빠져나가면서 구멍이 숭숭 뚫린 철은 스펀지 모양이 됩니다. 그 모양이 해면이라는 바다 생물과 비슷해서 해면철이라고 부르기도 하죠.

히타이트인은 무슨 생각이 들었는지 해면철을 마구 두들겼어요. 그러자 암석 성분의 불순물은 밖으로 튀어 나가고, 금속 성분들은 서로 들러붙었죠. 금속은 낮은 온도에서 충돌하면 깨지지만, 어느 정도 높은 온도가 되면 엿가락처럼 들러붙습니다. 히타이트인은 이것을 알았던 것으로 보입니다. 하지만 불순물을 제거해도 무르기는 마찬가지였습니다. 순수한 철은 알루미늄과 강도가 비슷해서 동과 별 차이가 없거든요.

히타이트인은 이것을 강하게 만드는 비법 역시 알고 있었던 것으로 보입니다. 그 쇳덩어리를 숯에서 가열하면 탄소 성분이 들어가면서 단단해지거든요. 찬물에 넣었다 뺐다 하면서 담금질하면 더 단단한 철이 되고요. 어떻게 이런 방법을 알아냈는지 미스터리입니다. 무척 힘들었을 거예요. 엄청난 대장간의 열기 속에서 땀을 뻘뻘 흘리며 해면철을 두들기고, 강하게 만들기 위해 시행착오를 거듭하는 대장장이들의 모습이 떠오릅니다.

그렇게 고생한 덕분에 히타이트는 크게 발전했어요. 단단한 철기 무기가 만들어지면서 인류 최초로 철기 무장 군대를 갖췄으니 거의 무적이었죠. 히타이트는 주변 국가를 차례로 정복하면서 거대한 제국을 이룹니다. 당시 세계 최강이던 이집트의 람세스Ramses 2세가 히타이트에게 패했을 정도니까요. 히타이트의 세력은 터키에서 이집트, 메소포타미아까지 뻗어 나갔습니다. 무기가 강해지니 국가의

과학이 빛나는 밤에

규모도 한층 커진 겁니다.

이렇게 철기시대에는 싸움을 많이 하고 땅덩이가 커지는 것뿐만 아니라, 제국들이 번성하면서 문명도 빠른 속도로 발전했어요. 여기저기 흩어져 있던 지식과 문화가 섞이면서 새로운 형태로 발전할 수 있었거든요. 대표적인 예가 헬레니즘Hellenism이죠. 알렉산더 Alexander대왕의 대제국 덕분에 인도와 메소포타미아, 이집트, 그리스의 문화와 지식이 뒤섞여서 헬레니즘 문화가 탄생한 것처럼 말입니다.

철기는 훗날 지식이 널리 퍼지는 데도 결정적 도움을 줍니다. 인쇄술이 발달하려면 쇠로 된 날카로운 도구들이 꼭 필요하죠. 금속활자는 말할 것도 없고, 목판인쇄를 해도 날카로운 조각도가 없으면 활판을 만들 수 없으니까요. 먹고사는 문제도 획기적으로 발전했어요. 이제 무겁고 잘 깨지는 돌로 된 농기구를 쓸 필요가 없어진 겁니다. 철기 농기구가 보급되면서 농업 생산량도 크게 늘어났죠.

철기시대 진입은
우연일까, 필연일까?

철기의 발명 같은 '기술적인 진보'는 당연히 일어날 수밖에 없는 일이었을까요? 신대륙의 잉카 Inca문명을 보면 기술적인 진보가 필연적이지는 않은 것 같습니다. 잉카문명은 중앙집권적인 제국이었지만, 멸망할 때까지 금속의 시대로 진입하지 못했거든요. 청동기시대를 꽃피우려고 할 때쯤 멸망

했죠. 구대륙에 비해 거의 3,000년이나 늦었습니다.

물론 잉카제국에게 시간이 좀 더 허락되었다면 철기시대로 진입했을지도 모릅니다. 하지만 다른 부분을 보면 좀 의심스러워요. 잉카에는 그때까지도 바퀴가 없었습니다. 바퀴가 없으니 수레나 마차가 있을 리 없고요. 금속을 제대로 다루려면 엄청난 장작과 광석을 운반해야 하는데, 수레나 마차 없이는 불가능하거든요.

참 이해가 안 되죠. 바퀴 발명이 그렇게 어려운 일일까요? 잉카인도 큰 돌을 옮길 때 통나무를 밑에서 받친 뒤 굴렸는데, 그걸 보고도 수천 년 동안 바퀴를 발명하지 못했습니다. 어쩌면 바퀴 발명은 굉장히 어려운 일이고, 바퀴를 발명한 수메르인이 대단한지도 모릅니다. 바퀴만 그런 것도 아니에요. 인더스Indus문명에서는 기원전 2500년경 아치를 썼는데, 잉카문명은 아치 없이 수천 년이 지나도록 벽 위에 나무를 얹어서 지붕을 만들었죠.

《총 균 쇠 ─ 무기 병균 금속은 인류의 운명을 어떻게 바꿨는가》를 쓴 제레드 다이아몬드Jared Diamond는 이런 차이가 생긴 원인이 구대륙은 가로로 길어서 교류가 많았지만, 신대륙은 세로로 길어서 교류가 부족했기 때문이라고 설명합니다. 그럴듯하지만 수메르문명을 보면 교류가 그렇게 중요한 것 같지도 않아요. 수메르인은 별 교류 없이 자기들끼리 바퀴도 만들고, 표음문자도 만들고, 법도 만들고, 풀무도 만들었거든요. 이런 것을 보면 기술적 진보는 우연이 아닌가 싶기도 합니다.

금속의 시대가 열리면서 인간의 삶은 유인원과 확실히 달라집니다. 유인원처럼 하루하루 먹고사는 문제에 얽매이지 않았고, 덕분

과학이 빛나는 밤에

에 살아가는 데 별 필요 없는 지식을 탐구할 수 있었어요. 직립하면서 두 손이 자유로워진 것처럼 금속은 인류에게 시간적·정신적 자유를 주었습니다. 뒷날 그 자유 속에서 과학이 태어나죠.

그러나 여유가 있다고 사람들이 반드시 과학에 관심을 기울일 필요는 없습니다. 철학이나 오락, 여행 등 시간 때울 일은 많거든요. 그렇다면 무엇이 사람들의 마음을 과학 쪽으로 이끌었을까요? 여러 가지 이유가 있겠지만, 뒷날 과학혁명을 이끈 갈릴레이나 뉴턴 같은 사람들에게는 종교가 큰 영향을 주었습니다. 그 종교는 뭔가 다른 종교였죠.

세상이 좀 달라 보이나요?

자동차의 바퀴를 살펴보세요. 별것 아닌 듯해도 수천 년 전 수메르인이 발명하지 않았다면, 우리는 지금 바퀴 없는 세상에서 타박타박 걸어 다니며 살아갈지도 모릅니다. 이름 모를 그 발명가의 아이디어가 감사할 뿐이죠.

갑자기 신이 바뀐 날,
종교 혁명

기원전 12세기경 이집트에서 이상한 종교가 생겨납니다. 당시 이집트는 파라오 아멘호테프Amenhotep 4세(이크나톤Ikhenaton)가 다스리고 있었는데, 이 사람이 갑자기 완전히 새로운 종교를 만들어요. 하나의 신만 존재하는 '일신교'입니다.

원래 이집트는 다신교였어요. 이집트인이 숭배하던 주신은 태양신 '라Ra' 혹은 '레Re'라 불렸고, 그 아래 하늘의 신 '누트Nut'와 대지의 신 '게브Geb'가 있었어요. 그 사이에서 태어난 오시리스Osiris와 이시스Isis라는 최고의 인간신도 있었고, 그들의 아들인 매의 신 호루스Horus도 있었어요. 그 외 수많은 동물들도 숭배했습니다. 동물까지 신앙의 대상이 된 것은 아무래도 동물들이 고기와 젖, 가죽을 주는 귀중한 존재였기 때문일 겁니다.

이집트뿐만 아니라 다른 지역, 대륙에서도 다신교가 일반적이었어요. 사람에게 뭔가 도움을 주거나 어떤 힘이 있어 보이는 것은 모두 신이 될 자격이 있었기 때문에 번개의 신, 바다의 신, 땅의 신, 농

과학이 빛나는 밤에

사의 신, 강의 신 등 다양한 신을 믿었습니다.

그런데 이크나톤은 일신교를 들고 나오면서 태양신만 믿게 했습니다. 다른 신들의 신전을 전부 파괴하고, 제사도 금지했어요. 이는 엄청난 충격이었죠. 그동안 잘 살게 해 달라고 제사 지내고, 천국 가게 해 달라고 기도하던 모든 신이 가짜라는 얘기니까요. 지금처럼 과학이 발달한 세상에서는 종교가 바뀌는 게 별 상관없을지 모르지만, 당시에는 태양이 뜨고 강물이 흐르고 비가 잘 내리는 것이 모두 신의 역할이었습니다. 신의 보살핌 속에 살아간다고 철석같이 믿던 사람들에게 갑자기 신이 바뀌었으니 다른 신을 믿으라고 한 겁니다. 어느 날 엄마, 아빠가 바뀐 느낌이 아니었을까요?

하지만 이크나톤은 밀고 나갑니다. 백성들이 충격을 받든 말든 수백, 수천 년 이어 내려온 신들을 없애고 태양신 아톤Aton만 믿게 하죠. 아톤은 별다른 신상도 없었어요. 이전의 신들처럼 요란하고 화려한 신상을 만들지 않고, 태양의 형태 하나만 아톤의 상징으로 만든 겁니다. 이는 신의 숫자만 하나로 줄어든 게 아니라 신의 성격도 확 달라졌다는 의미죠. 이전의 신들은 인간과 닮은 점이 많았거든요. 신으로서 능력이 좀 남다를 뿐, 손발이 있고 서로 질투하고 싸우고 결혼도 하고 애도 낳는 등 다른 부분에서는 인간과 다를 게 없었습니다. 그리스·로마신화의 신은 인간만 못하다 싶을 정도로 난잡한 모습을 보여 주기도 했어요.

하지만 아톤은 인간과 닮지 않았습니다. 생김새도 다르고 혼자니 결혼하고 애 낳을 일도 없었죠. 구체적이거나 인간적이지 않고, 추상적인 뭔가 다른 차원의 신이었어요. 이집트인은 이런 신을 받아들일 수 없었을 거예요. 결국 이크나톤이 17년 만에 죽으면서 아톤 일신교는 사라집니다. 당시 사람들이 아톤을 얼마나 싫어했는지 흔적을 철저히 없애서 19세기가 될 때까지 아무도 그 존재를 몰랐을 정도였죠. 아톤을 강요한 이크나톤도 미워해서 미라까지 훼손했다고 합니다.

유일교 신앙에서 싹튼 근대과학

하지만 이런 조짐이 아예 사라지진 않았어요. 비슷한 시기 이집트 옆에 있던 이스라엘 지방에서 보다 철저한 일신교가 탄생했거든요. 유대교의 신 '야훼Yahweh'는 '존재하는 모든 것을 존재하게 하는 자'라는 의미입니다. 야훼는 상징적인 형태가 없고, 구체적인 사물에도 얽매이지 않았습니다. 계시를 내려서 신상이니 상징이니 하는 것들은 절대 만들지 말라고 못 박았죠.

세상을 창조하는 부분도 다릅니다. 다신교에서는 수많은 신이 관련되고 우주를 만들면서 싸움까지 벌이는 등 혼란스러웠지만, 유대교는 아주 깔끔했습니다. 신 혼자 절대적인 힘으로 우주와 우주를 움직이는 질서를 만들거든요. 이 부분이 중요합니다. 바로 그런 신이 만든 우주에 대해 궁금해 할 사람이 나타나지 않았을까요? 특히 호기심 많은 사람들일 가능성이 높죠. 누군가 엄청난 기계를 만들었다고 하면 그걸 뜯어보고 어떻게 만들었는지 알아내고 싶어 하는 사람들이 있잖아요.

'도대체 신이 어떻게 우주를 만들었기에 해와 달은 저렇게 떴다가 지고, 돌멩이를 던지면 땅에 떨어질까?' 이런 의문 속에서 우주의 질서에 대해 연구하고 밝혀내려고 안간힘을 쓰는 사람들 말이에요. 근대과학을 탄생시킨 코페르니쿠스Nicolaus Copernicus, 갈릴레이, 케플러Johannes Kepler, 뉴턴 등이 그런 사람들입니다. 이들은 전부 신앙심이 깊고, 자신을 '신이 창조한 우주의 질서를 발견해 내는 사람'이라 여기며 자부심이 대단했죠. 그런 자부심 덕분에 돈벌이도 안되는 연구에 매달리며 수많은 어려움 속에서도 머리가 터져라 노력할 수 있었고요. 종교가 과학의 발전을 훼방하기도 했지만, 한편으로는 과학이 발전하는 원동력을 제공한 겁니다. 과학자들이 유대교를 믿는 것은 아니지만 그 신을 계승한 기독교를 믿었으니 추상적인 유일신 개념은 똑같습니다.

그런 자부심을 다른 문명에서는 느끼기 힘들었습니다. 중국의 일반인이 주로 믿던 불교에는 절대적인 신이 없었고, 지식인에게 퍼져 있던 유교도 마찬가지예요. 유교는 예의범절, 올바른 정치, 조상에 대한 예 같은 윤리적이고 사회적인 내용을 중시하다 보니 관심의 추가 과학보다 사회 쪽으로 기울었습니다. 인도는 신이 수만 위라서 과학자들이 자부심을 느끼기엔 혼란스러웠고요. 게다가 그 많은 신들이 우주 창조와 자연현상 하나하나에 얽히고설켰기 때문에 신들의 장단에 맞추면서 단순한 자연법칙을 발견한다는 것은 감히 상상도 못 할 일이었습니다.

신의 세계를 해명하려는 노력

물론 종교적 자부심 하나로 근대과학의 탄생이 설명되는 것은 아닙니다. 근대과학처럼 수학적이고 검증 가능한 과학이 아니라 철학적인 과학이 탄생할 수도 있었거든요. '철학적 과학'이란 두루뭉술한 말이나 개념을 중시하는 것을 의미하는데, 이런 철학적 접근이 복잡한 수학적 과학보다 그럴듯해 보이기도 했어요.

중국에는 이기론理氣論이나 음양의 조화 같은 철학적 과학이 있었는데요. 음양의 조화는 자연을 음양의 상호작용으로 봅니다. 하늘이 있으면 땅이 있고 해가 있으면 달이 있고 남자가 있으면 여자가 있고 물이 있으면 불이 있고…. 자연에 진짜 음양이 있는 것 같기도 하죠?

유럽도 철학적 과학이 자리 잡고 있었죠. 유명한 철학자 아리스토텔레스Aristoteles는 물체의 운동을 그럴듯하게 설명합니다. 그의 주장에 따르면 모든 사물은 흙, 물, 공기, 불이라는 네 가지 원소로 만들어지는데, 그중 무거운 원소가 흙과 물이고 가벼운 원소는 공기와 불이죠. 무거운 원소는 본연의 위치가 우주의 중심이라, 고향으로 돌아가는 귀성객처럼 우주의 중심을 향해 떨어지려고 해요. 당시 우주의 중심은 지구였으니 물과 흙은 지구를 향해 자꾸 떨어지는 겁니다. 반대로 가벼운 원소는 본연의 위치가 하늘 쪽이라, 자꾸 하늘로 올라가려는 성질이 있다고 설명했습니다. 특히 제일 가벼운 불은 극렬하게 하늘로 올라가려 하고요.

그럴듯하죠? 물질들이 왜 '본연의 자리'로 돌아가려고 애쓰는지 모르지만, 당시 사람들의 수준에서는 상당히 과학적인 설명이었습니다. 계산식 같은 게 있어야 맞았는지 틀렸는지 확인할 수 있을 텐데, 두루뭉술해서 딱히 어느 부분이 틀렸다고 말하기도 그렇고요.

대다수 사람들은 이런 철학적 과학으로 만족하고 살 수도 있었습니다. 게다가 중세 유럽에서는 아리스토텔레스의 권위가 절대적이어서 그의 철학적 과학에 반기를 드는 일은 거의 불가능했어요. 아리스토텔레스의 철학이 당시 막강한 힘을 자랑한 가톨릭의 신학과 밀접하게 어울렸거든요. 아리스토텔레스에게 반기를 드는 것은 가톨릭에 반기를 드는 것이나 마찬가지였죠.

사실은 둘이 어울리는 게 이상한 일이었습니다. 아리스토텔레스의 철학은 신과 상관없었거든요. 오히려 신 없이 세상을 설명하기 때문에 종교와 부딪치는 면이 많았습니다. 그런데 유명한 신학자 토마스 아퀴나스Thomas Aquinas가 아리스토텔레스의 철학을 가져와서 신학을 뒷받침하는 데 써요. 그가 살던 13세기에는 사람들의 지적 수준이 높아지면서 신학도 좀 더 지적이고 세련되어야 할 필요가 있었거든요. 아퀴나스가 보기에는 고대 그리스의 철학을 잘 이용하면 가능할 것 같았어요.

예를 들어 아리스토텔레스의 '질료와 형상' 개념을 이용해서 신을 아주 세련되게 정의하죠. 질료는 '재료'와 비슷한 의미고, 형상은 재료로 만들어진 '결과물'이에요. 밀가루와 양파, 짜장 소스를 이용해서 짜장면을 만든다면 밀가루 같은 재료는 질료, 완성된 짜장면은 형상이라는 거예요. 이 개념이 좀 역동적인 것이 질료가 형상이 되고, 형상도 다시 질료가 될 수 있어요. 중식 코스 요리라는 형상을 만들면 짜장면도 하나의 질료가 될 수 있죠. 중식 코스 요리는 다시 중국 음식이라는 형상의 질료가 될 수 있고요. 중국 음식과 서양 음식은 음식이라는 형상의 질료가 됩니다. 이런 식으로 계속 추상적으로 올라가다 보면 그 끝인 '최종 형상'에 도달하는데, 그것이 신이라는 거예요.

수염 기르고 하얀 옷 입은 신보다 훨씬 세련되어 보이죠? 바로 이런 효과를 노린 겁니다. 이런 식으로 아리스토텔레스 철학이 신학과 결합하면서 그 권위가 막강해져요. 그러나 여기에서 멈추면 제대로 된 과학이 탄생할 수 없었습니다. 이 권위를 깰 수 있는 분위기가 필요했어요. 그런 조짐은 11세기부터 나타나기 시작합니다. 어디에도 끼지 못하고 무시당하던 중세 사람들에 의해서 말이죠.

세상이 좀 달라 보이나요?

기독교든 이슬람교든 출발은 한 사람의 마음속이었습니다. 그것은 존재가 불확실하고 형태도 없었어요. 먹고사는 데 도움이 되지도 않고요. 하지만 어떤 번쩍번쩍한 발명품보다 오랫동안 인간의 마음을 강력하게 사로잡았죠. 도대체 왜 그런 것에 끌리는지 인간의 마음이 신기합니다.

중세를 벗어나려는 사람들, 상인의 성장

중세는 세 부류 사람들에 의해 돌아가는 사회였습니다. 신을 대리해서 사람들의 죄를 용서하고 축복하는 성직자, 외적의 침입을 격퇴하고 공동체를 지키는 귀족, 농사를 지어 그들을 먹여 살리는 농민이죠. 교회의 권위가 절대적인 중세 사회는 이런 식으로 유지되었습니다.

11세기 후반, 변화의 조짐이 나타납니다. 바이킹Viking으로 유명한 노르만Norman족의 침입이 잦아들고 유럽이 안정되면서 농업 생산량이 증가하기 시작했어요. 농민이 마음 놓고 땅을 개간하면서 경작지가 넓어졌고, 농사 기술도 발전했거든요. 특히 콩이나 귀리 같은 콩과 식물을 심으면 효과가 좋았습니다. 콩과 식물 뿌리에 사는 뿌리혹박테리아가 식물의 성장에 필요한 질소를 공급해 주었거든요. 이걸 '질소고정'이라고 하는데, 질소는 단백질의 구성 요소인 아미노산을 만들 때 꼭 필요한 재료입니다.

원래 공기의 80%가 질소인데, 공기 중 질소는 단단히 붙은 질소 분자로 구성됩니다. 질소는 최외각 전자가 다섯 개라서 빈자리가 세 개인데, 자기들끼리 전자를 세 개씩 공유해서 빈자리를 채우거든요. 전자 하나를 가지고 공유결합 해도 그걸 깨려면 에너지가 필요한데, 무려 삼중 공유결합을 한 겁니다. 이 결합을 깨기는 쉽지 않죠.

그런데 뿌리혹박테리아가 많은 에너지를 들여서 이 결합을 깨고, 공유결합 한 개로 구성된 암모니아를 만들어요. 이 암모니아를 식물에게 공급하고 주변 땅에도 퍼뜨립니다. 대신 식물에게서 이산화탄소와 녹말을 공급받고요. 이렇게 콩과 식물과 공생하는 뿌리혹박테리아가 퍼뜨리는 질소 덕분에 식물이 잘 자랄 수 있었던 거죠.

잉여생산물의 발생과 시장의 발달

농업 생산량이 늘어나자 남는 농산물을 팔려는 사람들이 있었고, 곳곳에 시장이 생겼어요. 상인들이 모이고, 시장 자리에 눌러앉아 살면서 도시가 형성됩니다. 상업과 도시가 서서히 발달했죠. 이런 도시는 황제나 왕이 사는 도시와 달리 자유로운 분위기였습니다.

그들은 성직자도 아니고 귀족도 아니고 농민도 아니에요. 종전의 사회체제에서 그들은 이방인이나 마찬가지였습니다. 중세에는 돈벌이 자체가 좋은 일이 아니었거든요. 온종일 하느님께 기도하고 찬양해도 모자랄 판에 돈 벌겠다고 애쓰는 것은 쓸데없고 시간 낭비라고 여겨졌죠. 워낙 종교적인 시대였기 때문에 덧없는 현세에 집착하는 것은 올바른 삶의 자세가 아니었습니다. 하지만 이방인에게도 장점이 있었죠. 적어도 구시대 사람들처럼 고리타분하거나 고집스럽지 않았어요. 그들은 실용적이고 합리적이고 개방적이었습니다. 수많은 사람들을 만나고 그들에게 물건을 팔아 돈을 벌려면 어쩔 수 없었거든요.

심지어 이런 일도 있었다고 해요. 벨기에의 한 성이 포위됐는데, 그 성의 상인들이 돈 벌려고 몰래 적군을 매수해서 음식을 들여왔습니다. 음식은 비싼 값에 팔렸고, 상인들은 엄청난 돈을 벌었죠. 그 성의 주교가 이 사실을 알고 상인들을 모두 처형합니다. 상인들이 사라지자 음식을 구할 방법이 없었고, 결국 성은 함락되었어요. 놀라운 상인 정신입니다. 돈 앞에서는 적군과 아군도 없고, 전쟁에 대한 두려움도 없었어요. 냉철하게 계산하고 판단해서 최대한 이익을 볼 수 있는 일은 무엇이든 했습니다.

프란체스코가 제시한
새로운 성직자의 모습

상인들의 이런 성향은 답답한 중세 사회를 조금씩 바꾸죠. 당시 가톨릭교회의 혁명가로 불린 성 프란체스코d'Assisi Francesco가 대표적인 예입니다. 그는 상인의 아들로, 개방적인 그의 아버지는 지금도 쉽지 않은 국제결혼을 해서 프란체스코를 낳았어요. 자신이 프랑스인이면서 아들에게 이탈리아식 이름을 지어 준 이유도 아내를 배려한 것으로 보이는데, 고지식한 사람이라면 어림없는 일이죠.

아버지의 성향을 이어받은 프란체스코는 성직자가 되어 파격적인 일들을 해냅니다. 당시 설교는 대부분 서민이 알아들을 수 없는 라틴어로 했는데, 프란체스코는 과감하게 서민의 언어인 이탈리아어로 설교했어요. 그동안 설교를 들으면서도 무슨 말인지 전혀 알 수 없던 서민들은 프란체스코의 친절하고 파격적인 설교에 감동했습니다. 지금 보면 당연한 일인데, 그때는 사회가 워낙 경직되어 프란체스코의 시도는 그야말로 파격적이었죠. 이탈리아어는 라틴어에 뿌리를 두고 있지만 비어와 속어, 은어가 난무하는 언어였거든요. 하지만 프란체스코는 내용 전달이 중요하다는 일념으로 과감히 이탈리아어 설교를 도입한 겁니다.

설교 내용도 파격적이었어요. 당시 설교가 '죄를 지으면 지옥 간다'는 협박 위주였다면, 프란체스코는 예수님의 무한한 사랑 위주였죠. 알아들을 수 있는 설교를 해 준 것도 고마운데, 내용까지 따뜻하고 부드러우니 힘겹게 살던 서민들은 프란체스코에게 빠져들었습니다. 프란체스코의 영향력은 급속히 확대되었고, 이단이니 뭐니 시비도 있었지만 결국 교황도 인정할 수밖에 없었어요. '이방인'의 개방성이 고리타분한 가톨릭을 바꾼 겁니다.

피보나치의 작은 수학 혁명

수학자 피보나치Leonardo Fibonacci 도 개방성으로 유럽을 바꾼 사람이에요. 그는 피보나치수열로 유명하지만, 아라비아숫자와 십진법을 유럽에 소개한 사람이기도 합로마숫자로 쓴 27,529.

니다. 이 아라비아숫자와 십진법이 유럽을 바꾸죠. 당시 유럽은 로마숫자를 썼는데, 수를 쓰기도 불편하고 계산도 쉽지 않았습니다.

아라비아숫자와 십진법을 이용하면 쓰기도 쉽고 계산도 쉬웠어요. 그가 '불경한' 이교도의 숫자와 계산법을 과감히 도입해서 유럽에 소개하지 않았다면 수학이 발전하기 어려운 것은 물론, 상업이나 금융업도 발전하기 힘들었을지 모릅니다. 로마숫자로 복잡한 계산을 하는 것은 상인들의 두뇌를 혹사하는 일이었을 테니까요.

이렇게 슬슬 변하던 세상은 결정적인 사건으로 인해 변화 속도가 아주 빨라집니다. 그 사건으로 이방인의 세력이 확장되면서 개방성과 합리성이 폭발적으로 늘어났거든요.

상업 도시의 발달

그 사건은 십자군 전쟁입니다. 교황 우르바누스Urbanus 2세는 십자군 전쟁 참여를 독려하며 이렇게 말했습니다. "가라. 이교도의 군대는 우리 군대보다 허약하고 이교도의 땅은 우리 땅보다 풍요롭다. 그들의 땅을 빼앗고 성지를 탈환하라. 이 성스러운 전쟁에 참여하는 자는 모든 죄를 용서 받고 구

원을 얻으리라." 우르바누스 2세가 주도해서 1096년 시작된 십자
군 전쟁은 중동에 있는 예루살렘 성지를 차지하기 위해 벌어졌어
요. 하지만 전쟁이 상인들에게는 그야말로 엄청난 시장이었죠. 무
기, 갑옷, 말, 병사들이 먹을 양식, 운송에 쓰이는 마차, 배 등 팔 것
이 무궁무진했습니다. 전쟁 특수를 누린 상업 도시는 크게 발전했
죠. 특히 이탈리아 북부에 있던 베네치아Venezia, 피렌체Firenze, 밀라
노Milano, 피사Pisa 등이 그랬습니다.

　특히 그 도시 중 피렌체에서 르네상스가 화려하게 피어났어요.
왜 하필 피렌체였을까요? 개방적이고 자유로운 분위기, 삶의 여
유를 주는 부유함은 다른 도시도 비슷했습니다. 다만 새로운 학문
과 예술을 적극적으로 지원하는 지도자 코시모 데 메디치Cosimo de
Medici가 있다는 점이 달랐죠. 코시모는 피렌체에서 가장 유력한 메
디치 가家의 후계자였습니다. 금융업에 종사한 메디치 가는 별 볼
일 없었던 가문이었지만, 코시모의 아버지 조반니 디 비치Giovanni di
Bicci가 어떤 계기를 통해 사업을 크게 일으켰죠.

　그 계기를 보면 코시모를 비롯한 메디치 가의 후예들이 대대로
피렌체를 휘어잡은 이유를 알 수 있습니다. 조반니는 교황청의 환
전 업무를 처리하는 금융업자였어요. 교황청은 전 세계에서 헌금이
들어오기 때문에 돈을 다룰 일이 많았죠. 그런데 조반니가 고객으
로 모시던 교황 요한Johannes 23세가 콘스탄츠공의회에서 실각하고
감금됩니다. 이때 조반니는 단순한 상인으로서 할 수 없는 일을 합
니다. 거금 3만 8,000길더(지금 돈으로 약 150억 원)를 주고 교황을 빼
냈거든요. 게다가 새로운 교황 마르티노Martinus 5세에게 부탁해서

그가 추기경 자리라도 오를 수 있도록 배려하고, 서거할 때까지 극진히 모십니다. 얼마 뒤 요한 23세는 조반니의 따뜻한 보살핌 속에 피렌체에서 숨을 거뒀어요.

일개 군소 금융업자가 파산을 무릅쓰고 이런 일을 벌이자, 유럽의 지도자들과 교황청은 깜짝 놀랍니다. 그리고 조반니의 은행과 거래를 트죠. 특히 교황청은 주거래은행으로 메디치 가를 선정합니다. 그가 보여 준 '신의'는 최고의 CF였던 겁니다. 그 외에도 메디치 가는 신의로 사람들의 마음을 사로잡았어요. 조반니는 피렌체의 지도자가 되었을 때 자신이 큰 부자면서도 누진세(부자일수록 세금을 많이 내는 제도)를 도입해서 일반 시민에게 큰 지지를 받았습니다. 조반니의 손자 로렌초Lorenzo de Medici는 피렌체가 적에게 포위되었을 때 홀로 적국의 왕을 만나 석 달간 담판을 벌였고요.

멋진 가풍에 뛰어난 사업 수완이 더해져 메디치 가는 승승장구했고, 코시모는 엄청난 부와 영향력으로 피렌체를 휘어잡았습니다. 코시모는 신기한 학문과 예술에도 관심이 많았어요. 그런데 당시 주류였던 아리스토텔레스 철학과 중세 예술은 제쳐 놓고 플라톤Platon 철학과 그리스 예술에 푹 빠졌죠. 심지어 자신의 별장을 철학자 피치노Marsilio Ficino에게 맡기고, 그곳을 플라톤 아카데미로 만듭니다. 그곳에서는 플라톤의 작품을 이탈리아어로 번역하고 연구하는 일을 했어요. 이렇게 해서 유럽에 숫자와 수학으로 구성된 질서를 중요시하는 플라톤주의가 유행하는데, 이를 따랐던 사람들을 신플라톤주의자라고 부릅니다. 그들은 자연에서 '간단한 수학적 규칙성'을 발견할 수 있을 거라 믿고, 그것을 발견하기 위해 노력했죠.

신플라톤주의, 요즘 과학이랑 비슷하지 않아요? 뉴턴이 발견한 중력의 법칙이나 F=ma, E=mC² 등 모두 수학이잖아요. 고리타분한 중세 분위기를 깨는 데 일조한 상인 코시모가 근대과학이 싹틀 수 있는 씨앗을 뿌려 준 것입니다.

도시국가의 자유로움, 학문 연구를 지원해 줄 수 있는 부유함, 과학의 씨앗이 될 수 있는 플라톤 철학 등 분위기가 아주 좋았어요. 중세의 이방인으로 불리던 상인들이 근대과학 탄생에 필요한 환경적 조건을 제공했습니다. 물론 그 과정은 결코 쉽지 않았어요. 분위기가 이상한 쪽으로 흘러가기도 했거든요.

세상이 좀 달라 보이나요?

주변 가게에 가 보세요. 가게를 깨끗이 청소하고, 물건을 보기 좋게 진열하고, 파격 세일이니 폭탄 세일 같은 문구로 시선을 끌고, 친절하게 인사하고…. 결국 돈 많이 벌겠다는 소박하고 단순한 목적을 위한 일입니다. 거창하고 심오한 것은 하나도 없죠. 하지만 그 단순함에는 뒷날 세상을 바꿀 잠재력이 있었습니다. 진짜 크고 강한 힘은 작고 소소한 데서 나오는지도 모릅니다.

회의론을 이겨 낸 이방인,
근대과학 전야

신플라톤주의가 유행하면서 아리스토텔레스의 지적인 권위는 실추되고, 학자들은 혼란에 빠집니다. 아리스토텔레스가 절대적으로 옳다고 믿었는데, 갑자기 유행한 플라톤이 아리스토텔레스를 능가할 정도로 세련된 지적 수준을 자랑하니 학자들은 어느 쪽을 선택해야 할지 고민스러웠죠. 마치 두 왕이 나타나서 서로 자기에게 복종하라고 소리치는 상황 같지 않았을까요?

이런 상황에서 '인간은 절대적인 진리에 도달할 수 없다!'는 극단적 회의론이 등장합니다. 재미있는 것은 아리스토텔레스나 플라톤처럼 회의론도 그리스가 원산지라는 점이에요. 그리스 시대에도 비슷한 지적 혼란이 있었고, 그 와중에 회의론이 생겨났거든요. 르네상스 시대도 그리스 시대처럼 회의론에 휩쓸릴 수 있는 위기였습니다.

하지만 그런 상황을 극복하기 위한 노력들이 나타났어요. 먼저 데카르트René Descartes는 회의론의 끝까지 푹 빠져 본 다음 바닥을 치고 올라오려고 합니다. 절대 회의적으로 생각할 수 없는 한 가지를 찾아 그것 위에 새로운 지식을 쌓아서 회의론을 무찌르려고 한 거예요. 그래서 찾아낸 것이 '나는 생각한다. 고로 존재한다'입니다. 아무리 회의적으로 봐도 내가 생각한다는 것은 부정할 수 없고 진리라는 이야기죠. 이것을 기반으로 우주를 이해할 수 있는 거대한 체계를 만들어 내려고 했습니다. 저 명제에서 우주에 대한 체계까지 나온다니 좀 거창하다 싶어요.

반면에 온건한 쪽도 있었습니다. 이런 경향을 '완화된 회의론'이라고 하는데, 지식이 다 쓸모없지는 않다는 의견이죠. 예를 들어 건축 기술은 실제 세계에 적용되고 쓸모도 있습니다. 우주 전체를 한꺼번에 이해하고 풀어낼 수 있는 지식은 없어도 부분적으로 맞는 지식은 있으니, 일단 할 수 있는 것부터 잘 연구해 보자는 거예요. 실용적이고 현실적인 생각입니다. 이게 바로 중세 이방인의 사고방식이죠? 그들은 왕족이나 귀족처럼 한가하게 우주 전체를 아우를 수 있는 지식 체계를 만들겠다고 욕심내지 않았습니다. 작은 것부터 차근차근 해 보자는 서민적 겸손함이 있었어요.

이런 '완화된 회의론적 자세'에서 근대과학이 탄생합니다. 과학의 사전적 정의를 보면 이런 자세가 잘 드러나요. 사전에 따라 다양한 정의가 있지만, 대충 요약하면 '검증 가능한 방법으로 다양하고 복잡한 현상을 간단한 원칙에 의해 설명해 내는 것'입니다. 여기에 '우주 전체를 아우르는 진리'나 '모든 것을 꿰뚫는 본질'처럼 거창한 말은 없습니다. 그냥 '설명'이죠. 예를 들어 뉴턴 물리학은 물체의 움직임에 대한 설명일 뿐입니다. 만유인력을 다루는 중력 법칙을 이용하면 지상에서 움직이는 모든 물체와 천구를 떠도는 행성의 움직임을 정확히 설명할 수 있으니까요.

하지만 뉴턴 물리학으로 설명하지 못하는 부분도 있었습니다. 특히 만유인력이 작용한다고는 했지만, 구체적으로 만유인력이 왜 생겨나는지 설명하지 않았죠. 뉴턴은 쿨하게 그건 나도 모른다고 인정해요. 그게 어떻게 가능하냐, 유령이 손을 뻗치는 원격작용이냐 등 논란이 많았지만, 뉴턴은 상관하지 않았습니다. 실제로 적용되고 맞아떨어지는 부분이 있으면 그것으로 만족했어요. 완벽하고 거대하고 본질적인 물리법칙을 추구하지 않았으니까요.

데카르트는 그런 면에서 뉴턴과 달랐습니다. 현실에서 적용되는지 검증할 수 없는데도 이런저런 주장을 했어요. 당시에는 확인할 수도 없는 원자의 구조가 이럴 것이며, 그것이 뱅글뱅글 돌면서 빛이 나뉘고 어쩌고 해서 다양한 빛이 나타난다는 식으로 가설을 막 던져요.

하지만 뉴턴은 "나는 가설을 설정하지 않는다"는 유명한 말을 하면서 신중한 자세를 보입니다. 검증할 수 없는 것은 이야기하지 않는다는 거죠. 지나치게 신중해서 재미없어 보일 수 있지만, 욕심부리지 않고 작은 것부터 하나씩 검증하면서 차근차근 쌓아 나갔기 때문에 과학은 회의론에 빠지지 않고 발전할 수 있었습니다.

'완화된 회의론'과 '신플라톤주의'라는 씨앗이 유럽 곳곳에 뿌려지면서 새로운 과학이 중세 철학적 과학을 혁명적으로 뒤엎는 '과학혁명'이 드디어 일어나게 됩니다. 처음 혁명의 불길이 일어난 곳은 소심한 노과학자 코페르니쿠스의 마음속이었죠.

세상이 좀 달라 보이나요?

서점이나 도서관의 자연과학 코너에 가 보세요. 비록 구석 자리지만 당당히 서가를 차지하고 수백 권이 꽂히기까지 과학자들의 피나는 노력이 있었습니다. 전통의 맹주 철학과 종교의 텃세, 어둠의 다크호스 회의론의 괴롭힘 속에서 신입 선수 과학은 존재감 없는 햇병아리에 불과했습니다. 과학자들은 스스로 과학을 만들어 내고 스스로 과학자가 되어야 했죠. 그 역사를 알면 구석 자리라도 우습게 볼 수 없습니다. 가끔은 우러러보기도 하고, 책도 빌리거나 사야 해요. 예뻐하지 않으면 그 자리마저 빼앗길지 모르니까요. 도서관은 괜찮은데 요즘 서점에는 자연과학 코너가 없는 곳도 있어서 안타깝습니다.

과학이 빛나는 밤에

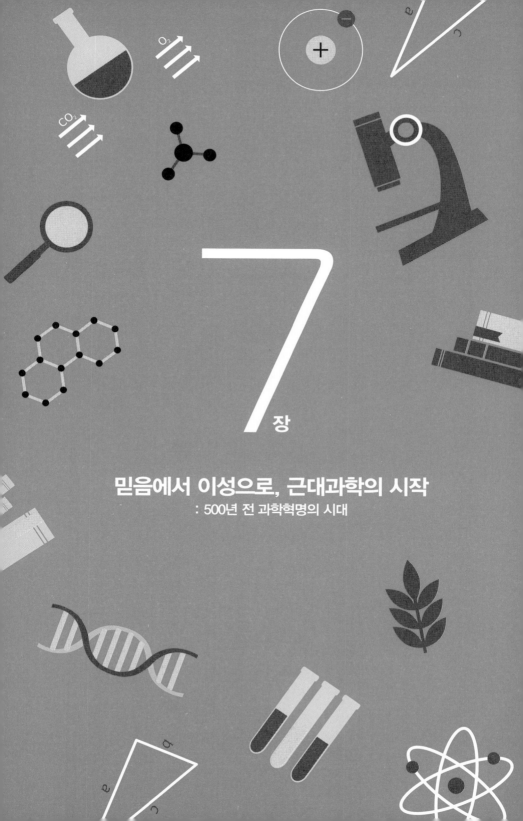

7장

믿음에서 이성으로, 근대과학의 시작

: 500년 전 과학혁명의 시대

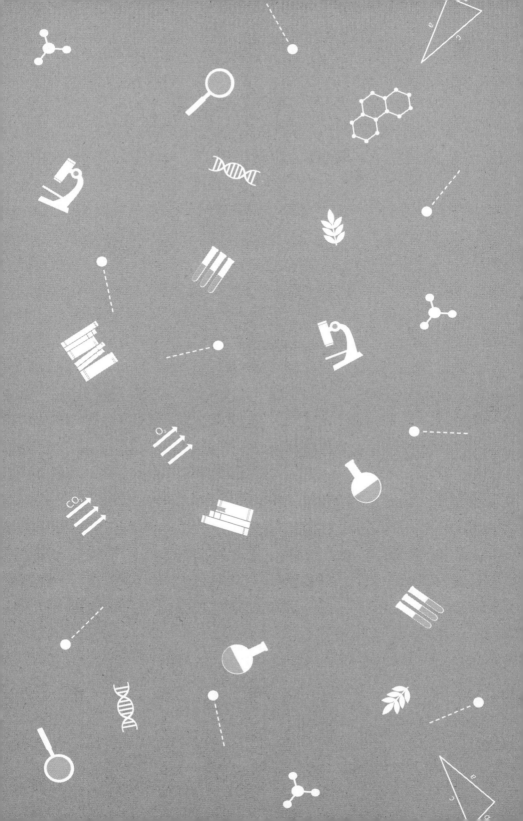

코페르니쿠스의 결단,
천문학 혁명

이걸 출판해야 하나? 잘못하면 미친 사람 취급받을 수도 있을 텐데. 에이,
얼마나 산다고… 그냥 출판하자.

－코페르니쿠스가 했을 법한 얘기

수십 년 고민 끝에 코페르니쿠스가 지동설이 담긴 책을 출판했
고, 드디어 과학혁명이 시작됩니다. 코페르니쿠스가 잡은 실마리는
디테일입니다. 대충 보면 아리스토텔레스 말처럼 흙으로 구성된 지
구가 우주의 중심에 있고, 하늘의 별과 태양이 지구 주위를 도는 것
같지만, 자세히 보면 맞지 않는 부분이 있었거든요. 바로 이 작은 틈
이 커지면서 아리스토텔레스는 무너지죠.

밤하늘을 관측하면 이상하게 움직이는 별이 있습니다. 바로 행
성입니다. 다른 별이나 태양처럼 지구 주위를 원을 그리며 도는 것
이 아니라 비틀거리며 앞뒤로 왔다갔다 하는 것처럼 보였어요. 대
충 예외로 인정하고 넘어갈 수도 있지만, 아리스토텔레스에 따르면

절대 그래서는 안 될 일이었습니다.

아리스토텔레스는 천상의 운동과 지상의 운동을 구분해서 생각했어요. 천상은 영원성이 있는 완전한 세계여서 별과 태양이 움직인다 해도 완벽하게 똑같은 속도로 '원운동'을 해야 했죠. 반면에 지상은 불완전한 세계라서 운동이 영원히 지속되지 않고 멈출 수밖에 없습니다. 상징적이고 문학적이지만, 딱히 틀렸다고 할 수도 없습니다. 실제로도 그런 것처럼 보였으니까요.

프톨레마이오스Claudios Ptolemaeos는 이 문제를 해결하기 위해 '주전원'을 도입합니다. 행성들이 지구 주위를 크게 공전하면서 작게 자전하는 거예요. 마치 달이 지구 주위를 돌면서 태양 주위를 간접적으로 도는 것처럼 말입니다. 기발한 발상으로 원운동을 살리긴 했으나, 원이 이중이 되면서 좀 지저분해 보였죠. 관측 결과와 정확히 맞지도 않았고요.

신의 질서에 대한 과학자의 도전, 지동설

코페르니쿠스는 그 지저분함을 없애고 싶어서 태양을 중심으로 지구가 도는 '지동설'을 생각해냈어요. 우주의 중심이던 지구가 가장자리로 날아가서 다른 행성들과 함께 태양을 돈다는 것입니다. 상식적으로나 종교적으로나 받아들이기 힘든 주장이었죠. 하느님이 친히 만들고 예수님이 태어나신 지구를 저 행성들과 같이 뺑뺑이 돌린다는 것은 당시 가톨릭에서

과학이 빛나는 밤에

용납하기 힘들었죠.

하지만 지동설은 주전원 없이 간단한 원운동으로 행성들의 비틀 거림을 설명할 수 있었습니다. 예를 들어 자동차가 트랙을 돌 때 지구는 안쪽 트랙, 화성은 바깥쪽 트랙을 돈다고 생각해 보세요. 지구가 화성을 따라잡을 땐 화성이 앞에 가는 것처럼 보이다가 추월하면 뒤로 가는 것처럼 보이죠. 다시 한 바퀴 돌면 화성이 앞에 가는 것처럼 보이다가 추월하면 뒤로 가는 것처럼 보입니다.

이렇게 생각하면 행성들이 비틀거리면서 움직이는 것이 설명되었습니다. 지구가 우주의 중심이라는 것을 포기하고 깔끔한 원운동을 살린 셈이죠. 코페르니쿠스는 종전의 세계관을 뒤엎으려고 한 것이 아니라 좀 더 잘 지키려고 한 겁니다. 비록 하나를 살리기 위해 하나를 잃었지만요. 그런 면에서 코페르니쿠스는 기본적으로 보수적인 사람입니다. 자기 생각을 발표할 때도 다른 사람들에게 욕먹을까 두려워서 굉장히 주저했어요. 죽기 직전에야 간신히 발표했죠.

그러나 코페르니쿠스의 이론도 관측 결과와 정확히 일치하진 않았습니다. 지구의 궤도는 약간 타원형이거든요. 태양계의 형성 과정이나 구조를 보면 행성의 궤도가 완벽한 원궤도가 되기는 힘듭니다. 강력한 초신성 폭발의 여파로 태양계가 만들어지기도 했고, 행성들이 여러 개이기 때문에 서로 잡아당기는 부분도 있어서 깔끔한 원궤도가 나올 수 없죠. 코페르니쿠스의 생각이 틀린 것은 아니지만, 천상은 완벽한 원운동이라는 고정관념에 사로잡혀 문제를 해결하지 못한 겁니다. 하지만 과학자들은 주전원보다 훨씬 깔끔한 코페르니쿠스 쪽을 선택했죠. 르네상스 시대에는 플라톤의 영향을 받아 단순하고 깔끔한 수식으로 설명하는 것을 좋아하는 경향도 영향을 끼쳤을 겁니다.

그러다가 뒷날 케플러가 16년이나 연구한 끝에 궤도가 타원이라는 것을 발견합니다. 이로써 행성의 움직임을 제대로 설명할 수 있었어요. 아리스토텔레스의 우주관이 깨지고 천문학 혁명이 완성되는 순간이었습니다.

왜 그렇게 오래 걸렸을까요? 일단 크게 일그러진 타원이면 좀 쉬웠을 텐데, 행성의 궤도는 살짝 타원이니 알아채기 힘들었을 겁니다. 게다가 지구의 움직임을 위에서 관측하는 것도 아니고 지구 안에서 다른 별들의 움직임을 보고 간접적으로 추측하고 계산해서 알아내야 했으니 보통 어려운 일이 아니죠. 태양계를 위에서 내려다보며 관측한다고 해도 그 좌표를 날마다 정확하게 표시하지 않으면 타원인지 알 수 없었을 거예요. 그나마 '겨우' 16년 만에 타원을 찾아낸 것은 케플러의 스승 튀코 브라헤Tycho Brahe가 꼼꼼하고 정확하게 기록한 관측 결과와 때마침 발명된 '로그'의 도움이 있었기 때문입니다.

천문학에 날개를 달아 준 로그

로그는 영국의 수학자이자 발명가 네이피어John Napier가 발명한 계산법으로, 이것을 이용하면 복잡한 곱셈을 더하기로 풀 수 있습니다. 천문학자들은 환호했죠. 지구에서 별까지 거리, 행성의 질량과 속도 등 그들이 다루는 숫자는

　　　　　　　　　　　　　과학이 빛나는 밤에

매우 커서 계산기도 없이 그 큰 숫자들을 곱하고 나누는 일은 여간 고역이 아니었거든요. 하지만 로그의 발명으로 계산이 아주 편해졌습니다.

네이피어는 다양한 분야에서 꽤 훌륭한 것들을 발명했어요. 농업 분야에서는 소금을 이용해 잡초를 없애고 토지를 비옥하게 만드는 발명을 하고, 광업 분야에서는 탄광의 지하수를 뽑아 올릴 때 쓰는 수력 프로펠러를 발명하고, 군사 분야에서는 잠수함과 장갑차를 설계하는 등 다방면으로 놀라운 능력을 발휘했죠. 영국 사람들은 그를 '놀라운 머치스턴Merchiston'이라고 불렀습니다. 머치스턴은 그가 물려받은 성城의 이름이에요. 그는 성뿐만 아니라 넓은 땅도 소유한 부자였습니다. 네이피어는 머치스턴 성 주위를 조용히 산책하며 이런저런 생각에 빠지는 것을 좋아했고, 그런 사색 속에서 로그도 발명합니다.

당시 상업이나 과학이 발달하면서 곱하기와 나누기를 할 일이 많은데, 일일이 계산하기는 상당히 불편했습니다. 네이피어는 뭔가 방법이 없을까 고민했고, 지수를 눈여겨봤어요. 지수는 곱하기를 더하기로 바꿔서 계산할 수 있거든요.

각 숫자의 지수에 해당하는 값만 계산해 두면 곱하기나 나누기

$$2^2 \times 2^3 = 2^5 = 32$$

(더하기)

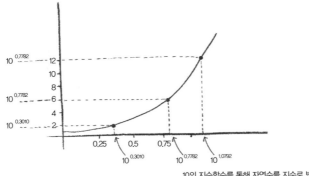

10의 지수함수를 통해 자연수를 지수로 변환

는 간단한 더하기나 빼기로 변환되는 겁니다. 그런데 지수를 이용하기 위해서는 모든 숫자를 한 숫자의 제곱으로 바꿔야 해요. 1, 2, 3, 4, 5… 이런 숫자도 한 숫자의 제곱으로 나타내야 하는 거죠. 쉽지 않겠죠? 4나 8 같은 수는 2의 제곱, 2의 세 제곱으로 변화되지만 그냥 수들은 어떻게 지수로 바꿀 수 있을까요?

그것은 지수함수를 그려서 구할 수 있습니다. 예를 들어 10의 지수함수를 그린 뒤 먼저 10의 제곱, 10의 세 제곱, 10의 네 제곱 등의 값을 좌표평면에 찍고 쭉 이어 그립니다.

위의 그래프처럼 10의 지수함수 그래프를 확대하면 숫자와 함수

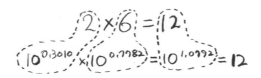

과학이 빛나는 밤에

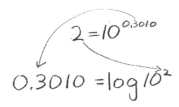

$$2 = 10^{0.3010}$$

$$0.3010 = \log 10^{2}$$

의 곡선이 만나는 부분이 있죠? 그 부분이 바로 10의 지수입니다. 예를 들어 2는 10의 0.3010제곱이 되고, 6은 10의 0.7782 제곱이 돼요. 이런 식으로 모든 수를 10의 지수로 나타낼 수 있어요.

그래서 2와 6의 곱하기를 10의 제곱들의 더하기로 나타낼 수 있는 거죠. 미리 모든 수에 대한 10의 거듭제곱 값을 계산해 놓으면 어떤 수든 곱하기나 더하기로 계산할 수 있습니다. 그런데 표시가 좀 불편하죠? 그래서 우리가 곱하기할 때 구해야 할 것은 어떤 수의 10의 지수 값이니까 이걸 뒤로 빼고, 대신 앞에 로그 표시를 해요.

이렇게 로그가 탄생하면서 천문학자, 금융업자, 상인 등 계산을 많이 해야 하는 사람들은 지긋지긋한 계산의 고통에서 한 걸음 벗어날 수 있었습니다. '라플라스의 악마'로 유명한 프랑스 과학자 라플라스Pierre Simon Marquis de Laplace는 "로그의 발명으로 천문학자의 수명은 두 배가 되었다"고 말했죠. 특히 계산하느라 고생이 많았던 케플러는 로그 전도사로서 열심히 활동했습니다.

수학의 도움으로 천문학 혁명은 완성됐지만, 완벽한 과학혁명은 아니었습니다. 어떤 천체들이 어떻게 움직이는지 알아냈지만, 그 움직임을 만들어 내는 힘에 대해서는 알아내지 못했거든요. 과학혁명을 완성하기 위해서는 또 한 번 혁명이 필요했습니다. 과학혁명은 빠르게 클라이맥스를 치달았습니다. 드디어 그 유명한 뉴턴이 등장할 때가 되었습니다.

세상이 좀 달라 보이나요?

네이피어 흉내를 좀 내 볼까요? 산책하면서 여러분이 풀어야 할 문제를 떠올리고 가만히 기다려 보세요. 뭔가 떠오르죠? 꼭 해답이 아닐 수도 있고, 왜 그런 답이 떠올랐는지 알 수 없지만 뭔가 떠오르긴 합니다. 마치 자판기 같지 않아요? 뭔가 넣으면 뭔가 나옵니다. 코페르니쿠스나 케플러, 네이피어가 한 일도 똑같아요. 떠올린 문제가 다르고, 튀어나온 해답이 좀 대단했을 뿐입니다. 도대체 뇌라는 자판기는 어떻게 생겼기에 그런 것들을 배출할 수 있을까요? 저 역시 그 자판기를 이용해 글을 쓰면서도 신기할 뿐입니다.

과학이 빛나는 밤에

이브 다음의 사과,
뉴턴이 완성한 만유인력

공을 던진다. 좀 더 멀리 던진다. 엄청나게 멀리 던진다. 지평선을 넘어갈 정도로 멀리 던진다. 태평양을 넘어갈 정도로 멀리 던진다. 지구를 한 바퀴 돌 정도로 멀리 던진다. 공기와 마찰이 없어서 힘을 잃지 않는다면 어떻게 될까? 영원히 돌 수 있을까?

뉴턴의 머릿속에서 지상의 운동과 천상의 운동이 결합되는 순간이었습니다. 운동은 왜 계속될까요? 행성들은 왜 태양 주위를 돌고, 달은 왜 지구 주위를 돌까요? 태양이 행성들에 끈을 매달고 돌리는 것도 아닐 텐데 말이죠. 천문학 혁명에서는 이에 대한 설명이 없습니다. 뉴턴이 그 유명한 만유인력으로 이 문제를 해결합니다. 그런데 만유인력은 물체들 사이에 끌어당기는 힘인데, 이것으로 어떻게 공전을 설명했을까요? 뉴턴은 머릿속으로 실험해 봅니다. 이것을 '사고실험'이라고 하는데, 역학혁명에서는 이 사고실험이 중요한 역할을 많이 합니다.

뉴턴은 머릿속으로 사과를 던져 봤어요. 살짝 던지면 바로 앞에 떨어지지만, 세게 던지면 꽤 멀리 날아갑니다. 그리고 아주 세게 던지면 지구를 탈출해 우주로 날아가 버릴 수도 있습니다. 그런데 여기서 어중간한 상황이 될 수도 있어요. 적당히 세게 던질 경우 지구로 떨어지지도 않고 우주로 탈출도 못하고 지구 주위를 돌 수도 있거든요. 지구가 당기는 힘과 우주로 던져진 힘이 균형을 이뤄 지구 주위를 뱅글뱅글 도는 거죠.

중앙을 향해 비스듬하게 기울어진 자동차경주 트랙을 상상하면 이해가 잘될 거예요. 공을 살살 굴리면 좀 굴러가다가 가운데로 떨어지고, 세게 굴리면 좀 더 많이 굴러가고, 아주 빨리 굴리면 거의 한 바퀴를 돌겠죠. 마찰이 없다면 계속 뱅글뱅글 돌 거예요. 모든 행성과 달의 공전이 만유인력 하나로 설명되는 순간입니다. 사과가 떨어지는 것이나 천체가 우주 공간에서 공전하는 것이나 본질적으로 같은 힘이 작용하는 운동임을 알아낸 거죠. 이처럼 뉴턴의 노력에 의해서 천문학 혁명이 제대로 완성되지만, 모든 것이 뉴턴의 공은 아닙니다.

가장 핵심적인 개념은 갈릴레이의 아이디어거든요. 그 아이디어는 '관성'입니다. 지구가 태양 주위를 멈추지 않고 도는 것도 관성 때문이에요. 지구가 공전하는 데는 추가로 에너지가 필요하지 않습니다. 한번 움직이면 영원히 움직인다는 관성으로 움직이니까요. 지구는 태양 주위를 회전하던 우주먼지들이 모여서 만들어졌으니 그 관성이 그대로 남아 공전하는 것뿐입니다.

관성이란 개념 역시 갈릴레이의 사고의 힘으로 탄생했죠. 갈릴

과학이 빛나는 밤에

레이는 생각합니다. '공을 울퉁불퉁한 데서 굴리면 얼마 못 가서 멈춘다. 반질반질한 곳에서 굴리면 좀 더 많이 굴러갈 것이다. 매끄러운 얼음 위에서 굴리면 훨씬 많이 굴러갈 것이다. 너무 반들반들해서 마찰이 없고 공기조차 없다면? 멈추지 않고 계속 굴러서 지구를 돌고 또 돌고… 영원히 멈추지 않을 것이다.'

한번 건드렸을 뿐인데 영원히 움직이는 겁니다. 움직이는 것이 물체의 자연스런 상태가 되죠. 계속 움직이기 위해서 힘을 주거나 애쓸 필요가 없어요. 이것이 한번 운동 상태에 들어간 물체는 그 상태를 유지한다는 관성이라는 개념의 시작이었습니다. 비유적으로 설명하면 면허증 같다고 할까요? 한번 따면 운전하지 않고 몇 년 동안 걸어 다니기만 해도 운전면허는 유지되잖아요. 자연스런 일부가 되는 거예요.

이런 개념은 이전에는 없었어요. 일반적으로는 이런 개념을 생각해 낼 수 없죠. 한번 건드리면 영원히 움직이는 물체가 주변에 없기도 하고요. 어떤 물체나 움직이다 보면 멈춥니다. 항상 그런 현상만 보니까 상식적으로 모든 물체는 힘이 소진되어 결국 멈춘다고 생각할 수밖에 없습니다.

사람도 밥 먹고 나서는 빠릿빠릿하게 움직이다가 나중에는 힘이 빠져서 움직이지 못해요. 다른 물체의 운동도 이런 시각에서 봤을 겁니다. 하지만 갈릴레이는 사고의 힘을 통해서 운동에는 관성이라는 속성이 있다는 것을 알아내죠. 이 관성 덕분에 지구가 수십억 년 동안 태양 주위를 추가적인 에너지 없이 뱅글뱅글 돌 수 있었던 것이고요.

관성 개념은 나중에 데카르트가 발전시키고 뉴턴이 완성합니다. 이렇게 보면 관성과 만유인력으로 모든 게 설명된 듯하지만, 아직 해결할 문제가 하나 있습니다. 지구가 태양 주위를 뱅글뱅글 돈다면 왜 그걸 못 느끼냐는 거죠. 지구 공전 속도가 무려 30km/s예요. 1초에 30km를 가니 총알 속도의 30배입니다. 이 엄청난 속도를 왜 전혀 느끼지 못할까요?

우리 곁의 익숙한 공전 속도

첫째, 우리가 공전 속도를 지니고 태어나기 때문이에요. 만약 처음에 이 속도가 아니었는데 이 속도를 얻기 위해 속도를 높인다면 그 변화를 느낄 수 있어요. 버스나 전철이 출발할 때 몸이 뒤로 쏠리는 것처럼 말입니다. 하지만 마찰이 없는 상태, 즉 덜컹거리지 않고 똑같은 속도로 운동하는 상태라면 느낄 수 없어요. 비행기가 그렇죠. 보통 비행기 속도가 1,000km/h인데, 탑승한 상태에서 그 속도를 느낄 수 있나요? 등속 운동 상태에서는 물체가 직접적으로 힘을 받지 않습니다.

더구나 지구는 진공인 우주 공간을 달리니 그 속도를 느낄 수 없어요. 운동 속도 때문에 물체가 갑자기 오그라들거나 뒤틀리는 변형이 오는 것은 아닌 겁니다. 운전면허가 있다고 해서 신체의 일부가 자동차 엔진처럼 변하는 건 아니잖아요. 운동 상태는 운동 상태고 물체는 물체입니다.

하지만 둘이 전혀 상관없다는 건 아니에요. 분명히 그 운동 상태

과학이 빛나는 밤에

가 있습니다. 어느 순간 지구가 갑자기 멈추면 운동 상태의 힘을 느낄 수 있어요. 우리는 모두 30km/s로 우주 공간을 향해 튀어 나갈 거예요. 하늘을 향해 번지점프 한다고 생각하면 됩니다. 총알보다 빠른 속도로 우주 공간을 향해 솟구쳐요. 자동차 사고도 비슷합니다. 잘 갈 때는 모르지만, 충돌하면 운동 상태의 힘이 드러나죠. 안전벨트를 하지 않으면 창을 깨뜨리고 휙 날아가잖아요.

전혀 못 느끼지만, 무서운 운동 상태에 있는 거죠. 지금 이 순간에도 총알보다 30배 빠른 속도로 우주 공간을 휘젓고 돌아다니는 겁니다. 그게 전부가 아니에요. 태양계도 300km/s 정도로 은하 주위를 공전하니까요. 지구 공전 속도보다 10배나 빠르죠? 또 있습니다. 은하들은 은하단이라는 무리를 이루는데, 은하단도 회전해요. 여기에 은하단끼리 멀어지는 속도도 있어요. 우리에게 아주 다양한 운동 상태가 겹쳐져 있는 겁니다. 그 운동 상태들이 우리에게 직접적인 영향을 준다면 현기증 나서 순식간에 기절하고 말 거예요.

함께 움직이는 세상

둘째, 지구에 포함된 공기와 땅, 바다, 나무 등 모든 물체가 다 같이 움직이기 때문에 속도를 느끼지 못합니다. 고속도로에서 다른 차들과 함께 100km/h로 달리면 멈춘 것 같다가, 서 있는 가로수를 봐야 속도가 느껴져요. 비교할 대상이 없고 다 같이 움직이면 속도를 느낄 수 없습니다.

종전의 과학에서는 운동 상태와 물체는 무관하다는 걸 몰랐기 때문에 물체의 운동에 대해 제대로 설명하지 못했죠. 운동하는 물체 안에서 뭔가 직접적인 변화가 일어난다고 생각했습니다. 물체를 던지면 앞으로 나가려는 힘과 물체가 떨어지려는 힘이 대립하고, 그 과정에서 앞으로 나가려는 힘이 소진되어 결국 땅에 떨어진다는 식으로 생각했어요. 그런데 이렇게 생각해서는 과학적으로 계산할 수 없다는 게 문제예요. 힘이 대립하고 싸우는데 누가 이기고 지는지 어떻게 수식으로 나타내서 계산할 수 있겠습니까? 격투기 경기 중계하듯 물체의 운동을 중계할 것도 아니고 말이죠.

그런데 이것을 일종의 상태로 보면 계산이 가능합니다. 포물선운동에서 수직 방향과 수평 방향 화살표를 그리잖아요. 수직 방향으로 올라가는 직선 화살표는 '수직 방향 운동 상태'를 나타내고, 수평 방향으로 가는 직선 화살표는 '수평 방향 운동 상태'를 나타냅니다. 그 둘을 더하면 포물선으로 던져진 공이 날아가는 방향이 나와요.

이렇게 두 운동 상태가 합해진다는 방식으로 생각하면 포물선운동을 계산할 수 있어요. 이 생각을 처음 한 사람 역시 뉴턴이 아니라 선배 과학자 갈릴레이입니다. 참 대단하죠? 나중에 뉴턴이 "내가 남들보다 멀리 볼 수 있는 이유가 있었다면 그것은 내가 거인의 어깨 위에 올라섰기 때문이다"라고 했는데, 그 거인은 갈릴레이를 의미할 겁니다.

포화가 발전시킨 과학

갈릴레이의 생각은 단순히 과학적 호기심에서 나온 것이 아닙니다. 당시 시대상이 큰 영향을 주었죠. 16~17세기 유럽 각국은 전쟁 중이었습니다. 패권 다툼에 정신이 없었어요. 이 전쟁에서 대포를 주로 사용했는데, 쏘아 올린 포탄이 어디 떨어질지 정확히 계산할 수 없는 게 문제였습니다. 아무리 그럴듯한 아리스토텔레스도 소용없었죠. 포탄을 낭비하지 않고 정확히 적을 타격하는 것은 전쟁의 승패가 달린 중요한 문제였기 때문에 과학자들은 포탄의 포물선운동을 계산하는 데 관심이 많았어요. 그런데 당시 갈릴레이는 관찰을 통해 빗면에서 공이 점점 빠른 속도로 떨어진다는 것을 알았고, 포탄이 떨어질 때도 마찬가지 현상이 일어날 거라고 생각했죠.

그리고 공의 운동이 빗면으로 굴러떨어지는 모양이든, 포물선 모양이든 수직 방향으로 떨어지는 운동 상태는 같을 거라고 생각했습니다. 다만 수평 방향 운동 상태가 다르기 때문에 전체적인 운동의 모습이 달라지는 거라고 생각했어요. 참 예리하고 뛰어난 사람이에요. 눈에는 전혀 그렇게 보이지 않는데, 어떻게 그런 속성이 숨어 있

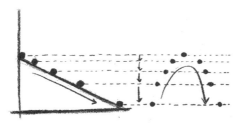

공의 빗면 하강 움직임과 포탄의 포물선 궤적의 공통점

을 거라고 생각할 수 있는지… 대단합니다.

그러나 아직 수학적으로 정리되지는 않았습니다. 세심한 관찰과 물리적 직관으로 포물선운동을 설명하는 데 성공했지만, 우리가 지금 배우는 것처럼 좌표평면에 포물선을 수학적으로 그려 낸다거나 포물선운동 상태인 한 점에서 수직·수평 화살표와 길이를 정확히 그려 내는 수준이 아니었어요. 바로 이 부분에서 뉴턴의 천재성이 드러납니다. 물체의 운동을 수학으로 물 샐 틈 없이 완벽하게 설명했거든요. 물론 혼자 다 해낸 것은 아니고, 이번에는 데카르트의 도움이 컸죠.

세상이 좀 달라 보이나요?

우리 몸의 운동 상태에 대해 생각해 보세요. 지구의 자전과 공전, 은하의 회전, 은하단의 멀어짐… 총알보다 훨씬 빠른 속도로 돌고 또 돕니다. 아, 어지럽네요.

과학이 빛나는 밤에

수학으로 거듭난 물리학,
뉴턴의 미적분

데카르트는 참 다재다능합니다. 철학뿐만 아니라 수학에서도 그 유명세가 대단하죠. 우리가 수학 시간에 x축, y축 하면서 배우는 좌표평면이 데카르트의 작품이에요. 좌표계가 등장하기 전에는 어떤 물체의 위치를 수학적으로 표현하기 힘들었습니다. 그러나 좌표계가 있으면 딱딱 표시됩니다. 포물선운동의 궤적을 그리고, 순간순간 물체의 위치를 x, y 좌표 값으로 정확히 표시할 수 있죠. 그런데 이것은 위치일 뿐, 물체의 운동 상태에 대한 내용은 없어요. 그 위치에 정지한 물체나 그 위치를 지나치는 물체나 좌표 값이 같습니다.

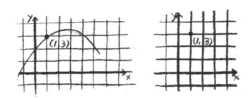

운동 상태에 대한 내용 없이 같은 위치로 표시된 좌표

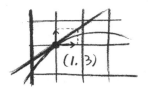

접선으로 나타내는 운동 방향

　물론 그 순간의 운동 상태를 보여 주는 방법이 없는 것은 아니에요. 좌표 값에 해당하는 하나의 점에 접선을 그리면 되거든요. 접선의 방향이 그 순간의 운동 방향이 되고, 접선을 통해 수직 성분의 운동 상태와 수평 성분의 운동 상태도 알 수 있습니다.

　문제는 접선을 수학적으로 구할 수 없다는 겁니다. 직선을 제대로 그리려면 점이 최소한 두 개는 되어야지, 하나로는 힘드니까요.

미분으로 쉬워진 계산

　　　　　　　　　　　이 문제를 해결한 것이 뉴턴입니다. 그 유명한 미분이 여기에서 등장하죠. 수식으로 설명하면 복잡하지만 개념은 간단해요. 점 두 개를 사용하는 겁니다. 하나는 접선을 구하려는 점이고, 다른 하나는 그 점에 무한히 가까운 점이에요. 두 점이 무한히 가깝기 때문에 거의 한 점이나 마찬가지고, 두 점을 통과하는 직선도 접선이나 마찬가지입니다.

　무한히 가까운 점을 어떻게 구하느냐가 문제겠죠? 실제로 구할 필요는 없어요. 수식에서 이용하고 필요 없어지면 버립니다. 무슨 속임수 같은데 수학적으로 계산이 되긴 해요.

여기서 등장하는 개념이 '오미크론'입니다. 'o'로 표기하는데 무한히 작은 시간을 의미하죠. 간단히 수식만 보면서 이해해 볼까요? 3+op, 9+oq란 (3, 9)를 무한히 짧은 시간, 즉 'o'만큼 지나는 점의 좌표입니다. 그 좌표 값을 x, y에 대입해서 기울기를 구하는 거죠. 그런데 마지막에 op를 없앱니다. 'o'가 무한히 작은 수니까 없는 셈 치는 거죠. 그러면 기울기 값인 6이 깔끔하게 나옵니다.

$$y=x^2$$
$$(9+oq)=(3+op)^2$$
$$9+oq=9+op+o^2p^2 \quad \text{양변을 p로 나누기}$$
$$q/p=6+op$$

이렇게 접선을 수학적으로 구했습니다. 하지만 버클리George Berkeley가 비판했듯이 합리적인 방식은 아니죠. 그런데 접선을 구하기 위해 매번 이렇게 계산할 필요가 있을까요? 접선의 기울기에도 어떤 규칙이 있지 않을까요?

네, 간단히 구할 수 있어요. 구체적인 좌표 값 대신 a 같은 문자를 넣는 겁니다. 어떤 수라도 a에 넣을 수 있도록 말이죠.

마찬가지로 버릴 것을 버리면 기울기를 구할 수 있는 식이 나옵니다. 이제 a 값만 알면 기울기가 바로 구해져요. 그런데 이 기울기를 구하는 식 역시 하나의 함수로 만들어서 좌표 위에 그릴 수 있습니다. a 값을 y축 좌표 값으로 하고, a 값을 대입해서 나오는 기울기를 y축 좌표 값이라고 하면 되니까요. 이것이 '도함수'입니다.

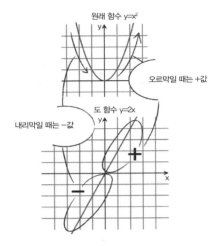

원래 함수 y=x²

오르막일 때는 +값

도 함수 y=2x

내리막일 때는 -값

이 새로운 도함수 값만 봐도 원래 함수의 기울기를 알 수 있어요. 기울기가 - 값일 때는 곡선이 내리막이고, + 값일 때는 오르막이죠.

여기에서 한 단계 편리해질 수 있는 부분이 있어요. 원래 곡선의 함수와 기울기를 나타내는 도함수를 비교해 보세요. 뭔가 공통점이 있죠? 공통점을 잘 활용하면 원래 곡선의 함수에서 바로 기울기를 나타내는 함수를 구할 수 있어요. 복잡하게 오미크론을 사용할 필요가 없습니다.

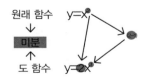

원래 함수
↓
미분
↑
도 함수

y=x²

y=2x

과학이 빛나는 밤에

미분과 적분의 합,
수학과 물리학의 만남

　　　　　　　　뉴턴은 여기에서 한 단계 더 나아갑니다. 바로 적분이죠. 적분은 원래 울퉁불퉁한 물체의 부피나 면적을 구하기 위한 수학적 기법이었는데, 뉴턴은 적분과 미분이 밀접한 관계가 있다는 '신기한' 사실을 알아냅니다. 간단하게 미분과 적분을 왔다 갔다 할 수 있는 방법도 알아냈어요. 원래 이것은 구하고자 하는 면적을 직사각형처럼 면적을 계산하기 쉬운 도형으로 잘게 쪼개서 구하는 수밖에 없었습니다. 굉장히 귀찮은 일이었죠.

　뉴턴은 이렇게 구한 넓이를 쭉 비교해 보면서 일정한 규칙성을 발견했습니다. 이 규칙성을 이용해서 넓이를 구하는 함수를 구했어요. 함수를 미분해서 기울기 구하는 식을 구할 수 있듯이 말입니다.

　원래 함수에서 넓이 구하는 식을 구하는 것을 적분이라고 부릅니다. 적분도 미분처럼 손쉽게 구할 수 있는 규칙이 있죠. 미분과 적분은 방향이 다를 뿐입니다. 미분과 적분은 역의 관계예요. 뉴턴이 발견한 것이 바로 이 관계입니다. 별 상관없어 보이던 미분과 적분이 이렇게 연결되었죠. 덕분에 아주 어렵던 적분도 쉬워졌습니다.

미적분의 통합은 물리학적으로도 큰 의미가 있습니다. 거리, 속도, 가속도가 미적분으로 깔끔하게 연결되고 표현될 수 있거든요. 거리와 시간에 대한 그래프를 미분해서 구할 수 있는 접선의 기울기는 속도가 되고요. 속도와 시간에 대한 그래프를 미분해서 구할 수 있는 접선의 기울기는 가속도가 되죠. 이 그래프를 적분하면 거리를 구할 수 있고요. 그리고 가속도와 시간에 대한 그래프를 적분하면 속도를 구할 수 있습니다.

이렇게 거리부터 시간, 속도, 가속도까지 물체의 운동에 관해서 웬만한 것들은 다 수학으로 표현할 수 있게 된 겁니다. 이제 '날아간다, 떨어진다, 좀 더 빨리 움직인다, 동남쪽으로 굴러간다, 물체의 원래 자리로 돌아간다'와 같이 불분명하고 주관적인 언어를 쓸 필요가 없어진 거죠. 물체의 운동 과정이 좌표 위에 그려지면 미적분을 통해서 불분명한 곳 없이 정확한 수치로 계산할 수 있었죠. 물리학이 수학을 만나 객관성과 정확성을 얻은 겁니다.

과학혁명의 선봉에 선 수학

미분법은 비슷한 시기에 라이프니츠Gottfried Wilhelm Leibniz도 발견합니다. 그래서 누가 먼저 발견했는지 격론이 벌어졌고, 그 와중에 뉴턴은 추접스러운 면을 보이기도 했어요. 자신이 회장을 맡고 있던 왕립협회를 조종해서 뉴턴이 먼저 발견한 것이라는 보고서를 발표하게 만든 겁니다.

하지만 시대적 관심이 운동을 수학적으로 표현하고 계산하는 데 있었으니 미분법이 거의 동시에 발견된 것은 우연이 아니었습니다. 물리학의 발전도 시대 상황과 떼어 놓고 생각할 수 없는 겁니다. 유럽이 평화로워서 대포 쏠 일이 없었다면 갈릴레이가 포물선운동에 관심이 없었을 수 있고, 뉴턴이나 라이프니츠가 미분을 발명하지 않았을지도 모르니까요.

시대의 흐름 속에 수학의 강력한 힘으로 무장한 과학은 관념적이고 문학적이고 애매모호하던 철학적 과학을 무너뜨리고 과학혁명에 성공합니다. 불과 10만 년 전만 해도 돌이나 깨며 살던 인류가 행성과 달의 궤도, 물체의 운동을 수식으로 계산하게 된 거예요. 그것도 별다른 장비 없이 오로지 피나는 노력과 사고의 힘으로 말입니다. 정말 대단하죠.

그런데 유럽 못지않게 문명 발달 수준이 높았던 이슬람권이나 동아시아에서는 왜 과학혁명이 일어나지 않았을까요? 인간의 사고력이 갑자기 높아진 것도 아닐 텐데, 왜 16~17세기가 되어서야 그것도 유럽에서만 과학혁명이 일어났을까요?

세상이 좀 달라 보이나요?

머리가 아프죠? 공이 떨어지고 날아가고 굴러가는 물리적 현상들이 왜 그렇게 수학적일까요? 아리스토텔레스가 얘기했듯이 철학적이었다면 물리가 그렇게 어렵지 않았을 텐데요. 그저 수학적인 세상이 원망스러울 뿐입니다.

경쟁은 나의 힘,
유럽에서 시작된 과학혁명

과학혁명이 왜 하필 16~17세기 유럽에서 일어났는지 정설은 없습니다. 그럴 만한 분위기가 있긴 했죠. 먼저 정치적인 상황을 보면 당시 유럽은 패권 다툼이 치열했습니다. 프랑스의 발루아Valois왕조와 합스부르크Habsburg 왕가가 사사건건 부딪쳤어요.

하지만 다른 문명은 한 국가 독주 체제였습니다. 이슬람권에서는 오스만튀르크Osman Türk가, 인도는 무굴Mughul제국이, 동아시아는 중국의 명明이 독주했죠. 그런 독주 체제에서는 포탄의 궤도 문제가 절박하지 않았을 겁니다. 그 때문에 제2의 갈릴레이나 뉴턴이 나오지 않은 것일 수도 있고요. 그런 면에서 지식의 진화에도 경쟁 체제가 좀 더 유리하지 않았을까 생각해 볼 수 있습니다. 경쟁으로 유명한 춘추전국시대만 해도 공자孔子, 맹자孟子의 유가부터 묵가, 도가, 법가 등 엄청난 지식이 쏟아져 나왔으니까요.

천문학을 발달시킨 데도 경쟁 체제가 중요한 원인으로 작용했습니다. 포르투갈과 스페인이 경쟁하면서 대서양과 태평양으로 세력을 확대하는 바람에 대양 항해 기술이 필요했거든요. GPS도 없는 상황에서 항해 기술의 핵심인 배의 위치를 판단하려면 별자리 관측에 의존할 수밖에 없었죠. 튀코 브라헤가 왕실의 지원을 받으며 천문 관측을 한 것도 그런 경쟁 체제 덕분이었습니다. 반면 중국의 명은 땅이 넓고 딱히 식민지가 필요 없었기 때문에 대양 항해 능력이 있었음에도 한 번 다녀온 것으로 만족했죠. 정화鄭和라는 무관이 수백 척이나 되는 배를 이끌고 아프리카까지 다녀왔다는 기록이 있지만 그것으로 끝이었죠. 대륙도 넓어서 관리하기 쉽지 않은데, 굳이 남의 땅을 욕심낼 필요가 없었을 겁니다.

다른 문명 세계의 도움도 중요했던 것으로 보입니다. 우선 과학혁명이 일어나는 데 큰 영향을 준 그리스의 자연철학을 들 수 있어요. 그리스 자연철학은 기원전 5세기경 밀레투스Miletus의 이오니아Ionia 지방에서 생겨났는데 독특하게도 신에 의존하지 않고 이론적으로 자연현상을 설명하려고 했습니다. 유명한 데모크리토스Democritos 원자론이나 아낙시만드로스Anaximandros 진화론의 핵심 개념을 보면 지금에 비해도 손색이 없을 정도입니다. 예컨대 아낙시만드로스 진화론에서 인간은 물고기 같은 하등동물에서 발달했으며, 생명은 질척한 성분이 태양에 의해 증발할 때 생겼다고 주장했거든요.

수준이 다르죠? 당시 다른 지방에서는 인간은 신이 흙으로 빚은 창조물이고, 바다는 포세이돈Poseidon이 관장하고 태양은 아폴론Apollon이 움직인다는 식으로 온갖 신화와 설화가 판을 쳤는데 말입니다. 이게 중요한 까닭이 신을 등장시키면 토론의 대상이 안 되지만, 순수하게 이론적인 생각은 맞다 틀리다 토론의 대상이 되거든요. 이런 경향은 플라톤, 아리스토텔레스 쪽으로도 내려와요. 아리스토텔레스도 신 없이 합리적인 이론으로 우주를 설명하고자 했습니다. 다만 토마스 아퀴나스가 기독교와 결부시키는 바람에 신을 합리화하는 권위적 지식이 된 것뿐이었죠.

하지만 그 외 그리스의 지식들은 기독교의 배척 속에 사라질 위기에 처합니다. 신을 빼놓고 뭔가 설명하려고 하는 모습이 싫었기 때문이죠. 영화 〈아고라Agora〉를 보면 이집트 알렉산드리아Alexandria에서 기독교인들이 그리스의 지식이 가득한 도서관을 불태우고, 도서관을 지키던 여성 철학자 히파티아Hypatia를 죽입니다. 그리스 지식을 소중히 여긴 사람들이 책을 들고 시리아 쪽으로 도망쳐서 간신히 살아남아요. 다행히 뒷날 그 지역을 정복한 이슬람 세력에 의해 아랍어로 번역되고, 각지의 도서관으로 전파됩니다. 당시 이슬람 지도자 칼리프caliph들은 그리스의 지식을 아주 좋아해서 적극적으로 지원해요. 기독교와 똑같은 유일신 신앙을 가진 사람들이지만, 지식을 대하는 태도는 완전히 달랐죠. 이슬람이 지식 저장고 역할을 해 준 겁니다. 십자군 전쟁 이후 그 지식이 유럽에 소개되고요.

인도는 0의 개념, 십진법과 같은 수학을 유럽에 전하면서 과학이 발전하는 밑바탕을 만들어 줍니다. 중국의 인쇄술과 제지술도 빼놓을 수 없죠. 지식이 책을 통해 널리 퍼지지 않으면 과학혁명도 불가능할 테니까요. 당시 중국은 책 외에도 기술적인 면에서 유럽보다 훨씬 발달했어요. 철강 산업은 무려 1,000년 이상 앞서 있었습니다. 중국 사람들이 기원 전 6세기부터 알던 주철 기술을 유럽은 13세기

294   과학이 빛나는 밤에

에 이르러서야 알았거든요.

영화 〈록 스톡 앤드 투 스모킹 배럴즈Lock Stock & 2 Smoking Barrels〉를 보면 처음에는 전혀 상관없던 사람들이 각자 이야기를 펼쳐 나가다가 우연히 한곳에 모여 총격전이 벌어지면서 끝납니다. 과학혁명도 웬지 비슷해 보이죠? 다른 문명에서 일어난 일이 전혀 의도치 않았지만, 과학혁명에 결정적 도움을 주는 걸 보면 말입니다.

이성의 법칙이 지배하는 세계로

이런 조건들이 맞아떨어지면서 '과학'이 탄생했고, 자연을 둘러싸고 있던 '신'이라는 포장지를 벗기기 시작합니다. 이제 세상은 신의 변덕에 좌지우지되는 곳이 아닙니다. 풍년이 들든, 가뭄이 오든, 번개가 내려치든 모든 자연현상에는 원인이 있고, 정해진 질서에 따라 일어나는 일들이죠. 이 세상과 우주는 거대한 톱니바퀴처럼 과학적인 법칙과 질서에 따라 착착 돌아가고 있었습니다.

라플라스의 악마가 그런 관점을 잘 보여 주는 예입니다. 놀라운 능력이 있는 악마가 어느 시점에 우주에서 일어나는 모든 물리현상을 알고 있다면 미래를 정확히 예측할 수 있다는 거예요. 현실적으로 불가능하겠지만 이론적으로는 틀린 말이 아니었습니다. 당시 뉴턴의 물리법칙을 이용하면 물체의 움직임을 정확히 계산할 수 있었거든요. 현재 그 물체의 운동 방향과 속도 같은 정보를 알면 어디로 어떻게 움직일지 예측하기는 어렵지 않았죠. 규칙과 질서에 따라 움직이는 세상에서는 신의 눈치를 볼 필요가 없었습니다. 신에 대한 두려움은 사라지고 자신감이 자라나기 시작했어요. 회의론 같은 지식의 위기를 극복하고 우주를 이해한 인류에게는 밝은 미래만 펼쳐질 것 같았습니다.

그러나 또 다른 위기가 다가오고 있었어요. 잘못하면 인류 문명이 더 발전하지 못하고 붕괴될 수도 있었습니다. 하지만 지금까지 그래 왔듯이 위기를 잘 극복하면 새로운 진화를 해낼 수도 있었죠.

세상이 좀 달라 보이나요?

뉴스를 보세요. 경제, 사회, 문화 분야별로 정말 많은 사건과 사고가 일어납니다. 세상이 참 혼란스러워 보이지만, 이중에서 어떤 일들은 과학혁명처럼 뒷날 멋진 일을 만들어 낼 수도 있습니다. 역사가 재미있는 것이 바로 그런 부분 때문이 아닐까 싶네요.

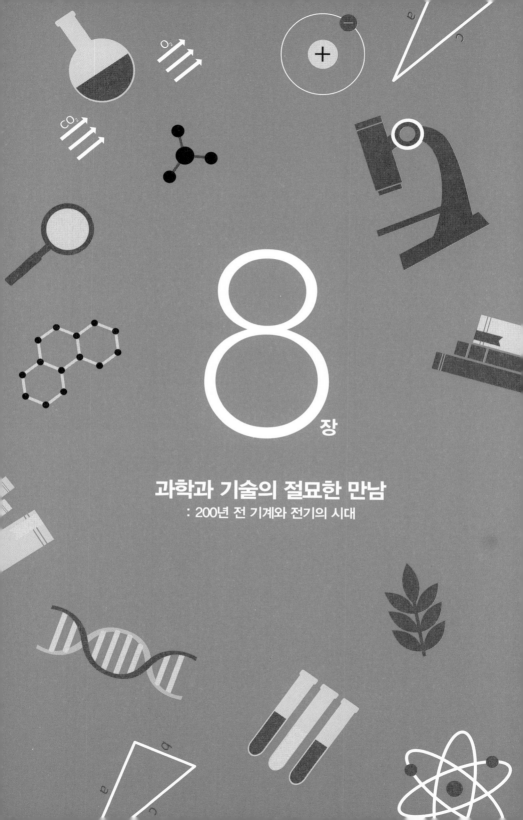

8장

과학과 기술의 절묘한 만남
: 200년 전 기계와 전기의 시대

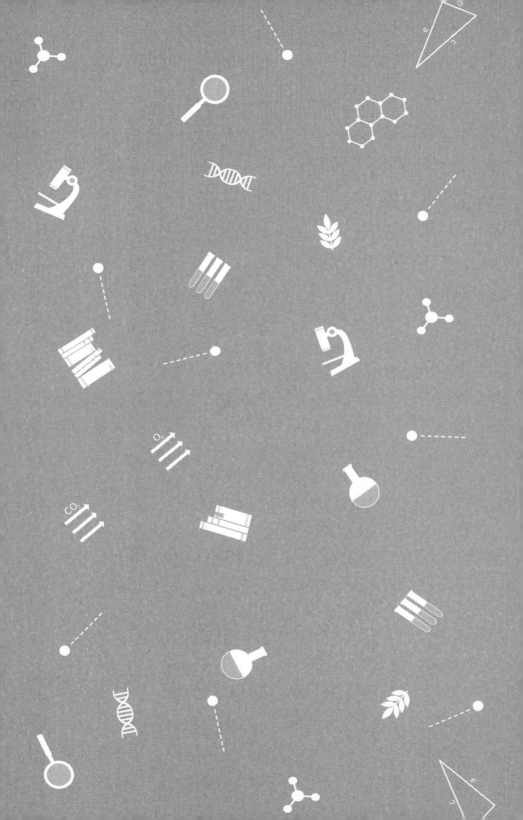

사람의 힘에서 기계의 힘으로, 산업혁명

과학혁명으로 발전해 나가던 유럽에 닥쳐온 것은 에너지 위기였습니다. 당시 사람들은 대부분 나무를 땔감으로 썼는데, 인구가 증가하면서 나무가 부족했어요. 도시 주변의 숲은 오래전에 사라져서 황량했습니다. 나무가 부족하면 난방이나 요리만 힘들어지는 것이 아니었습니다. 집과 온갖 생활 도구, 교통수단도 거의 나무로 만들었거든요. 달구지, 마차, 배, 목욕탕 물통, 나막신, 식탁, 의자, 베틀, 인쇄기… 나무는 거의 모든 물건의 재료가 되었죠.

결정적으로 당시 발전하던 철강 산업에 나무가 엄청나게 필요했습니다. 나무를 웬만큼 태워서는 철을 녹일 수 없으니까요. 특히 영국은 해군력 증강에 힘썼기 때문에 배를 만드는 데 막대한 양의 목재가 필요했어요. 이래저래 나무 쓸 데는 많은데, 나무가 빨리 자라지 않다 보니 숲이 사라지면서 나무가 부족했습니다.

그래서 사람들은 나무를 대신할 연료로 석탄을 찾았어요. 그전에도 간혹 석탄을 쓰긴 했지만, 태울 때 유해 물질이 많이 나오는

데다 파내고 옮기기 힘들어서 가급적 쓰지 않았습니다. 그런데 이제 어쩝니까, 써야지. 그런데 석탄을 파내다 보니 문제가 생겼습니다. 석탄은 대부분 땅속에 있기 때문에 어느 정도 파 내려가면 지하수와 만날 수밖에 없거든요. 이 지하수를 퍼내지 못하면 석탄을 쓸 수 없는 상황이었어요. 사람이 일일이 퍼낼 수도, 동물을 이용할 수도 없었습니다.

지하수는 시도 때도 없이 흘러나오니 근육의 힘으로 24시간 퍼내려면 엄청나게 먹어야 하고 그러다보면 석탄 캐서 버는 돈이 모두 음식 사는 데 들어갈 판국이었습니다. 바람이나 물의 힘으로 펌프를 돌리려니 바람은 변덕스럽고, 물은 끌어 오기가 쉽지 않았죠. 탄광 주변에 강이나 시냇물이 있으란 법도 없고요.

증기기관의 발명과 산업혁명

이런 상황에서 문제를 풀겠다고 달려든 사람이 대장장이 뉴커먼Thomas Newcomen입니다. 뉴커먼은 지하수를 퍼내는 펌프를 만들었는데 지금 볼 수 있는 펌프와는 좀 다릅니다. 2~3층 높이 건물에 엄청 큰 화로와 배기통을 갖춘 거대한 보일러 같은 모양이죠.

화로에서는 석탄으로 물을 끓이고, 거기에서 나오는 수증기로 피스톤을 밀어 올렸다가 수증기가 식으면 피스톤이 내려오는 방식으로 움직이는 거대한 증기펌프입니다. 처음부터 제대로 작동하진 않았지만, 수많은 실패 속에도 묵묵히 증기펌프를 만들던 뉴커먼은

300년 전 어느 날 드디어 제작에 성공합니다.

이제 석탄만 적당히 넣으면 24시간 움직일 수 있었어요. 사람이나 동물처럼 게으름을 피우거나 아프지 않고, 물과 바람처럼 변덕스럽지도 않았습니다. 석탄만 충분하면 어디에서나 동력을 만들어낼 수 있었죠. 역사상 가장 성실하고 힘 좋은 동력원이었습니다. 하지만 뉴커먼의 증기펌프는 석탄을 지나치게 많이 소모하는 것이 문제였거든요. 석탄 먹는 하마라고 불릴 정도였습니다.

구조상 수증기를 빨리 식히기 위해 찬물을 뿜어 주다 보니 피스톤까지 식었어요. 피스톤이 자꾸 차가워지니 뜨거운 수증기도 미지근해지면서 제 힘을 발휘하지 못했습니다. 석탄은 석탄대로 많이 써야 했고요. 바로 이 뉴커먼의 증기펌프를 제임스 와트James Watt가 개량하면서 산업혁명의 핵심이 됩니다. 와트는 뜨거운 수증기를 따로 빼내 식히는 방식을 택합니다. 덕분에 열이 낭비되지 않았고,

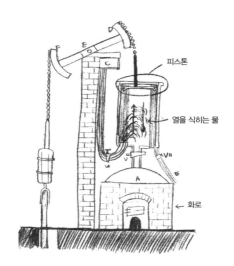

피스톤

열을 식히는 물

화로

뉴커먼의 증기펌프

석탄 소모량도 훨씬 줄었습니다.

효율이 좋아진 와트의 증기기관은 다른 산업 분야에서도 본격적으로 쓰입니다. 특히 방적기에 쓰이면서 진가를 발휘하죠. 방적기는 기다란 솜을 꼬아서 실을 만드는 기계예요. 목화솜에서 실을 만들려면 솜을 가지런히 정돈한 뒤 꼬아야 하거든요. 솜을 잡아당겨서 길게 만들고 손으로 비비면서 꼬아 주면 솜이 뭉치면서 실이 되잖아요. 종전에 손으로 돌리는 물레를 이용했었는데 이제는 와트의 증기기관이 돌리는 방적기에서 꼬아 주었어요.

증기기관이라는 날개를 단 방적기는 실을 대량으로 만들면서 영국의 섬유산업을 일거에 세계 최고 수준으로 올려놓습니다. 산업혁명의 불길이 타오르기 시작했어요. 증기기관은 교통수단에도 큰 발전을 가져옵니다. 증기기관차가 대표적인 예죠. 증기기관차는 사람과 물자를 빠르게 옮겨 줄 뿐만 아니라, 현대적인 '회사'의 모습을 처음 만들어 냅니다. 가족이 운영하는 소기업으로는 철도를 설치하고 유지하는 일을 감당할 수 없었거든요. 철도를 설치하는 것만 해도 엄청난 돈이 들기 때문에 다른 사람들의 투자를 받아야 했습니다. 그래서 투자를 받는 대신 기업의 경영권을 가질 수 있는 '주식'을 주었죠. 이렇게 해서 '주식회사'가 탄생합니다.

그리고 기차가 제때 출발하고 도착하고, 수리와 연료 보급도 관리해가면서 역마다 표를 판매하고 얻은 수입으로 직원들 월급을 주는 등 복잡한 행정 업무 또한 가족 기업으로는 어림없었습니다. 직원이 수천 명 필요했고, 그들을 확실하게 통제·관리해야 했어요. 영업부, 관리부, 총무부 등이 만들어지고 그 부서를 관리하는 부장과 부장들을 관리하는 상무, 전무 같은 자리가 생깁니다. 주식을 소유한 이사들이 회사의 경영을 의논하는 이사회도 생기고요. 현대적인 주식회사의 모습이 철도를 운영하면서 처음 만들어진 겁니다.

재미있는 것은 철도의 출발점이 증기기관차가 아니고 마차라는 점이에요. 흙길을 달리는 마차에 석탄을 실으면 무게 때문에 마차 바퀴가 흙 속에 파묻히는 일이 많았거든요. 비라도 오면 마차 바퀴가 진창에 빠져서 움직이지 않았어요. 그래서 만들어진 것이 레일이고, 처음에는 마차들이 그 위로 다니며 석탄을 운반했습니다. 에너지 위기를 이겨 내기 위한 노력이 의도하지 않게 산업혁명과 교통수단의 발달, 현대적인 회사 시스템까지 만든 셈이죠. 마치 도미노가 쓰러지듯 연쇄효과가 사방으로 뻗어 나가며 세상을 바꿨어요.

하지만 진정한 현대 문명사회로 가기 위해서는 또 한 번 혁명적 진화가 필요했습니다. 이 혁명의 씨앗은 오래전 과학혁명이 마무리되던 무렵에 싹을 틔우고 있었죠.

세상이 좀 달라 보이나요?

산업혁명 이후 우리의 삶을 지탱해 온 화석연료(천연가스, 석유, 석탄)에 대해 생각해 보세요. 생활 속 어디에서나 화석연료의 흔적을 발견할 수 있습니다. 천연가스로 음식을 조리하고, 석유로 달리는 자동차를 타고, 석유에서 뽑아낸 섬유로 만든 옷을 입고, 석탄을 때는 화력발전소에서 만들어진 전기를 사용하고…. 화석연료가 없는 삶을 상상하기 힘들 정도입니다. 화석연료가 떨어지면 어떻게 될까요? 당장 요리를 하려 해도 장작을 구해야죠. 다른 게 원시시대가 아닙니다. 지식이 아무리 많아도 에너지가 없으면 방도가 없어요. 삶의 수준은 급격히 추락할 겁니다. 현대 문명이 대단한 것 같아도 우리의 편리한 삶은 화석연료라는 기둥 하나로 버티는 셈이죠.

자기를 이용한 전기의 생산, 패러데이

소나무에서 진이 흘러나와 굳은 것을 '호박'이라고 부릅니다. 가끔 모기나 파리 같은 곤충이 그 안에 갇혀서 발견되기도 해요. 누렇고 투명하면서 반짝거리는 호박은 오랜 옛날부터 보석 대접을 받았습니다. 그런데 호박은 이상한 성질이 있어요. 호박을 문지르고 주변의 가벼운 물체들에 대면 붙었습니다. 고대 그리스인들은 이것을 보고 호박에 신이 산다고 생각했죠. 그 신이 주변의 물질들을 끌어당긴다고 믿은 겁니다. 호박을 영험한 부적처럼 몸에 달고 다니기도 했어요.

하지만 그것은 신의 마법일 뿐, 과학적으로 연구할 대상이 아니었습니다. 그러나 과학혁명이 일어나면서 사람들은 자연현상에 뭔가 질서나 규칙이 있을 것이라는 생각을 하고, 호박의 마법에서도 그런 것을 찾아내려고 했어요. 1500년대 말 영국 여왕 엘리자베스Elizabeth 1세의 주치의 길버트William Gilbert가 그 주인공입니다. 그는 수많은 실험을 통해 호박만 그런 현상을 일으키는 것이 아님을 알

아닙니다. 유리나 수정, 다른 광물에서도 호박과 비슷한 현상이 일어났죠. 무언가를 끌어당기는 힘은 호박의 마법이 아니라 자연에서 두루 작용하는 일반적인 힘일 가능성이 있었어요.

전기의 발견과 쿨롱의 법칙

길버트는 '호박질'이라는 전기적 성질의 물질이 호박에서 전기적인 힘을 만들 것이라고 생각했습니다. 그는 전기의 힘과 자석의 힘이 분명히 다른 점이 있다는 것도 밝혀냅니다. 자석과 물체 사이는 종이 같은 것으로 가려도 힘이 전달되지만, 전기는 그렇지 않거든요.

전기라는 새로운 힘이 있다는 것이 알려지자, 과학자들은 전기 연구에 매달립니다. 잘하면 뉴턴의 중력 법칙처럼 자연 속에 숨겨진 질서를 또 하나 찾을 수 있을 것 같았죠. 그리고 쿨롱Charles Augustin de Coulomb이 중력 법칙과 거의 똑같은 법칙을 발견합니다. 중력 법칙이 두 물체 사이에 작용하는 중력의 힘을 구하는 공식이듯, 쿨롱의 법칙은 두 물체 사이에 작용하는 전기력을 구하는 공식인데 생긴 게 비슷해요[중력 법칙은 $G \times (m_1 \times m_2/r^2)$, 쿨롱의 법칙은 $K \times (lq \times Ql/r^2)$].

두 공식의 분모에 공통으로 들어 있는 r은 두 물체의 거리를 의미해요. 그 거리의 제곱만큼 나눠 주겠다는 것인데, 그러면 전체적인 값이 줄어들겠죠. 두 물체의 거리가 멀어지면 중력이나 전기력이 약해진다는 상식적인 의미가 공식에 들어 있어요. 분자의 경우

과학이 빛나는 밤에

중력 법칙은 두 물체의 질량을 의미하고, 쿨롱의 법칙은 두 물체의 전기적인 양(전하량)을 의미합니다. 두 물체의 질량이나 전하량이 커지면 둘 사이의 중력이나 전기력도 강해져요.

식 앞에 있는 기호는 중력과 전기력의 고유한 세기를 나타냅니다. 앞에서 중력이 전자기력에 비해 10^{36}배 약하다고 말씀드렸죠? 바로 그런 값입니다. 이렇게 정해진 수를 상수라고 불러요. 이걸 곱하면 힘의 값이 나옵니다. 힘을 구하는 공식이 닮은 것은 쿨롱이 먼저 나온 뉴턴의 중력 법칙을 참고해서 만들었기 때문이기도 합니다. 그러나 중요한 것은 공식이 정확히 적용되는지인데, 쿨롱은 정교한 실험을 통해 공식이 정확히 적용된다는 것을 밝혀냅니다.

패러데이가 밝힌 전기와
자기의 관계

이런 식으로 전기에 대한 지식은 늘어 갔지만, 아직은 순수한 과학의 영역에서 다뤄질 뿐이었습니다. 그런데 패러데이Michael Faraday에 의해 전기의 힘이 다른 영역으로 커 나갈 수 있는 계기가 마련되죠. 패러데이는 전기와 자기에 대해 연구하는 영국의 과학자였습니다. 그의 실험실은 여기저기 복잡하게 얽힌 전선과 사방팔방 매달린 자석이 가득했을 거예요. 패러데이는 실험을 통해 전기와 자기의 관계를 밝혀내려고 애썼거든요. 당시엔 그 분야가 블루 오션이었습니다.

외르스테드Hans Christian Örsted가 그 블루 오션을 개척한 사람이에요. 1820년 그는 우연히 전선 근처에 나침반을 놨다가 나침반이 움직이는 것을 발견했죠. 전선의 전기가 자기력을 만들어서 나침반을 움직이게 만든 건데, 이 일은 과학자들에게 충격이었습니다. 그때까지만 해도 자기력은 자석에서만 발생하는 것이었거든요. 전류가 흐르는 전선과 딱딱한 자석은 아무런 관련이 없어 보였는데, 전선이 별안간 자석 흉내를 낸 거예요. 호기심 많은 과학자들은 도대체 이게 무슨 일인지 혼란스러웠어요.

패러데이는 이 부분을 깔끔하게 정리하고 싶었습니다. 둘 사이가 제대로 된 관계라면 전선의 전기가 자기를 만들어 냈듯이, 자석의 자기도 전기를 만들어 낼 수 있어야 한다고 생각했습니다. 물론 다른 과학자들도 이런 생각을 하고 있었죠. 하지만 전기가 간단하게 만들어지지 않았습니다. 아무리 자석 옆에 전선을 가져다 놓아도 전기는 흐르지 않았어요. 10년간 무수한 실험이 실패했습니다.

힘들어하던 패러데이에게 결정적인 도움을 준 사람은 미국의 물리학자 조지프 헨리Joseph Henry입니다. 그는 전기에 관심이 많은 시골 학교 교사였어요. 거칠고 가만히 앉아 있지 못하는 남자아이들을 가르치던 그는 학생들과 함께 전기에 관한 뭔가를 만들어 보고자 했습니다. 예나 지금이나 남자아이들은 손으로 만드는 걸 좋아하잖아요. 그가 만든 것은 아주 강한 전자석입니다.

전자석은 금속이 전류에 의해 자석으로 변하는 것인데, 전류 주위에 생기는 자기장을 이용해서 자석을 만드는 거죠. 전류 주위의 자기장은 뱅글뱅글 도는 모양이에요. 철심 주위에 전선을 감으면 뱅글뱅글 도는 자기장이 철심 속 전자들의 스핀을 한 방향으로 가

다듬어서 자석으로 만듭니다.

논에 바람이 불면 여러 방향으로 뻗어 있던 벼들이 일제히 같은 방향으로 맞춰지는 것과 비슷하죠. 전자의 스핀들이 이렇게 정렬되면 철심도 자석이 됩니다. 하지만 전류가 끊어지면 바람이 멈춘 논에서 벼들이 각기 다른 방향으로 뻗듯, 전자의 스핀 방향이 다시 어긋나면서 자석의 성질이 사라져요.

헨리는 철심을 가운데 놓고 전선으로 주위를 뱅글뱅글 감았습니다. 전선에 전기가 흐르자 철심은 자석이 되어 쇠로 된 물건을 끌어당겼어요. 그는 전자석을 더 강하게 만들고 싶었지만 문제가 있었습니다. 전선을 여러 번 겹쳐서 감으면 자석이 더 강해지긴 할 텐데, 전선들이 붙으면서 전류가 제대로 흐르지 못하거든요. 그래서 그는 최초로 전선에 피복을 입힙니다. 지금처럼 깔끔하게 고무로 둘러싼 것은 아니고, 부인의 치마를 조각내서 전선 주변을 감쌌다고 해요. 어설프긴 해도 전기가 통하지 않아서 전류가 제대로 흘렀죠.

나중에는 전선을 빽빽하게 감아서 작은 전자석이 685kg도 넘게 들어 올렸습니다. 그리고 전기를 끊으면 쾅! 하고 굉음을 내며 들어올린 물건이 떨어졌어요. 아이들과 함께 만든 헨리의 전자석은 학교의 자랑이었습니다. 많은 사람들이 전자석의 놀라운 힘을 보고 열광했어요.

헨리는 전자석에 캐스터네츠 같은 악기를 붙여서 전기가 통할 때마다 딱딱 소리가 나도록 만들기도 했습니다. 전기가 통할 때만 자석이 되는 전자석의 성질을 이용한 거죠. 단순한 전자석 장난이지만, 장난에서 끝날 일이 아니었습니다. 이 장난으로 일종의 신호를 보낼 수 있었거든요. 예를 들어 딱딱 소리 한 번은 문자 A, 두 번은 문자 B⋯ 이런 식으로 약속해 놓고 전자석에 전기를 공급하는 선을 길게 만들면 건물과 건물, 도시와 도시 사이에서도 신호를 즉시 주고받을 수 있었습니다. 그래서 탄생한 것이 인류 최초의 초고속 통신망 '전보'예요. 선만 연결하면 지구 어디든 순식간에 통신이 가능해진 거죠. 연락을 주고받는 데 걸리던 시간이 몇 초로 줄어든 겁니다.

드디어 전기의 시대로

패러데이는 헨리가 만든 전자석을 참고해서 전선에 피복을 입힌 뒤 여러 겹으로 돌돌 말아 코일을 만들었어요. 그리고 철심 대신 자석을 그 안에서 움직여 봤습니다. 이 움직임 덕분에 자석의 자기장은 한꺼번에 많은 전자를 밀어낼 수 있었고, 전자의 흐름(전류)은 훨씬 강해졌어요.

드디어 패러데이가 기대한 대로 전선에 연결된 검류기 바늘이 팍팍 올라가면서 전류가 만들어졌다고 알려 주었습니다. 인류 역사상 처음 자석으로 전기를 만든 순간이에요. 하지만 패러데이도 그 원리는 정확히 알지 못했습니다. 지금 우리는 자석의 움직임 때문에 출렁이는 자기장이 전선 안에 있는 자유전자들을 밀어내서 전류가 생겼다는 것을 알 수 있지만, 당시에는 전자의 존재조차 몰랐으니 원리가 뭔지 알 수 없었죠.

패러데이는 그럴듯한 가설을 내놓았어요. 자석에서는 자기력선

과학이 빛나는 밤에

이 뻗어 나오고, 그 자기력선이 전선에 의해 끊어질 때 전류가 발생한다는 겁니다. 완벽한 설명은 아니지만 당시로서는 최선이었어요. 그리고 그 발상 덕분에 발전기가 등장합니다. 발전기의 기본 원리는 간단했어요. 패러데이가 생각한 대로 자기력선을 만들고, 전선을 뱅글뱅글 돌리면서 자기력선을 계속 끊어 주는 거죠. 전기는 아주 잘 만들어졌습니다.

전선을 돌리는 게 좀 귀찮을 수 있겠지만, 증기기관을 이용하면 되니 걱정할 필요 없었어요. 많은 전기를 값싸게 생산할 수 있으니 발전기가 없어서 갈바니Luigi Galvani가 발명한 전지에 의존하던 때에 비하면 엄청난 발전이었죠. 전지는 재료가 비싸고 전기량이 적은 데다, 다 쓰면 버려야 했거든요. 이제 증기기관의 도움으로 우렁차게 돌아가는 발전기에서 24시간 전기를 생산할 수 있었습니다. 그 전기를 잘 이용하면 인류는 전등, 냉장고, 진공청소기, 세탁기, 컴퓨터, 휴대전화, TV 등이 가득한 전기의 시대로 진입할 수 있었죠.

하지만 당시 사람들이 이걸 모른다는 점이 문제였습니다. 이런 전자 제품들이 개발된 것도 아니고, 전기의 시대가 어떨지 상상조차 할 수 없는 상황이었으니까요. 에디슨Thomas Alva Edison이 없었다면 전기는 신기한 불꽃을 일으키고, 전보나 보낼 수 있는 이상한 힘에 머물렀을지도 모릅니다.

세상이 좀 달라 보이나요?

창문을 열고 길목 여기저기 사방으로 뻗어 나가는 전선들을 보세요. 평소 눈여겨보지 않아서 그렇지, 도시는 전선으로 뒤덮여 있습니다. 어떤 전봇대는 전선을 지나치게 많이 매달아서 부러지지 않을까 걱정스러울 정도죠. 그 많은 전선에 흐르는 전기 덕분에 인류는 편리한 문명 생활을 할 수 있습니다. 편리하고 말고를 떠나 전기 없는 삶은 상상하기도 싫을 정도입니다. 휴대전화, TV, 인터넷이 없는 삶은 얼마나 답답할까요? 불과 500여 년 전, 작은 보석 주변에서 종잇조각이나 끌어당기던 전기가 수많은 사람들의 삶 속에 파고들어 도시와 세계를 뒤덮고 쥐락펴락하는 겁니다. 길버트가 이 광경을 보면 얼마나 놀랄까요?

전기로 밤이 낮으로 변할 때,
에디슨

"사장님, 이제 투자금도 거의 떨어지고 이러다가는 파산할지도 모릅니다.
공장을 세우는 것은 좀 미뤄야 하지 않을까요?"

"무슨 소리야? 공장 아니면 죽음이야! 싫으면 빠져. 내가 알아서 할 테니까."

— 에디슨이 했을 법한 이야기

세상을 바꾸려면 많은 힘이 필요합니다. 수많은 사람들의 마음
을 사로잡아야 하고, 때로는 그들의 행동도 쥐락펴락할 수 있어야
하죠. 자신을 방해하는 사람을 잔인하게 제거하고, 치열한 경쟁에
서 반칙을 무릅쓰면서 승리를 쟁취해야 할 수도 있고요. 얌전한 과
학자들은 이런 일을 하기에 적합해 보이지 않습니다. 새로운 전기
의 시대를 여는 데는 강인한 카리스마와 인내심, 판단력, 실천력을
갖춘 투사 같은 사람이 어울려요.

에디슨이 살던 1800년대 후반은 각종 전기 발명품이 쏟아져 나
오던 때입니다. 전화도 그때 발명되었고, 간단한 이미지를 전송할

수 있는 팩스도 발명되었죠. 하지만 그런 발명품은 성능도 좋지 않았고, 귀족이나 부자, 사업가들만 사용했습니다. 대다수 사람들은 마차를 타고 가스나 기름으로 등불을 켜고 음식을 조리해 먹으면서 전기와 상관없이 살았습니다. 그런 삶에 적응했기 때문에 아주 편하진 않아도 딱히 불편함을 느끼지 않았어요.

에디슨은 그런 세상을 전기로 바꾸고 싶었습니다. 집집마다 전기가 들어가고, 그 전기로 불을 켜고 음식을 조리하고 전화하고 전기 자동차로 출퇴근하는 전기의 시대를 꿈꿨죠. 어떤 사람들은 전쟁으로, 어떤 사람은 사상으로 세상을 지배하려고 했지만, 에디슨은 전기로 세상을 지배하겠다는 야망을 품었어요.

그래서 먼저 많은 사람들이 혹해서 쓸 만한 전기 제품이 필요했습니다. 그런 제품으로는 전등이 제격이었죠. 당시에 많이 쓰인 가스등은 불꽃이 깜박이기도 하고, 가스가 탈 때 이산화탄소와 암모니아, 황이 섞인 연기가 나와서 건강에 좋지 않았습니다. 게다가 꽉 막힌 방에서는 산소를 금세 잡아먹었어요. 연기에서 나오는 그을음으로 가스등의 유리구와 방의 벽지, 가구들이 더럽혀지기도 했고요.

그에 반해 전등은 전기로 켜지니까 연기가 나오거나 산소가 부족해질 걱정이 없었습니다. 가스등처럼 유리구의 그을음을 닦아 줄 필요도 없었고요. 전등은 가스등에 비해 여러모로 깔끔하고 산뜻했어요. 하지만 이런 전등이 많이 쓰이지 않은 것은 오래가지 못했기 때문이었습니다. 당시 거리 곳곳에서 쓰이던 아크등도 전등인데, 지나치게 밝고 수명이 짧았습니다. 수많은 발명가들이 적당히 밝은 빛을 내면서 오래가는 전등을 발명하기 위해 애썼지만, 끝없는 실패뿐이었어요. 빛을 내는 필라멘트가 빨리 타는 것이 문제였습니다.

하지만 에디슨은 달랐습니다. 그는 단순한 발명가가 아니라 수완 좋은 사업가였거든요. 전등 연구에 필요한 자금을 투자받기 위해 거짓말도 서슴없이 했어요. 실용적인 전등을 개발했고, 조만간 전등에 발전소와 전력을 공급하는 시스템을 세워서 뉴욕을 밝힐 거라고 말입니다. 당시 에디슨은 기껏해야 한두 시간 견디는 백열등만 개발한 상태였는데, 기자들을 불러 백열등을 보여 주고 그 어떤 전등보다 오래간다며 찬사를 아끼지 않았죠.

이런 쇼맨십 덕분에 에디슨은 많은 투자를 받았고, 좀 더 스케일이 큰 연구를 할 수 있었습니다. 오늘날의 기본적인 '전구' 형태가 만들어진 것도 에디슨의 스케일 큰 연구 덕분이에요. 전구는 산소에 의해 필라멘트가 타는 것을 막으려고 진공으로 만들어지는데, 에디슨은 일류 유리 장인과 연구원들에게 유리구와 성능 좋은 진공 펌프를 제작하도록 해서 진공전구를 떡하니 탄생시킵니다.

그래도 별 효과가 없자, 스케일 크게 직원들을 전 세계로 파견했어요. 직원들은 쓸 만한 필라멘트를 찾아 헤맸습니다. 그리고 일본에 파견된 직원이 적당한 재료를 구하죠. 마다케眞竹라는 대나무의 섬유는 전구 안에서 1,500시간 넘게 빛날 수 있었습니다.

이렇게 산 하나를 넘었지만, 앞으로도 넘어야 할 산이 많았어요. 전구를 끼우는 소켓부터 스위치, 퓨즈, 전선, 계량기 등 세계 최초로 만들어야 할 것이 산더미였거든요. 하지만 에디슨은 고독한 발명가가 아니었기에 직원들과 함께 저 많은 것들을 만들어 냈습니다.

에디슨의 집념이 만들어 낸 빛

그러나 설치는 또 다른 문제였어요. 에디슨은 전봇대를 이용하지 않고 땅을 파서 전선을 묻는 방식으로 깔끔하게 뉴욕을 밝히려는 야망이 있었는데, 그 때문에 문제가 복잡해졌죠. 뉴욕 공무원과 정치가들에게 잘 보여서 굴착 허가를 받아야 했고, 공사에 돈도 많이 들었거든요. 투자받은 돈은 떨어져 가고, 전선 만드는 데 필요한 구리 값이 올라서 에디슨은 궁지에 몰립니다. 이 많은 돈을 들여서 전등을 설치한들 값싼 가스등을 밀어내고 성공할지 아무도 보장할 수 없는 상황이었죠. 에디슨 회사의 이사들조차 제품 생산에 필요한 공장을 세우는 것을 망설였어요.

하지만 에디슨은 포기할 사람이 아니었습니다. 야망을 품은 사업가답게 "공장 아니면 죽음"이라며 자기 재산을 팔고 여기저기에서 돈을 빌려 공장을 짓습니다. 공사 과정도 쉽지 않았어요. 오랜 기다림 끝에 굴착 허가가 나고 전선을 묻기 시작했지만, 철과 구리가 제때 배달되지 않고 공사가 늦어지면서 겨울이 오자 땅이 얼어붙어서 굴착을 할 수 없었습니다. 기껏 묻어 놓은 전선이 다른 회사의 굴착 공사 때문에 훼손되기도 했죠. 갖은 고생을 해서인지 35세인 에디슨의 머리카락은 공사가 끝날 때쯤 희끗희끗해졌습니다.

천신만고 끝에 1882년 9월 4일, 엄청난 투자금과 많은 공장, 직원들의 헌신적인 노력, 에디슨의 불타는 야망이 버무려진 전력 시스템이 가동 준비를 마칩니다. 설치한 수백 개의 전등 불빛을 확인할 수 있는 사무실에 투자자들과 직원들이 모였죠. 실패하면 엄청난 투자금과 4년의 노력이 공중으로 사라질 수밖에 없었습니다. 사무실은 살얼음 낀 긴장 상태였어요. 침 넘어가는 소리마저 크게 울렸을 겁니다. 그때 누군가 긴장을 깨뜨리기 위해 한마디 합니다. "전등이 안 들어오는 데 100달러!" 에디슨이 대답했습니다. "그러지 뭐." 그리고 스위치를 눌렀습니다. "전등이 들어왔다!" 사람들이 소리쳤습니다. 여기저기 건물에서 수백 개 전등이 환한 빛을 뿜었죠. 전기의 시대로 가는 문이 활짝 열린 순간입니다.

문이 열린 뒤 세상은 하루가 다르게 변했습니다. 고층 빌딩이 여기저기 쑥쑥 올라가고, 사람들이 전기로 작동하는 엘리베이터를 타고 오르락내리락했어요. 도시의 밤 풍경이 특히 볼 만했는데, 수많은 전구들이 빛을 발하면서 화려하고 정신없는 불야성을 이뤘습니다. 20~30년 전만 해도 어둡고 조용하던 거리가 전기 하나로 확 바뀐 겁니다.

하지만 에디슨의 불도저 같은 성격이 전기 산업 발전에 도움이 된 것만은 아닙니다. 오히려 큰 걸림돌이 될 뻔한 적도 있었죠.

세상이 좀 달라 보이나요?

저녁 무렵 근처 산에 올라가 보세요. 해가 지고 하나둘 켜지는 불빛을 보며 에디슨의 환희와 야망을 느껴 보는 겁니다. 앞으로는 야경 하나도 그저 예쁘게만 보이지 않을 거예요.

전기 전달 전쟁,
교류의 시대

문제는 송전 방식이었습니다. 발전기에서 교류로 송전하느냐, 직류로 송전하느냐 하는 점이죠. 우리 입장에서야 별것 아닌 듯해도 에디슨은 직류송전을 주장하며 교류로 송전하려는 쪽과 처절하게 싸웠습니다. 도대체 직류송전이 뭐기에 그토록 고집을 피웠을까요?

발전기에서
교류가 만들어지는 원리

직류는 극성이 바뀌지 않는 전류입니다. 전류에 무슨 극성이 있는지 의아하다고요? 원래 발전기에서는 극성이 바뀌는 교류로 전기가 만들어집니다. 다음에 나오는 발전기 그림을 보시면 가운데 회전자가 있고, 양옆에 자석이 있어요. 회전자가 외부의 힘으로 회전하면 그 안에서 전류가 흐릅니다.

전류가 흐르는 것은 일종의 작용과 반작용 현상으로 설명할 수 있습니다. 뉴턴의 운동법칙 중에 작용 반작용의 법칙이 있죠? 힘이 한쪽으로 작용하면 반대 방향으로 똑같은 반작용이 일어나잖아요. 총을 쏘면 반대 방향으로 반동이 생기는 것처럼 말이에요. 이런 작용과 비슷한 일이 발전기에서도 생깁니다. 플레밍Sir John Ambrose Fleming의 왼손 법칙에 따라 회전자에 전류가 흐르면 물체를 움직이게 하는 힘이 생겨요. 그 힘의 방향이 회전자가 회전하는 힘의 반대

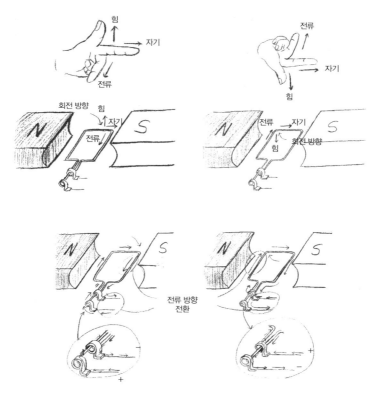

발전기에서 교류가 만들어지는 원리

방향입니다. 외부의 힘에 대한 반작용이 일어난 거죠.

회전자가 회전하면서 자기장 속을 지나가는데, 그 회전을 방해하려고 회전자 내부에서 전류가 생성된 겁니다. 여러분이 회전자를 돌린다면 술술 돌아가는 게 아니라 뭔가 회전을 방해하는 느낌이 들 거예요. 특히 회전자가 자기장의 방향과 평행일 때 그 느낌이 가장 강하죠. 회전자는 아래로 내려가는데 전류와 자기가 만들어내는 힘은 정확히 위를 향하거든요. 그 상황에서 회전자의 힘과 정확히 반대 방향이 되는 겁니다. 그전에는 회전자가 자기장 방향에 비해 비스듬하게 도는 상황이었으니 전류와 자기장에 의해 생겨나는 힘이 비스듬히 약하게 작용했는데, 수평이 됨과 동시에 두 힘이 정면으로 맞부딪는 거죠.

그때가 회전자를 돌리기 가장 힘든 순간이면서 전류도 제일 많이 흐르는 순간이죠. 반작용의 힘도 최선을 다해 강해져야 하니까 전류도 최대로 흐르는 겁니다. 이런 물리현상을 보면 우주에 자꾸 대칭적 균형을 맞추려는 성향이 있는 것 같기도 하고 신기해요.

그런데 회전자가 반대쪽으로 회전해서 넘어가면 도는 방향이 반대가 됩니다. 아까는 내려가는 방향이었다면 이제는 올라가는 방향이에요. 그러면 반작용의 방향도 바뀌어야겠죠? 이번엔 아래쪽이어야 합니다. 그러면 그 힘을 만들어 내기 위해 전류의 방향도 바뀌어야 해요. 나가는 쪽으로 흐르던 전류는 들어오는 쪽으로 흘러야 합니다. 전류 방향이 바뀌면 아래 전선의 전류 방향도 바뀝니다.

'전류 방향'이 바뀐다는 것은 '전류의 극성'이 바뀐다는 것과 같은 의미입니다. 전류는 +극에서 −극으로 흐르잖아요(과학적으로는

-극인 전자가 +극 방향으로 흐르는 것이지만, 전자의 정체가 밝혀지기 전 오랜 옛날부터 전류는 +극에서 -극으로 흐른다고 관습적으로 생각하던 것이 굳어졌습니다). 이 방향이 바뀌어 -극에서 +극으로 흐르면 -극은 +극으로, +극은 -극으로 전류의 극성이 바뀝니다.

이렇게 해서 발전기에서 교류가 만들어집니다. 좀 지저분하죠? 전기의 극성이 이렇게 왔다 갔다 해서야 전자 제품이 제대로 작동할 수 없어요. 그래서 전자 제품에는 대개 교류를 직류로 바꾸는 부품이 들어 있죠.

교류 송전 방식의 장점

에디슨은 이런 상황이 마음에 들지 않았고, 애초에 그런 부품이 필요 없도록 발전기부터 직류를 만들어서 각 가정으로 보내 주려고 했습니다. 그러면 교류를 어떻게 직류로 만들까요? 발전기를 보면 힌트가 있습니다. 앞에 나온 그림의 회전자에서 생성되는 전류의 방향을 잘 보면 N극 쪽은 항상 나가는 쪽으로 흐르고, S극 쪽은 항상 들어오는 쪽으로 흘러요. 회전자가 아무리 많이 회전해도 이 방향이 바뀌지 않습니다. 이것을 이용하면 일정한 방향으로 흐르는 직류를 얻을 수 있죠.

그것을 가능하게 해 주는 부품이 정류자입니다. 정류자는 회전자 끝에 반원형으로 딱 나뉘어 달려 있는 부품입니다. 이 반원형 정류자를 통해서 전선에 전류가 흐르죠. 반원이다 보니 회전할 때마다 위치가 바뀌지만 왼쪽에 있을 때는 나가는 방향의 전류가 흐르

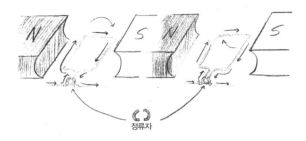

정류자를 이용해 직류가 만들어지는 원리

고, 오른쪽에 있을 때는 들어오는 방향의 전류가 흐릅니다. 전선 입장에서는 항상 같은 방향 전류만 흐르고요. 이렇게 직류가 만들어지는 겁니다.

에디슨은 이렇게 발전기에서 만들어진 직류로 송전하고자 했습니다. 자신이 만들어 나갈 전기 제국에 좀 더 깔끔한 전기를 공급하고 싶었죠. 여기까지는 좋았는데, 직류송전에는 문제점이 있었어요. 송전을 멀리까지 할 수 없었습니다. 최대 한계가 3~5km라 전기를 쓰려면 도시 안에 발전소를 여러 군데 만들어야 했어요. 거리가 멀어지면 전력이 빨리 약해져서 전구에 불을 제대로 켤 수 없었거든요.

하지만 교류는 전기를 멀리까지 보낼 수 있었습니다. 교류는 변압을 통해 고압으로 송전할 수 있는데, 당시에 직류는 변압할 수 없었어요. 전압은 전기의 위치에너지라고 볼 수 있는데, 낮은 전압으로 송전하다 보니 멀리까지 가지 못했죠. 공을 낮게 던지면 금방 땅에 떨어지는 것과 비슷합니다.

과학이 빛나는 밤에

교류는 변압하는 방법이 간단해요. 먼저 코일 두 개를 만들고 각자 전선을 연결합니다. 이때 두 코일 사이에는 전선도 없고 분리되어 있는 상황이죠. 한쪽 코일에 전류를 흘려보내면 자기장이 생겨 전자석이 됩니다. 그러면 반대쪽 코일에서는 반작용으로 전류가 흐르면서 반대 방향 자기장이 생깁니다. 발전기에서 본 작용 반작용 현상이 여기에서도 나타나는 거예요.

그런데 이 코일을 감는 수에 따라 전압이 달라집니다. 코일을 많이 감을수록 전압이 높아지거든요. 고압전기로 만들고 싶으면 반대쪽 코일을 많이 감아 주면 돼요. 대신 전력은 약해집니다. 전기적 에너지의 양은 변하지 않는 상태에서 특성만 바뀌는 거죠. 전기적 에너지를 날아가는 공의 에너지로 비유하면 전압은 공의 높이, 전력은 공의 크기입니다. 변압을 통해 고압전기로 만들면 공이 높아지는 대신 크기는 작아져요. 정전기가 수만 V 고압이지만 별 피해가 없는 것은 전력이 아주 작기 때문이에요.

교류는 전동기를 작동하는 데도 좋아요. 교류전동기의 원리는 간단합니다. 시계를 예로 설명하면 회전자가 시계의 분침이고, 전자석이 시계 주위에 둥글게 배치된 거예요. 분침이 12에 있으면 1에 있는 전자석이 작동하면서 끌어당기고, 분침이 끌려오면 2에 있는 전자석이 작동하면서 끌어당기죠. 이런 식으로 차례차례 전자석이 작동하고 꺼지면서 분침을 돌립니다. 교류는 방향이 바뀌면서 변하는 전기니까 전자석에 번갈아 연결하면 자동으로 전자석이 켜졌다 꺼지면서 회전자를 돌릴 수 있어요.

직류전동기도 있지만, 교류전동기가 훨씬 단순하고 필요한 부품이 적어 값도 쌌어요. 그런데 이 전동기는 워낙 활용 범위가 넓기 때문에 무슨 전류를 사용하는지가 꽤 중요했죠. 엘리베이터, 전차, 냉장고, 세탁기, 재봉틀, 놀이 기구 등 조금이라도 움직이는 제품에는 거의 다 쓰이거든요.

직류와 교류 전쟁, 에디슨의 패배

이런 교류의 이점 때문에 당시 에디슨과 경쟁하던 웨스팅하우스George Westinghouse는 교류 송전으로 전기를 공급하려고 송전망을 만들고 있었습니다. 에디슨에게는 큰 위협이었어요. 그는 성격대로 수단과 방법을 가리지 않고 노골적인 방해 공작을 폅니다. 교류의 고압 송전이 위험하다는 소문을 퍼뜨리고, 연구소 주변의 개와 고양이들을 잡아다가 교류로 태워 죽이기도 했어요. 그리고 당국에 건의해서 사형 집행할 때 교류 전기의자를 사용하게 만들기까지 했습니다. 교류의 위험성을 보여 주기 위한 술수였죠.

하지만 교류 송전의 편리함과 경제성을 이길 수는 없었습니다. 전세는 점점 교류 쪽으로 기울었고, 무리한 사업 확장으로 재정난에 빠진 에디슨의 회사는 금융왕 모건John Pierpont Morgan에 의해 교류 쪽 회사 톰슨휴스턴Thomson-Houston과 합병됩니다. 에디슨은 경영 일선에서 물러났고, 그의 회사는 직류와 교류를 모두 취급합니다. 나이아가라폭포에 수력발전소를 세울 때 발전소는 웨스팅하우스에서 시공하고, 변압기와 전기 공급 설비는 에디슨의 회사에서

과학이 빛나는 밤에

맡는 방식으로 협력하기도 했죠.

좌충우돌하긴 했지만 에디슨의 집념은 전기 시대로 가는 문을 여는 데 큰 역할을 했습니다. 전구부터 축음기, 탄소 전화기, 전기기관차, 토스터 등 수천 가지를 발명했고, 사람들이 쓸 수 있도록 제품으로 만들었어요. 에디슨이 설립한 제너럴일렉트릭General Electric은 지금도 세계 유수 기업이에요. 그런데 에디슨은 과학 분야에서도 뜻하지 않은 기여를 합니다. 그의 전구에 생긴 작은 얼룩 때문이었죠.

세상이 좀 달라 보이나요?

콘센트를 보세요. 100여 년 전 치열한 교류 직류 전쟁의 흔적이 바로 거기에 있습니다. 에디슨의 야망을 물리치고 220V 교류 전기를 흘려 내보내는 콘센트가 승리자로서 당당히 자리 잡은 거죠. 에디슨의 집념이 승리했다면 우리는 지금 도시 곳곳에 발전소를 짓고 비싼 전기를 쓰며 살지도 모릅니다.

원자 세계로 초대,
진공관

　　에디슨의 전구에는 이상하게도 검은 점 같은 얼룩이 생겼습니다. 전구 안은 진공상태라 얼룩이 생길 까닭이 없는데 말이에요. 그래서 에디슨은 얼룩을 막아 보려고 전구 안에 또 다른 전극을 삽입했어요. 얼룩을 만들어 내는 무언가가 전기적인 성질을 띤다면 그 전극에 들러붙을 것이라고 생각했죠. 그리고 전극을 -극에 연결하기도 하고 +극에 연결하기도 했는데, 이상한 현상이 발견됩니다. +극에 연결할 때 전류가 흐른 겁니다. 필라멘트에서 무언가 뿜어져 나와 전류를 흐르게 만들었어요.

　　이것을 '에디슨효과'라고 합니다. 1883년 발견됐는데, 당시에는 도무지 이해하기 힘든 현상이었죠. 지금이야 전류가 흐르는 필라멘트가 뜨거워지면서 그 열에너지 때문에 전자들이 밖으로 튀어나와 유리구에 부딪히면서 얼룩을 만들고, +극인 금속판에 흘러들어 전류도 만든다고 이해하면 되지만, 그때는 전자가 있는지도 몰랐거든요. 원자니 원자핵이니 양성자니 중성자니 하는 원자의 구조는

30~40년이 지난 뒤에야 알게 될 내용들이에요. 전류가 흐른다고 생각했지, 그게 진짜 뭔지는 몰랐습니다.

하지만 -극을 띤 '무언가'가 필라멘트에서 나온다는 것은 확실했습니다. 전극이 +극일 때만 끌려 들어와서 전류가 흐르게 만들었으니까요. 이것의 정체를 밝혀낸 사람은 영국의 과학자 톰슨Joseph John Thomson입니다. 그는 에디슨의 전구를 개량해서 만든 크룩스관으로 세 가지 실험을 했어요.

그것은 직진하는가

첫째, 무언가가 직진하는지 알아보기 위한 실험입니다. 크룩스관의 가운데 장애물을 세워 놓고 관 뒤에 형광물질을 바른 뒤 장애물을 향해 무언가를 방출했어요. 형광물질은 전기적 성질이 있는 무언가에 반응해서 빛을 내는 물질이에요. 형광물질에는 정확하게 장애물의 그림자가 새겨졌습니다. 이로써 '직진'하는 특성이 밝혀졌어요.

질량이 있는가

둘째, 질량이 있는지 알아보기 위한 실험입니다. 바람개비를 중간에 놓고 무언가를 쐈어요. 무언가가 질량이 있다면 바람개비를 맞혀서 돌게 만들 테고, 빛처럼 질량이 없다면 바람개비가 돌지 않을 거라고 생각했어요. 결과는

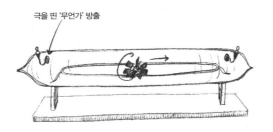

극을 띤 '무언가' 방출

크룩스 관에서의 질량 확인 실험

바람개비가 돌았습니다. 무언가는 질량이 있는 물질이었죠.

전자기적 성질은 어떤가

　　　　　　　　셋째, 전기적·자기적 성질을 알아보기 위한 실험입니다. 관 가운데 부분 위아래로 −극과 +극을 설치하고 어느 쪽으로 휘는지 관찰하거나, 자석을 이리저리 대면서 어떻게 휘는지 관찰했어요. 무언가는 예민하게 휘면서 반응했습니다. 이로써 무언가는 −극이고, 질량이 있으며, 직진하는 전자기적 입자라는 것이 밝혀집니다. 바로 우리가 알고 있는 전자죠.

　전자가 필라멘트를 구성하는 원자 속에서 튀어나와 얼룩을 만들고 전류도 흐르게 했다는 것이 밝혀졌습니다. 돌턴John Dalton이 1803년 발표한 원자설로 원자가 전부인 줄 알고, 더 쪼개지리라고 생각지 못한 사람들은 깜짝 놀랐어요. 원자조차 전자라는 또 다른 부품으로 구성된 겁니다.

　이제 과학자들은 원자 속이 어떻게 생겼는지 궁금해집니다. 전자

　　　　　　　　　　　　　　　　　　　　　　　과학이 빛나는 밤에

가 극 입자라는 것을 알겠는데, 원자에서 +극은 어떻게 생겼는지 알 수 없었거든요. 톰슨은 +극으로 구성된 원자에 전자가 여기저기 박혔을 거라고 추측했습니다. 극은 +극에 끌리니까 +극은 넓게 퍼져 있고, 사이사이 전자가 있다고 보면 그럴듯했어요. 그리고 전자의 존재는 굉장히 미미할 거라고 생각했죠. 실험을 통해 측정된 전자의 질량이 원자 전체의 질량에 비하면 수천 분의 1 정도였거든요. +극이 운동장만 하다면, 극은 탁구공 정도라고 할까요? 그러나 그런 원자 구조에 대한 생각을 증명할 수는 없었습니다.

알파입자로 밝혀진 원자의 구조

러더퍼드Ernest Rutherford(톰슨의 제자)가 그것을 증명하려다가 원자의 구조를 밝혀냅니다. 원리는 간단해요. 원자를 향해 '+극 입자'를 발사해서 부딪히게 해 보는 거예요. +극 입자와 원자의 +극은 서로 밀어낼 테니까 +극 입자가 어떻게 휘는지 확인하면 원자의 +극이 어떻게 퍼져 있는지 알 수 있습니다. 극인 전자야 워낙 미미한 존재니까 별 영향을 못 줄 테고요.

마침 어떤 물질이 밖으로 '+극의 성질을 띠는 입자'를 내뿜는 현상이 발견되었어요. 그 물질은 원자번호 88번 라듐으로, 원자핵에 88개나 되는 양성자가 있다 보니 서로 밀어내는 힘에 의해 원자핵이 불안정해지면서 양성자 두 개, 중성자 두 개로 구성된 입자가 튀어 나갔습니다. 헬륨 원자핵과 같은 이 입자를 당시에는 '알파입자'라고 불렀습니다. 알파입자는 양성자와 중성자뿐이니 전하는 +극을 띠었습니다.

러더퍼드는 알파입자를 이용했어요. 금박을 아주 얇게 만들어서 원자들이 가급적 서로 겹치지 않고 일렬로 배치되도록 한 뒤 알파입자를 발사했죠. 실험 결과는 의외였습니다. 알파입자가 얼마나 휘었는지 보려고 했는데, 대부분 그대로 통과해서 휜 알파입자가 거의 없었거든요. 원자는 텅 빈 듯 보였습니다. 원자가 +극인 물질로 가득 찼다면 알파입자를 그냥 통과시킬 수 없죠.

원자의 무게를 대부분 차지하는 +극 물질은 어디에 있을까요? 그 실마리는 간혹 완전히 튕겨 나간 알파입자에서 찾을 수 있었습니다. 원자는 대부분 텅 비었지만, 그 중심에는 +극으로 구성된 원자핵이 있는 거예요. 운 나쁘게 원자핵에 부딪힌 알파입자는 튕겨 나간 것이라고 설명하면 실험 결과와 들어맞았습니다. 원자의 +극은 퍼져 있는 것이 아니라 입자 형태로 한 곳에 집중되어 있다는 것을 알아냈죠.

이렇게 해서 러더퍼드의 원자모형이 나옵니다. 가운데 원자핵이 있고 전자가 그 주변을 도는 거예요. 하지만 이 원자모형은 여러모로 이상했습니다. 모든 사물을 구성하는 원자가 99.9999% 비어 있다는 것도 그렇지만, 전자가 이런 식으로 원자핵 주위를 도는 것이 더 이상했어요. 전자는 -극이고 원자핵이 +극이니까 서로 끌어당겨서 딱 붙어야 정상입니다.

보어가 해명한 수소선 스펙트럼

이 문제는 러더퍼드의 실험실

과학이 빛나는 밤에

에서 같이 연구하던 보어Niels Henrik David Bohr가 해결합니다. 한 동료가 보어에게 수소선 스펙트럼에 대한 문제를 설명해 달라고 부탁했어요. 수소선 스펙트럼이란 수소를 가열할 때 나오는 빛을 분광기로 쭉 나눈 것인데, 이것이 특정한 부분의 선으로 나타난다는 겁니다. 우리가 햇빛을 프리즘이라는 분광기로 나누면 빨강 주황 노랑 초록 파랑 남색 보라가 쭉 이어져서 나오는 스펙트럼을 볼 수 있는데, 수소는 뚝뚝 떨어져서 특정한 빛의 선만 나옵니다.

상식적으로 수소를 낮은 온도로 가열해서 적은 에너지를 투입하면 '에너지가 낮은 빛'이 나오고, 점점 온도를 높여 가열하면 '에너지가 높은 빛'이 나오면서 모든 에너지의 빛이 다 나와야 하는데 말이에요. 선택의 여지가 없다는 듯 에너지를 적게 투입하든 많이 투입하든 특정한 에너지의 빛만 나왔죠.

보어는 이 문제를 해결할 수 있는 원자모형을 몇 시간 만에 스케치합니다. 태양계와 비슷하게 가운데 원자핵이 있고, 주변의 여러 궤도를 따라 전자가 도는 모습이었어요. 우리가 일반적으로 아는 원자모형이 바로 이때 탄생했습니다. 러더퍼드의 원자모형과 다른 점은 전자들의 원자궤도가 에너지에 따라 정해져 있다는 거예요. 제일 가까운 작은 궤도는 전자의 에너지가 적고 멀어질수록 에너지가 커지는데, 그 궤도 사이나 중간에는 궤도가 존재할 수 없습니다.

이런 것을 궤도가 '양자화'되었다고 하는데, 여기에서 '양자'는 최소 단위를 의미합니다. 이 단위 이하는 존재하지 않죠. 예를 들어 우리나라 돈의 단위는 1원부터 시작하기 때문에 131.5원, 0.765원 같은 가격은 지불할 수가 없어요. 이런 상황을 1원 단위로 양자화되었다고 할 수 있습니다. 전자의 궤도 역시 특정 단위를 기준으로 양자화되면 그 중간 궤도는 있을 수 없죠.

이렇게 생각하면 수소선 스펙트럼 문제가 해결됩니다. 그리고 빛은 전자가 높은 에너지 궤도에 있다가 낮은 에너지 궤도로 내려올 때 줄어드는 에너지만큼 뿜어져 나오는데, 뛰어내릴 수 있는 궤도가 한정되었으니 모든 빛이 나올 수 없었던 거죠.

이렇게 진공관의 작은 얼룩에서 시작된 의문이 전자를 발견하고 보어로 하여금 원자의 구조를 알아내게 한 뒤, 양자를 도입하게 만든 거죠.

하루아침에 탄생하지 않은
양자물리학

하지만 궤도가 왜 양자 단위로 띄엄띄엄 있어야 하는지 알 수 없었습니다. 전자가 원자핵으로 당장 날아가서 들러붙지 않는 원인도 이해할 수 없었고요. 상식적으로도 그렇고, 뉴턴의 고전물리학적인 입장에서도 당장 날아가서 붙어야 하는데 말입니다. 원자들의 미시 세계는 우리가 사는 거시 세계와 다른 방식으로 작동하는 것 같았습니다.

그런데 이상한 것은 그게 전부가 아니었어요. 미시 세계에 대해 연구할수록 여기저기에서 이상한 양자적 특성이 더 많이 발견되었습니다. 그렇게 종전의 물리학으로 설명할 수 없는 부분이 늘어나면서 새로운 물리학의 필요성이 높아졌고, 결국 '양자물리학'이 탄생합니다.

오늘날 어려운 물리학 중에서도 단연코 더 어려운 양자물리학은 이런 과정을 거쳐 탄생했습니다. 워낙 스케일이 작은 세상에서 일어나는 일들을 다뤄야 하고, 그 일들도 이상한 질서에 따라 일어나다 보니 난해하고 어려운 과학이 될 수밖에 없었어요. 하지만 당시 산업이 발전함에 따라 미시 세계의 원자나 전자를 다뤄야 하는 전기, 전자, 화학 분야 등의 규모가 커지면서 양자물리학은 눈부시게 발전합니다.

전구의 작은 얼룩에서 양자물리학까지, 인간의 이성은 별것 아닌 데서 엄청난 것을 뽑아내죠? 그 '뽑기 실력'은 양자물리학에서 그치지 않았습니다. 전기에 대한 다른 연구에서 뒷날 양자물리학만큼이나 참신하고 어려운 상대성이론이 탄생하거든요. 그 시작은 어릴 적 촌뜨기라고 놀림 받던 영국의 물리학자 맥스웰James Clerk Maxwell입니다.

세상이 좀 달라 보이나요?

천장에 달린 형광등을 보세요. 에디슨의 전구와 구조가 좀 다르지만, 빛의 근원은 역시 전자의 흐름에 있습니다. 전극에서 뿜어져 나온 전자가 관 내부에 떠 있는 수은에 부딪히면 그 에너지 때문에 수은 원자의 전자들이 궤도를 오르락내리락하면서 빛을 뿜어내거든요. 조용히 빛나는 형광등이지만, 지금 이 순간에도 전자들의 대이동과 그에 따른 대규모 충돌, 소요 사태가 일어나고 있는 거죠.

수식으로 풀어내는 전자기장,
맥스웰

　패러데이는 공간에 자기력선 같은 '힘의 선'이 퍼져 있어서 그 선에 의해 힘이 전달된다고 주장했었습니다. 하지만 당시 과학자들에게는 텅 빈 공간에 선이 뻗어 나간다는 것이 판타지 소설처럼 들렸을 거예요. 공간은 텅 비었을 뿐 아무것도 없다는 것이 상식이었거든요. 유령이나 귀신을 믿는 사람이 아니면 텅 빈 공간에 뭐가 있다는 이야기는 허황되고 비과학적인 소리로 여기는 게 당연했습니다.

　공간이 힘을 전달한다는 것은 더 말이 안 됐어요. 대다수 과학자들은 힘이 물체와 물체 사이를 뛰어넘어 '직접' 작용한다고 생각했습니다. 예를 들어 자석이 클립을 끌어당길 때 자기력은 공간을 뛰어넘어 즉시 클립에 힘을 미치죠. 공간은 아무 역할도 하지 않습니다. 이렇게 힘이 아무런 시간 차 없이 영향을 주는 것을 '원거리력 이론'이라고 해요. 이것도 그리 상식적이지 않지만, 당시 과학자들은 허공에 뻗은 힘의 선보다 원거리력 이론을 선호했어요.

　과학자들에게 확실히 보이는 것은 물체와 전기력, 자기력 같은 힘뿐이었습니다. 공간에는 아무것도 없어 보이니 확실히 보이는 두 가지만 놓고 이론을 만드는 것은 당연했어요. 게다가 과학자들에게 인정받으려면 수학적으로 계산이 가능해야 하는데, 자석에서 힘의 선이 몇 개가 나와서 어떻게 뻗어 나가는지 계산할 수 없었거든요. 패러데이가 워낙 저명한 과학자니까 대놓고 말은 못 해도 은근히 무시했습니다.

그러나 맥스웰은 패러데이의 생각에 매력을 느꼈어요. 젊은이들은 불분명해도 약간 환상적이고 혁신적인 것을 좋아하잖아요. 기회는 항상 그런 것들에서 오고요. 맥스웰이 그랬습니다. 텅 빈 공간을 뻗어 나가는 힘의 선은 그에게 기회의 광맥으로 보였죠. 잘 다듬으면 선배 과학자들의 원거리력 이론을 뒤엎고 자신의 명성을 드높일 수 있을지도 모르니까요. 그때부터 맥스웰은 힘의 선에 대해 상상의 나래를 펼칩니다. 힘의 선과 같은 효과를 낼 수 있으면서 수학적으로 계산이 잘 되는 무언가를 떠올리기 위해 노력했어요.

맥스웰의 비유, 튜브

처음에는 액체가 흐르는 '튜브'였습니다. 모양도 선과 비슷했어요. 그런데 선과 달리 튜브는 수학적으로 계산이 됐습니다. 튜브 속을 흐르는 액체의 속도나 수압 등은 계산이 가능했거든요. 이 튜브에서 액체가 들어가는 곳과 나가는 곳을 +극과 −극으로, 압력의 차이를 전압 등으로 해석하면 전류가 흐르는 것과 같은 효과가 났습니다. 계산도 가능했고요. 전기

'힘의 선' 가설, 튜브

력선에 대한 수학적인 비유로 성공한 거죠. 자기력선도 튜브와 맞
아떨어졌어요.

결정적인 문제는 한 번에 하나만 가능하다는 것이었습니다. 튜브
로는 전기와 자기를 한꺼번에 나타낼 수 없었어요.

맥스웰의 비유, 바퀴

이번에는 소용돌이가 등장합
니다. 회오리바람 같은 공기의 소용돌이가 아니라 수많은 바퀴가
소용돌이치면서 도는 거예요. 갑자기 바퀴가 나온 것은 자기력선을
나타내기 위해서입니다. 자기는 회전하는 성질이 있거든요.

전기는 그 바퀴 사이에 있는 더 작은 바퀴들로 나타낼 수 있습니
다. 작은 바퀴들이 한쪽으로 움직이면 옆에 있던 큰 바퀴가 돌잖아
요. 여기에서 작은 바퀴들의 움직임은 전류가 되고, 따라 도는 큰 바
퀴의 움직임은 자기장이 돼요.

그런데 이 바퀴들이 딱딱하다는 게 문제였어요. 바퀴 하나가 돌
기 위해 맞물린 모든 바퀴가 한꺼번에 돌아야 하기 때문에 힘이 즉
시 전달돼요. 이렇게 되면 원거리력 이론과 다를 게 없죠. 수많은

과학이 빛나는 밤에

바퀴까지 등장시켰는데 원거리력 이론과 같은 결과가 나오면 과학자들은 복잡한 바퀴 이론보다 단순한 원거리력 이론을 선택할 게 뻔해요.

맥스웰은 이 바퀴들이 탄성이 있다고 생각합니다. 약간 물렁해서 바퀴 하나가 돌아도 동시에 다 돌지 않고 서서히 퍼져 나가는 겁니다. 그런데 퍼져 나가는 속도를 계산해 보니 빛의 속도와 거의 같았습니다. 이 바퀴들의 움직임이 빛과 관련이 있으리라는 생각이 들 수밖에 없었죠. 하지만 속도 외에 빛의 성질과 같은 것은 없었습니다.

당시 토머스 영Thomas Young의 이중 슬릿 실험으로 빛은 출렁이는 파동의 성질이 있다고 생각됐거든요. 그런 파동과 바퀴들의 회전이 퍼져 나가는 모습은 닮은 게 없어 보였어요. 하지만 이때부터 맥스웰은 전자기 작용과 빛이 뭔가 관계가 있다는 심증을 품어요.

맥스웰은 이 수학적 비유 하나로 전기와 자기의 성질을 모두 나타낼 수 있었습니다. 회전하는 바퀴니까 이런저런 성질을 수학적으로도 계산할 수 있었던 거죠. 하지만 저런 바퀴가 허공에 존재할 수는 없습니다. 비유를 통해 계산하는 것은 좋지만, 실제 공간은 그럴 리 없어 보이는 게 문제였어요.

맥스웰은 이쯤에서 비유 드는 것을 멈춥니다. 우리 일상에서 떠올릴 수 있는 비유로는 도저히 공간을 표현할 수 없다고 생각한 것 같아요. 하지만 확실한 성과도 있었습니다. 공간이 수학적이라는 것이죠. 복잡하긴 해도 이런저런 수학적 비유를 통해 계산해 보면 그 결과가 실제 현상과 들어맞았거든요.

맥스웰의 예쁜 방정식,
장 개념의 탄생

맥스웰은 공간의 성질을 수학식으로 깔끔하게 정리하는 데 집중합니다. 이번에는 구체적인 비유를 포기하고, 자신이 원하는 기능이 공간에 그냥 갖춰져 있다고 상상했죠. 탄성이 있는 매질이어야 하고, 회전운동을 할 수 있어야 하고, 전기장과 자기장이 변할 때 에너지 손실이 없어야 하고…. 물리적인 모형에 꿰어 맞추려고 노력하지 않았어요. 이런 특징을 모두 갖추는 것은 상상하기 힘듭니다. 미모가 뛰어나고, 공부 잘하고, 운동 잘하고, 요리 잘하고, 겸손하고, 착하고, 예의 바른 사람이 없듯이 말이죠.

하지만 어차피 공간이 어떻게 생겼는지 모르니까 원하는 조건을 다 대입한 겁니다. 일단 수학적으로 맞고 계산 결과가 현실과 맞아떨어지면 되니까요. 이렇게 해서 만들어진 것이 물리계의 팔방미인 '장'이라는 개념입니다. 공간을 출렁이면서 돌아다니고, 힘도 전달하고, 회전운동도 하고, 전기적 성질과 자기적 성질도 있고, 전기장이 출렁이는 각도에 수직으로 자기장이 출렁이고…. 아무도 실제 이런 모습을 본 적 없지만, 이런 성질이라고 가정하면 전기와 자기를 통합해서 설명할 수 있었죠.

맥스웰은 '전자기장'에 대한 방정식을 만들어서 수학적으로 계산이 가능하게 했습니다. 결과는 성공! 이 방정식들은 아주 깔끔하고 예뻐서 물리학 역사상 최고의 방정식 자리를 수백 년째 차지하고 있습니다.

과학이 빛나는 밤에

1. 전기장에 관한 가우스 법칙

$$\oint E \cdot dA = \frac{q_{enc}}{\varepsilon_0}$$

2. 자기장에 관한 가우스 법칙

$$\oint B \cdot dA = 0$$

3. 패러데이 법칙

$$\oint E \cdot ds = -\frac{d\Phi_B}{dt}$$

4. 맥스웰 – 앙페르 법칙

$$\oint B \cdot ds = \mu_0 \varepsilon_0 \frac{d\Phi_E}{dt} + \mu_0 i_{enc}$$

드디어 전기와 자기는 수학적으로 통합됩니다. 덤으로 빛의 정체도 밝혀지죠. 전기와 자기가 교대로 출렁이는 파동, 즉 전자기파의 속도를 계산해 보니 빛의 속도와 일치했거든요. 속도뿐만 아니라 파동이라는 성질까지 같으니 이제는 전자기파가 빛이라고 주장할 수 있었어요.

헤르츠가 발견한 전자기파의 율동

물론 이상한 부분도 있었습니다. 전자기파가 빛처럼 30km/s로 출렁이려면 매질이 엄청 딱딱해야 하거든요. 매질이 물이나 공기처럼 물렁하면 크게 출렁이느라 시간을 허비해서 파동이 앞으로 나가는 속도가 빠르지 않죠. 파동이 빠르게 나가려면 매질이 딱딱해서 잘 출렁이지 않아야 합니다. 그래서 음파도 공기 중에서는 340m/s지만, 돌이나 금속을 지날 때는 6,000m/s가 나와요. 30만 km/s가 나오려면 말 다한 거예요. 그 정도 속도가 나오려면 우주 공간이 쇠로 꽉 차야 하는데, 그런 게 어디 있어요?

하지만 전자기장은 희한하게도 그것이 가능했습니다. 못하는 게 없는 팔방미인이니까요. 이쯤 되면 과학자들에게 괴물처럼 보였을 겁니다. 과연 그런 것이 물리적으로 존재할 수 있을까 의심스럽기도 했을 테고요. 그런데 1889년 독일의 물리학자 헤르츠Heinrich Rodolph Hertz가 그 괴물의 직접적인 증거를 발견했습니다.

헤르츠는 전자기 파동을 생성하는 기계를 만들어 냅니다. 조금 간격을 두고 전극을 만든 다음 한쪽은 +극, 반대쪽은 -극을 띠도록 했어요. 그러면 전극 주변으로 전기장이 형성되죠. 한쪽이 N극, 다른 쪽이 S극일 때 생기는 자기장과 똑같은 모습입니다.

이 상태로 가만 있으면 주변에 전기장이 형성될 뿐, 파동이 생기지 않아요. 물을 출렁이게 하려면 뭔가 충격을 줘야 하듯이, 전자기장도 어떤 충격을 줘야 출렁입니다. 그 기계에서는 전극이 빠르게 반대로 바뀌었습니다. +극이던 전극이 -극이 되고, -극이던 전극이 +극으로 바뀌는 거죠. 마치 고무줄을 위아래로 출렁이게 하는 것과 비슷합니다. 이렇게 전기적 변화를 주자 전자기장이 출렁이면서 파동이 만들어지고 주변으로 퍼져 나가거든요.

하지만 이 파동은 눈에 보이지 않습니다. 이론적으로는 저렇게 퍼져 나가겠지만, 실제 그런지는 알 수 없죠. 헤르츠는 이 파동을 검출하기 위해 수신기를 만듭니다. 고리 모양 도선 한쪽에 파동 생성기와 간격이 같은 금속구가 있는 장치예요. 이 장치에 전자기파가 도착하면 파동의 힘에 의해 금속구에 있던 전자가 이동합니다. 전자기장이 출렁일 때 화살표는 전자를 그 방향으로 밀 수 있다는 의미거든요. 물이 출렁이면서 그 위에 떠 있는 튜브를 밀어 올리는 것과 마찬가지죠.

이런 파동이 정말 존재하고, 출렁이면서 금속구에 도착한다면 전자는 한쪽으로 밀리는 겁니다. 두 금속구 중 한쪽은 +극, 다른 쪽은 -극이 돼요. 헤르츠는 이런 일이 실제로 일어난다면 아주 작은 정전기가 생길 것으로 예상했습니다. -극 쪽에 몰린 전자가 파동에 의해서 계속 +극 쪽으로 밀리다가 어느 순간 그 틈새를 넘어갈 수 있거든요. +극과 -극은 서로 당기는 힘이 있으니까요. 그런 상태에서 전자가 +극 쪽으로 넘어가면 작은 스파크로 보이죠.

빛과 자기와 전기의 삼위일체

우리가 일상생활에서 보는 정전기도 똑같습니다. 전자가 몰리는 원인이 '마찰'이라는 것이 다를 뿐이에요. 마찰 에너지 때문에 한쪽 물질의 전자가 튕겨 나가 다른 쪽 물질로 들어가면 한쪽은 +극, 다른 쪽은 -극을 띠고, 한쪽에 몰려 있던 전자가 다시 +극 쪽으로 넘어갈 수 있거든요. 예를 들어 머리카락은 전자를 잘 잃는 성질이고, 고무풍선은 잘 받아들이는 성질이라 둘을 마찰하면 정전기가 일어나죠.

정전기는 전자에게 엄청난 점프입니다. 우리가 보기에는 짧은 거리지만, 조그마한 전자에게는 건너편이 보이지 않을 만큼 깊은 계곡이 있는 것이나 마찬가지거든요. 그랜드캐니언Grand Canyon 저리 가라예요. 하지만 건너편 +극이 당기는 힘 때문에 전자는 그 허공을 뛰어넘습니다.

헤르츠는 실험실을 캄캄하게 만들고 금속구에서 스파크가 일어나기를 기다렸어요. 그리고 그것을 목격했죠. 전자기파라는 공간의 출렁임이 증명되는 순간이었습니다. 추가적인 실험을 해 보니 진짜 파동이라는 것을 증명하기라도 하듯 뒷벽과 가까운 곳에서는 더 많은 스파크가 발견되었어요. 파동이 뒷벽에 반사되어 다시 스파크를 일으킨 겁니다.

이 스파크를 잘 이용하면 신호로 쓸 수도 있겠죠? 스파크 한 번은 A, 스파크 두 번은 B… 이런 식으로 약속만 하면 말입니다. 바로 이 성질 때문에 전자기파는 무선통신의 시대를 열게 됩니다. 전보처럼 전선을 이용할 필요가 없거든요. 휴대전화, 라디오, TV도 전선 없이 신호를 받을 수 있는 것도 전자기파 때문입니다.

사람들이 수천 년 동안 전혀 상관없는 줄 알았던 빛, 자기, 전기라는 현상이 이렇게 밀접한 관계가 있다는 것을 맥스웰이 밝혔습니다. 마치 노래 한 곡 같다고 할까요? 노래가 멜로디와 리듬, 가사로 구성되지만 자연은 원래 하나로 합쳐 노래를 만들었는데, 그동안은 인간이 가사 따로, 멜로디 따로, 리듬 따로 들은 거죠. 맥스웰 덕분에 자연의 노래를 제대로 들을 수 있습니다.

참 기막힌 반전이에요. 아무것도 없는 줄 알았던 허공에는 놀라운 능력이 있었습니다. 영화에서 전혀 의외의 사람이 끝날 때쯤 치밀한 지능범으로 밝혀진 것 같은 상황이었죠. 하지만 이 놀라운 발견에는 숨은 조력자가 있었습니다. 그가 없었다면 맥스웰의 방정식은 탄생하지 못했을지도 모릅니다.

세상이 좀 달라 보이나요?

텅 빈 공간을 물끄러미 바라보세요. 비어 있는 듯해도 복잡하고 정교한 질서가 있는 공간, 지금 이 순간에도 무수히 많은 신호와 정보가 퍼져 나가는 공간…. 저 우주나 이집트 피라미드보다 신비한 것은 눈앞에 있는 공간이 아닐까요?

수학으로 설명하는 세계,
라그랑주

> 만일 재산을 상속받았다면 수학에 내 인생을 걸지는 않았을 것이다.
>
> – 조제프 루이 라그랑주Joseph Louis Lagrange

    라그랑주는 부유한 귀족 집안에서 태어났지만, 투기꾼 아버지 탓에 재산은 금방 사라졌어요. 그러나 라그랑주에게는 수학적 재능이 있었습니다. 있는 힘껏 수학적 재능을 이용한다면 다시 집안을 일으키고 성공할 수 있었죠.

    그러던 어느 날, 그는 뉴턴의 친구 에드먼드 핼리Edmund Halley의 논문을 봅니다. 라그랑주는 미적분학의 우월성을 칭송한 핼리의 논문에 매료되었어요. 당시 미적분학은 등장한 지 20년 정도밖에 안 된 신선한 학문이었습니다. 고리타분한 수천 년 전 그리스 기하학을 공부하던 라그랑주의 눈에 물체의 운동을 수식으로 깔끔하게 설명할 수 있는 미적분이 확 들어온 겁니다.

    라그랑주는 미적분학을 비롯한 근대 해석학을 16세 무렵 혼자

           과학이 빛나는 밤에

힘으로 정복합니다. 해석학이란 곡선이나 포물선 같은 기하하적인 도형과 사물을 미적분처럼 '수와 수식'으로 '해석'하는 것을 말해요. 우리가 일반적으로 아는 해석의 의미와 약간 다르죠.

성공을 꿈꾸던 라그랑주는 수학 분야에서 새롭게 떠오르는 해석학에 급속히 빠져듭니다. 그는 19세 때 수와 수식의 힘으로 새로운 역학을 해내리라 마음먹고 '해석역학'을 계획했어요. 지금처럼 수와 수식이 모든 과학의 기본으로 여겨지는 시대가 아니었기에 그의 발상은 파격적이었습니다. 그가 52세 때 《해석역학Mécanique Analytique》을 출간했는데, 서문에 다음과 같이 썼어요.

'이 작품에는 그림이 하나도 없다.'

지금 생각하면 저게 무슨 자랑인가 싶지만, 당시에는 놀라움 그 자체였습니다. 역학은 세계의 운동을 다루는 것인데, 그림 하나 없이 수와 수식으로 모든 것을 설명할 수 있다는 것은 고정관념을 파괴하는 일이었거든요. 역학의 기본인 고대 그리스의 기하학을 사용하지 않고도 역학을 할 수 있다는 새로운 가능성을 보여 준 책이죠.

해석역학의 수학 중시 경향이 맥스웰의 방정식에도 그대로 녹아 있습니다. 튜브니 소용돌이 바퀴니 하는 물리적 수단보다 '수학적'으로 맞아 돌아가는 게 중요했던 것처럼 말이에요.

라그랑주 역학의 목적론적(?)인 경향도 맥스웰에게 영향을 주었는데, 뉴턴역학과 비교해 보면 그런 성격이 잘 드러납니다. 예를 들어 뉴턴역학에서 기본이 되는 것은 F=ma잖아요. 가속도와 질량을 곱하면 힘의 세기를 알 수 있죠. 이런 식으로 질량이나 가속도 같은 수치를 식에 대입하고 계산해서 구하고자 하는 값을 얻어 냅니다.

그런데 라그랑주 역학에서 기본이 되는 것은 '최소 작용의 원리'예요. 물리적 현상은 항상 에너지를 최소로 유지하는 방향으로 작용한다는 겁니다. 그런 식으로 움직여야 한다는 '결론'이 정해진 셈이죠. 빛이 대표적인 예입니다. 빛이 두 점 사이를 이동할 때는 최단 거리인 직선 방향으로 움직여요. 쓸데없이 멀리 돌아가거나 하지 않습니다.

라그랑주 역학에서도 물체의 운동에 대해 계산하지만, 어느 정도 예상 답안이 나온 상태에서 그것에 맞춰 문제를 풀어요. 뉴턴역학이 문제를 아래부터 풀어 올라가면서 답을 얻어 내는 것이라면, 라그랑주 역학은 예상 답안을 정해 놓고 위부터 풀어 내려갑니다. 정해진 목표점에 맞춰 수식을 세우고 계산한다는 점에서 목적론적이라고 볼 수 있습니다.

이렇게 목적 위주로 맞춰 간다는 점도 맥스웰이 '장'에 대한 개념을 만들 때랑 비슷하죠. 성격만 비슷한 것이 아니라 맥스웰이 방정식을 만드는 데도 직접적인 도움을 주었습니다. 라그랑주 역학에서는 '에너지'가 먼저거든요. 물체가 운동하는 방향이나 속도, 질량보다 최소 작용의 원리에 맞는 에너지가 중요합니다. 그런데 에너지는 물체의 운동이 가지는 특성들이 뭉뚱그려진 것이잖아요. 에너지만 맞으면 되기 때문에 세부적인 사항, 즉 어떤 방향이나 속도로 어떻게 작용하는지는 크게 중요하지 않습니다.

맥스웰이 골치 아프게 여긴 상세한 물리적 모델이 꼭 필요하지 않은 거죠. 라그랑주 역학에서는 그런 문제를 쓸데없는 물건을 박스에 넣어 정리하듯 처리할 수 있었습니다. 거치적거리지 않게 포

과학이 빛나는 밤에

장해 놓고 에너지만 잘 맞게 방정식을 유도하면 되니까요.

그런 도움 덕분에 맥스웰은 방정식을 완성할 수 있었습니다. 전자기장을 수학적으로 깔끔하게 표현하고 계산할 수 있었어요. 그렇게 탄생한 방정식은 역사상 가장 아름다운 방정식으로 칭송받으며 과학자들을 매료시킵니다. 그런데 그 과학자 중 한 명이 스위스 특허 심사국에 근무하던 말단 공무원이자 아마추어 과학자 아인슈타인이에요. 훗날 그는 맥스웰의 방정식을 지켜 내기 위해 그 유명한 상대성이론을 탄생시키죠.

세상이 좀 달라 보이나요?

자연 상태에서는 세상 어디를 봐도 숫자가 보이지 않습니다. 햇빛이 비치고, 바람이 불고, 나무가 흔들리는 모습 어디에도 '수'는 안 보여요. 하지만 과학이 발전함에 따라 작은 먼지 하나도 수로 표현할 수 있고, 수로 설명합니다. 자연에 수가 스며들지 않은 곳은 없어요. 피타고라스Pythagoras의 생각처럼 만물의 근원은 '수'인지도 모르겠습니다.

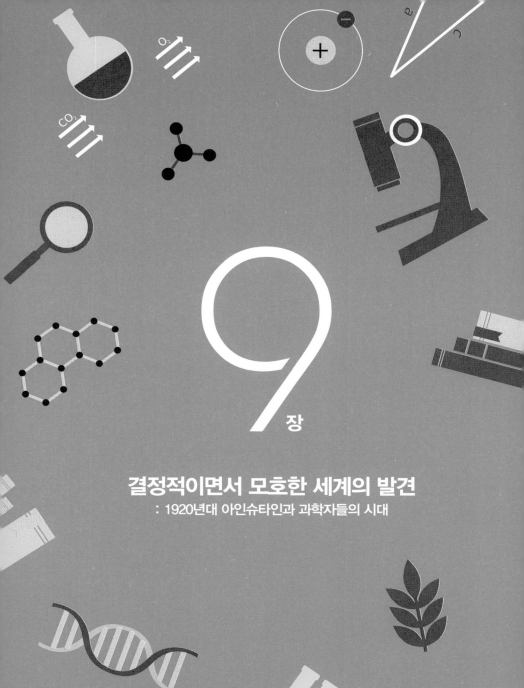

9장

결정적이면서 모호한 세계의 발견

: 1920년대 아인슈타인과 과학자들의 시대

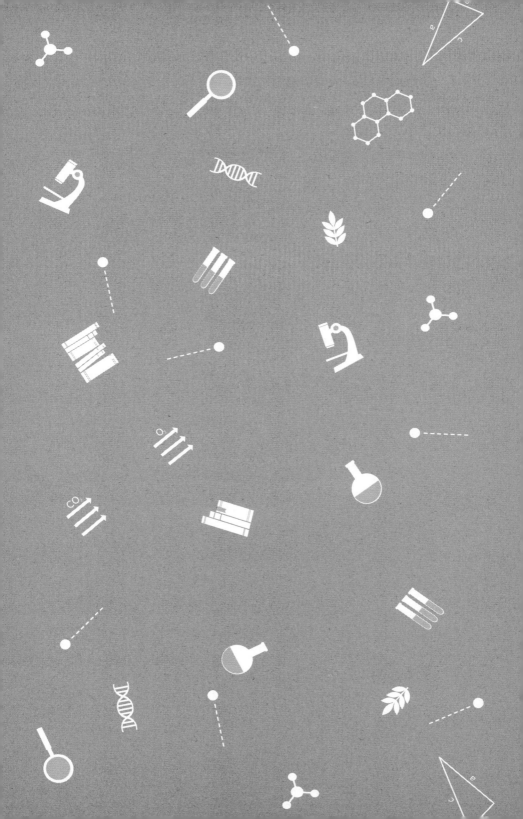

나의 세상은 상대적이어서 절대적이다, 아인슈타인

맥스웰이 죽던 해, 독일의 유대인 가정에서 한 아기가 태어납니다. 아기는 뒷날 맥스웰 방정식의 매력에 푹 빠져요. 바로 아인슈타인입니다. 아인슈타인이 맥스웰의 방정식에 빠져든 이유는 생김새도 수학적으로 깔끔해서 좋지만, 텅 빈 공간에 적용되기 때문이 아닐까 싶습니다. 맥스웰에 따르면 허공일 뿐인데도 그 속에서 방정식이 정확하게 맞아 돌아갔어요. 허공에는 수학적 질서가 숨어 있었습니다. 광대한 텅 빈 공간인 우주 자체가 방정식이고 수학이었죠. 아인슈타인은 마구잡이로 돌아가는 지저분한 우주가 아니라 정교하고 신비한 질서로 가득 찬 우주에 산다는 것이 기뻤을 겁니다. 그런 우주의 본질을 발견한 맥스웰을 가장 존경했고요. 맥스웰은 아인슈타인에게 누구보다 위대한 과학자였어요. 그래서 아인슈타인은 이런 말을 하기도 했습니다. "맥스웰의 성과는 뉴턴 이후 물리학의 가장 심대하고 풍성한 수확이다."

그런데 아인슈타인이 보기에 맥스웰의 방정식에는 문제가 좀 있었습니다. 전자기파는 어쨌든 파동이잖아요. 빛의 속도로 이동하는 파동인데, 똑같이 빛의 속도로 달려서 따라잡은 뒤 보면 파동이 이상하게 보인다는 겁니다.

출렁이며 나아가는 파도 하나를 똑같은 속도로 옆에서 달려가며 본다고 상상해 보세요. 그 파도가 어떻게 보일까요? 물이 위로 불룩 솟아서 얼어붙은 것처럼 보일 거예요. 파도와 같은 속도로 달리는 사람에게 파도는 불룩 솟은 물이죠.

전자기파, 즉 빛도 마찬가지입니다. 빛의 속도로 달리면서 빛의 파동을 보는 사람에게 빛은 30만 km/s로 출렁이며 나가는 파동이 아니라 멈춰 있는 무엇이에요. 이렇게 되면 맥스웰의 방정식은 제대로 적용되지 않습니다. 맥스웰의 방정식은 빛이 30만 km/s로 움직이며 나아가는 파동이라는 기반 위에서 깔끔하게 작동하거든요. 그렇게 빨리 달릴 사람이 없는데 무슨 문제냐 싶을 수도 있지만, 이게 살짝 달라져도 문제가 생겨요.

예를 들어 약간 변한 광속으로 방정식을 계산하면 자기력선이 수억 개 중에 하나씩 끊어집니다. 멀쩡하던 자기력선이 중간에 툭 끊어진다? 수억 개 중 하나인데 그럴 수도 있지 싶을 수도 있겠지만, 과학자들은 심각했습니다.

일단 아름답지 않은 것이 거슬렸어요. 끊어지려면 다 끊어져야지 수억 개 중 한두 개씩 끊어지는 것은 지저분해 보였습니다. 과학자들에게 맥스웰의 방정식은 순백으로 빛나는, 완벽하게 아름다운 대리석 조각상이나 마찬가지였거든요. 그런데 광속이 변하면 조각상에 잡티가 생기는 거예요. 반창고를 붙일 수도 없고, 거기만 안 보

과학이 빛나는 밤에

려고 시선을 다른 데 둘 수도 없었습니다.

광속은 변할 수밖에 없다는 게 더 큰 문제였어요. 태양에서 나오는 빛의 속도를 지구에서 잰다고 해 봐요. 지구는 아주 빠른 속도로 자전하면서 공전해요. 측정하는 사람이 가만있지 않으니 속도가 똑같을 수 없습니다. 간단한 예를 들어봐도 100km/h로 달리는 자동차를 관측자가 50km/h로 따라가면서 측정하면 자동차의 속도는 50km/h로 측정될 수밖에 없어요. 심지어 똑같이 100km/h로 달리면서 측정하면 자동차는 멈춘 것처럼 보일 수도 있죠. 고속도로에서 옆의 차들이 거의 똑같은 속도로 달리니까 멈춘 것처럼 느껴지잖아요.

빛의 속도를 정확히 측정하려면 관측자가 멈춰 있어야 해요. 그러나 우주에는 멈춰 있는 게 없어요. 지구도 태양 주위를 돌지만, 태양도 은하 주위를 돌고, 은하는 은하단 주위를 돌아요. 이렇게 되면 우주에서 빛의 속도가 정확히 30만 km/s로 측정되는 곳이 없습니다. 지저분한 계산 결과 천지예요. 맥스웰의 방정식을 깔끔하게 적용할 데가 없으니, 순백의 조각상은 지저분한 골동품이 됩니다.

어디에서나 같지는 않은
우주의 시간

아인슈타인은 이 멋진 맥스웰의 방정식은 우주 어디에서나 똑같이 깔끔하게 적용될 것이고, 그러기 위해 광속은 어떤 상황에서도 불변이어야 한다고 생각했어요.

다행히 실제 측정 결과 광속은 불변이었습니다. 오히려 문제는 거기에서 시작되었어요. 속도를 측정할 때 운동 상태가 다르면 당연히 속도가 다르게 측정되어야 하거든요. 하지만 광속은 운동 상태와 상관없이 항상 같았어요. 상황이 바뀌면 헌법도 바뀌게 마련인데, 광속은 도대체 뭐라고 바뀌지 않는지 과학자들은 골머리를 앓았죠.

예를 들어 달리는 기차 안에서 기차가 달리는 방향으로 빛을 쏜다고 해 봐요. 빛의 총 속도는 '기차의 속도'+'빛의 속도'가 되어야 합니다. 종전의 물리학에서는 아주 당연한 결과죠. 달리는 기차에서 공을 던지면 공의 총 속도는 '기차의 속도'+'공이 던져진 속도'가 됩니다. 하지만 이 상식적인 덧셈이 빛에는 적용되지 않았습니다. 아인슈타인도 이 문제 때문에 골머리를 앓았어요.

'왜 이런 모순이 생길까? 이 문제는 나를 난관에 봉착하게 만들었고, 쉽게 풀리지 않는 수수께끼였으며, 근 1년간이나 나를 끝없는 사색의 골짜기로 밀어 넣었다.'

물리학의 대가가 이 간단한 덧셈 문제 때문에 골치가 아팠던 겁니다. 그런데 쉽고 간단한 부분에 문제가 있다는 것은 뭔가 확 바뀔 조짐입니다. 그 문제가 해결되면 근본부터 바뀐다는 얘기니까요. 예를 들어 수학에서 덧셈에 관한 개념이 바뀐다면 영향을 받지 않을 부분이 어디 있을까요? 인간의 모든 계산이 바뀌어야 하고, 수학 이론도 다시 쓰여야 합니다. 그런데 이런 일이 빛의 속도 덧셈 문제를 해결하면서 일어난 거예요.

아인슈타인은 그 문제로 골머리를 앓다가 스위스 특허 심사국에

과학이 빛나는 밤에

근무할 때 친하게 지낸 베소Michele Angelo Besso를 찾아갑니다. 그리고 대화를 나누다가 갑자기 섬광 같은 깨달음을 얻으면서 문제가 해결되었습니다.

해결 방법은 어찌 보면 단순합니다. 속도라는 개념을 광속에 맞춰 바꾸는 거예요. 속도는 '거리/시간'이니까 광속을 유지하려면 광속 대신 시간과 거리가 바뀌면 됩니다. 운동 상태에 따라 시간과 거리가 광속에 맞춰 바뀌면 광속이 일정하게 측정될 수 있거든요. 억지도 이런 억지가 없죠? 옷을 가만히 두려고 사람을 바꾸는 거나 마찬가지입니다. 하지만 우리 우주에서는 실제 이런 일이 일어나고 있었어요.

시간과 공간이 변하는데 광속은 어떻게 유지될까요? 기차로 예를 들어 설명을 해보겠습니다.

멈춰 있는 기차가 어떤 궤적을 그릴지 상상해 보세요. 기차 양쪽 끝에 조명을 켰을 경우 가운데 앉은 탑승객은 시간적으로 한 칸이 지난 뒤 양쪽 빛을 동시에 보게 됩니다. 빛은 대각선으로 한칸씩 움

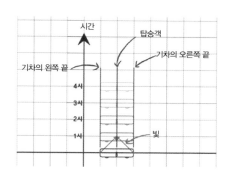

정지된 기차의 궤적

직이니까요. 이 대각선 기울기가 바로 빛의 속도입니다. 무슨 일이 있어도 이 기울기는 변하면 안 되는 거죠.

이제 기차가 움직인다고 해 봐요. 네 시간 지날 동안 오른쪽으로 한 칸 움직이는 속도를 가진 기차의 궤적이에요. 이 기차 안에서 4시에 움직이는 기차 양쪽 끝에서 가운데 있는 탑승객을 향해 '동시에' 켜집니다.

그런데 가운데 탑승객에게 빛이 동시에 도달하지 않죠? 오른쪽에서 출발한 빛은 5시 전에 도달했고, 왼쪽에서 출발한 빛은 5시 이후에 도달합니다. 이상하지만 그럴 수밖에 없어요. 기차가 오른쪽으로 움직이니 오른쪽에서 출발한 빛은 탑승객이 마중 나가면서 보고, 왼쪽에서 출발한 빛은 멀어지면서 보니까요. 탑승객 입장에서는 오른쪽 조명이 먼저 켜졌고, 왼쪽 조명은 나중에 켜졌다고 볼 수밖에 없습니다. 탑승객에게 두 빛은 '동시에' 켜진 빛이 아니죠.

그러면 탑승객 입장에서 동시에 빛이 켜지는 것처럼 보이려면 어떻게 되어야 할까요? 빛의 속도, 즉 기울기는 변해서는 안 된다는 조건일 때 말이에요. 그래프에서는 그렇게 어렵지 않습니다. 왼쪽 빛은 탑승객을 따라잡아야 하니까 좀 더 일찍 출발하고, 오른쪽 빛은 탑승객이 마중 나오면서 받으니까 좀 나중에 출발하면 됩니다. 이 그래프에서 보면 왼쪽 빛은 4시 전에 출발했고, 오른쪽 빛은 4시 이후에 출발했어요. 그러면 두 빛은 같은 시점에 탑승객에게 도달하고, 탑승객은 양쪽 조명이 동시에 켜졌다고 봅니다.

탑승객은 지금 착각하는 것일까요? 아닙니다. 어디까지나 역에 서 있는 사람 시공간의 입장에서 봤을 때 그런 것일 뿐, 탑승객 시

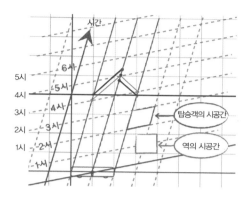

움직이는 기차에서 확인하는 시공간의 상대성

공간의 입장에서는 다릅니다.

탑승객의 시공간이 어떻게 변했는지 볼게요. 역에 있는 관측자의 시공간이 정사각형이라면, 탑승객의 시공간은 약간 찌부러진 사각형입니다. 왼쪽은 좀 더 과거 쪽으로 기울어졌고, 오른쪽은 좀 더 미래 쪽으로 기울어졌어요. 그래서 탑승객 시공간 입장에서는 둘 다 4시에 출발한 빛이고, 한 시간 뒤 5시에 동시에 탑승객에게 도착한 빛이 되는 겁니다.

하지만 좀 이상해요. 왼쪽 빛은 좀 더 먼 거리를 이동했고, 오른쪽 빛은 짧은 거리를 이동했으니까요. 이렇게 되면 속도는 '거리/시간'인데 거리가 달라졌으니 속도 값이 다르게 나와야 할 것 같습니다. 그러나 탑승객의 시공간 모양이 찌부러지면서 달라졌기 때문에 둘 다 똑같은 거리를 달려온 빛입니다.

좀 혼란스럽다고요? 물론 눈속임처럼 보일 수도 있습니다. 우리에게는 분명히 왼쪽 빛이 더 멀리 이동한 것으로 보이니까요. 하지만 그것은 우리가 역에 있는 관측자의 시공간 입장에서 그래프를 그렸기 때문에 탑승객의 시공간이 찌그러진 것으로 보일 뿐입니다. 탑승객 입장에서 그래프를 다시 그리면 자신들의 시공간이 정사각형이고, 정류장 쪽 시공간이 찌부러진 사각형이 되죠. 자신들은 가만있는데 역이 뒤로 움직이는 것이니까요. 그러니까 절대적으로 어떤 시공간은 정사각형이고 어떤 시공간은 찌부러진 것이 아닙니다. 어느 곳을 기준으로 그리느냐에 따라 모양이 달라지죠. 변치 않는 것은 오로지 광속뿐입니다.

광속 불변 문제는 이렇게 풀립니다. 시공간이 바뀐다는 이상한 결론으로 사람들에게 충격을 주지만, 아인슈타인의 염원대로 맥스웰의 방정식은 우주 어디에서나 깔끔하게 적용될 수 있었어요. 하지만 물리학적으로는 빈틈이 있었습니다. 아인슈타인의 설명은 똑같은 속도로 운동하는 물체의 시공간 변화만 다뤘거든요. 기차나 역이나 속도는 일정하게 정해졌습니다. 서서히 속도가 증가하거나 서서히 멈출 경우 그에 따라 시공간이 어떻게 변할지 다루지 않았어요. 그래서 이 상대성이론을 특수상대성이론이라고 부릅니다. 일반적인 모든 운동 상태에 적용되지는 않고, 등속운동 상태인 물체에만 특수하게 적용되는 상대성이론이라는 의미죠.

아인슈타인은 가속운동도 포함할 수 있는 상대성이론을 만들어 내고자 했어요. 그런데 엉뚱하게도 그 과정에서 중력의 비밀이 밝혀집니다. 시공간을 잘 변형하면 중력 효과가 나타날 수 있거든요.

세상이 좀 달라 보이나요?

따스한 햇살, 정신없는 네온사인, 눈부신 자동차 헤드라이트, 휴대전화 화면을 밝히는 빛… 흔하게 보는 이 빛들이 시공간의 형태를 결정하는 절대적 기준입니다. 우리는 사소하고 흔한 절대적 기준들에 맞춰 상대적으로 변하는 시공간 속에 살고 있는 거죠.

리만의 기하학,
밝혀진 중력의 정체

앞에서 잠깐 중력에 대해 설명할 때는 공간이 휘었다는 것만으로 이야기했어요. 하지만 이제 시공간의 형태가 바뀔 수 있다는 것을 알았으니까 시간 개념도 첨가해서 아인슈타인이 떠올렸던 좀 더 제대로 된 중력의 개념을 알아보도록 하겠습니다.

지구처럼 질량이 거대한 물체의 주변 시공간이 휜다고 생각하면 공간 축뿐만 아니라 시간 축도 휘어 들어가기 때문에 공간 방향으로 움직이지 않아도 지구 쪽으로 끌려 들어갑니다. 시간 축의 방향이 지구 쪽으로 휘었으니 이 상태에서 시간이 흐르면 지구 쪽으로 움직이는 거죠. 철로가 휘면 기차도 휜 방향으로 움직이듯, 우리도 시간 축이 휜 방향을 따라 과거에서 미래로 움직일 수밖에 없습니다. 그래서 공중에 있던 공은 땅으로 떨어지고, 우리는 지구에 의해 끌어당겨지는 것 같은 느낌을 받죠. 질량을 지닌 물체는 주변의 시공간을 휘어서 중력을 만들어 낼 수 있는 겁니다. 하지만 이것은 중력을 아주 간략하게 이해해본 것일 뿐, 문제는 간단하지 않

과학이 빛나는 밤에

습니다. 단순히 지구 쪽으로 끌려오는 것을 중력이라고 할 수는 없거든요. 지구에서 중력은 매초마다 9.8m씩 빨라지는 가속운동입니다. 예를 들어 10초 동안 물체가 떨어졌다면 처음에는 9.8m/s로 떨어지지만, 마지막에는 980m/s로 떨어져요. 거의 총알 수준이죠? 겨우 10초 만에 그렇게 빨라지는 겁니다. 만약에 그래프를 통해 매 시점마다 속도가 변하는 가속운동을 시공간의 변화로 나타내려면 곡선으로 휘어야 하겠죠.

게다가 단순한 곡선에서 끝나지도 않습니다. 실제 시공간은 단순한 2차원 평면이 아니라 공간 3차원에 시간 1차원을 더한 4차원이거든요. 시공간은 훨씬 더 입체적으로 휘어야 했죠. 4차원의 입체적 휨을 편평한 좌표평면에 그래프로 나타내서 계산할 수는 없었습니다. 우리는 4차원을 상상하기도 힘든데, 아인슈타인은 그것을 정확히 계산해야 했어요. 아인슈타인이 천재라도 굉장히 어려운 일이었습니다. 아인슈타인은 이 작업이 너무 어렵다며 이것에 비하면 특수상대성이론은 아주 쉬웠다고 말할 정도였죠.

리만과 비유클리드기하학

아인슈타인에게 필요한 것은 새로운 기하학이었습니다. 2차원 평면에서 삼각형과 사각형을 그리고 작도하는 유클리드기하학으로는 4차원 시공간의 휨을 다룰 수 없었거든요. 그런데 60여 년 전 독일의 수학자 리만Georg Friedrich Bernhard Riemann이 딱 맞는 기하학을 만들었죠. 4차원이나 5차원에서도 성립하고, 구불구불한 입체에서도 적용할 수 있는 기하학입니다.

실제로 4차원 입체의 부피를 간단히 구해볼 수 있는데요. 1차원부터 차근차근 따져보면 됩니다. 만약 한 변의 길이가 3cm인 도형의 크기를 구해야 한다면 1차원에서는 길이만 존재하니까 그 크기는 3cm가 되지요. 2차원은 면으로 존재하니까 3cm의 제곱, 3차원은 부피로 존재하니까 3cm의 세 제곱, 4차원은 어떤 형태인지 상상할 수 없지만 어쨌든 크기는 3cm의 네 제곱이 됩니다.

아인슈타인에게는 큰 행운이었죠. 리만은 자신의 기하학이 상대성이론과 연관되리라고는 상상도 못 했을 겁니다. 그는 오래된 수학 문제의 해답으로 새로운 기하학을 만들어 냈을 뿐이었거든요. 리만이 풀어내고자 했던 문제는 유클리드기하학의 공리 중 유난히 길고 복잡해 보이는 다섯째 공리입니다.

유클리드기하학의 다섯 가지 공리

첫째, 평면 위에서 두 점은 한 선분을 결정한다.

둘째, 선분은 무한히 확장될 수 있다.

셋째, 한 점을 중심으로 하고 다른 한 점을 지나는 원은 존재한다.

넷째, 모든 직각은 같다.

다섯째, 두 직선을 한 직선이 만날 때 만나는 각(같은 쪽)의 합이 $180°$보다 작으면 두 직선은 $180°$보다 작은 쪽에서 만난다.

다른 공리는 아주 간단한데, 다섯째 공리는 길기도 하고 무슨 말

과학이 빛나는 밤에

인지 이해가 잘 안 되죠? 단순하게 표현하면 '직선 바깥의 점을 지나며 평행한 직선은 하나만 존재한다'입니다.

이 공리가 수학자들 사이에서는 어딘가 애매한 문제였다고 합니다. 뭔가 수학적으로 수상한 냄새가 난다고 할까요? 오랫동안 논란이 계속되었지만 분명히 해결한 사람은 없고, 수학자들은 서서히 지쳐 갔죠. 그러나 1800년대 초반 헝가리의 보여이János Bolyai, 독일의 가우스Carl Friedrich Gauss, 러시아의 로바쳅스키Nikolay Ivanovich Lobachevsky가 거의 동시에 공리가 깨질 수 있다는 것을 깨닫습니다. 평면이 아닌 볼록한 구면 위에서는 평행한 직선도 언젠가 만날 수 있으며, 오목한 면에서는 만나지 않는 평행선이 여러 개가 될 수도 있었죠. 평면 위주의 유클리드기하학에서 다른 방식의 공간도 다룰 수 있는 비유클리드기하학이 탄생한 순간입니다.

그런 성과를 수학적으로 체계화해 발표한 사람이 바로 리만이에요. 리만의 기하학에 따르면 유클리드기하학은 곡률이 0이어서 편평한 평면에서만 성립하는 기하학이었습니다. 곡률이 달라지면 얼마든지 다양한 기하학이 가능했죠. 예를 들어 삼각형 내각의 합은 곡률의 양수인 볼록한 곡면에서는 180°가 넘었고, 곡률이 음수여서

리만의 기하학이 보여 주는 다양한 삼각형 내각의 합

오목한 곡면에서는 180°보다 작았습니다. 리만은 더 넓은 기하학의
세계를 보여 준 거죠.

유클리드기하학이 절대적 권위가 있던 당시에 그의 기하학은 허
무맹랑하고 비현실적인 얘기라며 무시당했고, 별 관심을 받지 못했
습니다. 그러나 뜻하지 않게 뒷날 아인슈타인에 의해 시공간과 중
력에 적용되는 '현실적'인 기하학으로 인정받았어요. 리만이 살아
있었다면 이런 반전에 깜짝 놀랐을 텐데 아쉬운 일이죠.

아인슈타인보다 먼저
중력의 비밀을 밝혀낸 힐베르트

한편 리만이 강사로 몸담았던
괴팅겐대학의 수학 교수 힐베르트David Hilbert는 아인슈타인과 달리
변분법(범함수의 최대 최소값을 찾는 미적분학의 일종)을 이용해 상대성
이론에서 중력을 계산할 수 있는 방정식을 5일 먼저 완성했습니다.
물론 아인슈타인의 강연을 듣고 자극 받아 성공한 것이지만, 힐베
르트가 우선권을 강력히 주장했다면 아인슈타인의 중력장 방정식
은 힐베르트의 중력장 방정식이라고 불렸을 수 있죠. 이것은 단순
히 아인슈타인에게 자극을 받아 일어난 일이 아니라 수학사적인 흐
름에 따라 일어날 수밖에 없던 일로 볼 수도 있습니다.

당시 괴팅겐대학의 수학자들은 중력에 관심이 있었고, 변분법의
원리와 변환 군론에 보편적인 물리법칙이 내재되었다고 믿었거든
요. 가는 방법이 다를 뿐 목적지는 같았죠. 힐베르트는 그렇게 해서

목적지에 도달하기도 했고요. 이런 것들을 보면 위대한 발견은 천재적인 영감도 중요하지만, 거대한 역사적 흐름도 무시할 수 없는 것 같습니다.

일반상대성이론이 밝힌
역동적인 시공간

이렇게 새로운 수학의 도움을 받아 간신히 중력을 설명할 수 었고, 계산 결과는 중력의 효과와 일치했습니다. 시간과 공간은 정말 얽혀서 휘었고, 덕분에 우리는 지구에 들러붙을 수 있었죠. 변치 않는 무대 배경이라 생각한 시공간이 역동적으로 변하는 녀석들이고, 시공간 변형 때문에 중력까지 생겨나는 거니까요. 이렇게 가속운동까지 다루면서 중력의 비밀을 밝혀낸 상대성이론을 일반상대성이론이라고 부릅니다.

있는 듯 없는 듯 자리만 지키는 줄 알았던 시간과 공간이 알고 보니 엄청난 일을 해내고 있었던 겁니다. 중력이 없으면 별과 은하도 없고, 인간이 생겨나지도 못했을 테고, 설사 생겨났다 해도 저 차가운 우주 공간을 떠다녔을 테니까요. 결국 패러데이의 생각이 맞았어요. 공간에는 뭔가 있었습니다.

그런데 충격이 하나 더 남았습니다. 아마 더 큰 충격일 거예요. 시공간에 대해 잘 생각해 보면 과거, 현재, 미래가 모두 허상이라는 결론에 도달하거든요.

세상이 좀 달라 보이나요?

엉덩이나 발바닥의 무게감을 느껴 보세요. 그 무게감은 지구 방향으로 흐르는 시간 덕분에 생겨난 중력이 만들어 내는 겁니다. 시간이나 공간은 보이지 않고 붙잡을 수도 없지만, 지금 이 순간에도 우리의 신경세포들을 직접 건드리고 있죠.

끝이 정해진 소설처럼,
시공간의 절대성과 상대성

상대성이론에 따르면 과거, 현재, 미래가 이미 존재하고 있습니다. 시간이 흘러가면서 미래가 현재가 되는 것이 아니라 미래가 현재 앞에 있는 거지요. 과거도 사라지지 않고 남아 있고요. 지구와 지구에서 멀어지는 운동 상태인 외계 행성이 있다고 가정해 볼까요? 시공간의 형태가 서로 다르겠죠. 그리고 시공간의 형태가 다르므로 '현재'도 서로 다릅니다. 기차 안의 '현재'와 정류장의 '현재'가 달랐던 것처럼 말이지요. 외계 행성의 현재는 지구의 과거와 같은 현재가 됩니다.

예를 들어 100억 광년 떨어진 외계 행성이 약 15km/h로 지구에서 멀어진다면 지구의 150년 전 과거와 같은 현재가 됩니다. 지금의 외계 행성과 150년 전 지구의 과거가 '동시에 존재'하는 것이죠. 지구의 과거가 사라진 게 아닙니다. 외계 행성과는 분명히 같이 존재하고 있어요.

지금 이 순간, 저 멀리 태양이 있는 것처럼 외계 행성에게도 저 멀

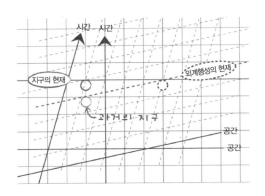

시간 시간

지구의 현재

외계행성의 현재

↑ 과거의 지구

공간
공간

과거와 현재가 공존하는 우주

리 150년 전 과거의 지구가 있습니다. 그렇다고 당장 외계 행성이 지구의 과거에 어떤 영향을 미칠 수 있는 것은 아닙니다. 지구의 빛이 외계 행성에 도달하는 데 백억 년 이상이 걸리니까요. 태양도 마찬가지입니다. 태양 빛은 8분 19초 뒤 지구에 도착하고, 따라서 지구에서 태양에 무슨 영향을 끼치고 싶어도 8분 19초 뒤에나 가능합니다. 과거가 아직 존재하는 것도 이상한데, 미래도 이미 존재하고 있습니다. 외계 행성의 방향만 바뀌면 돼요. 지구를 향해 가까워지고 있다면 시공간이 반대 방향으로 찌그러지면서 지구의 150년 뒤 미래와 외계 행성은 같이 존재합니다.

이렇게 보면 과거든 미래든 '시공간' 속에 같이 존재하게 되는 겁니다. 시간의 흐름 속에 과거는 사라지고 미래가 생겨나는 것이 아니라는 거죠. 우리에게는 지나간 과거지만, 다른 운동 상태의 누구에게는 생생한 현재가 될 수 있습니다. 미래든, 현재든, 과거든 시공간

과학이 빛나는 밤에

속에 이미 다 새겨져서 같이 존재하는 거예요.

이해하기 쉽지 않죠? 이해하려면 시간과 공간에 대한 고정관념을 버려야 합니다. 예전에는 시간과 공간이 배경에 불과했어요. 연극 무대의 배경 같은 거죠. 무대나 배경은 배우들의 연기에 큰 영향을 주거나 서로 얽혀 있지 않고, 그냥 있기만 하면 됩니다. 물체의 운동과 시간, 공간 역시 마찬가지예요. 있으면 되지 물체의 운동에 직접적인 영향을 주지 않습니다.

아인슈타인이 밝힌 오래된 미래, 이미 존재한 내일

그런데 아인슈타인이 시공간의 상대성을 알아낸 뒤 상황이 바뀌었어요. 배경과 무대가 배우의 연기와 한 덩어리라는 것을 알았죠. 서로 떨어져서 분리된 것이 아니라 딱 붙어 있어요. 배우가 시공간에서 자유롭지 않고 마네킹처럼 무대에 고정된 거예요. 한 무대가 한 장면이 되죠. 한 무대에서 한 장면만 보여 주는데 어떻게 딱 멈춰서 연극이 되느냐고요?

시간대별로 그런 무대와 마네킹이 엄청 많습니다. 무수히 많은 무대가 옆에 줄 서서 대기하고, 다음 무대에서는 마네킹의 동작이 살짝 변하는 거예요. 그다음 무대에서도 살짝 변하고요. 이런 무대가 객석 앞에서 눈치 챌 수 없을 정도로 빠르게 바뀐다고 생각해 보세요. 그러면 마네킹이 움직이는 것처럼 보이겠죠.

애니메이션과도 비슷합니다. 종이에 조금씩 동작을 바꿔서 여러

장 그린 다음 빠르게 넘기면 그림이 움직이는 것처럼 보이잖아요. 이런 애니메이션의 원리로 우리 우주가 시공간 배경과 딱 붙어서 돌아간다는 것을 아인슈타인이 발견했어요. 아인슈타인 이전에는 무대나 배경과 상관없이 자유로운 '연극'이었는데, 아인슈타인 이후에는 '애니메이션' 혹은 '영화 필름'이 된 겁니다.

하지만 연극이든 영화든 모두 인과관계에 따라 흘러가기 때문에 어떻게 끝날지 알 수 있다는 점에서는 비슷합니다. 배우가 순간이동하고 초능력을 쓰지 않을 바에야 이 동작 다음에는 저 동작이 올 테고, 이 배우가 이 대사를 하면 저 배우는 저 대사를 하죠. 그래서 가능성 있는 미래를 추측하고 실제 예측도 할 수 있습니다. 이것이 아인슈타인 이전의 결정적 세계관이에요. 세상이 톱니바퀴가 맞물리듯 돌아가니까 모든 톱니바퀴의 상태를 알면 미래가 어떻게 될지 '알' 수 있습니다. 이를 아는 것이 라플라스의 악마, 즉 연극이죠.

그런데 영화 필름은 미래를 알 수 있다 정도가 아니라, 미래가 '있'는 거예요. 영화 필름을 보면 다음 장면이 다 인쇄되었잖아요. 우리의 과거와 미래가 이런 식으로 시공간에 인쇄되어 있는 겁니다. 상대성이론에 따르면 우리 우주는 이런 필름 한 통이죠. 과거와 현재, 미래가 통째로 존재하는 거예요. 우리 우주가 1,000억 년을 간다고 하면 1,000억 년짜리 시간과 공간이 있는, 즉 시작부터 끝까지 한 덩어리인 우주 시공간이 지금 이 순간에도 있는 겁니다.

시공간 덩어리를 상상하긴 쉽지 않지만, 비슷한 걸 떠올려 볼 수는 있습니다. 우주 공간의 한순간을 필름 한 장에 담는 거예요. 필름 한 장이 아주 커야겠죠. 우주의 시작부터 모든 순간순간을 필름 한

과학이 빛나는 밤에

장 한 장에 담고, 이어진 필름을 한 장 한 장 자른 다음, 순서대로 한 장씩 쌓아요. 대신 쌓을 때는 떨어지지 않게 강력 접착제로 붙이고요. 그러면 꽤 기다랗고 높은 막대 모양 직육면체가 생기겠죠? 접착제 성능이 좋아서 필름이 딱 붙었다고 생각해 보세요. 필름과 필름 사이에 층이 보이지 않는 거예요.

그러면 수정이나 다이아몬드 같은 결정체로 보이지 않을까요? 이것이 우리가 상상할 수 있는 시공간 덩어리의 모습이 아닐까 싶습니다. 브라이언 그린Brian Greene은 《우주의 구조The Fabric of the Cosmos》에서 이 시공간 덩어리를 '얼어붙은 강'이라고 표현했어요. 시간은 흐르는 것이 아니라 처음과 끝이 존재하는 물체라는 것을 비유한 시적인 표현이죠.

하지만 희한하게도 분명 시간이 흐르긴 합니다. 도대체 왜일까요? 여기에 대한 분명한 해답은 아직 없어요.

혹시 무언가가 그 덩어리를 죽 읽어나가는 것은 아닐까요? 138억 년 전부터 시공간 덩어리가 DVD처럼 죽 읽히면서 재생됩니다. 과거는 재생된 장면, 현재는 재생되는 장면, 미래는 재생될 장면이죠. 과거, 현재, 미래는 누가 먼저 읽히느냐 순서의 차이일 뿐입니다. 책을 읽는 여러분과 다른 모든 사람들은 이 시공간 DVD에 등장하는 배우들이고요. 우리는 자유의지로 살아가는 것처럼 연기하는 배우에 불과한 겁니다.

시간의 흐름도 미스터리고, 모든 게 결정되어 있고, 자유의지는 환상이고…. 물리학이 아니라 철학 같죠? 실제로 상대성이론은 물리적 현상을 설명하기 위해 나왔지만, 결과적으로 철학적 혼란을 가져오면서 많은 사람들에게 충격과 재미를 주었습니다. 더 재미있는 것은 DVD처럼 끝이 정해진 결정론이 적용되지 않는 세계가 있다는 점이에요. 분명 상대성이론이 맞는 상황이고 우주 전체에 적용되는데도 거기에서 빠져나가는 부분이 우리 우주에도 있습니다. 바로 양자물리학이 적용되는 미시 세계죠.

세상이 좀 달라 보이나요?

우주라는 시공간 영화 필름 한 장면에 인쇄된 여러분, 과연 우리 영화는 어떻게 흘러갈까요? 장르에 따라 다르겠죠? 그렇다면 우리가 출연하는 영화 장르는 무엇일까요? 스릴러일까요, 공상과학소설일까요, 코미디일까요, 공포 영화일까요? 개인적으로 공상과학소설이면 좋겠는데, 로맨틱 코미디와 감동이 잘 버무려지면 더 좋을 것 같습니다.

아인슈타인은 이렇게 말했습니다. "시공간은 절대적 실체이며, 과거와 현재, 미래는 인간의 끈질긴 환영일 뿐이다."

미세한 균열에서 생기는 혼돈, 확률 파동

미시 세계가 이상한 점은 띄엄띄엄 존재하는 전자의 궤도뿐만이 아니었습니다. 그런 양자 개념보다 이상하고 이해할 수 없는 것은 인과관계가 불분명하다는 점이었죠. 미시 세계에서 일어나는 모든 일은 불분명했어요. 앞에서 살펴본 전자궤도만 해도 그런 점이 잘 드러납니다. 한 궤도에 있던 전자가 언제, 어느 궤도로 점프할지 전혀 알 수 없거든요. 단번에 맨 밑으로 점프할 수도 있고, 두 궤도 정도 건너뛸 수도 있고, 한 궤도만 건너뛸 수도 있고… 완전히 전자 마음이죠.

처음에는 무슨 원인이 있겠거니 했지만, 아무리 연구해도 그런 원인은 없었습니다. 전자는 아무 까닭 없이 아무 때나 점프했어요. 완전히 상식 밖의 행동이었습니다. 아무도 건드리지 않고 바람도 안 부는데 공이 굴러갈 수는 없잖아요. 하지만 전자는 비상식적으로 행동했어요.

전자의 다음 수를
읽고자 하는 과학자들

과학 역사상 처음으로 원인 없이 일어나는 현상이었습니다. 원인이 있어야 결과가 있다는 과학적 상식이 이때 처음으로 깨지죠. 과학자들은 충격에 빠졌고, 특히 아인슈타인은 더 큰 충격을 받았습니다. 정신을 추스른 과학자들은 문제를 해결하기 위해 노력했어요. 여러 과학자들이 뛰어들었는데 두 가지로 경향을 나눠 볼 수 있습니다.

하나는 수학적으로 계산 결과만 맞으면 된다는 쪽입니다. 원자가 어떠니, 전자궤도가 어떠니 하며 원자의 구조를 섣불리 상상해서 문제를 풀려고 해서는 안 된다는 거죠. 어차피 원자를 직접 들여다본 사람이 있는 것도 아니니까 틀린 말은 아닙니다. 다른 하나는 수학보다 구체적인 실체가 중요하다는 쪽이에요. 물리는 실체를 다루는 학문인데, 수학적으로 계산 결과만 맞으면 된다는 건 물리가 아니라는 얘기입니다. 대다수 과학자가 이 의견을 지지했죠. 종전 물리학은 항상 실체를 다루었으니까요.

친親수학적인 과학자에는 하이젠베르크Werner Karl Heisenberg가 있습니다. 그는 각고의 노력 끝에 복잡한 행렬 대수학을 이용해서 문제를 풀었어요. 계산 결과는 본인도 깜짝 놀랄 정도로 맞았지만, 다른 물리학자들은 그의 계산이 지나치게 어려운데다 물리적 실체가 없어 거부감이 들었죠. 그런데 재미있는 점은 행렬 대수학은 이전까지 한 번도 실용적으로 쓰인 적이 없는 순수수학 분야라는 거예요. 물리를 위해 개발된 수학이 아니고 아무도 물리와 연관될지 몰랐는데, 물리현상을 정확히 표현하는 데 쓰인 거예요.

실체를 중요시하는 쪽에서는 드브로이Louis Victor de Broglie와 슈뢰딩거Erwin Schrödinger가 파동이라는 개념을 들고 나옵니다. 원자핵 주변에 있는 전자의 에너지 궤도 자체를 출렁이는 파동으로 생각해 보자는 거죠.

이것은 주로 기타 줄 튕기는 것으로 설명해요. 기타 줄에서 파동은 일정한 정수로 존재합니다. 파동 하나가 위아래로 올록볼록한 게 제일 간단하고, 다음은 두 개짜리가 있어요. 하나는 위로 볼록, 하나는 아래로 볼록해서 이것이 위아래로 올록볼록하며 진동합니다. 그 파동들이 반으로 나뉘어 4개가 되고, 8개가 되는 식이죠. 3.5개짜리 파동, 3.2개짜리 파동은 없어요. 양 끝이 딱 묶여 있잖아요. 기점에서 시작된 파동이 종점에서 마무리되어야 해요. 원자에서도 마찬가지입니다. 전자궤도가 이런 파동으로 구성되었다면 3.2개짜리 파동은 있을 수 없어요. 파동이 중간에서 끊어지니까요. 부드럽게 이어지려면 파동은 항상 정수로 끊어져야 합니다.

이러면 억지로 궤도를 정할 필요 없이 문제를 단순하게 해결할수 있죠. 파동 하나짜리는 가장 낮은 에너지 상태고, 파동의 개수가 많아질수록 높은 에너지 상태가 된다는 겁니다. 그런데 여기서 주의할 점은 전자가 궤도를 도는 것이 아니라 전자의 존재 자체가 늘어져서 출렁인다는 거예요. 그러다가 파동이 단단히 모여들어서 묶이면 입자처럼 관측된다는 거죠.

이런 주장의 장점은 파동이 변하는 것을 부드럽게 이어지도록 설명할 수 있다는 겁니다. 기타 줄 하나가 다양한 방식으로 떨리고 변할 수 있듯이, 부드럽게 이어져서 파동의 에너지 상태가 변할 수 있어요. 전자가 제 맘대로 아무 때나 다른 궤도로 뛰어내리는 것이 아닙니다. 미시 세계에서도 원인과 결과가 부드럽게 이어지며 인과론이 되살 아난 겁니다. 하이젠베르크의 행렬 대수학을 이용한 역학보다 훨씬 우아하고 깔끔해 보였고, 계산 결과도 잘 맞았어요.

문제점은 있었습니다. 자유전자 하나가 방출되어 어떤 검출기로 날아가면 전자가 죽 늘어지잖아요. 그러다가 검출기에서 전자가 하나의 입자로 관측되거든요. 늘어진 전자가 순식간에 한곳으로 모인 다는 게 말이 안 돼요. 과학자들이 도저히 눈치 챌 수 없게 빛보다 빠른 속도로 한곳에 모여야 하는데, 그건 있을 수 없는 일이거든요. 이런 문제 때문에 슈뢰딩거의 생각이 맞다고 할 수도 없고, 하이젠 베르크의 행렬역학으로 만족할 수도 없었죠. 그렇다고 둘 다 틀린 건 아니에요. 어쨌든 계산 결과는 맞았으니까요.

확률이 제시하는 무질서의 질서

뚜렷한 해결책이 없는 상황에서 막스 보른Max Born이 아이디어를 냅니다. 그 파동은 바로 확률이라는 거예요. 전자라는 실체가 존재하는 게 아니라 확률이 출렁이며 돌아다니다가 우리가 검출기 같은 것을 이용해 관측할 때 입자로 딱 나타난다는 거죠.

확률은 하나의 수인데 어떻게 수가 공간을 떠돌아다닌다는 것인지, 어떻게 분명한 물리적 실체가 수학적 확률이 된다는 건지 혼란

과학이 빛나는 밤에

스럽다고요? 이 부분은 과학자들도 이해하기 힘들어합니다. 현실이 그러니까 받아들일 수밖에 없었죠. 실제 실험을 해보면 확률 파동으로 이해할 수밖에 없었습니다. 그 가운데 이중 슬릿 실험이 특히 유명한데요. 이 실험에 대해 살펴보면서 과학자들의 심정을 이해해 볼까요?

이 실험은 전자를 이용합니다. 전자를 하나씩 발사하는 전자총을 준비하고 그 앞으로 기다란 틈이 두 개 난 판을 세우고 그 뒤로는 그 틈을 통과해 날아오는 검출기를 설치합니다. 이 실험은 두 틈 때문에 '이중 슬릿 실험'으로 불려요.

이제 전자총을 발사하면 전자가 날아갈 테고, 운 좋게 그 틈을 통과하면 뒤에 있는 검출기에 찍힐 겁니다. 그렇게 찍힌 점들을 보면 전체적으로 11자 모양이 되겠죠? 이것이 상식적인 결과입니다.

그러나 실제로는 11자 모양이 아니라 여러 줄로 만들어진 줄무늬가 나옵니다. 왜 이런 결과가 나올까요? 바로 파동이 실마리입니다.

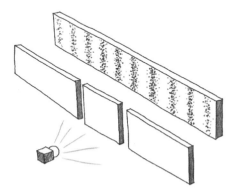

이중 슬림 실험 결과 나타난 줄무늬

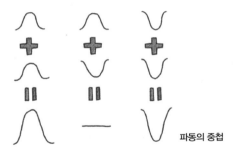

파동의 중첩

전자총에서 전자가 발사되면 전자는 하나의 파동이 되어 출렁이며 앞으로 나아간다고 가정해 보죠. 그러다가 두 틈을 만나면 두 파동이 생기겠죠? 이제 두 파동이 서로 만납니다. 이것을 '중첩'이라고 하는데, 중첩이 일어나면 파동의 어떤 부분은 높아지고 어떤 부분은 낮아져요.

이 중첩은 특수한 현상이 아니라 물결들 사이에서도 흔하게 볼 수 있는 자연 현상입니다. 그래서 검출기에는 높은 파동이 닿는 부분이 생기고 낮은 파동이 닿는 부분이 생기게 되죠. 바로 여기서 저 파동을 확률이라고 생각하면 문제가 풀립니다. 파동이 높은 부분은 전자가 검출될 확률이 높고 파동이 낮은 부분은 전자가 검출될 확률이 낮은 거죠. 두 틈을 지나면 두 파동이 되고, 다시 합쳐지면 중첩 현상도 일으키고, 검출기에 닿을 때는 확률 파동이 높은 곳과 낮은 곳이 만들어져요. 그리고 실제로 확률이 높은 곳에서는 전자가 많이 발견되고, 확률이 낮은 곳에서는 전자가 적게 발견됩니다.

확률 파동을 눈으로 본 사람은 아무도 없지만 이렇게 깔끔하게 설명되었습니다. 하지만 공간이 확률 문제 푸는 연습장도 아니고,

과학이 빛나는 밤에

확률이 둥둥 떠다닌다는 게 말이 안 되죠? 이런 현상은 원자로 실험해도 똑같이 나타납니다. 심지어 원자들로 구성된 분자로 실험해도 그런 결과가 나오고요. 똑같이 원자나 분자를 발사해도 어디에서 발견될지 알 수 없습니다. 인간은 발견될 확률만 파악할 수 있죠. 미시 세계는 확률에 의해 움직이는 세상이었던 겁니다.

우주의 밀도 차이를 만들어낸 미시 세계에서 양자 요동도 마구잡이로 요동치는 것이 아니라 수학적인 확률 파동의 형태가 있었고, 그래서 10만분의 1이라는 일정한 수치가 나타날 수 있었습니다. 막스 보른이 미시 세계를 설명하기 위해 고안한 확률 파동이 우주까지 손을 뻗친 거죠.

확률 파동 덕분에 과학자들은 원자에서 전자가 어느 궤도에서 멈출지 '확률'을 계산할 수 있었습니다. 전자 '하나'가 어디로 뛰어내릴지 확실히 몰라도 수많은 전자 중 몇 개가 어디로 뛰어내릴지는 알 수 있었죠. 예를 들어 전자 100개를 똑같이 높은 궤도로 올려놓았다면 잠시 뒤 70개는 어디에 멈춰 있고, 20개는 어디에 멈춰 있고, 10개는 어디에 멈춰 있고… 이런 식으로 전체적인 '통계'는 계산할 수 있었습니다.

우리 우주의 전자들은 마구잡이로 뛰어내리는 것 같지만, 전체적으로나 확률적으로 어느 정도 보조는 맞춰요. '야, 이번에 내가 두 궤도 건너뛰었으니까 넌 한 궤도 건너뛰어. 그래야 전체적인 균형이 맞지. 안 그래?' 이렇게 짜기라도 하는 것처럼 전체적인 통계는 정확히 맞았습니다.

기묘한 미시 세계 덕분에 우주는 단순히 톱니바퀴처럼 맞물려 돌아가는 시계라고 볼 수 없게 되었죠. 큰 톱니바퀴들은 전체적으로 대충 맞물려 돌아가는 것처럼 보이는데, 원자 이하의 세계에서는 아무런 인과관계도 없이 통계적으로 맞은 것뿐이에요. 미시 세계의 톱니바퀴들은 맞물려 돌아가는 게 아니라 서로 약간 떨어져서 도는 거죠. 약간 떨어져 있기 때문에 이쪽이 돈다고 해서 저쪽도 돈다는 보장이 없어요. 원인과 결과가 분명히 연결되지 않습니다. 그렇다고 톱니바퀴들이 마구잡이로 도는 건 아니에요. '이쪽에서 열 번 돌면 저쪽에선 다섯 번 돌 것이다'처럼 확률적인 질서는 있거든요. 하지만 딱 한 번 돌 때 다른 쪽이 돌지 안 돌지는 몰라요.

참 애매모호해졌죠? 전체적으로는 질서가 있어 보이지만, 개별적으로는 원인도 결과도 없는 무작위적 혼돈이니까요. 우리 우주는 질서도 아니고 혼돈도 아니고 괴상한 짬뽕이 되었습니다. 종전의 물리학으로는 괴상한 짬뽕을 다룰 수 없었죠. 그래서 양자물리학이 탄생했습니다. 아인슈타인의 결정론은 양자물리학에 의해 뿌리부터 흔들렸어요.

아인슈타인은 이런 상황을 도저히 견딜 수 없었습니다. 아름답고 완벽한 수학적 질서, 그 자체인 우주가 더럽혀지는 느낌이었을 테니까요. 그는 양자물리학의 주장을 인정하지 않았습니다. 이런 게 물리학이면 차라리 구두 수선공이나 하겠다고 말했을 정도죠. 양자물리학은 미봉책에 불과하고, 미시 세계에는 밝혀지지 않은 질서가 있을 것이라고 생각했습니다. 전자들은 결코 원인도 없이 제멋대로 뛰어내려선 안 되는 것이었어요. 아인슈타인은 양자물리학에 반격을 개시합니다.

세상이 좀 달라 보이나요?

근처에 있는 유리창을 보세요. 여러분이 살짝 비치나요? 거울처럼 완전히 비치진 않지만 희미하게 비치죠? 지금 여러분은 유리창을 구성하는 유리 분자의 양자물리학적 현상을 보는 겁니다. 여러분의 몸에서 튀어 나간 빛의 알갱이, 즉 광자가 유리창을 뚫고 그대로 지나갈지 아니면 반사되어 다시 여러분의 눈에 들어올지는 오직 확률로 결정됩니다. 유리창이 완벽하게 편평하다고 가정했을 때 반사 확률이 3%인 유리라면 광자 100개 중에 3개가 반사되고, 97개는 통과하게 됩니다. 우리가 알 수 있는 것은 그 확률뿐입니다. 광자하나가 통과할지 반사할지는 알 수 없어요. 광자가 반사되었다거나 반사되지 않았다고 해도 특별히 뭐가 달라서 그런 것이 아닙니다. 양자물리학적 확률이 3%라서 그럴 뿐이에요. 여러분이 유리창에 어떻게 비칠지 결정하는 것은 미시 세계를 지배하는 확률입니다.

아인슈타인의 전쟁,
확실함과 불확실함

반격 장소는 마침 솔베이Ernest Solvay라는 부자이자 아마추어 과학자가 마련해 주었습니다. 이 사람이 전 세계에서 내로라하는 과학자들을 초청해서 자유롭게 토론할 수 있는 학술회의를 열었거든요. 당시 과학자들이 모여서 찍은 사진을 보면 마치 그리스 신화의 영웅들이 모인 듯한 느낌입니다. 막스 플랑크Max Karl Ernst Ludwig Planck, 아인슈타인, 보어, 슈뢰딩거, 하이젠베르크, 마리 퀴리… 대단하죠. 모르고 보면 칙칙한 아저씨와 할아버지들 사진이지만, 알고 보면 과학사의 신화 자체입니다.

1927년 솔베이 학술회의에서 드디어 반격이 시작됩니다. 총 세 번 반격이 있었는데, 아인슈타인은 뭔가 실체가 있다는 주장을 폈어요. 양자물리학에서는 그 괴상한 확률 파동 같은 것으로 실체가 사라졌다 나타났다 하잖아요. 실체를 중요시하지 않는 겁니다. 중간에 인과적인 틈이 있거나 말거나 계산에 따른 예측과 측정 결과가 잘 맞으면 되죠. 하지만 아인슈타인은 인과관계의 톱니바퀴 사

1927년 솔베이 학술회의 기념사진

이에 불연속적인 틈이 싫었고, 그것을 이어 주는 실체적인 사슬이 있어야 한다고 생각했습니다. 이 흐름을 알면 아인슈타인의 반격을 이해하기 쉬워요.

아인슈타인의 반격,
이중 슬릿 실험

첫 번째 반격은 이중 슬릿을 이용한 것이었습니다. 이중 슬릿 실험에서 확률 파동이 두 틈, 즉 이중 슬릿을 통과한 뒤에 중첩이 일어나 줄무늬가 생겼잖아요. 그런데 아인슈타인은 이중 슬릿을 잘 조작하면 두 슬릿 중에서 전자가 어디를 통과하는지 알 수 있다고 주장했습니다. 여기에서도 전자가 실재한다는 걸 보여 주고 싶었어요. 확률 파동 같은 것으로 출렁이면서 두 틈을 다 통과하는 게 아니라, 분명한 실체로서 두 틈 중 하나를 통과한다는 것을 주장하고자 했죠.

이것을 조작하는 방법은 슬릿을 옆으로 뉘어서 용수철에 걸어 두는 거예요. 그리고 전자 하나를 날리면 전자가 두 틈 중 하나를 건드리고, 용수철에 매달린 슬릿 판이 출렁거리는 거죠. 위 틈을 통과했는지 아래 틈을 통과했는지에 따라 흔들림이 다를 테니 그것을 정확히 측정하면 원자가 어디를 통과했는지 알 수 있다는 겁니다. 물론 아인슈타인이 슬릿을 용수철에 걸고 실험한 게 아니라 사고실험이에요.

이것을 양자물리학계의 대부 보어가 간단한 대수학적 원리로 반박했고, 아인슈타인은 바로 수긍했다고 합니다. 저는 대수학적 원리는 잘 모르니까 아인슈타인의 이중 슬릿 실험대로 실험할 경우 생기는 문제를 가지고 풀어 보겠습니다. 용수철을 달 필요는 없고, 이중 슬릿의 각 틈에 검출기를 설치하면 전자가 어느 틈을 통과할지 알 수 있어요.

그런데 이 상태로 실험하면 검출기에서 줄무늬가 사라지고, 그냥 11자 무늬가 돼요. 틈에서 검출하려는 행위 때문에 우리의 예민하고 섬세한 확률 파동이 영향을 받아 사라졌습니다. 두 틈을 향해 밀려가던 확률 파동이 검출기 때문에 더 출렁이지 못하고 하나의 실체로 검출된 거예요. 시험 보기 전에는 여러 가능성이 존재하지만, 시험을 보는 순간 어떤 점수로 결정되어야 하는 것과 비슷하죠.

전자의 확률 파동은 두 틈 중에서 한쪽을 택해야 하는 상황에서

과학이 빛나는 밤에

실체가 된 겁니다. 결국 한쪽 틈에서 전자가 검출돼요. 이런 현상을 '확률 파동의 붕괴'라고 합니다. 애매모호한 상태가 아닌 분명한 실체로 검출된 거죠. 그리고 거기에서 다시 확률 파동으로 퍼져 나갑니다. 양쪽 틈을 다 통과한 확률 파동이 아니라 한쪽 틈에서 나오는 확률 파동이죠. 그래서 중첩이 일어나지 않고, 실험 결과도 다르게 나온 겁니다.

줄무늬가 사라졌으니 관측하려고 한 대상도 바뀌었어요. 비눗방울을 관찰하려고 손을 댔더니 비눗방울이 터진 거나 마찬가지입니다. 이래서는 전자가 실체로 관측된들 애초에 관측하고자 한 간섭 줄무늬를 만드는 전자가 아니에요. 간섭 줄무늬를 만드는 과정은 확률 파동으로 설명할 수밖에 없죠. 실체는 사라지고 확률 파동이 다시 자리를 차지한 겁니다.

아인슈타인의 반격,
불확정성원리

그러나 아인슈타인은 포기하지 않고 또 다른 반격을 준비합니다. 3년 뒤 솔베이 학술회의 때는 조심스럽게 실체를 주장했어요. 저번에는 단단한 실체가 분명히 날아간다는 것이었다면, 이번에는 좀더 후퇴해서 뭔가 실체가 있을 거라고 생각할 수밖에 없는 '상황'을 제시해 보려고 합니다. 분명한 실체를 볼 수는 없어도 실체가 있는 것 같은 '정황증거'를 보여 주려는 거죠. 예를 들어 비행기는 보지 못했어도 윙 하면서 지나간 소리를 녹음하고, 비행운 사진을 찍어 제시하면 '아, 비행기가 지나갔구나…' 인정할 수밖에 없는 것처럼 말입니다. 지난번에 깨졌으니 많이 준비한 모양이에요.

이번에도 그는 사고실험을 제안합니다. 먼저 어떤 통을 용수철 저울에 매달죠. 통이 가벼워지면 용수철 저울이 올라가면서 얼마나 가벼워졌는지 알 수 있습니다. 그리고 통에는 시계장치를 달아서 일정한 시각이 되면 통의 뚜껑을 열어서 빛이 나가게 만들죠.

이렇게 되면 두 가지를 확실히 알 수 있게 됩니다. 광자가 나간 시각도 확실히 알게 되고 광자가 나가면서 그때 가벼워진 무게를 재 광자의 에너지도 알 수 있게 되죠. $E=mC^2$이라는 법칙에 의해서 에너지랑 질량은 상호 변환되니까요.

그런데 이렇게 되면 미시 세계를 지배하는 불확정성에 걸리게 됩니다. 에너지와 어떤 시각의 위치는 모두 정확히 알 수 없거든요. 풍선의 한쪽을 누르면 다른 쪽이 요동치듯이 두 가지 정보 가운데 하나는 불확실해야 하거든요.

불확정성은 양자물리학의 핵심적인 개념으로, 보어의 제자이자 조수 하이젠베르크가 주도해서 만들었어요. 아인슈타인은 바로 불확정성원리를 걸고넘어집니다. '봐라, 미시 세계의 존재도 거시 세계의 물체처럼 이것저것 정확히 알아낼 수 있지 않냐. 에너지도 알아내고 들어온 시각도 정확히 알아낼 수 있다. 미시 세계의 존재도 그 불분명하고 모호한 확률 파동 같은 게 아니라 분명한 실체로 존재하는 거다'라는 주장이죠. 보어는 이 반격에 안절부절못했다고 합니다. 마치 채찍에 맞은 개 같았대요.

과학이 빛나는 밤에

하지만 극적인 반전이 일어납니다. 보어가 밤새 고민한 끝에 아인슈타인이 실수한 부분을 발견했거든요. 아인슈타인이 말한 대로 정확하고 확실한 측정이 불가능하다는 것을 알아냈습니다. 통에서 광자가 빠져나가는 상황을 생각해 보세요. 통은 용수철저울에 의해 튕겨 오르면서 출렁이죠. 여기에서 문제가 발생합니다. 아인슈타인의 상대성이론에 따르면 움직이는 물체의 시간은 변하잖아요. 예를 들어 빠른 속도로 하늘을 나는 비행기에서 시계 초침은 지상보다 천천히 갑니다. 그 차이가 극히 작아서 알아챌 수 없지만요. 그러니까 용수철저울에 달린 통도 움직일 때 조금이나마 느려집니다. 속도가 변하고 방향도 바뀌면서 출렁일 테니 일정하게 느려지지도 않아요. 불확실한 요동이 발생할 수밖에 없죠.

아인슈타인은 실수를 인정할 수밖에 없었어요. 자기가 내세운 상대성이론을 무시할 수는 없으니까요. 상대방의 허를 찌르려다가 오히려 안타까운 상황에 처합니다. 모호함과 흐릿함 대신 분명하고 확실한 실체를 내세우고 싶은 바람이 또 한 번 꺾였어요.

아인슈타인의 반격,
확률 파동 패러독스

두 번째 반격이 실패로 끝나자 포기했느냐, 그렇지 않습니다. 1935년에는 한결 조심스럽게 반격을 시도합니다. 이제는 확률 파동에 의심적은 부분이 있다고 주장해요. 분명한 정황증거는 아니지만 의심할 여지가 있다는 거예요.

상대방을 꺾지는 못해도 찜찜하게 만드는 고도의 술책이죠. 이 최후의 반격을 'EPR 패러독스'라고 부릅니다. 여기에 참여한 아인슈타인, 포돌스키Boris Podolsky, 로젠Nathan Rosen의 앞 글자를 딴 거예요. 패러독스는 역설이죠? 맞다고 해도 이상하고 아니라고 해도 이상한…. 뭐가 이상한지 봅시다.

패러독스의 내용은 간단해요. 원래는 광자를 이용한 사고실험인데, 전자를 이용하는 게 더 친숙해서 전자로 설명하겠습니다. 앞에서 전자의 스핀에 대해 이야기했죠? 전자의 스핀이 이상하게 결정되는 것이 패러독스의 핵심이에요.

전자가 뱅글 도는 것이 스핀인데, 스핀을 맞물려서 돌게 만들 수 있어요. 톱니바퀴가 맞물려 돌아가는 장면을 생각해 보세요. 한쪽이 시계 방향으로 돈다면 다른 한쪽은 시계 반대 방향으로 돌죠. 기계 안에서 두 전자의 상태를 얽히게 만들면 둘은 스핀 방향이 반대가 됩니다. 이렇게 얽힌 전자를 분리해서 하나씩 다른 방향으로 쏘고, 전자가 도달하는 곳에 검출기를 만들어서 전자의 스핀 방향을 측정하는 거죠.

그런데 우리가 굳이 양쪽에 검출기를 설치할 필요가 있을까요? 한쪽만 검출기를 설치해도 나머지 전자의 스핀 방향을 알 수 있어요. 만약 한쪽 검출기에 도달한 전자의 스핀이 시계 방향으로 측정되면 다른 전자의 스핀은 측정할 필요도 없이 시계 반대 방향이니까요. 문제없어 보이죠? 인간들이 사는 거시 세계의 상황이라면 아무 문제가 없습니다.

하지만 양자물리학에 따르면 미시 세계는 전자 같은 입자들이 확

과학이 빛나는 밤에

률 파동으로 존재하잖아요. 방출기를 떠나면서 흐릿해진 상황입니다. 전자라는 실체뿐만 아니라 스핀이라는 성질도 흐릿해진 거예요. 그리고 확률 파동으로 퍼져 나가는 거죠. 시계 방향일 확률, 반시계 방향일 확률이 출렁이며 검출기를 향하게 됩니다.

그리고 확률 파동이 검출기에 닿는 순간, 시계 방향 혹은 시계 반대 방향의 스핀을 가진 전자라는 실체가 생겨납니다. 검출기에서 스핀 방향이 측정되면 반대 방향으로 날아간 전자는 그 반대 스핀 방향이 되는 거예요. 둘이 얽힌 관계니까 어쩔 수 없어요. 이쪽이 시계 방향이면 저쪽은 측정하지도 않았는데 시계 반대 방향이 되고, 이쪽이 시계 반대 방향이면 저쪽은 시계 방향이 되죠.

이것이 패러독스인 까닭은 일단 빛보다 빠른 속도로 정보가 전달되어야 하니까 말이 안 되고, 검출기가 없는 방향으로 날아간 전자의 확률 파동이 어떻게 붕괴될지 미리 결정되기 때문에 말이 안 됩니다.

확률 파동이 어떻게 붕괴될지는 통계적으로 알 수 있지, 개별적으로 한 번 붕괴될 때는 알 수 없죠? 이런 무작위성이 확률 파동의 본성인데 이게 깨졌어요. 겉으로만 자유롭게 출렁이는 확률 파동이지, 사실상 어떻게 붕괴될지 결정된 '꼭두각시 확률 파동'입니다. 확률의 탈을 쓴 꼭두각시예요. 그러면 확률 파동이 아니라 그냥 파동이라고 볼 수도 있습니다. 100% 확실한 건 사실이지 확률이 아니잖아요. 당첨 확률이 100%인 복권은 현금이지 복권이 아니죠. 아인슈타인은 이건 실체로 봐야 한다고 주장합니다. 아무리 좋게 봐도 꼭두각시 확률 파동이거나 확률 파동이 아니니까요.

더 큰 문제는 이게 꼭두각시 확률 파동인지 아닌지 구분할 수 있느냐는 거예요. 인조인간의 겉모습이 인간과 똑같다면 해부하기 전에는 알 수 없는 것처럼, 확률 파동도 그냥 봐서는 구분이 안 되는 겁니다. 확률 파동은 해부해 볼 수도 없잖아요. 저쪽에서 먼저 스핀 측정한 걸 알면 이쪽에서 꼭두각시 확률 파동인지 알겠지만, 저쪽에서 측정한지 모른다면 아무런 차이가 없으니 정상적인 확률 파동이라고 생각할 거 아니에요.

이렇게 되면 문제가 심각해질 수 있어요. 이런 이상한 케이스가 하나라도 있다면 다른 케이스도 가능할 수도 있거든요. 사고실험이 아니라 다른 자연적인 상황에서도 꼭두각시 확률 파동이 생길 가능성이 충분하죠. 우리가 인조인간 하나를 발견했다면 주변에 다른 인조인간도 얼마든지 더 있을 수 있다는 의심을 하게 되는 것처럼요.

마찬가지로 확률 파동을 의심해 볼 수 있습니다. 미시 세계의 모든 확률 파동이 사실은 꼭두각시 확률 파동인지도 몰라요. 아인슈타인의 주장에 따르면 실체나 마찬가지인 확률 파동이 되고요. 이렇게 되면 실체들이 연결되는 톱니바퀴가 제대로 맞물려 굴러가는 고전적 인과론이 되살아날 수도 있습니다. 무작위적인 확률 파동으로 설명해야 했던 틈을 실체나 마찬가지인 확률 파동이 채우는 거니까요.

확률 파동이 꼭두각시라고 놀림을 받는 상황이다보니 보어에게 이 패러독스는 마른하늘에 날벼락이었어요. 보어는 고심한 끝에 5개월 뒤 반박합니다. 그런데 보어는 말을 참 길고 어렵게 하는 사람이라서 도대체 뭔 소리를 하는지 읽고 또 읽어도 알 수가 없어요. 실제로도 보어는 분통 터질 정도로 말을 길게 끌고 확실하게 말하지 않았다고 하더군요. 자신의 연구 분야와 이렇게 성격이 비슷한 과학자도 없을 겁니다.

장황한 반박문의 요지는 '양자물리학이 우리가 얻을 수 있는 전부'라는 겁니다. 한마디로 뭐 어쩌라는 거냐는 얘기죠. 뭔가 초점이 어긋난 것 같지 않아요? 아인슈타인은 '이것 봐, 뭔가 이상하잖아. 네가 완벽한 게 아닐 수도 있다니까. 그치?' 하는데 보어는 '그래서 뭐요? 난 애초에 완벽하다고 한 적 없어요. 그렇다고 내가 틀린 것도 아니잖아요. 계산은 잘 들어맞는데요, 뭐. 그 정도면 된 거 아닌가요?' 하는 상황이에요.

초점이 안 맞으니 결론이 나올 수가 없어요. 확률 파동이 진짜인지 검증이라도 할 수 있으면 되는데, 검증할 수가 없다 보니 다들 신경을 쓰지 않았습니다. 아인슈타인 같은 대과학자야 철학적인 문제에 골몰할 여유가 있었겠지만, 다른 과학자들은 그럴 여유가 없기도 했죠.

아인슈타인 최후의 반격은 뚜렷한 결론 없이 흐지부지되는 것처럼 보였습니다. 그런데 이게 끝이 아니었어요. 1964년 검증할 방법이 발견되거든요. 꼭두각시인지 아닌지 판명할 수 있다는 겁니다. 확률 파동을 해부할 수도 없는데, 어떻게 검증한다는 말일까요? 이 검증은 20세기 후반 가장 심오한 발견으로 불립니다.

세상이 좀 달라 보이나요?

아인슈타인은 왜 확률론적 인과론의 세상을 받아들이지 않았을까요? 아마도 아인슈타인의 성향이 상당히 종교적이었기 때문이 아닐까 싶습니다.

"내게 신이란 우주 만물에 대한 나의 경외감이다. 나는 신의 생각을 알고 싶다. 나머지는 세부적인 것에 불과하다. 나는 우주의 원리가 아름답고 단순할 것이라고 굳게 믿는다. 종교 없는 과학은 절름발이며, 과학 없는 종교는 장님이다."

이런 말을 하는 걸 보면 우주 질서와 만물 자체를 신으로 보는 범신론적인 신념이 있었던 모양입니다. 상대성이론처럼 복잡한 수학을 이용해서 시공간을 만들어 낸 신에게 어딘가 흐릿하고 찜찜한 구석이 있는 양자물리학적인 우주는 어울리지 않았죠. 여러분은 어떤 세상이 마음에 드나요? 뭔가 흐릿한 부분이 있는 확률론적인 양자물리학의 세상인가요, 아니면 톱니바퀴처럼 맞물려 돌아가는 분명하고 명쾌한 고전적 인과론의 세상인가요?

과학이 빛나는 밤에

비상식적인 상식,
양자물리학의 세계

벨의 부등식으로 정리된
아인슈타인 최후의 일전

확률 파동이 꼭두각시인지 아
닌지 확실히 구분할 수 있는 방법은 1964년 발표된 벨의 정리입니
다. 벨의 부등식이라고도 해요. 영국의 과학자 존 벨John Stewart Bell
이 생각한 방법인데, 이를 바탕으로 1980년 프랑스 과학자 알랭 아
스페Alain Aspect가 실험함으로써 아인슈타인과 보어의 대결이 수십
년 만에 확실히 결판나죠. 흐지부지될 뻔한 대결이 장렬한 최후의
일전이 된 겁니다.

그러면 꼭두각시 확률 파동과 진짜 확률 파동을 어떻게 가려낸
것일까요? 앞에서도 확인했듯이 그저 관측해서는 아무 차이가 없습
니다. 정면 승부로는 결판이 나지 않는 거죠. 하지만 시간을 두고 통
계적으로 봐야 알 수 있는 상황에서는 진짜 확률 파동의 특성이 잘
나타날 수도 있어요. 그런 상황에 확률 파동을 넣고 꼭두각시처럼

확률 파동 검증에 쓰인 스핀 모형

행동하는지 진짜 확률 파동처럼 행동하는지 보는 겁니다.

실험은 EPR 패러독스 실험을 좀 꼬는 방식으로 이루어집니다. 먼저 스핀 측정하는 각도를 a, b, c로 만들어요. 원래 스핀은 측정하는 각도가 중요하거든요. 양쪽이 시계 방향, 시계 반대 방향으로 짝이 맞게 측정되려면 양쪽 측정기의 각도를 똑같이 맞춰야 해요. 스핀 측정하는 각도가 달라지면 스핀 방향이 다르게 측정될 수도 있으니까요.

그 이유는 미시 세계 특유의 불명확함 때문입니다. 스핀도 출렁이는 확률 파동에 의해 결정되기 때문에 측정 각도에 따라 복잡하게 달라질 수 있습니다. 하지만 중요한 것은 짝이 맞는다는 겁니다.

이걸 빼빼로로 설명하면 간단해요. 빼빼로가 초콜릿 부분과 과자 부분으로 되어 있잖아요. 초콜릿 부분이 시계 방향 스핀이라면, 과자 부분은 시계 반대 방향 스핀이에요. 빼빼로가 한 방향으로 가지런히 놓일 수도 있고 아닐 수도 있지만, 어쨌든 짝은 맞춰집니다. 한쪽이 과자면 한쪽은 초콜릿일 테니까요. 전자에서 측정된 스핀도

과학이 빛나는 밤에

마찬가지라는 겁니다. 한쪽 측정기의 a, b, c 세 각도에서 가지런하게 전부 시계 반대 방향 스핀이 측정될 수도 있고, a는 시계인데 b, c는 반시계 방향으로 측정될 수도 있습니다. 그러면 반대쪽의 경우 짝을 맞춰 a는 반시계, b, c는 시계 방향이 되겠죠. 어쨌든 짝만 맞으면 되는 거니까요. 빼빼로가 초콜릿과 과자여야지 양쪽 모두 초콜릿일 수는 없잖아요.

이제 좀 더 꼽니다. 측정할 각도를 무작위로 양쪽에서 바꿔 가며 측정하는 거예요. 이쪽이 a 각도로 측정할 때 저쪽은 b 각도로 측정할 수도 있어요. 이렇게 되면 양쪽 측정기의 각도가 운 좋게 같을 수도 있지만, 달라서 엇갈릴 수도 있죠. 가위바위보 할 때 똑같은 걸 낼 수도 있지만, 다른 걸 낼 수도 있는 것처럼요.

문제는 운 나쁘게 양쪽의 측정 각도가 다를 때입니다. 운 좋게 양쪽의 측정 각도가 같을 때는 당연히 짝이 맞겠지만, 측정 각도가 안 맞을 때는 짝이 맞지 않을 수도 있거든요. 빼빼로를 생각해 보세요. a 빼빼로가 이렇게 놓였다고 b 빼빼로도 같은 방향으로 놓일 필요는 없습니다. 만약 엇갈린 상태에서 한쪽은 a 각도로, 다른 쪽은 b 각도로 측정했다면 a 각도와 b 각도에서 모두 초콜릿이 나올 수도

있어요. 양쪽 다 시계, 시계 방향 혹은 시계 반대, 시계 반대 방향으로 나와도 됩니다.

그래도 여기까진 괜찮아요. 쭉 기록하면 되거든요. 엇갈리게 측정해도 전자 하나를 가지고 이리저리 측정하면서 이쪽이 a 각도일 때는 초콜릿, 저쪽이 b 각도일 때는 과자 이렇게 적어 나가면 세 가지 각도의 스핀 방향을 모두 알 수 있죠. 불분명한 것이 없고, 정확하고 투명하게 다 알 수 있어요. 그러나 이러면 진짜 확률 파동이나 가짜 확률 파동이나 차이가 없어요. 모든 게 분명하니 똑같은 결과가 나와야 합니다.

그러나 실제는 이와 달라요. 이중 슬릿 실험에서 확인했듯이 확률 파동은 한 곳에서 한 번 붕괴됩니다. 그래서 한 전자의 스핀에 대한 확률 파동을 동시에 세 각도의 측정기에서 세 번 붕괴시킬 수는 없기 때문에 스핀 방향은 오로지 한 측정기에서 한 각도로 한 번만 측정할 수 있습니다.

우리는 양쪽 측정기에서 스핀 하나씩만 알 수 있죠. 나머지 스핀 방향은 추측해 볼 수 있을 뿐입니다. 빼빼로를 예로 들면 이쪽에서 a 각도로 측정할 때 초콜릿이니까 저쪽에서도 a 각도로 측정했다면 과자구나, 저쪽에서 b 각도로 측정했을 때 과자니까 이쪽에서 b 각도로 측정했다면 초콜릿이구나… 이렇게 말이에요.

그러나 그럴 경우 측정하지 않은 c 각도는 스핀 방향을 아예 모르게 됩니다. 바로 이게 문제예요. 아주 불분명해진 겁니다. 뭔가 틈이 생겨서 확률 파동이 이상한 짓을 할 수 있게 되었어요. 하지만 아인슈타인의 주장대로라면 이런 상황에서도 지킬 것은 지켜야 합니

과학이 빛나는 밤에

다. 불분명한 상황에도 삐삐로처럼 양쪽 스핀 방향은 결정되어 있으니까요. 엇갈려서 측정하든, 아예 측정하지 않든 실재적으로 결정되어 있어야 한다는 거죠. 아주 정직한 학생과 같습니다. 시험 감독을 하든 안 하든 딴짓하지 않아요. 눈치 봐서 이랬다저랬다 하는 게 아니라 우직하게 시험을 보는 겁니다.

아인슈타인의 주장이 맞는다면 우리는 스핀 방향 배열을 예상할 수 있어요. 측정 각도가 세 가지, 스핀 방향이 두 가지이기 때문에 배열이 복잡하지 않습니다. 그리고 그 배열을 잘 살펴보면 간단한 확률을 예상할 수 있죠. 그 확률과 실험의 통계적인 결과를 비교하는 겁니다. 그래서 아인슈타인 쪽 확률과 통계가 맞으면 아인슈타인이 승리하는 것이고 아니면 패배하게 되는 거죠.

양자물리학이 제시한 정답

그러면 아인슈타인이 맞다고 했을 때 확률을 구해 보겠습니다. 이 확률이 실제 통계와 꼭 맞아야 아인슈타인이 이기는 거예요. 우리가 구해야 할 확률은 엇갈려서 측정하든 똑같은 각도로 측정하든 짝이 맞을 확률이죠. 그런데 배열이 간단하기 때문에 일정한 확률 이상으로 나와야 해요.

제일 단순한 배열부터 확률을 따져 볼게요. 제일 단순한 배열이 a, b, c 어떤 각도든 시계 방향, 시계 반대 방향일 때입니다. 삐삐로 세 개가 한 방향으로 가지런히 놓인 상태죠. 전자들이 계속 이런 배열로 스핀 측정에 임한다면 a, b, c 각도로 바꿔 가며 측정해도 항상

짝이 맞습니다. a, a 각도로 측정해도 초콜릿, 과자고 a, b 각도로 측정해도 초콜릿, 과자고 a, c 각도나 b, a 각도나 b, b 각도나 b, c 각도나 c, a 각도나 c, b 각도나 c, a 각도까지 9가지 경우의 수 모두 짝이 맞습니다. 짝이 맞을 확률이 9/9죠.

이번에는 빼빼로 하나를 뒤집어 확률이 좀 낮아진 경우를 보겠습니다. 초콜릿 과자, 초콜릿 과자, 하나 뒤집혀서 과자 초콜릿이 되는 겁니다. 이러면 짝이 안 맞는 경우의 수가 생겨요. a, a 각도로 측정해도 초콜릿, 과자고 a, b 각도로 측정해도 초콜릿, 과자인데 a, c 각도는 초콜릿, 초콜릿이 됩니다. 뒤집혔으니까요. b, a 각도는 짝이 맞고 b, b 각도 역시 짝이 맞는데 b, c 각도가 초콜릿, 초콜릿으로 짝이 맞지 않죠. 지금 짝이 안 맞는 경우의 수가 2개 나왔습니다. c, a 각도와 c, b 각도는 과자, 과자라서 짝이 안 맞아요. c, c 각도만 과

자, 초콜릿으로 짝이 맞습니다. 짝이 안 맞는 경우의 수가 4개 나왔죠? 짝이 맞을 확률은 5/9입니다.

이번에는 빼빼로를 하나 더 뒤집어 볼게요. 그러면 초콜릿 과자, 과자 초콜릿, 과자 초콜릿이 됩니다. 이건 보나마나 짝이 맞을 확률이 5/9예요. 초콜릿 과자 방향만 바뀌었지 배열 자체는 방금 전과 같습니다. 두 개는 나란하고 하나만 뒤집혔으니까요.

그러면 마지막 하나까지 뒤집어 볼까요? 그러면 과자 초콜릿, 과자 초콜릿, 과자 초콜릿이 되네요. 이러면 세 개 모두 나란해서 처음으로 돌아갑니다. 짝이 맞을 확률은 9/9입니다. 이렇게 되면 가장 낮은 확률이 5/9예요. 어떤 전자를 측정해서 확률을 내도 5/9 이하로 내려갈 수 없어요. 아인슈타인의 주장이 맞는다면 무조건 5/9 이상 9/9 이하가 되어야 합니다. 다른 배열이 있을 수 없기 때문에 스핀이 결정되었다면 확률이 반드시 이렇게 나와야 합니다.

이것이 벨 부등식이에요. 그러면 실제 실험 결과는 어떨까요? 1/2이에요. 4.5/9죠. 확률 파동이 0.5/9 정도 이상한 짓을 한 겁니다. 같은 각도로 측정할 때는 확률 파동도 짝이 맞는 결과를 내야 하지만, 아닐 때는 빼빼로가 초콜릿, 과자, 초콜릿, 과자… 깜박거리다가 이상하게 측정된 거예요.

물론 전자의 스핀을 동시에 세 각도에서 측정할 수 있다면 확률 파동이라도 5/9 이상 나왔겠지요. 시험 감독이 커닝 못 하게 주위를 뱅글뱅글 도는데 어떻게 딴짓을 합니까? 하지만 불확정성의 원리에 따라 한 번에 한 각도만 측정할 수 있기 때문에 확률 파동이 딴짓할 수 있는 여지가 생겼어요.

그리고 단순히 아인슈타인이 틀린 결과가 아니라 양자물리학이 맞는 거예요. 양자물리학의 수학적 계산에 따르면 정확히 4.5/9이라는 계산 결과가 나오거든요. 0.5/9는 오차가 아니라 양자물리학의 계산이 맞는다는 거죠. 아인슈타인은 완전히 틀렸고, 양자물리학은 정확히 맞았어요.

미시 세계에서는 존재하지 않는
라플라스의 악마

또 하나 이상한 점은 측정 결과가 빛보다 빠르게 전달되어야 한다는 거였어요. 한쪽이 측정되자마자 다른 쪽 측정 결과에 자동으로, 즉각적으로 전달되는 겁니다. 두 측정기가 은하의 끝과 끝에 위치해 있어도 '나 시계 방향으로 결정됐어. 넌 이제부터 시계 반대 방향이야.' 이런 메시지가 광속보다 빠르게, 아니 동시에 다른 쪽 확률 파동에 전달된다는 의미죠. 이것도 실험으로 입증됩니다. 아인슈타인은 이런 현상은 유령 같은 원격작용이라며 있을 수 없다고 주장했거든요. 그가 말도 안 된다며 놀리려고 말한 내용이 실제로 벌어진 겁니다. 너 자꾸 그러면 도깨비가 잡아간다고 애를 혼내는데, 도깨비가 떡하니 나타난 격이라고 할까요?

일이 동시에 일어난다는 것은 뭐가 전달되는 게 아니라 서로 연결되었다고 봐야 합니다. 끈 같은 것으로 연결되었다는 것이 아니라 둘이 하나라는 얘기죠. 보어가 아인슈타인에게 반박한 주장이기도 해요. 예를 들어 오른쪽 눈과 왼쪽 눈이 떨어져 있지만 한 얼굴에 있어서 얼굴이 움직이면 같이 움직이듯, 두 전자도 얽히면 한 몸이 된다는 겁니다. 그러면 아무리 멀리 떨어져 있어도, 설사 우주 끝과 끝에 있더라도 한 몸이 되어 동시에 움직여요. 이것을 '비국소성'이라고 합니다. 국소적으로 분리된 게 아니라 하나로 연결되었다는 거죠.

이것도 아인슈타인이 아주 싫어한 개념입니다. 엄연히 분리된 실체고 영향을 줄 수 없을 만큼 떨어져 있는데, 즉각적으로 영향을 주고받는다는 게 말이 안 된다는 거예요. 전달 수단도 없고, 있다 해도 빛보다 빠를 수 없는데 말입니다. 아인슈타인의 우상 맥스웰이 타도하려던 원격작용이 되살아난 것이나 마찬가지죠.

평범해 보이는 우주의 밑바닥, 미시 세계에서는 이상한 일이 일상적으로 벌어지고 있었습니다. 인류가 늦게 알아챈 것뿐이에요. 아인슈타인이 오래 살아서 양자물리학의 빛나는 성과를 직접 봤다면 뭐라고 했을지 참 궁금해요.

이렇게 해서 적어도 미시 세계에서는 DVD적 결정론이 힘을 발휘할 수 없게 되었습니다. 같은 우주에서 일어나는 일인데 한쪽은 상대성이론이 지배하고, 다른 쪽은 양자물리학이 지배하는 대결 구도가 된 거예요. 지금은 어느 쪽이 맞는지 확실히 판단할 수 없는 상황이죠.

하지만 이런 논란만 있었던 것은 아닙니다. 1900년대 초반 두 이론이 탄생한 덕분에 훗날 빅뱅 이론이 완성되었거든요. 상대성이론과 양자물리학 없이는 빅뱅 이론도 껍데기에 불과합니다. 철학적으로는 서로 부딪히지만, 천문학적으로는 둘이 놀라운 성과를 만들어 냈죠.

이야기가 처음으로 돌아갔어요. 이제 허블이 은하들이 멀어진다는 놀라운 발견을 하고, 펜지어스Arno Allan Penzias와 윌슨Robert Woodrow Wilson이 우주배경복사를 발견하면 됩니다. 이제 우리는 좀 더 깊이 있게 빅뱅의 두 가지 증거를 살펴볼 수 있습니다. 지금까지 이 책을 읽으면서 터득한 과학 지식들이 그것을 가능하게 해 주거든요. 특히 '빛'에 관한 지식들이 그렇죠.

우주의 비밀을 알아내는 데 빛만큼 유용한 것이 없습니다. 빛 덕분에 허블은 아무런 움직임도 없어 보이는 밤하늘의 별과 은하들이 사실 빠르게 멀어지고 있다는 것을 발견했고, 펜지어스와 윌슨은 따뜻한 지구에서 3K(-270.15℃)밖에 안 되는 우주배경복사의 온도를 측정할 수 있었으니까요.

세상이 좀 달라 보이나요?

벨 부등식으로 입증된 양자물리학적 질서로 돌아가는 세상을 상상해 보세요. 아무도 던지지 않았는데 공이 날아가고, 아무도 스위치를 누르지 않았는데 불이 켜지고, 입을 벌린 사람이 없는데 말소

과학이 빛나는 밤에

리가 들리고, 키보드를 누르지 않았는데 글씨가 입력되고, 구름이 없는데 비가 내리고, 음식이 없는데 맛있는 냄새가 나고…. 말도 안 된다고요? 하지만 우리 자신과 주변 사물을 구성하는 모든 원자에서는 지금도 수시로 일어나는 일입니다. 이 세상은 비상식적인 미시 세계로 구성된 상식적인 현실 세계죠.

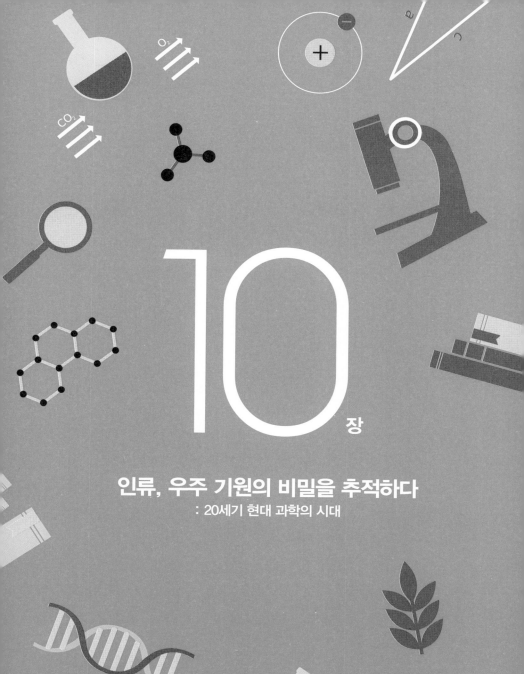

10장

인류, 우주 기원의 비밀을 추적하다

: 20세기 현대 과학의 시대

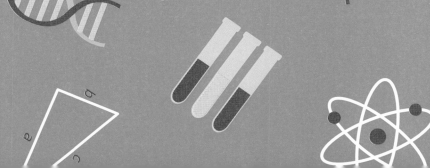

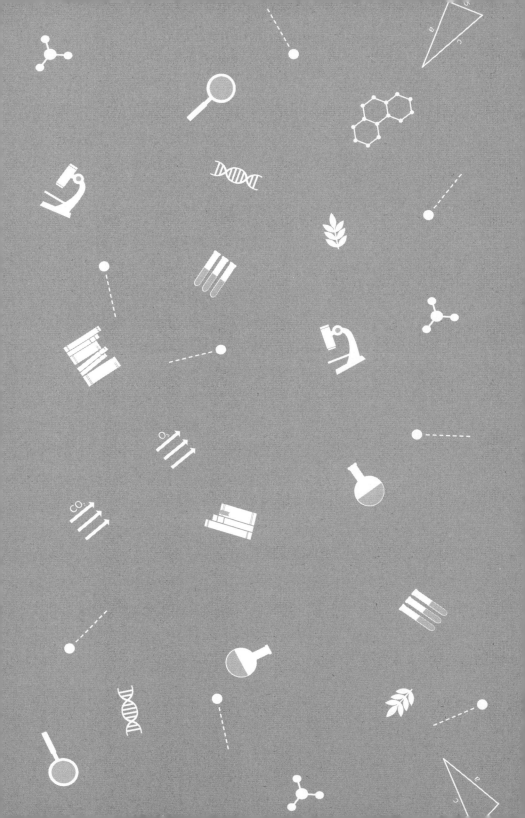

사진으로 본 변광성의 빛,
빅뱅 이론의 첫 번째 증거

벽에 뚫린 작은 구멍을 통해 빛이 들어옵니다. 맞은편 벽에는 마치 영사기로 비춘 것처럼 하늘과 나무, 풀 등 바깥 풍경이 그려집니다. 어떻게 이런 일이 가능할까요? 생각만큼 어려운 일은 아닙니다. 어릴 때 한번쯤 봤을 바늘구멍사진기의 원리거든요. 그 원리는 특별히 누가 발명한 것은 아닙니다. 고대 그리스에서도 널리 알고 있었죠.

이것을 '옵스큐라 이미지'라고 하는데, 르네상스 시대 이후에는 화가들이 그림 그릴 때 이용하기도 했습니다. 종이에 풍경을 비치게 만들고 그 위에 그림을 그리는 거예요. 색칠할 여유는 없었지만, 전체적인 스케치를 하는 데 도움이 되었습니다. 하지만 아무리 멋진 옵스큐라 이미지가 있어도 재빨리 그림 그리는 것 외에는 남길 방법이 없었죠. 해가 저물면 다 사라지니까요.

다게르의 사진기 발명

　　　　　　　　　　　　　　　　1837년 프랑스의 발명가이자
화가 다게르Louis Jacques Mandé Daguerre가 옵스큐라 이미지가 사라지
지 않도록 고정하는 데 성공합니다. '사진'이 탄생한 거죠. 사진의 탄
생에서 중요한 역할을 한 '요오드화은'이라는 물질은 요오드와 은이
이온결합 한 상태를 말합니다. 이온결합에서 '이온'이란 원자에서 양
성자와 전자의 숫자가 똑같지 않고 한쪽이 더 많은 상태예요. 정상
적인 원자 상태에서 전자가 부족하면 +극인 양성자가 더 많은 상태
니까 +극 이온이 되고, -극인 전자가 더 많으면 -극 이온이 됩니다.

　그런데 두 이온 중에 한쪽이 +극 이온이고, 다른 쪽이 -극 이온
이면 둘은 전기적으로 끌어당기면서 이온결합을 하죠. '요오드화
은'은 요오드가 전자를 하나 더 얻어서 -극 이온이고, 은이 전자를
하나 잃어서 +극 이온이기 때문에 둘이 끌어당겨서 이온결합 한 상
태입니다.

　하지만 그 상태에서는 무색 투명할 뿐이고, 빛을 받으면 빛 에
너지에 의해 요오드의 전자가 튀어나와서 은에 붙어요. 그런 식으
로 정상적인 은 원자들이 생겨나면서 결정을 이루면 불투명한 부
분이 생깁니다. 소금이 물에 녹았을 때는 투명하지만, 소금 결정이
생기면 불투명해지는 것과 마찬가지죠. 다게르는 이 현상을 이용
했습니다.

　먼저 거울처럼 반들반들한 은판에 요오드 증기를 쐬어 '요오드
화은' 막을 얇게 입혀요. 이 상태에서 옵스큐라 이미지를 판에 비추
면 빛을 쪼인 부분에서 은의 미세한 결정들이 생겨나는 거죠. 빛의

1838년 다게르가 촬영한 'Boulevard du Temple'.

형태를 고정하는 데는 일단 성공한 겁니다. 그런데 이미지가 아주 흐릿했어요. 은판에 은 결정이 좀 생겼다고 큰 차이가 나진 않았죠.

그 정도까지는 다게르 이전의 발명가들도 해냈습니다. 요오드화 은처럼 은과 이온결합 해서 형성되는 물질이 빛을 받으면 불투명 해지거나 검게 변한다는 것도 오래전부터 알려진 사실이고요. 그러나 미세한 은 결정들로 선명한 이미지를 얻으려면 오랜 시간 빛에 노출해야 했습니다. 1826년 다게르보다 먼저 사진을 만든 니엡스 Joseph Nicéphore Niepce는 무려 여덟 시간이 걸렸죠. 요즘으로서는 상상도 못 할 시간입니다. 사진에 찍히고 싶으면 가만히 여덟 시간을 버텨야 했던 겁니다. 은 결정이 많이 생기길 기다리는 방법으로는 제대로 된 사진을 찍기 힘들었죠.

그런데 다게르에게 '운'이 따릅니다. 그가 은판을 다시 쓰려고 잘

씻은 뒤 약품이 든 선반에 두었는데, 다음 날 보니 이미지가 아주 진해진 거예요. 우연히 깨진 수은온도계에서 흘러나온 수은이 은판에 남은 은 입자들과 결합하면서 '아말감'이라는 화합물이 된 것입니다. 아말감은 수은과 다른 금속이 결합해서 만들어지는 합금으로, 충치 치료할 때 쓰이죠. 충치 치료한 분들은 이 사이에서 밝게 빛나는 아말감을 볼 수 있습니다.

빛에 많이 노출된 곳은 아말감이 생겨나면서 밝아 보이고, 나머지 부분은 상대적으로 어두워 보이면서 훨씬 선명한 사진이 탄생했어요. 거울에 은박지를 붙여 놨다고 생각해 보세요. 은박지가 우툴두툴하게 붙은 부분은 아말감이 생기면서 밝아진 부분이고, 거울은 뒤에 은판인 부분입니다. 거울에 어두운 배경이 비치도록 잘 맞추면 은박지 붙은 부분이 상대적으로 밝아 보이고, 나머지 부분은 어두워 보이면서 그럴듯한 사진이 되죠.

수은을 이용한 다게르의 사진은 조금씩 개량되면서 찍는 데 1분밖에 안 걸렸고, 유럽과 미국에서 선풍적인 인기를 끌었습니다. 부자들이 자신의 모습을 사진으로 남기고 싶어 했거든요. 그림과는 또 다른 느낌이었을 겁니다. 화가의 손길을 거치지 않고 자신에게서 나온 빛이 그대로 고정되니까요. 당시 사람들에게는 꽤 충격적인 일이었을 거예요.

시인 보들레르Charles Pierre Baudelaire는 이 이상한 발명품을 악마의 도구라며 비난했고, 화가들은 이제 회화는 죽었다며 탄식했어요. 하지만 그 위기에서 회화는 새롭게 발전합니다. 단순한 '묘사'의 수단이 아니라 화가의 감정이나 관점을 '표현'하는 수단으로 자리 잡

과학이 빛나는 밤에

왔거든요. 사진이 발명되지 않았다면 뒷날 인상주의나 추상화는 생겨나지 못했을지도 모르죠.

사진으로 넓어진 인류의 지평

부자들 말고도 사진에 크게 환호한 사람들이 천문학자입니다. 사진이 없을 때는 특이한 천문 현상을 관측해도 남길 수가 없잖아요. "어제 망원경으로 어떤 별을 보는데 갑자기 밝아졌다가 어두워지더라"고 말해 봐야 본 사람이 한 명뿐이면 객관적으로 인정되기 힘드니까요. 하지만 이제 사진으로 천문 현상을 기록할 수 있습니다. 객관적인 관측 자료를 쉽게 만들 수 있죠.

이렇게 만들어진 관측 자료 가운데 천문학의 혁명을 가져온 것이 바로 허블의 관측 자료입니다. 그 시작은 허블의 사진에 찍힌 밝기가 변하는 별, 즉 변광성입니다. 지금은 케페이드 변광성(맥동변광성)으로 불리는 이 별은 당시 안드로메다 성운(지금의 안드로메다 은하)에 있었는데 마치 깜박이는 신호등처럼 밝기가 주기적으로 변했습니다. 우리가 아는 별과는 어딘가 달랐죠.

변광성의 별빛이 변한 이유는 별의 바깥을 감싸고 있는 안개 때문입니다. 물론 수증기로 구성된 안개가 아니라 전자들로 구성된 플라스마 안개죠. 플라스마는 원자에 속박되지 않은 자유로운 전자들의 무리인데, 이 플라스마의 전자들이 빛과 충돌하면서 빛이 밖으로 빠져나가는 것을 방해합니다. 그래서 두터운 안개가 햇빛을 가리듯 많은 플라스마가 별빛을 가릴 수 있죠.

플라스마는 별을 구성하는 수소나 헬륨이 굉장히 빠르게, 많이 부딪히면서 그 운동에너지에 의해 전자들이 원자에서 떨어져 나와 만들어진 것입니다. 변광성은 플라스마가 상당히 많고, 그 양이 주기적으로 변하는 별이죠.

그렇다면 왜 플라스마의 양이 변할까요? 별의 외부는 내부에 비해 밀도가 낮아서 충돌도 덜하고 운동에너지도 적습니다. 그래서 전자가 떨어져 나오지 않는 경우도 생겨요. 특히 헬륨은 양성자가 두 개이기 때문에 전자를 끌어당기는 힘이 강해서 수소에 비해 전자가 잘 떨어져 나가지 않습니다. 전자 두 개 중에서 한 개는 떨어져 나가더라도 나머지 한 개는 대부분 헬륨에 붙어 있는 상태죠.

그런데 별 내부에서 핵융합에 의해 만들어진 빛이 몰려나와 별 표면에 있던 헬륨들과 충돌하면 운동에너지가 높아지면서 붙어 있던 전자들마저 떨어져 나갑니다. 그러면 그 전자들에 의해 별 바깥쪽 플라스마의 양이 늘어나고, 빛은 플라스마 안개 때문에 빠져나가기 힘들어져요. 밖에서는 별이 어두워 보이죠. 하지만 계속 뿜어져 나오는 빛에 의해 플라스마 안개는 부풀어 오르고, 어느 순간 안개가 옅어지면서 빛이 나옵니다. 밖에서는 갑자기 밝아 보이고요.

그러면 빛이 빠져나갔기 때문에 부풀어 올랐던 플라스마 안개는 가라앉고, 전자들도 다시 헬륨에 붙습니다. 하지만 빛은 계속 뿜어져 나오고, 헬륨에서 전자는 또 떨어져 나오면서 플라스마 안개는 두터워지고 별은 다시 어두워져요. 이런 과정이 반복되는 겁니다. 그래서 변광성은 일정한 주기로 밝기가 변하죠.

이런 밝기 변화 외에도 변광성에는 중요한 특성이 있습니다. 주기가 길수록 더 밝아진다는 겁니다. 대충 밝아지는 게 아니라 주기와 밝기 사이에 정확한 수학적 비례관계가 성립해요. 그러니까 주기만 알면 그 별이 얼마나 밝은지 정확한 수치로 알 수 있습니다.

변광성으로 밝혀진 우리 밖의 은하

　　　　　　　　　　　자, 여기에서 문제 하나 나갑니다. 똑같은 주기로 빛나는 변광성인데 하나는 어둡고 하나는 밝다면 이것은 무슨 의미일까요?

　주기가 같으니까 원래 밝기는 똑같아요. 어두운 별은 멀어서 어두워 보이는 것이고, 밝은 별은 가까워서 밝아 보이는 겁니다. 단지 보이기만 그렇게 차이가 나 보였던 거죠. 그래서 케페이드 변광성을 잘 비교하면 누가 더 먼지 알아낼 수 있습니다. 뿐만 아니라 정확히 몇 배 더 먼지도 알 수 있어요. 밝기는 거리의 제곱에 반비례해서 어두워지거든요. 3배 멀리 있는 물체는 9배 어두워 보입니다. 수백 년 전만 해도 모든 별이 둥그런 천구에 붙어 있는 줄 알던 인류가 이제 어떤 별이 더 멀고 가까운지 파악하게 되었죠.

　더 놀라운 것은 변광성 중 하나까지 실제 거리만 알아내면 나머지 변광성들의 거리도 모두 알 수 있다는 것입니다. 변광성들끼리 상대적으로 몇 배 멀고 가까운지 아니까 그중 한 변광성의 거리를 기준으로 나머지 별의 거리만 알면 그것을 계산할 수 있어요. 그래서 과학자들은 연주시차를 이용해서 간신히 변광성까지 거리를 재는 데 성공했습니다. 연주시차란 지구가 태양을 공전할 때 궤도상 이쪽에서 별을 볼 때와 반대쪽에서 별을 볼 때 위치가 달라지는 것을 말합니다. 여러분 눈앞에 손을 놓고 왼쪽 눈으로 볼 때와 오른쪽 눈으로 볼 때 위치가 달라 보이는 것처럼 별도 보는 위치에 따라 달라 보입니다.

그런데 이것이 가까울 때는 차이가 많이 나고 멀수록 차이가 덜 나잖아요. 그 차이가 거리에 비례해서 줄기 때문에 그 차이만 정확히 구하면 별까지 거리도 구할 수 있습니다. 하지만 별이 너무 멀면 그 차이가 극도로 작아지기 때문에 정확히 구하는 것은 거의 불가능합니다. 기껏해야 우리 은하의 별 중에서도 가까운 별들에게 적용할 수 있을 뿐이죠. 다른 은하의 별까지 거리는 이 방법으로 잴 수 없습니다.

그러나 이 방법으로 가까운 변광성까지 거리를 측정하는 데 성공하자, 그 값을 이용해 다른 은하의 변광성까지 거리도 간단하게 구할 수 있었어요. 지도에서 축척만 알면 실제 거리를 쉽게 알 수 있는 것과 비슷하다고 할까요? 우리는 변광성을 통해 우주의 거리를 잴 수 있는 축척을 발견한 셈입니다.

허블은 산꼭대기의 추운 날씨를 견디며 당시 세계 최대의 망원경으로 우주의 축척인 변광성을 발견하려고 노력했고, 안드로메다 성운에 속한 별 중에서 드디어 하나 찾아냈죠. 안드로메다 성운을 계속 노려보면서 관측한 것은 아니고, 사진의 도움을 받았어요. 시간을 두고 찍은 사진에서 밝기가 주기적으로 변하는 별이 찍힌 겁니다. 사진 기술의 도움이 결정적이었어요. 이 변광성 축척을 이용

과학이 빛나는 밤에

태양계와 성운 사이 거리 비교

해 안드로메다 성운까지 거리를 계산해서 90만 광년 떨어져 있다는 것을 알아냅니다. 이것은 충격이었습니다. 우리 은하의 크기가 10만 광년 밖에 안 됐거든요. 안드로메다 성운은 우리 은하 훨씬 바깥에 있었어요.

왜 충격을 받았는지 이해가 안 된다고요? 그때까지만 해도 우주에서 은하는 우리 은하밖에 없는 줄 알았습니다. 은하의 끝이 우주의 끝이라고 생각했죠. 우리 은하만 해도 충분히 컸습니다. 태양계를 운동장이라고 치면 은하는 눈에 보이는 동서남북 지평선 끝에서 끝까지 크기거든요.

지평선 너머에 설마 뭐가 더 있겠냐 싶었죠. 그래서 지금은 은하라고 불리는 희끄무레한 구름 모양 천체를 성운이라고 불렀습니다. 지평선 끄트머리에 떠다니는 구름 정도로 본 거예요. 그런데 허블이 그 성운까지 거리를 계산해 보니 우리 은하보다 훨씬 먼 거리에 있었습니다. 지평선 끄트머리에 있다고 생각한 구름이 알고 보니 지평선을 뚫고 저 우주 공간에 떠 있는 격이라고 할까요? 더 충격적인 것은 안드로메다 성운은 그저 멀리 떨어진 가스 덩어리가 아니라는 점이었습니다.

구름의 정체는 수천억 개 별이었어요. 우리 은하와 맞먹는 또 다른 은하였습니다. 그리고 안드로메다 은하뿐만 아니라 수많은 성운들이 은하로 밝혀졌고, 우리 은하는 우주에서 유일한 은하가 아니라 수천억 개 은하 중 하나가 됩니다. 과학혁명으로 지구가 평범한 행성 중 하나가 되고, 천문학이 발전함에 따라 태양이 평범한 별 중 하나가 되더니, 허블의 발견으로 은하마저 평범한 은하 중 하나가 되었죠. 허블의 발견 이후 우리 우주는 40만 배 이상 커졌습니다. 우리 은하가 먼지라면 관측 가능한 우주는 교실 세 개 정도 크기예요. 그 이상일 수도 있겠지만, 관측의 한계라 뭐라고 말할 수 없습니다. 평생 우물 안에 살던 개구리가 우물 밖에 나와 아득히 먼 지평선을 본 셈이죠.

점점 멀어지는 우주

충격은 계속됩니다. 그렇게 발견된 은하들이 대부분 멀어지고 있었어요. 무려 초속 1,000km 이상 빠르게 멀어지고, 먼 은하일수록 더 빨리 멀어졌죠. 빅뱅의 결정적 증거가 된 발견입니다. 은하가 멀어지고 있다는 사실을 어떻게 알았을까요? 멀어진다고 해서 눈에 띄게 작아지는 것도 아닌데 말이에요. 워낙 거대한 은하고, 아주 멀리 떨어져 있기 때문에 초속 수천

km로 멀어진다고 해도 티가 나지 않거든요.

허블은 별빛의 특성을 이용했어요. 빛의 파동 성질 덕분에 은하가 얼마나 빠른 속도로 멀어지는지 알 수 있었습니다. 파동은 정지한 물체에서 별 변화가 없는데, 물체가 이동하면 변화하거든요.

어떤 물체가 출렁이는 파동을 발생시키면서 다가온다고 가정해봐요. 그 물체는 파동 하나를 내보내고, 좀 더 가까워진 상태에서 다시 파동을 내보냅니다. 이렇게 되면 파동의 거리가 점점 좁아져요. 파동은 좀 더 빨리, 많이 저에게 도착하는 거예요. 가까워질수록 심해지겠죠. 반대로 멀어지면 정반대 상황이 펼쳐집니다. 그 물체는 똑같은 간격으로 파동을 내보내지만, 파동의 거리가 점점 멀어지기 때문에 파동은 점점 늦게, 적게 도착해요.

별에서 나오는 빛의 파동도 마찬가지입니다. 별이 멀어지면 빛의 파동이 점점 늦게, 적게 도착해요. 이것을 도플러효과라고 하는데, 빠르게 찰랑거리는 파도가 아니라 천천히 출렁거리는 파도처럼 되는 겁니다. 빛 가운데 파동이 넓은 빛은 적외선인데, 멀어지는 별에서 나오는 빛은 대개 파동이 길어지면서 '적외선화'되죠. 반대로 파동이 좁은 자외선이나 감마선인데 별이 가까워지면 빛의 파동이 짧아지면서 '자외선화'되고요.

물론 빛이 꼭 적외선이나 자외선이 되는 것은 아니고, 적외선이나 자외선을 닮아 간다는 의미입니다. 예를 들어 가시광선 중에 자외선에 가까운 파란빛이 있어요. 처음 별에서 빛이 나올 때는 파란색이었다 해도 별이 지구에서 멀어지면 파동이 지구에 빨리 도착하지 못하면서 '적외선화'됩니다. 그러면 지구에서는 그 빛을 하늘색이나 연두색으로 관측하죠.

그래서 멀어지는 별의 빛을 스펙트럼으로 나눠 보면 대개 적외선 쪽으로 치우쳐 있습니다. 그것도 그냥 치우친 것이 아니에요. 주기가 같은 변광성이라면 빛의 스펙트럼이 같아야 하는데, 좀 더 먼 은하에 속한 변광성일수록 스펙트럼이 적외선 쪽으로 많이 치우친 겁니다. 허블이 이것을 발견했어요. 멀리 있는 은하들은 더 빨리 멀어진다는 결론을 내릴 수밖에 없었습니다. 빅뱅 이론을 뒷받침하는 첫 번째 천문학 증거죠. 결정적으로 빅뱅 이론의 손을 들어준 두 번째 증거인 우주배경복사도 도플러효과와 밀접한 관련이 있습니다.

세상이 좀 달라 보이나요?

밤하늘의 별을 보세요. 아주 작고 희미한 빛이지만, 그 빛의 파동은 수십억 km 이상을 출렁이며 퍼져 나와 여러분의 눈앞에 닿은 겁니다. 1/1,000mm도 안 되는 출렁임이 거대한 우주 공간을 넘어 지구까지 도착했죠. 수천, 수만 년 이상 걸린 여행이 여러분 망막의 시신경을 건드림으로써 작은 빛의 흔적을 남기고 끝난 거예요. 별 것 아닌 듯해도 별빛 입장에서 보면 굉장히 특이한 일이에요. 텅 빈 공간이 99.9999%인 우주에서 티끌보다 작은 행성에 사는 한 생명체의 눈동자에 도착할 확률이 얼마나 될까요? 여러분이 밤하늘 한 번 봐 준 것 때문에 별빛의 여행은 꽤 특이한 마침표를 찍었습니다.

과학이 빛나는 밤에

안테나에서 들려온 우주의 소리, 빅뱅 이론의 두 번째 증거

우주배경복사가 빅뱅 당시에 바로 생겨난 것은 아닙니다. 빅뱅이 있고 38만 년이 지난 뒤 우주가 어느 정도 넓어지면서 생겨난 빛이죠.

38만 년 이전의 우주 공간은 아직 비좁았기 때문에 워낙 충돌이 많았고, 그 충돌 속에서 원자핵과 전자도 분리되었어요. 잠시 붙어 있다 해도 충돌에 의해 계속 분리되는 상황이었습니다. 그런데 앞에서 봤듯이 빛은 전기적 파동이기 때문에 전기적 성질을 띤 전자나 양성자에 흡수됩니다. 빛의 파동이 전자를 움직이게 만들면 그만큼 에너지를 소모한 것이기 때문에 빛이 사라지거든요. 물론 전자나 양성자가 진동하면서 전자기장을 출렁이게 하면 다시 빛이 생겨나지만, 곧바로 주변의 전자나 양성자에 흡수되죠. 이러니 전자나 양성자가 가득한 상황에서는 빛이 기를 못 펴요. 좀 뻗어 나가려고 하면 전자에 걸려서 에너지를 넘겨주고 흡수되니까요.

다행히 우주 공간이 점점 커지면서 충돌할 일이 적어집니다. 충돌이 줄어들자 어느 순간 원자핵과 전자들이 안정적으로 결합했어요. 드디어 원자가 생긴 것입니다. 걸리적거리던 전자가 원자에 얽매이고, 이때 빛은 거리낌 없이 사방으로 뻗어 나가죠. 바로 그 빛이 우주배경복사입니다.

뿜어져 나온 빛은 우주 공간을 가득 채웠어요. 계산에 따르면 당시 온도는 3,000K(약 2,700℃), 빛의 파장은 1/1,000mm 정도입니다. 환한 빛과 열로 가득한 세상이었죠. 하지만 우주 공간이 팽창하면서 온도는 낮아지고, 빛의 파장은 길어졌습니다.

도플러효과가 사방에 생겨났어요. 우주가 중심점 없이 팽창했기 때문에 미래의 관측자들은 원래 빛의 출발점에서 멀어졌을 수밖에 없거든요. 마치 짜장면을 배달해야 하는데, 지구가 10배로 커지는 상황과 비슷합니다. 음식점으로부터 모든 집들이 멀어지는 거죠. 모든 건물들이 10배씩 멀어졌으니 어떤 음식점에서 주문해도 음식이 도착하는 데 한참 걸릴 수밖에 없는 겁니다.

이 파장이 얼마나 길어질지 예측한 사람이 있어요. 빅뱅 이론의 선구자 프리드만의 제자 가모브George Gamow입니다. 그의 계산에 따르면 그 후로 우주가 1,000배 정도 커졌으니까 파장이 1,000배 늘어나 1mm 정도가 되어야 했죠. 우주의 온도는 3K(-270.15℃)으로 낮아져야 했고요. 그런데 파장이 1mm인 빛은 가시광선이 아니라 전파에 속하기 때문에 눈으로 관측할 수 없었습니다. 가시광선의 파장은 4/4,000~8/8,000mm밖에 안 되거든요. 파장이 1mm인 파동은 에너지가 낮고 파동이 너무 커서 망막의 미세한 시세포를 자극할 수 없어요.

과학이 빛나는 밤에

전화기가 발견한 우주배경복사

가시광선의 파장은 워낙 작아 머리카락 굵기보다 훨씬 좁은 범위에 빨강, 주황, 노랑, 초록, 파랑, 남색, 보라가 다 들어 있습니다. 그래서 빨강이나 파랑이나 파장의 차이는 미세해요. 먼지보다 훨씬 가늘지만, 눈은 그걸 명확하게 구분합니다. 사람들은 눈에 보이지 않는 전파 같은 빛에 별 관심이 없었어요. 과학자들의 무관심 속에 가모브의 주장은 잊혔죠. 그러나 조그마한 발명품 덕분에 보이지 않는 빛에 관심이 쏠렸고, 결국 우주배경복사가 발견됩니다.

그 발명품은 전화기입니다. 1928년, 지금도 미국 최대의 통신 회사인 AT&T에서 대서양 횡단 전화 서비스를 시작했어요. 전파를 이용해서 바다 건너 미국과 유럽을 연결해 주는 전화였죠. 당시 3분에 75달러를 받았는데, 지금 가치로 따지면 100만 원이 넘는 액수입니다. 황금 알을 낳는 사업이었죠. 그것 외에는 5,000km가 넘는 대서양을 가운데 두고 대화할 방법이 없었거든요.

그런데 문제가 생겼습니다. 통화를 방해하는 잡음이 꽤 있었거든요. 전화에 사용되는 전파 외에 다른 전파가 섞여 들어간 겁니다. AT&T는 이 전파를 잡기 위해 22세 초급 연구원 카를 잰스키Karl Guthe Jansky에게 연구를 맡겼어요.

그는 먼저 전파의 정체를 알아내기 위해 높이 5m가 넘는 안테나를 세웠습니다. 통신에 사용되는 전파의 파장이 아주 길었기 때문이죠. 전파의 파장은 수 mm(마이크로파)부터 수 m(FM 전파), 심지어 수백 m(AM 전파)까지 됩니다. 저렇게 큰 파동으로 무슨 통신이 가능할까 싶을 텐데, 전파도 빛이기 때문에 이 파동이 아주 빨라요. 파장이 3m면 초당 1억 번 지나가니까요. 이렇게 빠른 파동이 지나가면서 안테나에 부딪히면 안테나 속에 있는 전자가 요동을 치게 됩니다. 헤르츠의 실험에서 봤던 것처럼 빛이 전자기파이기 때문에 전자기파의 전기적·자기적 에너지가 전자를 움직인 거죠. 전자가 움직이면 전류가 흐르고, 이 전류로 신호를 주고받고 비로소 통화도 할 수 있습니다.

잰스키는 이 전류를 스피커에 흐르도록 연결했어요. 전파에 따라 전류가 다르게 흘렀고, 소리도 다르게 나왔죠. 딱딱 소리가 나고 쉿쉿 소리가 나기도 했는데, 그의 관심을 끈 것은 '쉿' 소리예요. 딱딱 소리는 천둥이나 번개에서 나오는 전파 때문이라고 밝혀졌지만, 쉿 소리의 정체는 밝혀지지 않았거든요. 아주 약하고 전파 통신을 방해할 만큼 강한 전파도 아니지만, 왠지 모를 신비한 느낌에 끌렸습니다.

몇 달간 미약한 쉿 소리에 귀 기울이며 연구하던 잰스키는 그 전파가 하늘의 특정한 부분에서 흘러나온다는 것을 알아냈어요. 주기에 맞춰 강해졌다 약해지는데, 주기가 정확히 23시간 56분이라는 것도 알아내죠. 한 치의 오차도 없이 그 주기대로 소리가 변했습니다.

지구의 하늘에 떠 있는 물체, 즉 비행기나 구름 같은 것들에서는 정확히 주기적인 전파가 나올 수 없었죠. 그렇게 떠 있기도 힘들지만, 떠 있다 해도 변화무쌍한 대기의 영향 때문에 위치가 변하면서 전파의 세기가 달라질 수밖에 없거든요. 그렇다고 태양과 관련 있는 것도 아니었습니다. 태양이라면 해가 뜨고 질 때 달라져야 할 테

과학이 빛나는 밤에

니까요. 이건 외계에서 오는 전파임이 거의 확실했어요. 잰스키는 얼마나 흥분하고 설레었을까요? 그때 별별 상상을 다 했을 겁니다.

쉿 소리에서 탄생한 전파천문학

그런데 왜 주기가 24시간에서 딱 4분이 빠질까요? 이 문제를 해결하면서 쉿 소리의 정체가 밝혀집니다. 지구가 태양을 중심으로 공전하면서 자전하잖아요. 하지만 크게 보면 은하를 중심으로 자전하기도 해요. 이 은하를 중심으로 한 자전주기가 정확히 23시간 56분입니다.

범인은 은하 중심이었어요. 잰스키의 안테나가 은하 중심을 정확히 향할 때 쉿 소리가 가장 강했습니다. 외계인의 전파가 아니라 아쉽지만, 이 발견은 천문학에서 아주 중요한 계기가 됩니다. 그는 인류 최초로 우주의 소리를 들었으니까요. 사람에게 외모도 중요하지만 그가 하는 말도 중요하듯, 우주의 특성을 제대로 파악하려면 그 소리에 귀 기울일 필요가 있습니다. 똑같은 별처럼 보여도 그 별이 뿜어내는 전파는 아주 다를 수 있거든요. 전에는 이런 차이를 알 수 없었지만, 잰스키의 발견 덕분에 '전파라는 빛'을 듣게 되면서 구분이 가능해졌습니다.

잰스키가 쉿 소리에 매력을 느낀 덕분에 그의 안테나는 최초의 전파망원경이 되었고, '전파천문학'이 탄생했어요. 그때까지 천문학은 1/1,000mm도 안 되는 가시광선 영역에 의존했지만, 새로운 천문학은 훨씬 넓은 영역의 다른 빛으로 우주를 관측할 수 있었습니다. 글 모르던 아이가 글을 읽으면서 거리가 글씨로 가득하다는 것을 깨달은 순간과 비슷하다고 할까요?

전파천문학 덕분에 눈에 보이지 않던 우주배경복사가 발견되었습니다. 펜지어스와 윌슨이 그것을 해내죠. 하지만 그들이 발견하려고 한 것은 우주배경복사가 아닙니다. 그들은 우주에서 흘러나오는 전파의 소리에 귀 기울이며 은하와 별들을 찾아내고, 그 성질에 대해 연구하려고 했을 뿐이거든요.

막 연구를 시작한 그들을 거슬리게 만드는 이상한 잡음이 있었어요. 미약한 잡음이지만, 전파망원경의 초점을 어디에 맞추든 항상 들렸습니다. 은하나 별이 없는 공간에 초점을 맞춰도, 심지어 도시에 초점을 맞춰도 들렸죠. 무시할 수도 있었지만, 그들은 완벽한 관측을 위해 그 잡음을 없애려고 노력했습니다. 우리 은하가 아닌 다른 은하나 별에서 오는 전파의 소리는 워낙 작기 때문에 작은 잡음도 방해가 될 수 있거든요.

처음에는 전파망원경 자체 이상이라 생각하고, 스피커 배선이나 부품을 조사해서 미심쩍은 부분을 세심히 손봤습니다. 고개를 어떻게 돌려도 똑같은 소리가 들린다면 귀에 이상이 있다고 생각할 수밖에 없잖아요. 그들도 똑같이 생각했죠. 심지어 안테나에 묻은 비둘기 똥이 잡음의 원인이라고 생각해서 열심히 닦기도 했습니다. 그래도 자꾸 비둘기가 안테나에 배설하자, 고이 잡아 50km나 떨어진 곳에 놓아 주기도 했어요. 이렇게 갖은 노력 끝에 잡음이 줄었지만 없어지진 않았습니다.

그쯤에서 포기하고 다른 사람들처럼 은하와 별을 관측할 수도 있

　　　　　　　　　　　　　과학이 빛나는 밤에

었을 텐데, 그들은 집요하게 그 잡음에 대해 여기저기 물어보고 의견을 나눴습니다. 그런데 그 얘기를 들은 사람이 우연히 논문을 읽다가 우주배경복사 관련 내용을 발견합니다. 빅뱅이 정말 일어났다면 가모브의 주장처럼 우주가 수 mm 파장의 빛(안테나에 잡음을 만들수 있는 전파)으로 가득 차 있어야 한다는 내용이었어요. 그는 흥분해서 펜지어스에게 전화했고, 드디어 끈질긴 잡음의 정체가 밝혀집니다. 바로 우주배경복사였죠. 우주 어디나 가득 차 있으니 그 전파를없앨 방법이 없었던 거죠.

빅뱅 이론의 결정적 증거인 우주배경복사가 그들의 집념 때문에세상에 모습을 드러낸 겁니다. 좀 많이 식었지만, 우주는 138억 년 전폭발의 열기로 가득 차 있었어요. 그러나 더 결정적인 증거는 우주배경복사에 있었습니다.

세상이 좀 달라 보이나요?
여러분도 쉽게 우주의 소리, 우주배경복사를 들어볼 수 있습니다. 텔레비전과 라디오의 빈 채널을 선택해 보세요. 지지직거리는 잡음이귀에 거슬리겠지만, 그 가운데 몇 %는 우주배경복사입니다.

철강 산업에서 발견한 빛의 DNA, 흑체복사 스펙트럼

우주가 균일한 열기로 가득 차 있다는 것이 빅뱅 이론의 중요한 증거지만, 그것은 어디까지나 조그마한 행성에 사는 인간이 측정한 결과입니다. 지구에 직접적으로 도달한 열기를 측정했을 뿐, 우주의 모든 열기를 측정한 것은 아니죠. 지금까지 본 까마귀가 다 까맣다고 모든 까마귀가 검은색이라고 단정적으로 말할 수 없는 것처럼, 우주배경복사도 어느 날 갑자기 전혀 다르게 측정될 수 있습니다. 물론 그럴 가능성은 거의 없지만요.

그러나 우주배경복사의 스펙트럼을 분석하자 거의 확실한 증거가 발견됩니다. 그 스펙트럼은 아무 데서나 볼 수 없는 특이한 모양이었죠. 열기가 똑같을 수밖에 없는 까닭이 그 스펙트럼 모양에 있었습니다. 까마귀를 까맣게 만드는 유전적 특성이 밝혀진 것이나 마찬가지예요.

그 스펙트럼에 사람들이 처음 관심을 보인 것은 1700년대입니다. 영국의 도예가 웨지우드Josiah Wedgwood는 도자기를 굽는 오븐

과학이 빛나는 밤에

내부의 빛깔이 온도에 따라 정확히 변한다는 것을 발견합니다. 가스레인지는 밑에서 열이 나오니까 균일하게 가열되지 않는 단점이 있지만, 오븐은 사방에서 열이 나와 음식을 골고루 익혀 줘요. 도자기를 구울 때도 오븐을 사용하면 균일하게 구워집니다.

그런데 이 오븐에서 나오는 빛이 붉은색에서 주황색, 노란색으로 점점 변했어요. 더 특이한 것은 오븐이 쇠로 만들어졌든 흙으로 만들어졌든 상관없이 오로지 온도에 따라 빛깔이 변한다는 점이었습니다. 이것은 온도와 빛이 긴밀한 관계가 있다는 암시죠.

오븐에서 발견한
흑체복사 스펙트럼

1800년대 후반 독일에서 온도와 빛의 관계에 대해 본격적으로 연구하기 시작했습니다. 당시 철강 산업이 한창 발전하던 독일에 한 가지 문제점이 있었어요. 철광석을 녹이고 철을 제련할 때는 온도를 정확하게 파악해야 하는데, 생각만큼 쉽지 않았어요. 1,000℃가 훨씬 넘기 때문에 그 고온을 견딜 수 있는 온도계가 없었고, 결국 달궈진 쇠의 빛깔로 짐작하는 수밖에 없었습니다. 쇠가 뜨거워질수록 점점 붉어지다가 나중에 하얘지니까요. 이런 식으로 해서는 제대로 된 철강 제품을 만들기 힘들었습니다. 그러나 열과 빛 사이에 규칙적인 관계가 있는 것이 분명하니까, 잘하면 그 관계를 수학식으로 정리해서 만들 수 있을 것 같기도 했어요.

온도와 빛의 수학적인 관계를 알아내기 위해 과학자들이 집중적으로 파고든 것은 '흑체'입니다. 흑체는 말 그대로 검은 물체예요. 검은색 물체가 열을 잘 흡수하고 방출하기 때문에 그런 이름이 붙었는데, 과학적 의미에서 흑체는 열을 100% 흡수하고 100% 빛으로 방출하는 물체를 의미하죠. 수학식을 만들어 내려면 상황이 단순명료해야 하기 때문에 일단 이상적인 상태를 대상으로 연구할 수밖에 없었고 거기에 잘 어울리는 것이 흑체였죠.

그런데 흑체가 실재했어요. 바로 오븐입니다. 가스레인지 위의 냄비처럼 밑에서 열이 가해진다면 주변으로 열이 새어 나가지만, 오븐은 그럴 수 없습니다. 투입되는 열은 모두 오븐 내부의 공간에 갇히고 흡수되죠. 주어진 열기를 100% 흡수해서 머금으면 오븐 내부는 같은 온도의 열기로 가득 찹니다. 더 뜨겁고 덜 뜨거운 부분이 없어요. 사방에 있는 가열기의 온도와 내부 열기의 온도가 같아지죠. 이 상태가 전형적인 흑체입니다.

그 상태에서 '오븐 흑체'에 살짝 구멍을 뚫으면 빛이 새어 나옵니다. 그 빛의 스펙트럼을 분석하면 어떤 온도에서 어떤 빛이 나오는지 정확히 알 수 있어요. 그래서 구해진 것이 다음과 같은 그래프입니다.

이런 종 모양 곡선을 '흑체복사 스펙트럼'이라고 하는데, 빛이 나오는 물체가 흑체에 가까울수록 깔끔하고 부드러운 곡선이 됩니다. 흑체가 아니면 더 불규칙적이고 울퉁불퉁해져요. 그런데 우주배경복사의 스펙트럼이 흑체복사 스펙트럼과 똑같은 모양입니다. 우주도 오븐 내부의 상태와 똑같다는 의미죠. 물론 진짜 오븐처럼 주위

과학이 빛나는 밤에

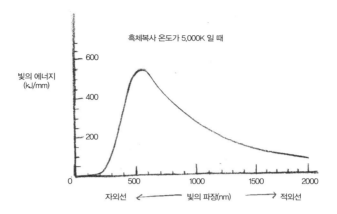

흑체복사 온도가 5,000K 일 때

빛의 에너지
(kJ/mm)

600

400

200

0   500   1000   1500   2000

자외선 ←——— 빛의 파장(nm) ———→ 적외선

파장의 빛이 가진 에너지 비교. 적외선이나 자외선보다 가시광선에 해당하는 빛의 에너지가 높다.

에서 열이 공급됐다는 의미가 아니라 공간의 모든 곳에서 열기가 뿜어져 나왔고, 그 열기가 다른 공간으로 빠져나갈 수 없었다는 의미입니다. 우주 공간 너머에 또 다른 공간은 없으니까요.

우주의 끝에 또 다른 공간이 있었다면 열기가 빠져나가면서 흑체복사 스펙트럼이 만들어지지 않았을 겁니다. 정상 우주 이론처럼 영원한 옛날부터 별과 은하가 드문드문 흩어진 상태였다면 어디는 따뜻하고 어디는 차갑기 때문에 저런 곡선이 나올 수 없죠. 우주배경복사의 온도가 똑같은 것은 우주가 한때 균일한 불덩이였기 때문이에요. 흑체복사 스펙트럼 덕분에 빅뱅 이론의 승리가 확정됩니다.

흑체복사 스펙트럼은 왜 그런 모양일까요? 왜 어떤 빛은 강하고, 어떤 빛은 약할까요? 이 문제가 해결되면서 빅뱅 이론의 중요한 기반인 양자물리학이 탄생합니다.

세상이 좀 달라 보이나요?

정말 우주 공간 너머에 다른 공간은 없을까요? 앞으로 계속 나아 간다면 어떻게 될까요? 우주의 끝에서 어떤 경계선과 만날까요, 아 니면 지구 표면에서 앞으로 계속 나가면 한 바퀴 돌아 제자리에 오 는 것처럼 우주도 경계선 없이 제자리로 올까요? 공간의 끝이 있다 면 그 너머는 공간이 아니라 무엇인지 알 수 없어 이상하고 끝이 없 다면 도무지 무한함이 상상이 안 돼서 이상하고…. 이래저래 우리 우주는 이상한 곳입니다.

통계학과 물리학의 만남,
흑체복사

여기에서 다시 맥스웰이 등장합니다. 맥스웰은 빛의 정체를 밝혀 냈을 뿐만 아니라 물리학에 최초로 확률과 통계 개념을 도입한 사람이죠. 그 계기는 독일 물리학자 클라우지우스Rudolf Julius Emanuel Clausius의 논문입니다. 논문의 주제는 향수병을 열었을 때 퍼져 나가는 냄새의 '속도'였어요. 뭐 그런 걸 가지고 논문을 쓰냐고요? 하지만 쉽게 생각할 문제가 아닙니다.

우리가 경험적으로 알다시피 냄새가 퍼져 나가는 속도는 빠르지 않아요. 그러나 기체 분자 하나하나는 굉장히 빠르게 움직여야 합니다. 수백 m/s는 되어야죠. 바로 '기압' 때문입니다. 우리는 느끼지 못할 뿐, 지금도 공기의 압력을 받고 있거든요. 공기 분자들이 수천 경×수천 경×수천 경 번 이상 우리 몸에 충돌하면서 몸을 눌러요. 그 헤아릴 수 없을 만큼 많은 충돌의 힘이 기압을 만들어 내죠. 그런 힘이 갑자기 사라지면 우리 몸은 부풀어 올라 터질 겁니다. 이렇게 누르는 힘(기압)이 존재하는 것을 보면 공기 분자들이 엄청난 속도로 움직인다는 얘기인데, 냄새가 퍼지는 속도는 의외로 느립니다.

클라우지우스는 이 문제에 대한 해답으로 공기 분자가 빠르게 움직이는 대신 수많은 충돌을 겪으면서 방향을 바꾼다고 주장했어요. 수백 m/s로 움직이지만, 초당 17억 번 충돌하면서 방향을 바꾼다면 몇 분이 지나도 몇 m밖에 못 움직인다는 겁니다. 이 정도면 해답이 된 거죠.

다만 기체 분자 하나하나의 운동이 어떤 것인지 도저히 다룰 수 없다는 게 문제입니다. 엄두가 안 나는 거죠. 1cm³ 공간에 공기 분자 2,500경 개가 수백 m/s로 충돌하는데, 그걸 일일이 분석해서 어떤 공기 분자는 이렇게 움직이고 어떤 공기 분자는 저렇게 움직인다고 말할 수 있겠습니까? 클라우지우스는 모든 공기 분자가 똑같은 속도로 움직일 거라고 말할 수밖에 없었습니다. 그도 그렇지 않으리라는 것을 알았지만 별수 없었죠.

맥스웰도 고민 끝에 이런 문제는 통계적인 방법으로 해결해야 한다고 생각했습니다. 통계학에서 쓰이는 평균 같은 개념이 등장한 거죠. 예를 들어 평균 키가 있다면 평균에 가까운 사람이 가장 많고 먼 사람들은 갈수록 적어지잖아요.

공기 분자의 속도도 비슷합니다. 공기 분자들은 서로 충돌하면서 에너지를 나눠 갖고, 아주 빠르거나 아주 느린 분자는 극히 적어지면서 평균속도에 가까운 분자가 가장 많고 평균에서 멀어질수록 분자 수가 줄어든다는 것이죠. 이런 생각을 기반으로 공기 분자의 전체적인 속도 분포를 구하면 1700년대 후반 가우스가 완성한 정규분포곡선과 같은 모양이 됩니다. 그런데 이 곡선의 모양은 좌우 대

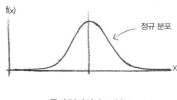

공기 분자의 속도 분포

칭이에요. 흑체복사 스펙트럼의 곡선은 좌우대칭이 아닌데 말이죠.

기체 분자의 방향을 기준으로 그린 속도 분포이기 때문에 차이가 생긴 겁니다. 기체 분자는 3차원 공간에 존재하니까 앞뒤, 좌우, 위아래를 축으로 움직임을 표현할 수 있는데 이중에서 한 축의 방향만 고려해서 기체 분자들의 속도 분포를 그린다고 생각해 보세요. 앞뒤 축을 기준으로 그리면 앞 방향으로만 빠르게 움직이는 분자들이 많을 리 없습니다. 양쪽 다 공평하게 비슷한 분포를 나타내죠. 가우스 곡선처럼 대칭 모양일 수밖에 없습니다. 다른 축도 마찬가지겠지요. 모든 축의 방향이 똑같은 속도 분포를 보입니다. 이처럼 특정한 축의 방향으로 에너지가 몰리지 않는 상황을 '에너지 등분배'라고 합니다.

하지만 방향은 상관없이 속도만 고려한다면 한쪽으로 치우친 곡선이 나옵니다. 주어지는 에너지가 커지면 방향이 달라도 속도가 빠른 기체 분자들이 많아지니까요. 문제가 쉬운 시험에서 점수 인플레가 발생해 고득점자가 많아지는 상황과 비슷합니다.

이렇게 평균과 같은 통계학의 개념이 물리학과 결합해 맺은 결실이 맥스웰의 속도 분포입니다. 뒷날 볼츠만Ludwig Eduard Boltzmann은 맥스웰의 연구를 이어받아 통계역학을 탄생시킵니다. 맥스웰 전기 《모든 것을 바꾼 사람The man who changed everything》을 쓴 바실 메이헌Basil Mahon은 이 업적 하나로도 맥스웰이 세계 최고의 과학자로 불려야 한다고 주장합니다. 빛의 정체를 밝히고 전자기장을 수학적으로 정리한 것보다 물리학에 통계를 끌어온 것이 대단하다는 얘기죠.

과학자들은 흑체에도 전자기장을 출렁거리게 만들어서 빛을 발생시키는 '미시적인 진동자'들이 엄청나게 많을 것이라고 생각했고, 이런 진동자들은 통계역학에서 잘 다룰 수 있으리라고 기대했습니다. 당시는 원자의 구조나 전자에 대해서 모를 때라 빛은 '진동자'의 진동에 의해 생겨난다고 여겼어요. 그래서 통계역학을 활용해 계산해 봤는데, 계산 결과가 예상과 다르게 나왔습니다.

계산이 예상과 다르게 나온 원인을 살펴보면 '에너지 등분배'의 개념이 중요한 역할을 합니다. 빛은 파동이기 때문에 다양한 크기의 파동이 존재하고 그 파동들 가운데 파장이 특별한 크기의 파동에만 에너지가 몰릴 것이라고 볼 수는 없거든요. 파동의 특성을 생각해 보면 넓은 파도가 있다고 해서 좁은 파도가 사라지진 않죠. 상쇄되면서 지나갈 수는 있어도 서로 없애지는 않습니다. 모든 파동이 다 존재할 수 있으니까요. 그런데 흑체에 존재할 수 있는 파동을 보면 흑체라는 공간의 한계 때문에 넓은 파동은 허용되는 수가 적습니다. 하지만 좁은 파동은 계속 좁아지면 거의 무한대로 존재할 수 있죠. 이런 상황에서 에너지를 등분배하면 좁은 파동들이 훨씬 수가 많기 때문에 거의 무한대에 가까운 에너지가 좁은 파동 쪽에 몰립니다. 좁은 파장이 자외선 쪽이고, 이것을 자외선 파탄이라고 부르죠. 실제 흑체복사 스펙트럼과 전혀 다른 결과입니다.

양자물리학의 시초, 작용양자

독일의 물리학자 막스 플랑크
는 아래와 같은 공식을 통해 이 문제를 해결했습니다.

플랑크 공식 E=nhν (n=1, 2, 3, 4, 5⋯)

E는 에너지, n은 정수, h는 플랑크 상수, ν는 진동수

수학 기호들이 나오니까 당황스럽겠지만, 잘 살펴보면 어려운 식
은 아닙니다. 일정 시간 동안 3,000번 진동하는 파동의 빛이 가지는
에너지를 구한다면 3,000hn이 됩니다. h는 변치 않는 수라 그대로 두
면 되고, n에는 정수를 대입하면 되죠. 3,000번 진동하는 파동의 빛이
가질 수 있는 에너지는 3,000h, 6,000h, 9,000h⋯ 이렇게 정수 배로 존
재합니다. 3,000h가 일종의 '기본 값'이 되죠. 기본 값의 배수 사이에
존재하는 3,001h, 3,100h, 3,321h 같은 에너지 값은 허용이 안 됩니다.

그런데 좀 이상하죠? 똑같은 수로 진동하는 파동이라도 진폭이 크
면 에너지를 많이 가지는데, 그렇다고 정수 배로 커져야 할 까닭은 없
거든요. 여기에서 진폭은 파동의 넓이가 아니라 높이를 의미합니다.
파도가 높아지면 에너지가 커지는 것과 마찬가지로, 빛의 파동 역시
높아지면 에너지가 커지죠. 우리는 그것을 밝다고 느낍니다. 그런데

파도가 30m, 60m, 90m와 같이 정수 배로 높아질 까닭이 없듯이 빛의 에너지 또한 정수 배로 높아질 까닭이 없습니다. 그런데 이런 가정이 있어야 자외선 파탄 문제가 해결됩니다.

자외선이 실제 흑체복사 스펙트럼에서 적은 이유는 일단 자외선의 진동수가 매우 높기 때문입니다. 그래서 기본 값 자체가 크죠. 예를 들어 자외선의 기본값이 1,000이고 가시광선의 기본값이 100이라고 해보죠.

그런데 에너지 등분배에 의해 자외선, 가시광선 등 각각 모든 파동에 1,500씩 에너지가 분배된다면 자외선은 겨우 1,000만 쓸 수 있고 나머지 500은 쓰지 못합니다. 그 다음으로 존재할 수 있는 자외선이 2,000이거든요. 자외선보다 훨씬 진동수가 많은 감마선은 1,500 가지고는 아예 존재할 수도 없고요. 하지만 진동수가 적은 가시광선이나 적외선 쪽은 기본 값이 적기 때문에 1,500만 받아도 충분히 활용해서 존재할 수 있습니다. 다만 적외선 쪽은 워낙 기본 값이 적어서 주어진 시간 내에 다 쓰기 힘들죠. 100만 원을 10원씩 쓴다고 생각해 보세요. 그래서 에너지가 적게 나오는 겁니다. 하지만 진동수가 많은 파동처럼 아예 쓰지 못해서 0이 되는 경우는 없습니다. 이렇게 플랑크가 발견한 수식을 이용하면 흑체복사 스펙트럼이 설명됩니다.

플랑크는 이렇게 더 나눌 수 없는 기본 값을 '작용양자'라고 불렀는데, 이것이 양자물리학의 시초입니다. 그 양자가 이 양자죠. 그리고 작용양자는 불확정성과도 관련이 깊어요. 공식에 있는 h가 불확정성 풍선이라고 볼 수 있습니다. 에너지와 위치의 양자 요동이 저 h와 관계를 맺어 생겨나거든요. 우리가 직접 경험하긴 힘들어도 세상

과학이 빛나는 밤에

이란 수많은 h로 가득한 상태인지 모릅니다. 이런 이상한 결론 때문에 플랑크 역시 당황하고 마음에 들지 않았지만, 통계적인 방법과 양자 개념 기반의 설명은 성공했어요. 또 이것을 토대로 만들어진 양자물리학 덕분에 뒷날 빅뱅이 있고 별과 은하가 생기는 과정을 이해할 수 있었습니다.

이렇게 인류는 발달하는 산업과 기술을 기반으로 빛에 대해 탐구해 나가면서 빅뱅 이론을 받아들이고, 우주가 어떻게 시작되었는지 알았습니다. 우주의 역사는 수천 년에서 138억 년으로 늘어났고, 우주의 크기는 지평선 언저리에서 태양계와 은하를 넘어 거의 무한하게 확대되었죠. 인류의 시야가 수백 년 만에 극적으로 확대된 겁니다. 더 나아가 생명과 뇌, 이 우주를 넘어선 미지의 세계까지 시야가 넓어졌어요. 빛을 이용해 더 자세히, 더 많이 보면서 인류는 곳곳에서 새로운 세상과 질서를 만납니다.

세상이 좀 달라 보이나요?

여러분 앞을 가득 채우는 공기를 보세요. 공기 분자들은 지금도 초속 수백 m의 속도로 맹렬하게 서로 부딪히고 있습니다. 눈앞에서만 수억, 수조 번 이상 충돌이 일어나죠. 그 보이지 않는 혼돈과 난장판이 만들어 내는 압력 덕분에 여러분은 몸이 부풀어 오를 걱정하지 않고 편안히 사는 겁니다.

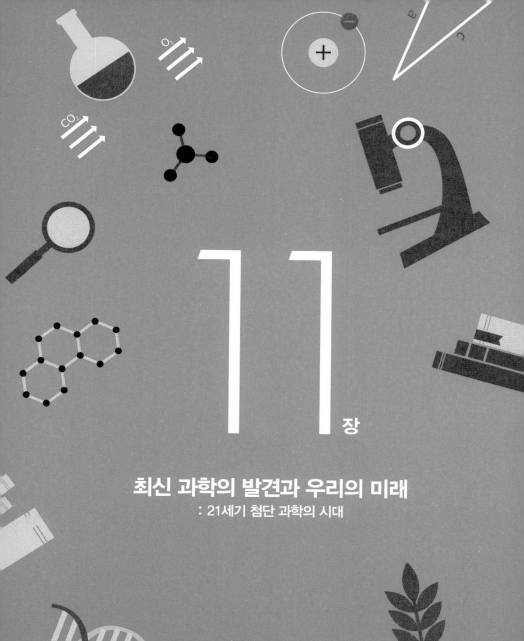

11장

최신 과학의 발견과 우리의 미래

: 21세기 첨단 과학의 시대

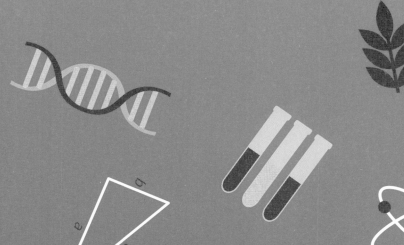

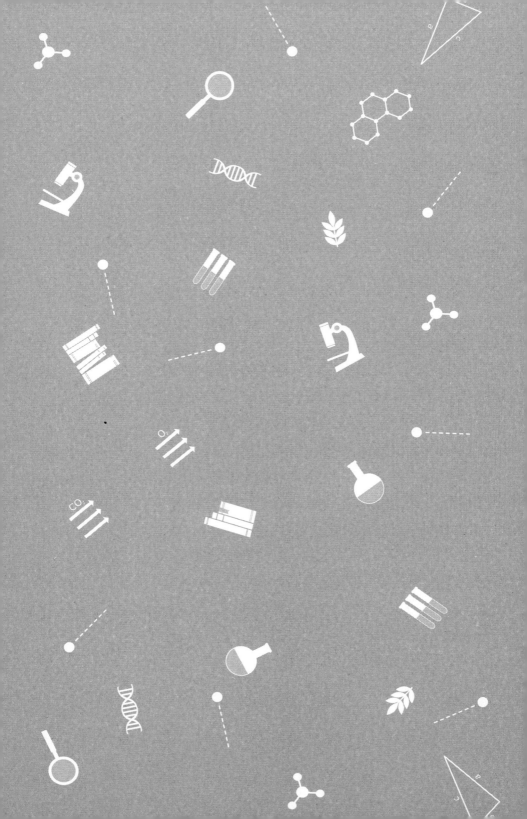

꿈에서 우주로 도약, 로켓

또 우주배경복사입니다. 우주 너머 미지의 세계에 대한 실마리도 우주배경복사에서 찾을 수 있거든요. 다만 지구에서 관측하는 우주배경복사가 아니라 우주 공간에서 관측하는 우주배경복사여야 하죠. 지구에서는 두터운 대기의 영향으로 우주배경복사 관측이 부정확합니다. 그래서 빅뱅 이론의 강력한 증거인 펜지어스와 윌슨의 관측도 완벽하지 않았습니다. 지구에서 관측할 수 있는 파장은 7cm 정도였으니까요.

가모브가 예측한 1mm 정도 파장은 관측할 수 없었죠. 큰 파장은 공기 분자들이 흡수하기에 커서 그냥 통과하지만, 좁은 파장들은 흡수되거든요. 파장이 좁으면 분자 내부에 있는 전자들이 그 좁은 파동에 흔들리면서 파동의 에너지를 흡수하고 파동이 없어지게 만들지만, 큰 파장은 전자가 파동을 흡수하기 힘듭니다. 거대한 비눗방울이 볼링공을 움직이게 할 수 없는 거나 마찬가지예요. 저녁노을이 그렇습니다. 해가 머리 꼭대기에 있을 때보다 지평선에 걸

칠 때 공기 분자들을 훨씬 많이 지나쳐야 하는데, 파장이 짧은 파란색 파장은 그 와중에 다 흡수되고 방출되면서 사방으로 산란되지만 파장이 넓은 붉은색 계열 파장은 그대로 살아남아 우리 눈에 도착하죠. 붉은색 파장도 산란되지만 우리 눈 근처까지 와서 산란되기에 보이는 겁니다.

소년이 쏘아 올린 로켓

우주배경복사를 제대로 관측하려면 대기가 없는 우주 공간에 나가야 합니다. 당시 인류는 그것이 가능한 기계가 있었어요. 바로 막대한 힘과 폭발력을 자랑하는 로켓입니다. 땅에서 우주를 관측하고 상상하는 것을 넘어 진짜 우주 공간에 갈 수 있도록 해 준 기계죠.

하지만 로켓의 시작은 아주 소박했습니다. 뛰어놀기보다 침대에 누워 있는 시간이 많던 소년 로버트 고다드Robert Hutchings Goddard의 꿈에서 출발했거든요. 소년은 쥘 베른Jules Verne의 과학소설 《지구에서 달까지De la Terre a la Lune》를 읽고 감명 받아 우주여행에 대한 꿈을 키웠고, 그 꿈을 이루기 위해 평생 로켓 개발에 힘썼습니다. 그리고 1926년 3월 16일 세계 최초로 로켓을 발사하는 데 성공했죠. 2.5초 동안 52m 정도 날아간 것에 그쳤지만, 시작이 반이었어요. 그 후 16년 만에 200km를 날아가는 거대한 로켓이 만들어졌으니까요.

물론 그 전에도 로켓이라고 부를 만한 발명품들이 있었습니다. 조선 세종 때 만들어진 신기전神機箭은 무려 2km를 날아갈 수 있었

과학이 빛나는 밤에

는데, 서양보다 350년 정도 앞선 거예요. 하지만 어디까지나 화약의 힘으로 날아간 것이어서 우주를 탐험하는 로켓으로 발전하기엔 무리가 있었습니다. 화약은 폭탄이나 마찬가지기 때문에 불을 붙이면 상당히 위험해요. 점화된 화약은 불을 끌 수도, 추진력을 조절할 수도 없었습니다. 적을 공격하는 무기로는 화약로켓도 괜찮겠지만, 우주를 여행하거나 위성을 올려놓는 도구로 사용하기에 화약로켓은 아주 위험했죠.

고다드는 화약 대신 액체연료를 사용하는 현대식 로켓을 만들었습니다. 한 통에는 가솔린, 다른 통에는 액체산소가 들어 있고 발사할 때는 밸브가 열리면서 가솔린과 액체산소가 엔진으로 흘러들어 섞였어요. 거기에 불이 붙으면 연소되면서 로켓이 하늘로 솟구치는 겁니다(액체산소를 따로 넣는 이유는 보다 빨리 연소되기 위해서죠. 공기 중의 산소는 양이 부족해서 연소가 빨리 일어나지 않기 때문입니다). 화약로켓과 마찬가지로 불이 붙지만, 밸브를 통해 조절이 가능했어요. 연료통 자체에 불이 붙는 것이 아니라 밸브를 통해 흘러나온 연료에 불이 붙으니까요.

이런 액체로켓은 1896년 페루의 기술자 페드로 파울레트Pedro Paulet가 설계하고 실험했습니다. 하지만 로켓에 적용하지 않고, 고정한 상태에서 얼마나 힘을 낼 수 있는지 실험했죠. 추력(로켓이 밀어올리는 힘)이 90kg까지 나오는 로켓엔진이었어요. 실제 로켓에 적용한 것은 우주에 가고자 하는 열망으로 가득한 고다드입니다.

고다드의 로켓은 우리가 생각하는 로켓의 모습과 좀 다를 겁니다. 그 까닭은 균형 때문입니다. 가솔린 통과 액체산소 통을 위에 배

로버트 고다드의 로켓

치하고 불이 뿜어져 나오는 엔진을 밑에 설치하면 요즘 로켓과 같은 모습이겠지만, 위쪽이 무거워져서 로켓이 엉뚱한 방향으로 날아갈 수도 있거든요. 신기전 같은 화약로켓은 균형을 잡기 위해 '안정 막대'라는 기다란 막대기를 다는 방식으로 문제를 해결했어요.

결국 고다드의 로켓은 우리가 아는 일반적인 로켓 모양으로 바뀝니다. 균형 잡기는 좋지만 뿜어져 나오는 불꽃 때문에 밑에 달린 연료통이 터질 위험이 있고, 연료통이 걸리적거리면서 추진력이 반감되는 문제도 있었거든요. 대신 균형은 일종의 팽이인 자이로스코프로 잡습니다. 고속으로 회전하는 팽이는 회전축을 유지하려는 성질이 있거든요. 변치 않는 회전축을 기준으로 로켓의 기울기를 수정하는 거죠.

로켓 개발이 순조롭지는 않았습니다. 로켓 실험에 놀란 주민들이 신고하는 바람에 연구가 중단되기도 했고, 《뉴욕타임스The New

York Times》에 고다드를 비난하고 조롱하는 사설이 실리기도 했어요. 로켓으로 우주여행을 한다는 것은 과학적 원리도 모르는 멍청한 생각이라는 내용이었습니다. 지구에서야 공기가 있으니 로켓이 공기를 밀어내면서 앞으로 날아갈 수 있지만, 우주 공간으로 나가면 진공인데 아무리 불을 내뿜는다 해도 어떻게 앞으로 나가겠느냐는 거죠. 한마디로 공중에서 헛발질하는 거라는 얘기입니다.

《뉴욕타임스》의 짤막한 정정 보도

하지만 뉴턴의 운동법칙 중 '작용 반작용의 법칙'에 따르면 진공상태에서도 어떤 방향으로 에너지를 분출하면 반작용이 일어나면서 그 반대 방향으로 물체가 움직이게 되어 있습니다. 그래야 대칭성이 유지되거든요. 교류발전기의 사례에서 알 수 있듯이, 우리 우주는 가면 오는 게 있고 오면 가는 게 있는 균형을 추구하지, 한쪽으로 치우치는 것을 아주 싫어하죠. 무식한 사설을 실은 《뉴욕타임스》는 48년 뒤 닐 암스트롱 Neil Alden Armstrong이 달에 착륙했을 때 짤막한 정정 보도를 냅니다.

추가적인 연구와 실험을 통해 17세기 아이작 뉴턴이 발견한 법칙들이 확인되었고, 로켓은 대기뿐만 아니라 우주 공간에서도 작동할 수 있음이 확실하게 증명되었다. 《뉴욕타임스》는 오류에 대해 정말 유감으로 생각한다.

가장 큰 문제는 역시 돈이었습니다. 작은 실험용 로켓이야 고다드의 돈으로 근근이 만들 수 있다 쳐도 우주여행을 할 수 있는 거대한 로켓은 수백 명의 과학자와 공학자, 엄청난 돈이 필요하니까요. 우주여행에 흥미를 보인 부자들이 지원해 주는 것만으로는 부족했습니다. 미국 정부의 도움이 필요했어요. 하지만 반복되는 요청에도 정부는 흥미를 보이지 않았고, 고다드의 로켓은 더 발전하지 못합니다. 로켓의 아버지가 된 것에 만족해야 했죠.

미국과 달리 로켓에 흥미를 보인 국가가 있습니다. 1차 세계대전에서 패했던 독일이었죠. 패전국이기 때문에 독일은 군대를 보유하는 데 제약이 많았고, 경제 상황도 좋지 않았습니다. 그런 상황에서는 비장의 무기를 꿈꾸게 마련이고, 바로 그게 로켓이었어요. 하지만 처음부터 국가가 나서서 로켓을 개발한 것은 아닙니다.

먼저 움직인 것은 민간인이죠. 당시에는 우주여행에 관심이 굉장히 많았습니다. 쥘 베른의 《지구에서 달까지》, 허버트 조지 웰스Herbert George Wells의 《우주 전쟁The War of the worlds》 같은 과학소설의 영향도 컸고, 러시아 물리학자 치올콥스키Konstantin Eduardovich Tsiolkovsky가 발표한 로켓 이론, 고다드의 로켓 실험 성공 소식 때문에 사람들은 우주여행이 단순한 꿈은 아니라고 생각했어요. 'VfR'라는 민간 로켓 동호회가 생겨나 로켓을 만들고 실험했고요. 하지만 그 동호회 역시 돈 때문에 힘들어하다 결국 해체됩니다.

우주에 가기까지 기다림, 전쟁

로켓 개발의 주도권은 독일군

에게 넘어갑니다. 그런데 독일군의 로켓 개발 책임자 베르너 폰 브라운Wernher von Braun이 VfR 동호회 출신이었습니다. 그는 우주여행에 대한 순수한 열망으로 동호회에 참여했지만, 동호회가 해체되면서 어쩔 수 없이 군에 들어가 연구를 계속할 수밖에 없었어요. 브라운은 군의 지원으로 수천 명에 달하는 연구원과 기술자, 생산 공장, 연구 시설, 실험 장비 등을 갖추었습니다. 동호회 때와는 비교할 수 없이 좋은 환경에서 진짜 로켓을 만들 수 있었죠.

하지만 풍부한 지원 속에서도 로켓 개발은 수많은 난관을 헤쳐 나가야 했습니다. 원래 이론이란 게 단순해도 현실에 적용하기는 어렵잖아요. 수많은 문제들이 발생했고 브라운은 로켓이 완성되기까지 설계를 6만 5,000번이나 변경해야 했죠. 특히 그 문제들 중 아주 드라마틱하면서도 마지막으로 해결된 문제는 꽤 많은 로켓이 잘 날아가다 공중에서 폭발하는 것이었습니다. 브라운은 왜 그러는지 알 수가 없었죠.

고민하던 그는 터지는 장면을 직접 봐야겠다고 결심합니다. 터지는 부위를 보면 기계 결함인지 공기와의 마찰열 때문인지 알 수 있으니까요. 그는 연구를 지원하던 장군과 로켓이 떨어지는 표적에 가서 기다렸습니다. 이상하죠? 표적에 가서 로켓을 기다리다니…. 자살하려는 것도 아니고 말입니다. 당시 로켓은 정확도가 낮아서 대부분 표적을 중심으로 5km 이상 벗어난 곳에 떨어졌습니다. 그러니까 역설적으로 표적이 제일 안전하다고 생각한 거예요.

브라운은 하늘을 보며 로켓을 기다렸습니다. 그는 로켓이 자기 쪽으로 날아오는 것을 보고 재빨리 엎드렸죠. 로켓은 운 좋게 도

중에 터지지 않았고, 5km 이상 비켜 가지도 않았습니다. 표적에서 90m 거리에 로켓이 떨어졌고, 브라운과 장군은 붕 떠올라 도랑에 처박혔어요. 크게 다치지 않은 것은 기적이었습니다.

결국 문제는 토론으로 풀었어요. 장시간 토론한 끝에 로켓의 연료통 과열이 원인임을 밝혀내고, 연료통 주위를 내열 강철 보강제로 둘러싼 뒤 유리솜을 사이에 넣어 열을 차단했습니다. 이렇게 해서 그 유명한 V-2 로켓이 완성되죠.

1944년 9월 8일 오후 6시 35분, V-2 로켓은 영국 런던London을 향해 발사됩니다. 영국의 레이더는 아무런 경고도 하지 못했기 때문에 공습경보도, 폭격기 소리도 없었어요. 로켓이 갑자기 무서운 속도로 공기를 가르며 날아와 터졌고, 사람들이 죽고 집들이 불탔습니다. 우주여행에 대한 열망이 불러온 비극이죠. 브라운은 폭격 소식을 접하자, "로켓은 완벽하게 작동했지만 엉뚱한 행성에 착륙했다"고 말합니다. 이듬해 3월 2일까지 로켓 1,359발이 런던에 발사되어 1,115발이 명중하면서 런던 시민들을 공포에 떨게 했어요. 얼마나 무시무시한 무기였는지 연합군 사령관 아이젠하워Dwight David Eisenhower는 V-2가 6개월만 빨리 나왔어도 세계의 역사는 달라졌을 거라고 말했습니다.

이렇게 발전한 기술이 전쟁이 끝나고 미국과 러시아로 퍼져 나가 진짜 우주를 여행할 수 있는 로켓을 만드는 데 중요한 기반이 되죠. 브라운은 미국으로 건너가 수많은 로켓 개발에 참여해서 미국항공우주국NASA의 마셜우주비행센터 책임자가 됩니다.

그러나 로켓은 어디까지나 위성을 운반하는 역할을 할 뿐입니다.

과학이 빛나는 밤에

위성은 또 다른 문제죠. 우주 공간에서 스스로 동작을 통제하며 우주배경복사를 관측해서 그 자료를 전송하는 기계를 만들어 내는 데는 전혀 다른 기술이 필요했습니다.

세상이 좀 달라 보이나요?

달에서 볼 수 있는 가장 아름다운 풍경은 지구가 떠오르는 광경이라는 글을 읽은 적이 있습니다. 고다드와 브라운의 꿈처럼 언젠가 우주여행이 실현된다면 달 지평선 위로 파란빛을 내며 떠오르는 지구를 보고 싶네요. 지구 밖에서 보면 지구만큼 아름다운 행성도 없을 것 같습니다.

전기 두뇌로 바라보는 우주, 컴퓨터

저 멀리 있는 기계를 인간이 원하는 대로 조종하려면 어떤 부품이 필요할까요? 일단 안테나가 필요할 겁니다. 전선이 없는 상태에서 어떤 명령을 전달할 때는 전파를 이용해야 하니까요. 하지만 전파가 워낙 멀리서 오기 때문에 안테나에 전파가 닿아 전류를 발생시킨다고 해도 아주 미약합니다. 이 미약한 전류를 가지고 기계를 작동할 수는 없죠. 그렇다면 증폭기가 필요합니다. 안테나는 발명되었으니 증폭기만 있으면 되는데, 이 증폭기를 발명함으로써 위성뿐만 아니라 모든 전자 제품에 기반이 마련됩니다.

증폭기의 뿌리를 거슬러 올라가면 우리는 양자물리학의 뿌리가 된 에디슨의 전구를 만납니다. 앞에서 전구에 삽입한 전극이 +극일 때 전류가 흐른 에디슨효과에 대해서 이야기했는데 이것이 증폭기의 중요한 기반이 된 거죠. 이 에디슨효과를 생각해 보면 삽입한 전극에 흐르는 전류의 방향은 항상 같습니다. 필라멘트에서 나온 전자들이 +극의 전극 쪽으로 빨려 들어가니까요.

일정한 방향으로 흐르는 전류가 별것 아닌 듯해도 전자 제품에는 중요한 효과입니다. 앞에서도 살폈지만 발전소에서 만들어지는 교류 전기는 전자 제품을 작동하기 부적합했습니다. 방향이 일정한 직류로 바뀌어야 했죠.

교류를 직류로 바꾸는 일, 정류가 에디슨효과를 통해 일어나고 있었습니다. 이 효과를 이용해 처음 정류기를 만든 사람이 플레밍이에요. 그가 만든 것은 전구와 비슷하게 생긴 진공관 정류기입니다. 정류뿐만 아니라 플레밍의 진공관은 스위치 기능도 했어요. 삽입된 전극을 +극으로 하느냐, −극으로 하느냐에 따라 전류가 흐를지 말지 결정되었거든요. 이전까지는 손으로 전선을 연결했다가 분리하는 기계적 스위치였지만, 진공관이 등장하면서 전기적 성질에 따라 작동하는 스위치가 탄생했죠.

컴퓨터로 가는 첫걸음, 오디오 진공관

이 진공관을 바탕으로 증폭 진공관을 만든 사람이 디포리스트Lee De Forest입니다. 그가 만든 진공관은 오디언이라고 불렸어요. 발음이 오디오랑 비슷하죠? 사실 그가 진공관을 만들 때 목적도 오디오와 관련이 있었습니다. 디포리스트는 음악을 전파로 송신한 뒤 다시 전파를 안테나로 받아서 음악을 듣도록 만들고 싶었어요. 비싼 돈 내고 오페라 티켓을 사지 않아도 집에서 음악을 들을 수 있게 말입니다. 그러기 위해서는 증폭기가 필요했어요. 안테나에서 받은 신호는 약할 수밖에 없으니까요. 그래서 오디언을 발명합니다.

오디언의 증폭 기능은 '그리드'라는 추가된 전극 때문에 일어납니다. 전자는 필라멘트의 ―극에서 뿜어져 나와 +극으로 흘러요. 그런데 그리드가 필라멘트의 ―극을 가까이에서 감싸고 있어요. 이 그리드가 ―극이 되면 어떤 현상이 일어날까요? 그리드의 ―극이 뿜어져 나온 ―극 전자들을 밀어냅니다. 필라멘트에서 뿜어져 나온 전자들이 그리드의 ―극에 밀려 +극 쪽으로 흐르지 못하죠.

+극 쪽에서 아무리 전자들을 당겨도 그리드가 훨씬 가까이에서 방해하기 때문에 전자들은 +극에 도달하기 힘듭니다. 농구나 배구에서 블로킹하는 것과 똑같아요. 멀리서 방해하는 것은 별 효과가 없지만, 코앞에서 방해하면 그 효과가 커지거든요. 이 거리 때문에 그리드를 아무리 작은 ―극으로 대전하더라도 그 효과는 커집니다. 이거 뭔가 '증폭'하고 관련이 있는 거 같죠?

물론 작은 전류가 갑자기 뻥튀기가 되어 많이 흐르는 건 아닙니다. 하지만 그리드의 작은 전류로 큰 전류의 흐름을 조절할 수 있어요. 그리드가 수도꼭지 같은 역할을 하는 겁니다. ―극이 강하면 전류가 적게 흐르고, 약하면 전류가 많이 흐르죠. 이것으로 진짜 증폭은 아니지만 증폭 '효과'를 볼 수 있어요.

안테나에서 만들어진 약한 전류를 그리드로 보내면 큰 전류의 흐름에 영향을 주면서 그 영향력이 커집니다. 어떤 사람의 물리적인 힘은 작아도 그가 높은 직책에 오르면 막강한 힘이 있는 것처럼, 그리드의 위치가 적당했던 거예요. 이 증폭 효과를 이용해서 작은 신호를 크고 선명한 신호로 바꿀 수 있기 때문에 오디언 진공관은 전파를 수신하는 안테나, 전신, 라디오뿐만 아니라 소리를 크게 만드는 마이크, 스피커, 오디오, 전화 등에 필요한 부품이 됩니다.

하지만 위성은 단순히 전파를 수신하고 증폭하는 기계가 아니에요. 명령을 수신하면 그 신호를 처리해서 어떤 동작을 하고, 그 동작을 통해 얻은 결과를 다시 송신해야 합니다. 간단히 말해서 입력, 처리, 출력이 가능한 컴퓨터가 되어야죠. 그러나 진공관의 기능은 기껏해야 정류와 증폭, 스위치일 뿐인데, 이렇게 단순한 일만 하는 부품을 가지고 어떻게 컴퓨터를 만들 수 있을까요?

1937년 미국 매사추세츠공과대학MIT의 대학원생 클로드 섀넌Claude Elwood Shannon이 그 문제를 해결합니다. 그는 전류가 흐르거나 흐르지 않게 하는 스위치 기능을 이용해 정보가 담긴 신호를 만들고, 그 정보 신호를 처리할 수 있을 것이라고 생각했어요. 그것이 구체적으로 어떻게 가능할지 고민했고, 그러던 중에 1800년대 중반, 영국의 수학자 조지 불George Boole이 만든 논리대수(불대수)에 관한 내용이 떠올랐습니다. 논리대수는 기호논리학의 시발점이라고 볼 수 있는데, 수학 시간에 배운 참과 거짓에 관한 명제 같은 것들이 논리대수에 그 뿌리를 두고 있어요.

불은 인간의 사고 과정을 수학으로 나타내고자 했습니다. 화가는 그림으로 뭔가를 표현하려 하고 음악가는 음악으로 뭔가를 표현하려 하는 것처럼, 수학자 불은 수학으로 뭔가를 표현하려 했던 거죠. 그는 인간의 판단이나 행동을 최대한 단순하게 보려고 노력했습니다. 애매모호하고 불분명한 부분은 걷어 내고 가장 중요하고 핵심적인 요소가 뭔지 알아내려고 했죠. 그리고 결론에 도달합니다. '예, 아니오' '참, 거짓' '한다, 안 한다' 같은 이분법적 논리로 인간의 사고를 단순화할 수 있다고요.

예를 들어 모든 조건에 '예'라는 답이 나와야 행동하는 경우가 있습니다. 짜장면을 먹으려면 대개 세 가지 조건에 '예'라는 대답을 얻어야 하죠. 짜장면을 먹고 싶은가? '예.' 짜장면 값에 해당하는 돈이 있는가? '예.' 근처에 중국집이 있는가? '예.' 그러면 '짜장면을 먹으러 가자'는 결론이 내려집니다. 이렇게 모든 조건에 '예'라는 대답을 얻어야 행동하는 연산을 AND 연산이라고 해요.

하지만 한두 가지 조건이 모자라도 행동하는 경우가 있죠? 그것은 OR 연산입니다. 예를 들어 친구와 함께 중국집에서 식사를 마치고 나가야 해요. 나는 계산할 돈이 있는가? '예.' 친구는 계산할 돈이 있는가? '아니오.' 이렇게 되면 둘 다 '예'는 아니라도 계산하고 나갈 수 있습니다. 물론 더 파고들면 복잡한 내용이 나오지만, 이렇게 인간의 사고와 행동이 단순화될 수 있다는 겁니다.

바로 섀넌에게 필요했던 내용이죠. 잘 응용하면 스위치 기능으로 이런 사고 과정을 표현하고 판단과 처리, 동작을 가능하게 만들 수 있었습니다. 예를 들어 AND 연산은 진공관을 직렬로 연결하는 것으로 표현할 수 있어요. 모두 전류가 흘러야 마지막 진공관에도 전류가 흐르니까요. OR 연산은 병렬로 진공관을 배열하는 겁니다. 하나만 전류가 흘러도 마지막 진공관에 전류가 흐르니까요. 이렇게 잘 배열하면 진공관으로 인간의 사고 과정을 흉내 낼 수 있어요. 별로 관계없어 보이던 수학이 컴퓨터 기술 발전의 기반이 된 겁니다.

과학이 빛나는 밤에

하지만 진공관은 컴퓨터를 만드는 데 어울리는 부품이 아니었습니다. 가장 핵심적인 문제는 열이죠. 열에너지가 있어야 필라멘트에서 전자가 튀어나올 수 있기 때문에 진공관이 많아지면 그 열기가 엄청났습니다. 열을 만들기 위한 전기 소모가 엄청났고, 그 과정에서 열을 내는 필라멘트나 부품이 녹아내려서 고장 나기 일쑤였어요. 하나하나가 전구나 마찬가지라서 부피도 꽤 많이 차지했고요. 진공관 수십 개로 컴퓨터를 만들 수 있다면 모르지만, 아주 간단한 계산을 위해서도 수많은 진공관이 필요했어요.

예를 들어 스위치의 켜짐과 꺼짐을 1과 0으로 하고, 그것으로 간단한 숫자만 표현하려 해도 진공관이 상당히 많아집니다. 0은 0이고 1은 1, 여기까지는 간단해요. 그런데 2는 10으로 표시합니다. 0과 1을 사용하는 이진법으로는 0과 1 다음 큰 수가 10이거든요. 3은 11, 4는 100, 5는 101… 이런 식으로 표시합니다. 128을 이진법으로 표기하면 11001110이에요. 십진법의 세 자릿수를 표현하는 진공관이 여덟 개 필요하죠.

하지만 겨우 세 자릿수 덧셈, 뺄셈 하려고 컴퓨터를 만들 리 없습니다. 천문학적이고 복잡한 계산을 하려고 컴퓨터를 만드는데, 그러려면 진공관 개수가 기하급수적으로 늘어났고, 엄청난 열기와 부피, 고장의 문제도 훨씬 커졌어요. 샌넌의 아이디어도 당시에는 컴퓨터로 만들어질 것이라고 감히 상상하기 힘들었습니다. 하지만 불가능한 일도 가능하게 만드는 역사적 사건이 바로 전쟁이죠. 로켓의 경우처럼 전쟁은 엄청난 돈과 노력을 집중적으로 퍼부을 수 있게 만들어 주거든요.

디지털 시대의 신호탄, 트랜지스터

최초의 현대식 컴퓨터로 불리는 에니악ENIAC은 2차 세계대전 덕분에 태어났어요. 독일의 로켓이 어디로 어떻게 날아올지 빠르게 계산해서 방공망에 이용하려고 한 육군이 의뢰해서 에니악이 만들어지고 가동되었죠. 집채만 한 시설에 꽂힌 진공관 1만 9,000개는 엄청난 열기를 냈고, 밖에서는 수시로 망가지는 진공관을 교체하기 위한 '교체 부대' 군인들이 진공관을 들고 대기했습니다.

이런 진공관의 단점을 극복한 것이 '트랜지스터'입니다. 이것을 만든 사람들은 벨전화연구소BTL의 윌리엄 쇼클리William Bradford Shockley, 존 바딘John Bardeen, 월터 브래튼Walter Houser Brattain이에요. 이들이 발명한 트랜지스터는 열이 필요 없고 진공상태를 유지할 필요도 없으며 크기도 작았죠. 진공관 때문에 애먹던 기술자들은 트랜지스터를 보고 환호했습니다. 그 공로로 세 발명가는 1956년 노벨 물리학상을 받았어요.

트랜지스터가 어떻게 진공관을 대체할 수 있었는지는 npn형 트랜지스터를 살펴보며 알아보죠. 이름처럼 npn형 트랜지스터는 n형 반도체와 p형 반도체로 만들어졌어요. 반도체란 어느 때는 도체처럼 전기가 흐르고 어느 때는 부도체처럼 전기가 흐르지 않는, 말 그대로 반半도체입니다. n형은 인을 불순물로 넣는데, 인은 최외각에 전자가 하나 남습니다. 인은 가급적 이 전자를 떨구고 싶어 하기 때문에 이 전자는 상대적으로 이동이 자유로워요. 하지만 아무 때나 이동하는 것은 아니고, 전선에 연결해서 어느 정도 강한 전압이 가

과학이 빛나는 밤에

해지면 전자들이 이동하면서 전류가 흐릅니다.

반대로 p형은 붕소를 불순물로 넣어서 전자가 들어갈 자리가 하나 남습니다. 이것을 '정공'이라고 하는데, 마찬가지로 어느 정도 강한 전압이 가해지면 흘러든 전자들이 정공을 발판 삼아 이동하면서 전류가 흐릅니다.

n형과 p형을 다음 그림과 같이 이어 붙이면 npn형 트랜지스터가 됩니다. 이 상황에서 '절연층'이라는 얇은 막이 생겨요. 외부 전압이 가해지지 않아도 n형의 경계에 있는 잉여 전자가 바로 앞에 있는 p형의 경계에 있는 정공에 가서 자리 잡는 거죠. 가깝기 때문에 가능한 겁니다. 이렇게 되면 붕소는 정공을 채워서 안정되고, 인은 불안정한 잉여 전자를 떨궈서 안정됩니다. 이 안정된 층이 바로 절연층입니다.

이 상태에서는 전선에 연결하면 n형 반도체에 꽂힌 전선에서 전자들이 몰려들기 때문에 n형 반도체의 잉여 전자들이 떠밀려서 p형 반도체 근처까지 몰려갑니다. 저 멀리 n형 너머의 +극에서 전자

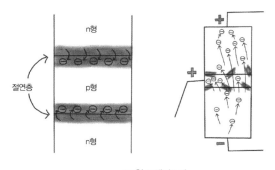

npn형 트랜지스터

들을 끌어당기지만, 이 정도 힘으로는 절연층을 뚫고 거기까지 갈 수가 없죠.

이때 p형 반도체의 역할이 중요합니다. 오디언에서 그리드의 역할을 p형 반도체가 하는 거죠. p형 반도체에 +극을 연결하면 +극의 힘에 의해 몰려 있던 전자들이 끌어당겨지면서 절연층이 무너집니다. 구경꾼들이 뒤에서 밀어 대니까 대열이 무너지는 거예요. 그러면 절연층이 무너지면서 전자들은 드디어 n형 반도체 너머에 있는 +극으로도 빨려 들어갈 수 있습니다. p형 반도체가 스위치 기능을 해서 전류가 흐를지 말지 조절되는 거죠. 증폭 효과도 쉽게 일어나요. p형 반도체를 아주 얇게 만들면 미세한 전류로도 절연층을 붕괴시키고 전류가 흐르게 할 수 있거든요.

이렇게 뛰어난 기능의 트랜지스터는 진공관처럼 과열이나 유리 파손, 전기 소모를 걱정할 필요가 없어 순식간에 진공관을 대체하고 수많은 전자 제품에 쓰입니다. 하지만 여전히 컴퓨터에 사용되기에는 문제가 있었습니다. 진공관보다 훨씬 작아졌지만, 어느 정도 부피가 있기 때문에 처리 용량이 큰 컴퓨터를 만들기 불편했죠.

더 큰 문제는 '연결'이었습니다. 수만 개가 넘는 트랜지스터를 전선으로 이리저리 연결하고 납땜하는 것은 보통 고역이 아니었어요. 게다가 수많은 전선을 연결하다 보니 한두 개는 실수가 발생하게 마련이고, 그 실수 때문에 전체가 작동하지 않는 참사가 일어났습니다. 복잡한 전선의 정글 속에서 뭐가 잘못 연결되었는지 찾아내는 것은 거의 불가능했기 때문에 한마디로 고장 나면 끝이죠.

그래서 처음에 기술자들은 부품의 소형화로 문제를 해결하려고

과학이 빛나는 밤에

했습니다. 트랜지스터와 다른 부품을 전부 작게 만드는 거예요. 하지만 이런 노력은 오히려 나쁜 결과를 가져왔어요. 부품이 작다 보니 전선을 더 세심하게 연결해야 했고, 전선의 정글은 더 빽빽하고 복잡해졌습니다.

본격적인 디지털 시대로,
집적회로

문제는 1958년 텍사스인스트루먼트TI의 연구원 잭 킬비Jack S. Kilby가 해결했어요. 초짜 직원이라 휴가도 못 가고 실험실에 남아 있던 킬비는 이런저런 생각을 하다가 '트랜지스터 그리기'라는 아이디어를 떠올리죠. 종전의 트랜지스터처럼 실리콘에 불순물을 첨가해서 스위치, 증폭, 정류 기능을 만드는 것은 똑같은데, 그 불순물을 실리콘판에 새겨넣는 겁니다.

실리콘 판에 불순물을 새겨 넣으면 그야말로 트랜지스터가 그려져요. 정교하게 새겨 넣을 수만 있다면 실리콘 판 위에 트랜지스터를 얼마든지 만들어 낼 수 있습니다. 전선도 전도성이 좋은 물질로 새겨 넣으면 되기 때문에 복잡한 전선 연결 문제로 고민할 필요가 없어요. 눈에 보이게 잘 그려 넣으면 어느 전선이 잘못 연결됐는지 알아내는 것도 어렵지 않고요. 간단한 발상의 전환으로 그 어려운 문제가 해결된 겁니다.

이렇게 해서 집적회로IC가 만들어집니다. 덕분에 에니악 같은 괴물이 아니라 제대로 된 컴퓨터가 탄생할 수 있었죠. 지금 우리가 사용하는 모든 휴대전화와 컴퓨터는 IC가 적용된 것입니다. 우리나라 기업이 잘 만드는 것으로 유명한 반도체 DRAM, 컴퓨터 핵심 부품인 펜티엄 칩 같은 CPU도 모두 IC고요.

에디슨의 전구에서 디포리스트의 진공관을 거쳐 불의 논리대수, 전쟁과 에니악, 트랜지스터, 킬비의 발상의 전환까지 이어진 수많은 문제 해결의 역사가 일상적으로 사용하는 전자 제품에 녹아 있습니다. 우주의 신비를 밝히기 위해 쏘아 올린 인공위성도 마찬가지고요. 진공관이나 트랜지스터로 성능이 뛰어난 인공위성을 만들었다면 그 크기가 어마어마했을 겁니다. 쏘아 올리기 힘들뿐더러, 우주로 올라가서도 수시로 고장 나는데다 어디가 고장 났는지 알 수 없기 때문에 얼마 쓰지 못하고 우주 쓰레기가 되었겠죠.

로켓과 컴퓨터 기술을 갖추면서 COBE나 PLANCK 같은 관측 위성들이 발사되었고, 정밀한 우주배경복사 관측이 가능해졌습니다. 덕분에 가모브가 예측한 파장과 거의 일치하는 2mm 파장이 가장 강하다는 것이 발견됐고요. 더 자세한 관측을 통해 확률 파동의 흔적도 찾을 수 있었어요.

하지만 여기에서 끝이 아닙니다. 우주배경복사를 더 정밀하게 관측하면 빅뱅 이론이 뒤집히고, 전혀 다른 우주가 발견될 수도 있거든요. 그 혁명의 주인공은 초끈 이론에서 나온 엑파이로틱 우주론입니다.

세상이 좀 달라 보이나요?
휴대전화를 손에 쥐고 그 속에 녹아든 전자 기술의 역사를 느껴 보세요. 에디슨의 야망부터 디포리스트의 진공관, 불의 논리대수에서 컴퓨터의 가능성을 본 섀넌, 에니악의 엄청난 열기, 최초의 반도체를 보며 놀라워하던 사람들, 수많은 전선을 땜질하며 흘린 땀방울, 회사에 홀로 남아 IC 아이디어를 떠올린 킬비까지…. 그 외에도 수많은 사람들의 고민과 열정이 있을 겁니다. 작은 부품 하나도 그냥 만들어지는 것은 없으니까요. 수많은 문제와 해결, 극복의 역사가 작은 휴대전화 하나에 담겨 있는 겁니다.

빅뱅 너머 새로운 우주,
초끈 이론

　최신 기술의 지원 속에 미시 세계에 대한 새로운 발견들이 줄을 잇던 1960년대, 과학자들을 골치 아프게 한 문제가 등장합니다. 이 세상에는 너무 많은 소립자(더이상 분해될 수 없는 근본적인 입자)가 존재한다는 것이었죠. 전자나 쿼크 외에도 중성미자, 뮤온, 타우온, 케이온 같은 입자들이 엄청나게 많았거든요. 약 300개나 되는 소립자가 존재했습니다. 보통물질을 구성하는 입자도 아니고 쓸모도 없어 보이는 입자들이 왜 저렇게 많은 건지, 그리고 어떻게 그 입자들의 성질이 각각 다 다른 건지 설명할 방법이 없었습니다. 그 입자들이 생긴 모양이 다른 것도 아니고, 단순한 '점' 입자로 보이는데 성질이 천차만별이었어요.

　1970년대 들어 입자를 점이 아닌 끈으로 보자는 아이디어가 나옵니다. 아주 작아서 점으로 보이지만, 사실 입자는 진동하는 끈이라는 거예요. 뒷날 초끈 이론으로 불리는 이 이론의 장점은 끈의 다양한 진동을 이용해서 천차만별인 입자들의 특성을 설명할 수 있다는 것입니다. 기타 줄 하나가 어떻게 튕겨서 진동하느냐에 따라 다른 음이 나오는 것처럼 초끈도 그렇다는 얘기죠. 단순한 초끈이지만 다양하게 진동할 수 있으므로, 여러 가지 다른 성질이 생겨나면서 300여 개 소립자가 만들어진다는 설명입니다. 굉장히 심플하고 왠지 모를 음악적인 아름다움도 느껴지죠? 과학자들은 이 이론에 빠져들기 시작했습니다.

하지만 문제가 있었어요. 3차원 공간의 진동으로는 천차만별인 입자의 성질을 다 나타낼 수 없었습니다. 위, 아래, 왼쪽, 오른쪽, 앞, 뒤 말고 다른 방향의 진동도 필요했어요. 이런 상황에서 도입한 것이 다른 차원입니다. 이 우주가 3차원 공간으로 보이지만, 사실은 미세하게 다른 차원들이 숨어 있다는 거죠. 예를 들어 종이는 2차원 평면으로 보이지만, 돋보기로 자세히 보면 미세한 털이 많고 우툴두툴한 3차원 물체입니다. 볼링공이 종이 위를 굴러간다면 3차원의 우툴두툴함을 전혀 못 느끼겠지만, 작은 벌레 한 마리가 기어간다면 3차원의 우툴두툴함을 느낄 수 있어요.

초끈도 마찬가지입니다. 너무나 작기 때문에 다른 차원의 미세한 뒤틀림에 따라 흔들릴 수 있죠. 우리는 초끈에 비하면 엄청나게 큰 물체이기 때문에 미세한 뒤틀림을 전혀 느낄 수도, 관측할 수도 없지만요. 문제는 그렇게 도입된 숨어 있는 차원이 하나둘 늘어나더니 결국 11차원이 된 것이었습니다. 입자들의 성질을 다 표현하려면 어쩔 수 없었어요. 4차원이나 5차원만 해도 상식적으로 이해하거나 떠올리기 힘든데 11차원이라니… 그 복잡함은 과학자들도 혀를 내두를 정도였습니다.

우주는 막이다,
엑파이로틱 우주론

　　　　　　　　　여기에서 빅뱅 이론을 위협하는 새로운 이론이 등장합니다. 초끈 이론을 기반으로 하는 엑파이로틱 우주론이죠. 이 우주론의 핵심적 특징은 우주를 하나의 '막'으로 본다는 겁니다. 물론 비닐처럼 얇고 흐물흐물한 막은 아니고 수학적으로는 3차원 막인데, 이걸 떠올리기는 힘드니까 비유상 막으로 이해하면 됩니다. 11차원 중에 눈에 보이는 3차원을 제외한 나머지 차원들이 어떻게 생겼을지 연구하다 보니 우리 우주 같은 3차원 우주를 포함하는 더 큰 차원의 우주도 가능했어요. 초차원(?) 우주에 우리 우주 같은 3차원 우주들이 떠다니는 거죠. 좀 희한한 얘기죠?

　초끈 이론은 실험적으로 증명된 것이 아니라서 나머지 차원들의 형태가 어떨지는 과학자들의 상상에 맡길 수밖에 없다 보니까 이런 희한한 상상도 가능했던 겁니다. 어차피 증명이 힘들다보니 중요한 것은 입자들의 성질을 다 나타낼 수 있는가, 수학적으로 맞는가 하는 점이었어요. 이 아이디어를 낸 폴 스타인하트Paul J. Steinhardt와 닐 투록Neil G. Turok의 계산에 따르면 문제가 없었습니다.

　더 중요한 것은 빅뱅과 비슷한 일이 엑파이로틱 우주에서도 일어난다는 점이죠. 3차원 우주들은 떠다니며 서로 충돌하는데, 그 효과가 빅뱅과 똑같다는 겁니다. 그들의 연구에 따르면 3차원 우주들은 빠르게 잡아당겨지기 때문에 굉장히 균일하게 충돌할 수밖에 없는데다, 두 우주 사이에 있는 미세한 끈이 뒤틀리면서 충돌하기 때문에 양자역학적 불균일함도 나타날 수 있거든요.

엑파이로틱 우주론이 맞는다면 우주는 폭발적 팽창에 의해 생겨난 것이 아니라, 두 우주의 충돌에 의해 생겨난 것입니다. 우주배경복사에 의해 간신히 인정받은 빅뱅 이론이 틀린 이론이 되는 거죠. 그러면 어떤 이론이 맞는지 알 수 있을까요? 우주배경복사는 두 이론에서 다 나타나는데 말이에요.

어떤 이론이 맞는지 알 수 있는 방법은 우주배경복사를 더 자세히 관측하는 겁니다. 엑파이로틱 우주론에서는 평평한 두 우주의 충돌만으로도 균일한 우주배경복사가 일어나지만, 빅뱅 이론에서는 균일한 우주배경복사를 설명하기 위해 인플레이션이 꼭 일어나야죠. 그런데 인플레이션이 정말 일어났다면 공간이 빠르게 팽창하면서 중력파가 생겨야 합니다. 마치 보자기를 쫙 펼칠 때 손끝에서 느껴지는 진동과 비슷해요. 공간이 쫙 펼쳐지면서 공간 자체에 생겨난 진동이 중력파입니다. 이 중력파가 우주 공간을 돌아다닌다면 우주배경복사도 그 영향을 받아 변형될 수밖에 없고, 그 변형이 관측된다면 빅뱅 이론이 옳은 것으로 증명되죠. 아니라면 엑파이로틱 우주론이 맞을 가능성이 높아지고요.

그 결과에 따라 빅뱅 이론이 무너지고 새로운 우주론이 탄생할 수 있는 겁니다. 우주들이 둥둥 부유하고 초끈들이 우주 사이에서 진동하는 초현실적인 세상에서 살게 될 수도 있는 거죠. 그래서 과학자들은 중력파의 존재를 확인하고 싶어했고 WMAP 위성을 이용해 관측을 시도했지만 중력파에 의한 변형을 관측하지 못합니다. 그러나 변형 정도가 더 작을 수도 있기 때문에 좀 더 섬세한 관측이 가능한 PLANCK 위성에 기대를 걸고 기다렸죠. 그런데 2014년 3월 관측에 성공했다는 연구 결과가 발표됩니다. 온도가 낮고 습기가 없어서 천문 관측에 유리한 남극에 바이셉2 관측 장비가 설치되었는데, 이를 이용해 중력파에 의한 우주배경복사 변형을 관측하는 데 성공했다는 것이었죠. 물론 아직 철저한 검증을 통과하지는 못했지만 만약 사실이라면 우리 우주는 상상하기 힘든 극단적인 인플레이션에 의해 생겨났음이 증명되는 겁니다. 나아가 인플레이션을 통해 우리 우주만 생겨났는지 아니면 또 다른 우주들도 생겨난 것인지 알아내는 것이 가능할 수도 있고요. 지금 이 시대는 천문학의 역사에서 아주 결정적인 시기인 겁니다. 그래서《우주의 구조》의 저자인 브라이언 그린은 이 시대를 우주론의 황금기라고 표현하기도 했죠.

하지만 이런 우주론의 황금기도 쥘 베른의 소설이 없었다면, 고다드의 꿈이 없었다면, 참혹한 전쟁이 없었다면, 그래서 로켓 개발이 이뤄지지 않았다면 존재할 수 있었을까요? 아마 증명될 수 없는 과학자들의 상상에 지나지 않았을지도 모릅니다. 역사의 흐름 속에서 문학과 열정, 비극, 기술이 얽히고설킨 덕분에 우주론의 황금기에 살아가는 행운을 누린 것이 아닌가 생각해 봅니다. 대부분 그걸 모르고 살아가는 것이 안타까울 뿐이죠.

이제 방향을 돌려 우주가 아닌 다른 세계에 대한 시야가 어떻게 넓어졌는지 살펴봐요. 그 세계는 우리 자신, 바로 생명체입니다.

과학이 빛나는 밤에

세상이 좀 달라 보이나요?

초끈 이론에서는 다양한 형태의 우주가 가능한데 그중 어떤 우주에서는 다른 우주와 우리 우주의 거리가 겨우 1cm 정도 떨어져 있다고 합니다. 물론 다른 차원에서 1cm이기 때문에 3차원 공간에 사는 우리는 다른 우주와 접촉할 수 없습니다. 하지만 그 이론이 맞다면 지금 이 순간에도 다른 우주는 바로 우리 옆 혹은 눈앞에 있습니다.

우주에서 세포 속으로,
엑스선 회절과 DNA의 발견

손가락의 감촉으로 공기 분자의 형태를 느낄 수 있을까요? 당연히 불가능합니다. 하지만 손가락이 공기 분자만 하다면 공기 분자의 형태를 느낄 수 있을 거예요. 손가락이 더 작다면 공기 분자 안으로 손가락을 넣어서 그 속이 어떻게 생겼는지도 알 수 있을 것이고요.

빛도 마찬가지입니다. 분자가 어떤 형태인지 알려면 빛의 파장이 최소한 분자보다 작아야 해요. 분자를 뚫고 들어가서 분자를 구성하는 원자들에 부딪히고 튕겨 나올 수 있어야 분자가 어떤 원자들이 어떻게 결합되어 생겼는지 알 수 있습니다.

이런 일에 적합한 빛이 엑스선입니다. 파장이 가시광선의 1/1,000밖에 안 되는 아주 좁은 파동의 빛이죠. 그런데 분자에서 원자들의 간격이 그 정도로 좁기 때문에 엑스선 정도는 돼야 분자 안으로 들어가서 원자들과 부딪칠 수 있어요. 그래서 엑스선사진도 가능한 겁니다. 파장이 작기 때문에 몸을 뚫고 들어갈 수 있거든요. 뼈처

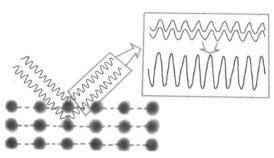

럼 분자들이 오밀조밀하게 모인 곳에서는 엑스선이 튕겨 나가서 하얀 색으로 찍히고 좀 성긴 곳은 뚫고 지나가면서 검은 색으로 찍히는 거죠.

이런 엑스선의 성질을 잘 이용하면 분자의 구조를 더 정밀하게 알 수도 있습니다. 엑스선 회절이라는 현상은 원자들이 분자 내부에 규칙적으로 배열되었을 경우 엑스선들이 원자에 튕겨서 반사(회절)될 때 파장이 겹치면서 더 크게 출렁이는 현상입니다. 파동이 중첩되면서 크게 출렁이는 엑스선은 에너지가 크기 때문에 감광판에 훨씬 진하게 표시되죠. 이것을 잘 이용하면 분자 내부의 구조도 파악할 수 있습니다. 바로 이 엑스선회절 현상이 생물학 역사에서 결정적 역할을 했어요. 엑스선 덕분에 DNA의 정체가 밝혀졌거든요.

처음에 DNA가 발견됐을 때는 단순한 실 모양이라 별것 아니라고 생각했습니다. 하지만 캐나다 출신 미국 유전학자 에이버리 Oswald Theodore Avery가 중요한 발견을 하면서 DNA에 대한 인식이 바뀌기 시작했습니다. 한 세균의 DNA가 다른 세균에 흘러 들어가자 갑자기 그 세균의 성질이 바뀌었거든요. 흘러 들어온 DNA가 만든 단백질에 의해 새로운 능력이 생겼죠. 이 발견으로 DNA에 유전정보가 있을 가능성이 아주 높아졌고, 과학자들의 관심도 커졌습니다.

이런 상황에서 미국 생화학자 샤가프Erwin Chargaff가 중요한 발견을 했어요. 아데닌과 티민 분자의 수가 같고, 구아닌과 사이토신 분자의 수가 같다는 사실입니다. 서로 다른 생명체일 경우 DNA의 양은 달라도 이렇게 쌍을 이뤄서 같은 수인 것은 변함이 없다는 거예요. 지금이라면 둘이 쌍을 이뤄서 결합하니까 그렇다는 걸 대번에 알 수 있을 텐데, 당시 과학자들은 도무지 그 원인을 알 수가 없었습니다. 하지만 뭔가 구조적인 원인이 있을 거라는 의심이 들긴 했죠.

여기에서 쐐기를 박은 발견이 영국의 화학 결정 분야 전문가 로절린드 프랭클린Rosalind Franklin의 엑스선회절 사진이에요. DNA의 엑스선회절 사진을 찍은 사람은 많지만, 그만큼 제대로 선명하게 찍은 사람은 없었습니다. 회절은 예민해서 DNA처럼 가느다란 실 모양의 흔들리는 물질은 촬영하기 까다롭거든요. 그래서 주로 고체 분자의 결정구조를 파악할 때 엑스선회절 사진이 이용되었고요. 분자구조가 튼튼하게 고정되어야 사진이 제대로 찍혔으니까요.

하지만 프랭클린은 포기하지 않았고, DNA를 추출해서 결정처럼 만들었어요. 바싹 말리면 DNA의 구조가 망가지니까 수분을 머금은 젤리 형태로 만들었습니다. 하지만 회절이 워낙 예민하다 보니 수분 비율에 따라 사진의 형상도 크게 달라졌어요. 덕분에 수많은 실패를 반복했지만 실패를 거듭하며 세심하게 작업한 끝에 제대로 된 이미지를 얻는 데 성공했고, X자 패턴을 발견합니다.

과학이 빛나는 밤에

제임스 왓슨이 추적한
DNA의 성질

이 사진을 보고 심장이 뛴 사람은 케임브리지대학University of Cambridge에서 생화학을 연구하던 제임스 왓슨입니다. 그가 보기에 X자 패턴은 나선 구조가 꼬인 모습을 위에서 볼 때의 전형적인 형태였어요. 그는 조만간 유전자의 정체를 밝혀낼 수 있으리라는 확신에 차서 연구에 몰두합니다.

왓슨은 기술자들에게 분자모형을 만들어 달라고 주문했습니다. 레고 블록처럼 분자모형을 끼워 맞춰서 나선 구조를 만들어 보려고 했던 겁니다. 당시에 일반적인 연구 방법은 아니었어요. 그래서 장난감을 가지고 연구한다고 비아냥거리는 사람도 있었습니다.

하지만 성격 급한 왓슨은 DNA 구조를 다른 사람이 먼저 발견할까 봐 노심초사했고, 분자모형이 도착하기도 전에 종이를 오려서 아데닌, 티민, 구아닌, 사이토신 분자모형을 만들었어요. 처음에

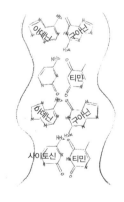

왓슨의 초기 DNA 분자모형

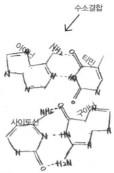

수소결합

티민

구아닌

사이토신

왓슨의 수소결합이 된 DNA 분자모형

는 아무래도 비슷한 모양끼리 맞추는 게 좋을 것 같아서 아데닌과 구아닌, 티민과 사이토신을 쌍으로 맞췄습니다. 그러나 이중나선이 구불구불해지는 문제가 생겼죠. 구불구불한 DNA는 질서 정연한 결정이 되기 힘들거든요.

이건 아닌데 하면서 종이 모형을 이리저리 맞추는 와중에 큰 분자와 작은 분자를 쌍으로 맞추니 딱 맞물린다는 사실을 발견합니다. 마침 분자 두 쌍 사이에 수소결합도 딱 맞게 형성되어 서로 결합할 수 있었어요.

수소결합이란 수소 원자의 전기적 극성 차이 때문에 결합하는 것을 의미하는데, 수소를 잘 보면 공유결합으로 분자에 붙어 있어 전자가 한쪽에 쏠려 있어요. 그 전자들로 다른 전자와 결합하고 있으니까요.. 반대쪽은 상대적으로 +극이 되죠. 수소원자핵의 양성자가 밖으로 노출되어 있는 겁니다. 하지만 맞은편 산소나 질소는 수소에 비하면 전자가 더 많아요. 그래서 상대적으로 -극이 됩니다.

이렇게 되면 수소와 산소, 질소는 서로 끌어당기며 결합합니다.

과학이 빛나는 밤에

그러나 전자를 공유하는 것은 아니고 극성의 차이 때문에 결합하는 거라서 강도가 약해요. 공유결합의 1/10 정도밖에 안 됩니다. 그런데 이것이 적당한 세기의 결합이에요. DNA의 정보가 RNA로 복사될 때 이 결합이 풀리면서 지퍼 열리듯이 이중나선 구조가 열려야 하거든요. 결합이 너무 강하면 열기가 까다로워집니다. DNA는 제 구실을 못 하겠죠.

그렇게 큰 분자와 작은 분자가 쌍으로 결합하니 이중나선도 매끈하게 만들어졌습니다. 매끈하고 일정한 구조를 갖춰야 질서 정연한 결정이 될 수 있고, 엑스선 회절 사진이 찍힐 수 있기 때문에 프랭클린의 사진과도 일치했어요. 게다가 아데닌과 티민, 구아닌과 사이토신이 항상 짝을 이루기 때문에 둘의 분자 수는 같을 수밖에 없었고, 이것은 샤가프의 연구 결과와도 일치했습니다. 아데닌, 티민, 구아닌, 사이토신이 어떤 순서로 배열되더라도 매끈한 이중나선 구조는 바뀌지 않으니까 다양한 배열을 통해 많은 정보를 이중나선에 넣을 수 있었어요. 안정적인 구조와 다양한 배열, 유전정보를 저장하기에 딱 좋은 구조였습니다.

DNA의 정체와 이중나선 구조가 밝혀지는 순간이었죠. 이 공로로 왓슨과 크릭은 9년 뒤 노벨상을 탑니다. 이렇게 DNA가 발견되면서 유전과 진화에 관한 수많은 의문이 풀렸어요. 왜 부모와 자식은 닮는지, 왜 닮으면서도 약간씩 다른지, 왜 무성생식보다 유성생식에서 다양한 개체들이 생겨나는지, 돌연변이는 무슨 문제가 생겨서 나타나는지, 인간은 정말 영장류 조상에서 진화했는지… 이 모든 문제가 DNA에 의해 일어나거든요. 마치 거대한 비밀 조직의 숨겨진 우두머리를 찾아낸 것과 비슷한 느낌이었을 겁니다. 거의 모든 생명현상에 중요한 영향력을 행사하고 관여하지만 그 정체를 알 수 없었는데, 치밀한 추적 끝에 정체가 밝혀진 것이니까요.

DNA가 발견되고 분자 수준에서 생명현상을 설명하는 분자생물학이 발전하면서 생물학은 완벽하게 과학의 영역으로 들어옵니다. 생명은 신의 특별한 창조물이 아니라 원자와 분자들이 물리화학적으로 결합하고 반응하는 물질 덩어리가 된 거죠. 생명현상은 좀 더 복잡한 화학작용일 뿐, 그 이상도 이하도 아니라는 것이 밝혀졌습니다.

그러나 베일에 가려진 부분이 없는 것은 아닙니다. 아주 두껍게 가려져서 이것을 과학의 영역에 둬야 하는지 논란이 있을 정도였죠.

세상이 좀 달라 보이나요?

여러분의 몸을 구성하는 세포 하나에는 길이가 2m에 달하는 DNA가 들어 있습니다. 50cm밖에 안 되는 이어폰 줄도 잠깐만 한눈 팔면 엉키는데, 그렇게 긴 DNA가 눈에 보이지도 않는 작은 세포 안에 잘 접혀 있는 겁니다. 때에 따라 풀렸다 감겼다 하면서 필요한 유전정보도 제공하기도 하고요. 쌀알에 글씨를 새기는 달인도 있지만, 세포가 DNA를 다루는 능력에 비하면 아무것도 아닙니다.

　　　　　　　　　　　　　　　　　　과학이 빛나는 밤에

삼라만상을 보는 마음속으로,
MRI와 뇌 과학

    이 거대한 우주와 지구, 생명을 관측하고 이해하고 그 신비에 감동을 느끼는 것은 우리의 정신입니다. 그러나 그 정신이 담긴 뇌는 물컹거리는 회백질 세포 덩어리에 불과하죠. 뇌를 아무리 들여다봐도 거기에는 정신이 없습니다. 도대체 뇌라는 물질적 기반에서 어떻게 정신적 작용들이 생겨날까요? 사실 이 부분은 막막한 문제여서 과학적으로 풀어낼 수 있을지 기대하기 힘들었습니다. 하지만 주제 자체는 꽤 매력적이었기 때문에 이런저런 주장들이 있었지만, 별다른 근거 없는 주장이 대부분이었습니다.

    예를 들어 오지랖이 넓은 데카르트는 뇌의 솔방울샘(송과선)이란 부분이 정신과 물질을 이어 준다고 주장했어요. 정신은 정신세계에 있고 물질은 물질세계에 있는데, 솔방울샘이 중간에서 상호작용 할 수 있도록 매개한다는 내용입니다. 정신과 물질을 나눠서 본 심신 이원론이죠. 얼핏 생각하면 맞는 것처럼 보입니다. 앞에서 이야기했듯이 뇌는 신경세포 덩어리일 뿐, 정신과 비슷한 점은 하나도 없어요.

둘을 하나로 봐야 한다는 주장도 있었습니다. 1600년대에 활동한 철학자 스피노자Baruch Spinoza는 정신과 물질의 속성을 갖춘 단일한 실체가 있다고 했어요. 원래는 동전의 양면처럼 같이 가는 건데, 겉으로는 정신과 물질이 달라 보인다는 거죠. 정말 그런 실체가 있다면 참 신비롭고 재미있을 텐데, 수백 년이 지난 지금도 그런 것은 발견되지 않았습니다. 이외에도 속류유물론, 변증법적 유물론, 수반 현상설 등 다양한 주장들이 난무해요.

끔찍한 사고에서 시작된 뇌 과학

이 막막한 상황은 1843년 9월 13일, 철도 공사장에서 일어난 비극적 사고 때문에 서서히 나아집니다. 피니어스 게이지Phineas Gage는 철도 공사 현장에서 일하다가 폭발 사고로 쇠막대기가 머리를 관통하는 부상을 당했어요. 그 사고로 뇌의 앞부분인 전두엽이 손상됐죠. 그는 다행히 살아남았지만, 사고 이후 성격이 180° 변했습니다. 원래 근면 성실하고 예의 발라서 칭찬이 자자했는데, 사고 이후 작은 일에도 쉽게 흥분하는 공격적이고 잔인한 사람이 되었어요. 특히 성욕 같은 본능적 욕구를 참지 못해서 여자들이 가까이 가면 위험한 상황이 벌어지기도 했습니다.

전두엽은 욕구를 억제하고 조절해서 이성적 판단과 행동을 가능하게 하는 부위인데, 사고로 손상되면서 동물적인 욕구가 그대로 튀어나온 겁니다. 게이지를 치료한 의사 존 할로John Martyn Harlow는 이 같은 변화를 기록해서 발표했고, 다른 사람들도 관심을 기울이 면서 '뇌 과학'이 본격적으로 시작됩니다. 드디어 정신 현상이 과학 의 영역에 들어온 거죠. 하지만 뇌 손상 환자에게 의존하는 뇌 과학 은 발전 속도가 느릴 수밖에 없었습니다. 딱 맞춰서 적절한 부위를 다친 환자가 생기는 것도 아니고요.

핵자기공명장치로 속 보이는 뇌

1971년 핵자기공명장치MRI가 발명되면서 뇌 손상 환자에 의존할 필요가 없어집니다. 정상적인 사람의 뇌에서 어떤 일이 일어나는지 스크린을 통해 관측할 수 있 게 됐거든요. 비결은 자기장과 수소 원자핵을 잘 활용하는 데 있었 습니다. 먼저 우리 몸에 자기장을 걸면 자기장 때문에 몸속에 있는 수소 원자핵들이 질서 정연하게 정렬합니다. 전자뿐만 아니라 양성 자도 자성을 띠니까요. 양성자도 전자처럼 스핀이 있습니다. 둘 다 전자기적인 힘이 있으니 성질이 비슷하죠. 양성자도 작은 자석이 나 마찬가지인데, 외부의 강한 자기장 영향을 받으면 나침반이 지 구 자기장의 방향에 맞춰 남극과 북극을 향해 정렬하듯 그 방향에 맞춰서 쫙 정렬합니다.

신체의 60~70%가 물이다 보니 수소 원자핵은 신체의 어느 조 직이든 있게 마련이라, 그 조직들의 특성을 알아내는 데 아주 유용 하죠. 조직의 특성에 따라 수소 원자핵의 분포와 전자기적인 반응도 다를 수 있거든요. 이 '다른 반응'을 이용하는 것이 MRI입니다. MRI는 자기장을 걸었다가 갑자기 사라지게 만듭니다. 그러면 정렬된 수소 원자핵들이 원래 모습으로 돌아가죠. 이때 빛이 방출돼요. 자기장 때문에 정렬될 때 방향만 바뀐 것이 아니라 자기장의 에너지가 수소 원자핵에 가해지면서 수소 원자핵들이 높은 에너지 상태가 되었거든요. 높은 에너지 상태에서 낮은 에너지 상태로 돌아오며 그 에너지 차이만큼 빛을 방출하는 겁니다. 에너지보존법칙은 여기에서도 철저히 적용되죠.

그런데 원래 상태로 돌아갈 때 다 똑같이 돌아가는 게 아닙니다. 주변에 수소 원자핵이 많으면 자기들끼리 자기력으로 끌어당기고 밀어내면서 원상 복귀 속도가 달라질 수 있고, 그 외에도 조직의 특성에 따라 약간씩 달라지거든요. 그런 차이는 분출되는 빛에도 나타나요. 그렇게 분출되는 빛을 감지해서 이미지를 만들어 신체 내부 상황을 알 수 있는 겁니다.

그래서 MRI로 뇌를 연구할 때는 어느 부위의 신경세포들이 활성화되는지 쉽게 알 수 있어요. 활성화되는 신경세포 주위에는 피가 많이 몰릴 수밖에 없고, 피가 몰리는 곳에는 물이 많을 테니까 수소 원자핵의 빛이 많이 감지되는 겁니다. 이것이 뇌 과학의 혁신을 불러왔죠. 사람의 감정이나 생각이 뇌의 신경세포들과 직접 연결된 겁니다.

일본 과학자들은 이것을 이용해서 '꿈 읽는 기계'도 만들었어요. 2013년 4월 《사이언스Science》에 발표된 내용인데, 꿈속에서 본 장면을 60% 정확도로 맞힐 수 있다고 합니다. 원리는 간단해요. 깨어 있

과학이 빛나는 밤에

는 상태에서 여러 이미지를 보여 주고 그 이미지를 볼 때 어떤 신경세포들이 활성화되는지 파악해 이미지별로 신경세포의 활성화 패턴을 정리한 다음, 잠든 상태에서 어떤 패턴이 나타나는지 확인하는 겁니다. 그리고 잠에서 깬 사람에게 확인해 보니 60% 정도 맞았죠. 완벽하진 않아도 MRI를 통해 인간의 꿈을 들여다볼 수 있는 세상이 된 겁니다.

이것이 기분 좋은 일만은 아니에요. 개인의 생각이나 마음을 다른 사람이 들여다볼 수 있다는 의미거든요. 이런 기술이 발달하면 손으로 정답을 체크하는 시험이 없어질 수도 있어요. MRI 같은 기계로 뇌를 들여다보고 그 사람을 평가하는 겁니다. 범죄 수사도 훨씬 쉬워질 거예요. 일단 잡아 놓고 뇌를 들여다보면 이 사람이 무슨 짓을 했는지 알 수 있으니까요. 이런 세상에서는 죄짓고 살기 힘들겠죠? 야한 생각이나 나쁜 생각도 함부로 못 할지 모릅니다.

물론 이런 일들은 아직 공상에 불과합니다. MRI의 정확도가 낮기 때문에 뇌를 정확하게 파악하는 데 한계가 있거든요. MRI 이미지의 해상도가 수 mm까지 높아졌지만, 신경세포는 훨씬 작기 때문에 신경세포 수준에서 뇌의 활동을 정확히 파악할 수는 없어요. 시간도 문제입니다. 이미지가 만들어지는 데 1~2초가 필요하기 때문에 순식간에 일어나는 뇌 활동을 정확하게 파악하기 힘들죠.

미국의 뇌신경학자 존 도나휴John Donoghue는 "지금의 뇌 연구는 6ft(183cm) 거리에서《타임Time》지를 보는 것과 마찬가지다"라고 했습니다. MRI가 만드는 이미지가 흐릿하다 보니 글자를 읽고 내용을 파악하는 것이 아니라 대략적인 형태만 보이는 거예요. 글자는 어디 있고, 그림은 어디 있고, 사진은 어디 있고, 광고는 어디 있고…
이런 식으로 말입니다.

하지만 이 문제를 해결할 수 있는 나노 기술이 급속도로 발전하
고 있습니다. 이 기술을 잘 이용하면 해상도가 원자나 분자 단위까
지 올라갈 수도 있어요.

세상이 좀 달라 보이나요?

지금 이 책을 보는 여러분의 뇌에서는 무슨 일이 일어나고 있을
까요? 수십, 수백만 개 신경세포들이 나트륨·칼륨 펌프를 이용해
신호를 전달하고, 화학물질이 들어 있는 소포체를 발사하고, 소포
체가 터져서 흡수되고… 정말 난리일 겁니다. 한 글자 한 글자 읽
을 때마다, 이미지 하나하나 볼 때마다 뇌에서는 한바탕 거대한 신
호의 홍수가 일어나죠. 큰 회사에서 좋은 제품 하나 만들기 위해 수
많은 직원들이 협력하고 경쟁하고 고뇌하는 것처럼 말입니다. 그런
의미에서 오늘 하루는 종일 보고 듣고 생각하느라 고생하는 신경세
포들의 노고에 감사해 보면 어떨까 싶습니다.

나의 우주와 나 밖의 우주,
나노 기술

1980년 원자 하나하나를 볼 수 있는 현미경이 개발됩니다. STM 이라고 불리는데, 특이하게도 빛을 이용해서 보는 현미경이 아닙니다. 촉각 현미경이라고 할까요? 미세한 침이 원자들 위를 오르락내리락 지나가면서 원자들의 위치와 생김새를 파악하는 거죠. 손가락으로 물체의 표면을 만지면서 어떻게 생겼는지 느끼는 것과 비슷합니다.

그런데 침이 미세하게 움직일 수 있을까요? 원자들 위로 오르락내리락하면서 지나가야 한다는 건데, 아무리 정교한 모터가 있어도 기계를 그 정도로 움직일 수는 없을 것 같아요. 머리카락 굵기의 1/10만 정도거든요.

공학자들이 주목한 것은 피에조저항효과(압전효과)입니다. 유명한 과학자 마리 퀴리의 남편 피에르 퀴리Pierre Curie가 발견했는데, 수정 같은 물체에 전기를 통하면 부피가 미세하게 변하는 현상이죠. 부피가 변하는 까닭은 분자들의 배열이 변하기 때문이에요. 예

피에조저항효과

를 들어 분자들이 한쪽은 +극, 한쪽은 -극을 띱니다. 이 상태에서 위아래에 다른 전극으로 전기를 흘리면 분자들의 +극은 -극 방향으로, -극은 +극 방향으로 정렬해요. 이 때문에 부피가 살짝 커집니다. 그리고 다시 전기를 끊으면 부피가 줄어요. 이런 효과는 미세한 분자들의 배열 변화로 나타나기 때문에 부피의 변화 역시 미세합니다. 모터가 할 수 없는 일을 수정 분자들과 전기의 힘으로 할 수 있는 거죠.

문제가 또 있습니다. 침이 원자들 위를 부드럽게 오르락내리락하면서 지나갈 수 있느냐는 거예요. 침이 지나가면서 원자들과 부딪히고 흩뜨려 놓을 수 있으니까요. 이 문제는 침과 원자가 직접 부딪히지 않고 공간을 좀 남겨 놓고 움직이게 하는 방법으로 해결합니다. 그런데 침 끝에 눈이 달린 것도 아니고, 어떻게 그 공간을 유지할 수 있을까요?

여기에는 양자물리학과 피에조저항효과, 정밀한 피드백 회로의 협동이 필요해요. 침이 원자 가까이 가면 어느 정도 거리가 됐을 때

과학이 빛나는 밤에

원자의 전자가 침 쪽으로 끌려올 수 있거든요. 이게 참 미묘한데, 단순히 침이 +극이고 전자가 −극이라 끌려오는 게 아니에요. 그렇게 된다면 원자 전체가 침에 붙을 수도 있잖아요.

그러니까 최대한 거리를 두고 접근하는데, 어느 순간 전자가 넘어오는 현상이 일어납니다. 양자물리학에 따르면 확률 파동으로 전자가 존재하잖아요. 이 확률 파동이 주변에 퍼져 있기 때문에 침이 멀리 있어도 침 쪽에 전자가 존재할 확률이 0%는 아닙니다. 이런 양자물리학적 확률 때문에 원래 저쪽에 있어야 할 전자가 침 쪽에서 갑자기 생겨날 수 있어요. 이 현상을 터널링 효과라고 부르죠.

전자가 침 쪽으로 넘어오면 어쨌든 전류가 흐른 거죠? 미세한 양이지만 이 전류를 증폭해서 수정에 가해지는 전기의 세기를 조절합니다. 이런 역할을 하는 게 '피드백 회로'예요. 예를 들어 전자가 침 쪽으로 많이 넘어와서 전류가 발생하면 '여기 원자가 있나 보네? 침을 위로 올려야겠구나' 하고 판단하고, 그에 알맞은 전기를 수정에 가해요. 그 전기에 의해 피에조저항효과가 일어나면서 수정은 커졌다 작아졌다 하고, 덕분에 원자 위를 미세하게 오르락내리락하면서 지나갈 수 있습니다.

하지만 문제가 또 있어요. 워낙 미세한 작업이기 때문에 주위가 조금도 흔들리면 안 되거든요. 연구실 주변에 사람이 걸어가거나 바람이 불어 미세한 진동만 전해져도 침이 흔들리면서 제대로 측정되지 않죠. 이 문제를 극복하기 힘들어서 STM이 빨리 개발되지 못했는데, 스프링을 이용해 진동을 흡수하는 기술이 발달하면서 문제가 해결됩니다.

나노 과학의 발전과 한계

원자를 직접 관측할 수 있는 것도 대단한 기술적 발달이지만, 이 기술을 잘 응용하면 원자 하나하나를 움직여서 조립하는 것도 가능해요. 그 침으로 원자를 콕 찔러서 이동시킬 수 있으니까요. 실제 IBM에서는 원자 하나하나를 이용해 글자를 쓰기도 했죠. 세상에서 가장 작은 글자입니다. 기술이 더 발달하면 원자들로 조립한 기계도 가능해요. 어떤 기술로 만든 기계보다 작은 기계가 되겠죠. 쌀알만 한 카메라, 손톱만 한 컴퓨터, 귀고리만 한 휴대전화, 종이처럼 얇은 태블릿 PC 등도 가능해지는 겁니다. 그야말로 소형화 기술의 '끝판 왕'이죠.

소형화 기술이 쓰이는 분야는 무궁무진합니다. 나노 기술로 인공 엽록소를 만들어서 광합성을 통해 에너지를 공급할 수도 있고, 의학용 나노 기계를 몸속에 투입해서 암세포를 제거한다거나 섬세한 수술을 해낼 수도 있습니다. 요즘 문제가 되는 이산화탄소도 줄일 수 있어요. 공장 굴뚝에 나노 기술이 적용된 막을 설치해서 이산화탄소를 따로 저장할 수도 있죠. 컴퓨터 분야에서는 원자 하나하나를 메모리 소자로 이용할 수도 있고요. 나노 기술은 환경, 에너지, 의학, 컴퓨터 등 사방으로 뻗어 나갈 수 있습니다.

나노 기술 덕분에 MRI 성능도 훨씬 좋아질 수 있어요. MRI 기계를 작게 만드는 것은 아니고, MRI 촬영에 쓰이는 조영제에 나노 기술이 적용됩니다. 조영제는 몸속에 투입하는 자성이 강한 물질인데, 주성분은 산화철이에요. 미세한 물질이기 때문에 액체에 섞어서 주사기로 주입합니다. 이 조영제가 몸속 구석구석에 퍼져서 수

과학이 빛나는 밤에

소 원자핵이 하던 일을 대신해요. 철 성분이기 때문에 자기장에 민감하게 반응하고요. 그래서 수소 원자핵보다 대비 효과가 훨씬 큽니다. 사진이 발명될 때 수은 때문에 흐릿한 이미지가 뚜렷해진 것처럼 말이죠.

하지만 단점이 없는 것은 아닙니다. 현재로서는 입자가 크고, 산화철이 신장에 독성 반응을 일으키기 때문이에요. 바로 그런 단점을 나노 기술이 극복하게 해 줍니다. 입자를 훨씬 작게 만들어서 신체의 미세한 부분까지 흡수되도록 하고, 산화철 나노 입자의 바깥 부분을 코팅해서 독성 반응이 일어나지 않도록 할 수 있거든요. 이렇게 되면 뇌의 혈액 흐름만 파악하는 것이 아니라, 신경세포 하나하나에서 무슨 일이 일어나는지도 알 수 있습니다. 뇌를 분위기만 파악하는 것이 아니라 제대로 읽는 거죠.

물론 현재 기술로도 뇌 과학은 눈부시게 발달하고 있습니다. 우리나라 과학자들도 중요한 발견을 해내고요. 가천대 조장희 교수 연구팀은 2013년 초고해상도 PET-MRI를 이용해서 분노, 슬픔, 우울 등 부정적 감정에 관여하는 신경섬유와 기쁨, 웃음, 행복, 사랑, 보상 등 긍정적 감정에 관여하는 신경섬유를 찾아내기도 했죠. 어떤 뇌 부위가 어떤 감정을 만들어 낸다는 정도가 아니라, 감정을 만들어 내는 구체적인 신경세포를 찾아낸 겁니다. 여기에 나노 기술이 더해져서 신경세포 자체에서 일어나는 일까지 파악한다면 희로애락 같은 감정이 뇌에서 어떻게 생겨나는지 정확히 알 수 있어요. '감정'이라는 정신적 작용이 물질적으로 정확히 어떤 것인지 밝혀지는 겁니다.

'사고, 인식, 감각, 의식' 같은 정신적 작용에도 이런 연구가 진행된다면 정신과 물질에 관한 오랜 논쟁이 종지부를 찍을 수도 있습니다. 정말 스피노자의 주장처럼 정신과 물질이 일대일로 대응해서 정신이 곧 물질이고 물질이 정신인지, 아니면 데카르트의 주장처럼 신경세포는 매개하는 역할만 하는지 결론이 내려지는 거죠. 물론 그때 가서도 결론이 내려지지 않을 수 있지만, 분명 진실에는 더 가까워질 겁니다.

다시 마음속으로

　　　　　　　　　　재미있는 것은 정신과 물질에 대한 철학적 결론이 아닐 수도 있어요. 정신적 작용의 메커니즘을 알면 그것을 통제하고 조절하는 것 역시 가능해지거든요. 예를 들어 사람이 어떤 이미지를 볼 때 어떤 신경세포들이 활성화되는지 알면 그것들을 자극해서 실제로 보지 않아도 눈앞에 떠오르게 할 수 있습니다. 눈앞에 환상이 보이게 만드는 거죠. 눈앞에 예쁜 꽃이 나타나게 할 수도 있고, 광활한 우주 공간이 펼쳐지게 만들 수도 있어요. 따로 TV를 보거나 영화관에 갈 필요 없이 훨씬 더 실감 나게 보고 싶은 것을 볼 수 있죠. 청각이나 촉각까지 조작할 수 있다면 그야말로 현실과 가상이 구분되지 않을 거예요. 영화 〈매트릭스The Matrix〉가 실현되는 겁니다.

　어쩌면 〈매트릭스〉 이상일 수도 있습니다. 감정을 조절한다는 것은 인간이 기쁨, 슬픔 등을 마음대로 느끼게 만들 수 있다는 의미거든요. 인간이 자기 의지로 어떤 상황에서 어떤 감정을 느낄지 결정하는 겁니다. 예를 들어 짜장면을 먹고 맛있다고 느낄지 맛없다고 느낄지 본인이 결정하는 거죠. 혀의 감각에 의존할 필요가 없습니다.

더 나아가 돈 없고 가난하고 하는 일마다 안 된다고 해서 슬퍼할 필요도 없고, 실연의 상처로 괴로워할 필요도 없고, 우울증으로 자살할 일도 없고, 화를 못 참고 싸울 일도 없어요. 의지만 있으면 어떤 상황에서도 얼마든지 기뻐할 수 있죠. 감정을 조절할 수 있으니까요. 말도 안 되는 공상이라고요?

1954년 캐나다의 제임스 올즈James Olds 연구팀은 쥐의 뇌에 전극을 연결했습니다. 전극이 꽂힌 부위는 쾌락을 느끼게 만드는 부위고, 전극은 쥐가 스위치를 누를 때마다 작동했어요. 실험 결과는 충격적이었죠. 쥐는 밥도 물도 먹지 않고 죽을 때까지 스위치만 눌러댔습니다. 쥐가 느낀 쾌락이 다른 모든 욕구를 뛰어넘은 거예요. 식욕도 갈증도 필요 없었습니다.

인간도 쾌락을 느끼는 부위가 있습니다. 뇌의 깊숙한 중심부에 위치한 '측핵'이에요. 모든 쾌락이 여기에서 나온다고 볼 수는 없지만, 이곳이 자극될 경우 인간은 쾌감, 즐거움, 기쁨을 느끼죠. 전극을 잘 심으면 쾌락을 맘껏 느낀 쥐처럼 되는 것은 어려운 일도 아닙니다. 현재 상황에서 감정을 조절한다는 것은 이론적으로 어려운 일이 아니라 기술적으로 어려운 일이에요. 실험용 쥐처럼 무식하게 전극을 꽂고 다닐 수도 없고, 감정을 조절하겠다고 두개골을 열어서 뇌 수술을 할 수도 없으니까요.

하지만 우리에게는 나노 기술이 있어요. 나노 기술이 발달하면 수술할 필요 없이 주사 한 방으로 뇌의 정확한 부위로 이동하는 미세한 자극 장치를 주입할 수 있을 겁니다. 그 장치를 이용해 뇌를 마음대로 조절하는 거죠. 기분이 좋지 않을 때는 리모컨의 기쁨 버튼을 눌러 기쁨을 느끼고, 음식이 맛없을 때는 맛있음 버튼을 눌러 맛을 느끼는 희한한 세계에 살지도 모릅니다. 버튼 누를 힘만 있으면 행복한 인생이 가능한 세계죠. 그런 세상에서는 욕심부릴 일도 없고 싸우거나 다툴 일도 없을 거예요. 무기도 사라지고 군대도 사라지고 범죄도 사라지고… 인류는 진정한 평화(?)를 누릴 겁니다.

대단하죠? 아주 먼 미래에나 가능할까 말까 한 과학소설 같은 얘기지만, 뇌에 관한 과학과 기술은 그 폭발력이 대단할 겁니다. 세상을 좀 바꾸거나 달라 보이게 하는 수준을 넘어, 세상을 확 바꿀 수 있을 거예요. 어쩌면 우주의 마지막 비밀은 우리 뇌 속에 있는지도 모릅니다.

인간이 곧 '뇌'고, 지금껏 우주를 관측하고 연구하고 이해하고 감탄한 것도 '뇌'고, 역사의 흐름 속에서 문명을 일구고 세상을 바꾸고 예술 작품을 만들고 아름다움에 대해 이야기한 것도 '뇌'니까요. 1.4kg 남짓한 쭈글쭈글하고 축축한 회백질 덩어리 속에서 어떤 비밀들이 밝혀질지 정말 궁금합니다.

> 이 세상에서 가장 이해하기 힘든 것은 인간이 우주를 이해할 수 있다는 것이다.
>
> – 알베르트 아인슈타인

과학이 빛나는 밤에

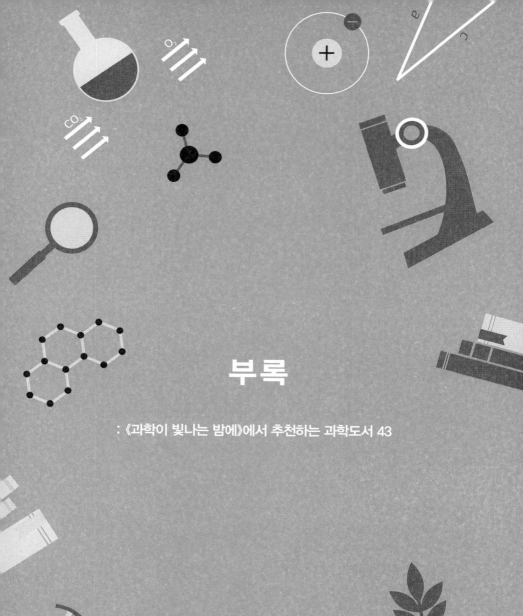

부록

: 《과학이 빛나는 밤에》에서 추천하는 과학도서 43

《과학이 빛나는 밤에》에서 추천하는 과학도서 43

좋은 과학 책은 많지만 내가 읽고 싶은 책, 내게 딱 맞는 책을 단번에 만나기는 쉽지 않습니다. 지금부터는 보다 넓고 깊은 과학의 세계로 안내하는 책들을 3단계 난이도로 정리해 추천해 드리려고 합니다. 각 단계는 책 제목 앞에 있는 기호(☆☆☆)를 참고하세요.

책 소개를 보시고 이거다 싶은 책을 골라서 쉬엄쉬엄 읽어 보세요. 좋은 책이란 추천을 많이 받은 책이 아니라 지금 손에 쥐고 읽고 있는 책일 겁니다.

종합

★☆☆《10의 제곱수》 필립&필리스 모리슨, 찰스와 레이 임스 연구소, 사이언스북스
제목만 봐서는 수학책 같지요? 하지만 원자 이하의 미시 세계부터 광대한 우주까지 다양한 스케일의 과학을 두루 설명한 과학 입문서입니다. 특히 삽화들이 굉장히 생생한데요. 하나하나 잘 구성되어 있어서 책장을 넘기다 보면 순식간에 쿼크부터 은하 너머까지 여행을 다녀온 것 같은 느낌을 받습니다. 이밖에 《철없는 전자와 파란만장한 미토콘드리아 그리고 인류씨 이야기》(서형, 지성사)도 다양한 비유를 통해 우주부터 지구, 생명, 인류까지 과학 전반에 대해 쉽게 설명해주는 책입니다.

★★☆《생명의 설계도를 찾아서》 게르하르트 슈타군, 해나무
언뜻 보면 생명에 관한 내용인 것 같지만 유전자와 생명 탄생을 위한 조건인 우주, 지구, 화학물질 등을 거쳐 의식과 정신까지 단번에 훑어볼 수 있는 책입니다. 분량도 두껍지 않고 설명도 간결해서 쉽게 읽을 수 있습니다. 비슷한 책으로 훨씬 두껍기는 하지만, 우주에서 인류까지 아우르는 풍부한 자료와 친절하면서 재치 있는 설명이 돋보이는 《거의 모든 것의 역사》(빌 브라이슨, 까치)가 있습니다.

★★☆《철학적 질문, 과학적 대답》 김희준, 생각의힘
'우리는 어디에서 왔는가, 우리는 누구인가, 우리는 어디로 가는가.' 누구나 한번쯤은 품어 봤을 만한 철학적인 질문들에 대해 우주론, 물리, 화학, 지구과학, 생물학 등 다양한 과학 분야를 넘나들며 해답을 찾는 책입니다. 철학적인 질문

들을 과학으로 풀어나가는 과정이 낯설 것 같지만, 이해하기 쉬운 비유로 어려운 개념들을 차근차근 설명합니다.

☆☆☆ 《코스모스》 칼 세이건, 사이언스북스
천문 분야를 넘어 교양과학의 바이블 같은 책입니다. 대학자 칼 세이건이 우주란 저 하늘 바깥에 있는 것이 아니라 인간과 정말 밀접한 관계를 가지고 있음을 이야기하지요. 지금도 여러 곳에서 인용될 정도로 아름다운 문장들로 가득 차 있습니다. 이렇게 뭉클한 감동을 주는 과학책은 찾아보기 힘듭니다. 쉬운 것 같으면서도 담고 있는 내용들도 만만치 않고요. 좀 어렵긴 하지만 읽을 때마다 생각할 거리를 던져주는 《갈릴레오의 손가락》(피터 앳킨스, 이레), 《네버엔딩 유니버스》(마커스 초운, 영림카디널)도 함께 추천합니다.

우주

★★☆ 《모든 사람을 위한 빅뱅우주론 강의》 이석영, 사이언스북
저자가 연세대학교에서 6년간 진행한 우주론 강의를 한 권으로 엮은 책입니다. 그래서인지 읽다 보면 준비가 잘 된 강의를 듣는 것 같은 기분이 듭니다. 우주론에 대해 체계적인 기초를 쌓고 싶은 분들께 추천합니다. 《처음 읽는 우주의 역사》(이지유, 휴머니스트)도 현대 우주론의 100년 역사를 상세하면서도 쉽게 풀어 이야기해주는 좋은 책입니다.

★★☆ 《여섯 개의 수》 마틴 리즈, 사이언스북스
여섯 개의 다이얼을 정확하게 맞춰야 우주가 탄생할 수 있다고 비유한다면 어떨까요? 이 책은 이렇게 신기한 수들에 관해 이야기합니다. 실제로 우주에는 정확하게 맞춰진 듯 보이는 물리적인 수들이 존재합니다. 굳이 그럴 만한 이유가 없는데도 불구하고 그 수에 맞춰져 있고, 인간이 존재하는 데 결정적인 영향을 주죠. 비슷한 이야기를 소개하고 있는 책으로 《모두 어디 있지?》(스티븐 웹, 한승)가 있는데 왜 우주에서는 생명체를 발견하기 어려운지, 왜 지구에만 이렇게 생명체가 가득한지에 대한 의문을 다양한 과학적 관점에서 살펴봅니다. 《코스믹잭팟》(폴 데이비스, 한승) 역시 비슷한 관점의 책인데요. 미세하게 조정된 상수들은 우주적인 행운이며, 그것이 어떤 의미를 가지고 있는지에 대해 이해하기 쉽게 설명해줍니다.

☆☆☆ **《우주의 구조》** 브라이언 그린, 승산

상대성이론에 대한 책을 몇 권 읽다 보면 '도대체 시간과 공간이 뭐야?' 이런 의문이 떠오르기 마련입니다. 과학을 공부하면서 평소 대수롭지 않게 생각했던 일상에 대해 이질감을 느끼는 거죠. 그럴 때 읽을 책이 바로 부제가 '시간과 공간, 그 근원을 찾아서'인 《우주의 구조》입니다. 제목부터 심오하죠? 시간과 공간에 대해 깊이 파고드는데, 다루는 주제가 워낙 까다로운 것임을 감안하면 내용이 그렇게 어렵지만은 않습니다. 같은 저자가 쓴 《멀티유니버스》(김영사)도 함께 읽어볼 만합니다. 우주론과 관련해 좋은 교양서를 많이 저술한 저자의 장점이 돋보이는 책으로, 이해하기 어려운 개념인 다중우주에 대해 최대한 쉽게 설명하려는 배려가 느껴집니다.

물리

☆☆☆ **《E=mC²》** 데이비드 보더니스, 생각의 나무

널리 알려진 공식인 E=mC²의 개념부터 과학자들의 경쟁까지 E=mC²를 둘러싼 에피소드들을 다양한 시각에서 바라볼 수 있는 책입니다. 특히 옆에서 만나듯 생생하게 묘사된 과학자들이 인상적이어서 읽고 나면 이들이 주연인 드라마를 본 듯한 느낌이 들 정도입니다. 같은 저자의 《일렉트릭 유니버스》(더스타일)도 전기의 시대를 연 수많은 사람들이 전개했던 치열한 경쟁과 암투, 고뇌와 열정을 흥미진진하게 그린 책입니다.

☆☆☆ **《어메이징 그래비티》** 조진호, 궁리

세계 어디에도 중력에 대해 이렇게 만화로 자세하고 깊이 있게 다룬 책은 없을 겁니다. 중력에 대한 개념이 잡히기까지 세상을 바라보는 시선들이 어떻게 반전에 반전을 거듭하며 지금에 이르렀는지 궁금하시다면 바로 이 책을 읽어보세요. 반대로 다양한 분야를 아우르는 물리 관련 책으로는 《과학콘서트》(정재승, 어크로스)가 있습니다. 금융, 통계, 음악, 교통 등 다양한 현상을 물리학의 시선에서 날카롭게 분석한 결과를 재미있게 풀어나가는 책입니다.

☆☆☆ **《빛으로 말하는 현대물리학》** 고야마 게이타, 전파과학사

빛은 상대성이론과 양자물리학이 성립되는 과정에서 중요한 역할을 했지요. 그 빛에 초점을 맞춰 현대물리학의 중요한 개념들을 설명해주는 책입니다. 복

잡한 비유 없이 수식들을 활용해서 간결하게 개념을 설명했습니다. 조금 더 자세히 알고 싶다면 친절한 그림이 인상적인《아인슈타인의 생각실험실》(송은영, 부키)과 캘리포니아 공대 물리학과의 양자물리학 인기 교양 강좌를 엮은《양자 불가사의》(브루스 로젠블룸, 프레드 커트너, 지양사), 양자물리학의 성립 과정을 다룬《불확정성》(데이비드 린들리, 시스테마)도 좋습니다.

☆☆☆《공간에 펼쳐진 힘의 무대》정동욱, 김영사
'패러데이, 맥스웰? 어디서 들어보기는 했는데 누구지? 맥스웰 방정식이 그렇게 중요하다는데 도대체 뭘까?' 물리 분야의 과학책을 읽다가 이런 의문이 들 때 펼쳐볼 만한 책입니다. 패러데이와 맥스웰은 과학의 역사에서 결정적인 역할을 했던 과학자들로, 아인슈타인의 상대성이론도 이들의 발견이 없었다면 존재할 수 없었을 겁니다. 뒷부분에 맥스웰 방정식이 만들어지는 과정을 다룬 이야기가 조금 어렵지만 천천히 따라가다 보면 어떤 개념을 성립시켜 나가는 과학자들의 고충과 사고 과정을 엿볼 수 있을 겁니다.

<u>화학</u>

☆☆☆《캐릭터로 배우는 재미있는 원소생활》요리후지 분페이, 이치
화학 원소들 각각을 성질별로 익살스럽게 캐릭터화해서 소개하는 책입니다. 캐릭터만 봐도 원소의 성질을 쉽게 파악할 수 있게끔 원소의 특징을 잘 잡아 설명하는데요. 예를 들어 불활성 기체는 아프로 머리를 한 꺼벙한 총각으로 묘사하지요.《역사를 바꾼 17가지 화학 이야기 1, 2》(페니 르 쿠터, 제이 버레슨, 사이언스북스)도 화학이 실험실에나 어울리는 것이 아니라 우리 일상 곳곳에서 쓰이고 있다는 것을 역사 사례를 통해 알려주는 재미있는 책입니다.

☆☆☆《뉴턴하이라이트 이온과 원소》뉴턴코리아 편집부, 뉴턴코리아
과학잡지《뉴턴Newton》에서 독자들에게 많은 호응을 받은 기사를 재구성한 뉴턴하이라이트 시리즈 가운데 하나입니다. 화학 반응의 주역인 이온에 초점을 맞춰 공유결합, 산, 알칼리 같은 화학반응의 주요 개념을 비롯해 111종의 원소와 인공 합성 원소들의 탄생 과정을 자세히 설명해줍니다.

★★☆ 《원소의 왕국》 피터 앳킨스, 사이언스북스

물리화학의 대가인 피터 앳킨스가 쓴 화학 교양서로 주기율표에서 나타나는 원소들의 특성을 각종 지형에 비유해서 설명해주는 부분이 특히 인상적입니다. 마냥 쉽지만은 않지만 화학 전반에 대해 깊이 있는 해설, 멋진 문장, 비유들이 가득하지요.

지구

★☆☆ 《지구 46억년의 고독》 마쓰이 다카후미, 푸른미디어

지구가 어떻게 푸른 바다와 생명을 지닌 행성이 될 수 있었는지 설명해주는 책입니다. 1990년에 출간되었지만 최근까지 나온 어떤 지구과학 관련 도서보다 핵심 개념을 정확히 짚어준다고 생각합니다.

★★☆ 《공기 위를 걷는 사람들》 가브리엘 워커, 웅진지식하우스

'공기에 대해 그렇게 할 이야기가 많을까'라는 호기심 때문에 집었던 책입니다. 바람을 타고 바다를 건너는 세균부터 무선통신을 가능하게 하는 '하늘 위의 거울'인 전리층까지 기존의 과학책에서 쉽게 접하지 못했던 이야기들이 곳곳에 숨어 있습니다. 또 《지구의 노래》(스테판 하딩, 현암사)도 재미있는데요. 지구를 하나의 살아있는 유기체로 보는 가이아이론이 궁금하신 분들을 위한 책입니다.

★★★ 《46억 년 지구의 역사》 신인현 편, 춘광

제목처럼 지구 역사를 다루는 데 그치는 것이 아니라 지질학적으로 지구 내부에서 어떤 움직임이 일어나고 그것이 지구 표면에 어떤 영향을 주는지 자세하게 설명해주는 책입니다. 여러분께서 읽고 계신 《과학이 빛나는 밤에》에 나온 콜드 플룸, 핫 플룸 개념은 이 책에서 참고했지요. 두께도 얇고 나온 지도 오래되었지만 지구 내부를 이해하는 데 많은 도움을 받았습니다.

생명과 인간

★☆☆ 《세상에서 가장 재미있는 유전학》 마크 휠리스 글, 래리 고닉 그림, 궁리

생물학에 대한 흥미를 갖게 해준 책입니다. DNA, RNA와 관련된 내용을 보고

이런 세상이 있구나 싶었거든요. 유명 만화가인 래리 고닉이 그린 시원하고 큼지막한 그림도 내용만큼이나 눈에 잘 들어옵니다.

★★☆ 《교양으로 읽는 뇌 과학》 이케가야 유우지, 은행나무
뇌에 관한 다양한 토픽들이 체계적으로 분류된 책입니다. 쉽지 않은 분야지만 해마 박사라고 불리는 저자가 뇌와 관련된 기초 지식들을 주제별로 짤막하면서 친절하게 설명하기 때문에 부담 없이 접근할 수 있습니다.

★★☆ 《생물과 무생물 사이》 후쿠오카 신이치, 은행나무
생물에 관한 지식을 어느 정도 쌓은 다음 지나온 과정을 되새김질하는 의미에서 읽어볼 만한 책입니다. 생명이란 무엇이고 무생명이란 무엇인지, 어디서부터 생명이라 부를 수 있는 것인지 깊이 생각하는 자리를 마련해 줍니다. 여유롭게 이야기를 풀어가지만 끊임없이 고민할 거리를 주어서 읽는 중간마다 책을 덮고 한참을 생각하게 만듭니다. 그밖에 진화나 뇌에 대한 색다른 주장으로는 유아화를 통해 인류 진화를 설명하는 《영원한 어린아이 인간》(클라이브 브롬홀, 작가정신)과 자유의지를 뇌 과학, 양자물리로 설명하는 《퀀텀브레인》(제프리 세티노버, 시스테마) 등이 있습니다.

★★★ 《생명의 도약》 닉 레인, 글항아리
생명의 기원, DNA, 광합성 등 생명 역사에서 중요한 도약 열 가지를 집중적으로 다룬 책입니다. 생물 분야에 대한 기초 개념이 어느 정도 잡혔다면 시각, 죽음, 성性 등 매혹적인 주제들을 따라 재미있게 읽을 수 있을 겁니다. 앞부분은 어렵지만, 전반적으로 설명이 딱 부러지고 명쾌해서 생물 분야를 공부하며 뭔가 이해가 안되는 부분이 있었던 분들께 도움이 될 것입니다. 좀 더 깊이 들어가 세포나 뇌에 대한 내용을 자세히 알고 싶으시다면 《비전공자를 위한 세포생물학》(최철희, 창의와소통)과 《미토콘드리아》(닉 레인, 뿌리와이파리), 《뇌, 생각의 출현》(박문호, 휴머니스트)도 도전해볼 만합니다.

☆☆☆《이야기로 아주 쉽게 배우는 대수학》더글러스 다우닝, 이지북

대수학을 기초부터 배울 수 있는 책입니다. 페이지 수가 굉장히 많고 다루는 내용 또한 방정식, 함수, 그래프 등이라서 지레 겁부터 먹을 수도 있습니다. 그러나 기초부터 초등학생에게 설명하듯 상세하게 이야기를 풀어나가기에 쫓아가는 게 크게 어렵지는 않습니다. 대수학에 관심 있으신 분들께선 일단 시작해보세요.

☆☆☆《신은 수학자인가》마리오 리비오, 열린과학

이 책의 첫 장에서 다루는 "수학은 인간이 발명해내는 것일까요? 원래 있던 것을 발견하는 것일까요?"라는 물음이 지금도 종종 떠오릅니다. 수학과 연관된 다방면의 문제들을 살펴보고 철학적으로 이야기를 풀어나가기 때문에 복잡한 수학문제를 풀지 않고도 수학에 대해 깊게 생각해볼 수 있는 책입니다.